技术丛书

Using Big Data to Build Your Business

大数据挖掘

系统方法与实例分析

周英 卓金武 卞月青◎著

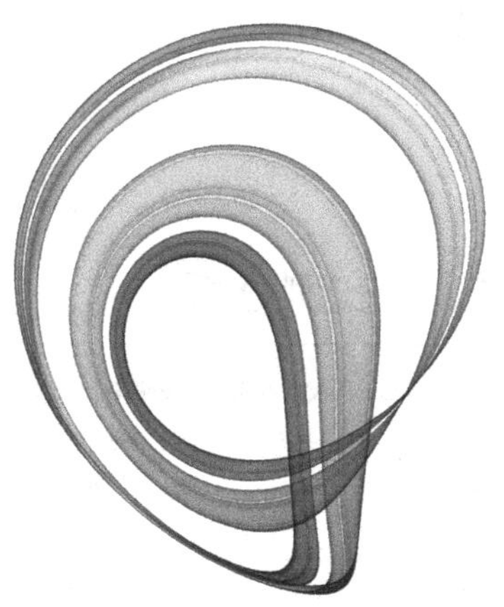

机械工业出版社
China Machine Press

图书在版编目（CIP）数据

大数据挖掘：系统方法与实例分析 / 周英，卓金武，卞月青著，—北京：机械工业出版社，2016.4（2021.2 重印）
（大数据技术丛书）

ISBN 978-7-111-53267-5

I. 大… II. ①周… ②卓… ③卞… III. 数据处理 IV. TP274

中国版本图书馆 CIP 数据核字（2016）第 057140 号

大数据挖掘：系统方法与实例分析

出版发行：机械工业出版社（北京市西城区百万庄大街 22 号 邮政编码：100037）

责任编辑：李 艺　　责任校对：殷 虹

印 刷：北京捷迅佳彩印刷有限公司　　版 次：2021 年 2 月第 1 版第 8 次印刷

开 本：186mm×240mm 1/16　　印 张：25.25

书 号：ISBN 978-7-111-53267-5　　定 价：79.00 元

凡购本书，如有缺页、倒页、脱页，由本社发行部调换

客服热线：（010）88379426 88361066　　投稿热线：（010）88379604

购书热线：（010）68326294 88379649 68995259　　读者信箱：hzit@hzbook.com

序　言 *Preface*

欣闻三位好友的新书即将出版，很荣幸能为本书撰写序言。这是一本不再仅仅是概念介绍而是实实在在介绍如何利用大数据的书籍，希望通过本书让更多的读者能够更具体地了解大数据，了解大数据的价值，并利用大数据挖掘技术来让大数据更好地服务我们的生产和生活，从而提升整个社会价值体系。

大数据是最近几年兴起的概念，虽然有被过分炒作之嫌，但我觉得是有客观原因的。因为随着信息技术的发展，各行业都已经有足够的数据积累，而且有的行业已经体验到了数据的巨大能量。国内最直接体验到大数据价值的当属BAT（百度、阿里、腾讯），在传统行业，大数据也已经开始应用。比如，银行利用大数据进行风险管理；电力公司利用大数据进行负载预测，从而分时定价，并可以根据预测结果优化电能的储蓄和调配；矿业公司利用大数据进行精细加工，提高产品竞争力。总之，大数据已对各行业产生了十分明显的影响，无论是银行、证券、通讯、铁路、航空，还是军事、政治、工业、商业，基于大数据的决策已经成为现代社会各行业运行的基础。纵然这样，各行业对大数据的利用还处于初期阶段，如何更有效地利用这些数据已成为各行业的一个大课题！

浏览一下本书的目录，顿时令人振奋起来！概念、技术、项目、经验四位一体，层层递进，非常符合我们的阅读习惯。基础篇让大家知道大数据的基本概念、分类和挖掘流程。技术篇系统地介绍了整个大数据挖掘理论体系里的具体技术，包括数据预处理和六大类核心算法，即关联、回归、分类、聚类、预测、诊断，每类算法中又详细讲解了常用算法的原理、实现步骤、应用实例，并且每个实例都有一个MATLAB实现实例，对于当代的读者来说，这些实例太有价值了，可以直接借鉴、研读、修改、提升。技术学习的同时也可以深化对概念的理解，从而与基础篇的内容相得益彰。项目篇相当于大数据挖掘技术在各行业的具体应用，技术与应用融会贯通，既可启发读者在各行业如何应用大数据又可让读者知道如何去使用这些技术，并且这些项目本身都是各行业的经典，可以直接加以借鉴、拓展和推广。理念篇起到一个画龙点睛的作用，介绍的都是需要时间和项目磨砺的经验和心得，让读者在共鸣中感知大数据的价值和应用技术的艺术性。

我本人所就职的九次方大数据公司也从事大数据相关工作，我们公司已与不少地方政府联合成立合资公司并建立各地的大数据中心，这些中心负责存储各地政府、企业的重要数据，并对这些数据进行运营，从而实现数据的商业价值，随着《国务院关于印发促进大数据发展行动纲要的通知》的出台，各级政府开始非常重视大数据这项工作，同时也说明我们的大数据资源已经日益丰富。对于如何利用这些数据的课题，本书正好也给我提供了思路，让我知道各行业应该如何挖掘这些大数据，让我坚信大数据未来的发展潜力，也给了我信心继续在大数据这个领域扬帆远航！

此时，突然想起一首古诗，拙改几字，以作为本序的总结：

好书知时节，此时乃出版。随势入眼帘，传知细无声！

张杰，九次方大数据执行副总裁

前　言 *Preface*

为什么要写这本书

大数据是当前最热的概念之一，在“互联网+”的背景下，大数据的开放、挖掘和应用已成为趋势。大数据已经成为国家科技竞争的前沿，以及产业竞争力和商业模式创新的源泉。联合国“数据脉动”计划、美国“大数据”战略、英国“数据权”运动、韩国大数据中心战略等先后开启了大数据创新战略的大幕。国务院发布《关于促进大数据发展的行动纲要》，重点强调政府数据的互联互通、共享和开放，并明确提出了具体的时间表。大数据作为目前全球科技创新最主要的战场，有望迎来百花齐放的繁荣盛景。

一花独放不是春，百花齐放春满园，大数据生态系统也生机勃勃。继贵阳大数据交易所成立以来，多个城市相继成立自己的大数据中心，各种数据存储中心和数据评估中心也如雨后春笋。然而，还有相当多的朋友并不了解什么是大数据。市面上介绍大数据概念的书多，但介绍如何应用大数据的书并不多。

大数据的落脚点还是在于应用，如果不能从大数据中挖掘到有利于社会发展的知识，大数据也就没有意义了。数据挖掘技术是从数据中挖掘有用知识的一门系统性的技术，刚好解决了数据利用的问题，所以数据挖掘与大数据便很自然地结合在一起了，故而也就有了本书的构想。

本书特色

纵观全书，可发现本书的特点鲜明，主要表现在以下六个方面：

1）方法务实，学以致用。本书介绍的方法都是数据挖掘中的主流方法，都经过实践的检验，具有较强的实践性。对于每种方法，本书基本都给出了完整、详细的源代码，对于读者来说，具有非常大的参考价值，很多程序可供读者学习并直接套用。

2）知识系统，易于理解。本书的知识体系应该是当前数据挖掘书籍中最全、最完善的，从基本概念与技术，到项目实践，再到理念的整体架构，使得概念、技术、实践、经验四位一体，自然形成一套大数据挖掘的完整体系。而对于具体的技术，也是脉络清晰、循序渐进，不仅包含详细的数据挖掘流程、数据准备方法、数据探索方法，还包含六大类数据挖掘主体方法、时序数据挖掘方法、智能优化方法。正因为有完整的知识体系，读者读起来才有很好的完整感，从而更利于理解数据挖掘的知识体系。

3）结构合理，易于学习。在讲解方法时，由浅入深，循序渐进，让初学者知道入门的切入点，让专业人员又有值得借鉴的干货。本书帮助读者在学习数据挖掘时建立一个循序渐进的过程，使其在短时间内成为一位数据挖掘高手。

4）案例实用，易于借鉴。本书选择的案例都是来自不同行业的经典案例，并且带有数据和程序，所以很容易让读者对案例产生共鸣，同时可以利用案例的数据，进行模仿式的学习，同时，书中的程序也能提高读者的学习效率，可以直接借鉴这些案例，并应用到自己的商业项目中。

5）理论与实践相得益彰。对于本书的每个方法，除了理论的讲解，都配有一个典型的应用案例，读者可以通过案例加深对理论的理解，同时理论也让案例的应用更有信服力。技术的介绍都是以实现实例为目的，同时提供大量技术实现的源程序，方便读者学习，注重实践和应用，秉承笔者务实、切近读者的写作风格。

6）内容独特，趣味横生，文字简洁，易于阅读。很多方法和内容是同类书籍所没有的，这无疑增强了本书的新颖性和趣味性。另外，在本书编写过程中，在保证描述精准的前提下，我们摒弃了那些刻板、索然无味的文字，让文字更有活力，更易于阅读。

如何阅读本书

全书内容分四个部分：

第一部分（基础篇）主要介绍大数据和数据挖掘的基本概念，以及数据挖掘的实现过程、主要内容等基础知识。

第二部分（技术篇）是数据挖掘技术的主体部分，系统介绍了数据挖掘的主流技术，该部分又分三个层次：

1）数据挖掘前期的一些技术，包括数据的准备（收集数据、数据质量分析、数据预处理等）和数据的探索（衍生变量、数据可视化、样本选择、数据降维等）。

2）数据挖掘的六大类核心方法，包括关联规则、回归、分类、聚类、预测和诊断。对于每类方法，则详细介绍了其包含的典型算法，包括基本思想、应用场景、算法步骤、

MATLAB 实现程序、应用实例。

3）数据挖掘中特殊的实用技术，一是关于时序数据挖掘的时间序列技术；二是关于优化的智能优化方法，它们在数据技术体系中不可或缺。时序数据是数据挖掘中的一类特殊数据，所以针对该类特殊的数据类型，又介绍了时间序列方法。另外，数据挖掘离不开优化，所以又介绍了两种比较常用的优化方法——遗传算法和模拟退火算法。

第三部分是项目篇，主要讲解数据挖掘技术在各行业的典型应用实例。所介绍的项目分别来自银行、证券、机械、矿业、生命科学和社会科学等行业和学科，基本覆盖数据挖掘技术应用的主流行业，通过这些项目的研学，读者也可以了解各行业数据挖掘技术的应用领域和应用情况，培养对行业的敏感度。

第四部分是理念篇，是数据挖掘应用思想和经验的整合。本篇包含第 20 和 21 两章，第 20 章侧重数据挖掘项目实施过程中各种技术应用的经验和对各方面问题的权衡和拿捏，体现了技术应用中艺术性的一面；第 21 章侧重数据挖掘项目实施过程中的项目管理和团队管理，以及对团队中的个体如何成长的经验分享。

其中，前三篇为本书的重点内容，建议重点研读，第四篇偏经验，适合结合项目实践反复阅读、体会。

读者对象

- 从事大数据挖掘的专业人士。
- 统计、数据挖掘、机器学习等学科的教师和学生。
- 从事数据挖掘、数据分析、数据管理工作的专业人士。
- 需要用到数据挖掘技术的各领域的科研工作者。
- 希望学习 MATLAB 的工程师或科研工作者，因为本书的代码都是用 MATLAB 编写的，所以对于希望学习 MATLAB 的读者来说，也是一本很好的参考书。
- 其他对大数据挖掘感兴趣的人员。

致读者

专业人士

对于从事大数据挖掘的专业人士来说，大家可以关注整个数据挖掘的知识体系流程，因为本书的数据挖掘知识体系应该是当前数据挖掘书籍中最全、最完善的。另外，数据挖掘流程也介绍得很详细，具有很强的操作性。此外，书中的算法实例和项目实例，也是本书的特色，值得借鉴。

教师

本书系统地介绍了大数据挖掘的理论、技术、项目、工具和理念，可以作为统计、计算机、经管、数学、信息科学等专业本科或研究生的教材。书中的内容虽然系统，但也相对独立，教师可以根据课程的学时安排和专业方向的侧重点，选择合适的内容进行课堂教学，其他内容则可以作为参考章节。授课部分，一般会包含第一篇和第二篇的章节，而如果课时较多，则可以增加其他章节中的一些项目实例的学习。

在备课的过程中，如果您需要书中的一些电子资料作为课件或授课支撑材料，可以直接给笔者发邮件（70263215@qq.com）说明您需要的材料和用途，笔者会根据具体情况，为您提供力所能及的帮助。

学生

作为21世纪的大学生，无论是什么专业，都有必要学习大数据挖掘。在21世纪和未来，很多信息都以数据形式存在，学习并掌握数据挖掘技术，有助于我们从更深层次了解这个社会，也更有助于我们每人从事的工作。所以，无论现在学的什么专业，都建议好好读一下本书或同类书籍。

配套资源

1. 配套程序和数据

为了方便学习，读者可以到MATLAB中文论坛的本书版块下载书中使用的程序和数据，地址为：

http://www.ilovematlab.cn/forum-252-1.html

具体代码下载地址为：

http://www.ilovematlab.cn/thread-452656-1-1.html

如遇到下载问题，也可以直接发邮件与笔者联系：

E–mail：70263215@qq.com

2. 配套教学课件

为了方便教师授课，我们也开发了本书配套的教学课件，如有需要，也可以与笔者联系。

勘误和支持

由于时间仓促，加之笔者水平有限，所以错误和疏漏之处在所难免。在此，诚恳地期待得到广大读者的批评指正。如果您有什么建议也可以直接将您的建议发送至以上邮箱，期待能够得到您的真挚反馈。在技术之路上如能与大家互勉共进，我们将倍感荣幸！

本书勘误地址为：

http://www.ilovematlab.cn/thread-452657-1-1.html

致 谢

感谢 MathWorks 官方文档，在写作期间提供给我最全面、最深入、最准确的参考材料，强大的官方文档支持也是其他资料无法企及的。

感谢机械工业出版社华章公司的副总编杨福川和编辑姜影、高婧雅、李艺在近三年的时间中始终支持我们的写作，你们的鼓励和帮助引导我们顺利完成本书。

特别感谢好友张杰在百忙之中指导本书的编写并为本书写序！在本书的编写过程中，中国科学院金属研究所的王恺博士，MathWorks 的陈建平、董淑成、陈小挺等好友和同事对书稿进行了校对并给出修改建议，在此也向他们表示感谢！

目　录 *Contents*

第二篇 技术篇

第三篇 项目篇

第四篇 理念篇

第 21 章 数据挖掘的项目管理和团队管理 ……………………… 377

第一篇

基础篇

本篇主要介绍一些基本概念和知识，包括大数据的概念、数据挖掘与大数据的关系、数据挖掘的内容、数据挖掘的应用领域、数据挖掘的过程等内容。由于本书以 MATLAB 为工具介绍数据挖掘的技术实现，所以在基础篇中还介绍了 MATLAB 的快速入门技术，即使是从来没有用过 MATLAB 的读者，也可以顺利阅读本书，同时也能大大提高读者对 MATLAB 的使用水平。

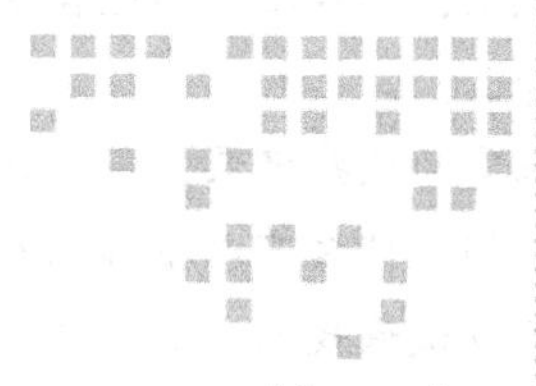

第 1 章 Chapter 1

认识大数据挖掘

有人说，大数据是新时代的黄金和石油，掌握了它，就掌握了新的经济命脉；用好了它，就拥有了新型战略资源。无论怎么说，大数据时代真的且行且近了。那么究竟什么是大数据？大数据对我们有怎样的影响？我们应该如何面对大数据时代的挑战？本章将逐次揭开大数据的神秘面纱。

1.1 大数据与数据挖掘

1.1.1 何为大数据

直接来看大数据的概念有点抽象，我们不妨先来看一个关于大数据的故事[1]：

某必胜客店的电话铃响了，客服人员拿起电话。

客服：必胜客。您好，请问有什么需要我为您服务？

顾客：你好，我想要一份……

客服：先生，烦请先把您的会员卡号告诉我。

顾客：16846146***。

客服：陈先生，您好！您是住在泉州路一号 12 楼 1205 室，您家电话是 2646****，您公司电话是 4666****，您的手机是 1391234****。请问您想用哪一个电话付费？

顾客：你为什么知道我所有的电话号码？

客服：陈先生，因为我们联机到 CRM 系统。

顾客：我想要一个海鲜比萨……

客服：陈先生，海鲜比萨不适合您。

顾客：为什么？

客服：根据您的医疗记录，您的血压和胆固醇都偏高。

顾客：那你们有什么可以推荐的？

客服：您可以试试我们的低脂健康比萨。

顾客：你怎么知道我会喜欢吃这种的？

客服：您上星期一在国家图书馆借了一本《低脂健康食谱》。

顾客：好。那我要一个家庭特大号比萨，要付多少钱？

客服：99元，这个足够您一家六口吃了。但您母亲应该少吃，她上个月刚刚做了心脏搭桥手术，还处在恢复期。

顾客：那可以刷卡吗？

客服：陈先生，对不起。请您付现款，因为您的信用卡已经刷爆了，您现在还欠银行4807元，而且还不包括房贷利息。

顾客：那我先去附近的提款机提款。

客服：陈先生，根据您的记录，您已经超过今日提款限额。

顾客：算了，你们直接把比萨送我家吧，家里有现金。你们多久会送到？

客服：大约30分钟。如果您不想等，可以自己骑车来。

顾客：为什么？

客服：根据我们CRM全球定位系统的车辆行驶自动跟踪系统记录。您登记有一辆车号为SB-748的摩托车，而目前您正在解放路东段华联商场右侧骑着这辆摩托车。

顾客：当即晕倒……

在这则故事里，必胜客为何对这位客户的饮食、健康、行踪等信息一切了然呢？必胜客借助的就是存在于各种载体内的关于这位客户的数据，而这些数据就可以称之为大数据。现在我们再来看看学术上关于大数据的定义。

大数据 又称海量数据，指的是以不同形式存在于数据库、网络等媒介上蕴含丰富信息的规模巨大的数据。大数据是一个宽泛的概念，其定义也是见仁见智。诚然“大”是大数据的一个重要特征，但远远不是全部，不能单纯根据数据规模来定义大数据，因为不同时期，由于数据存储能力的不同，人们衡量数据规模的尺度也是不一样的。

大数据同过去的海量数据有所区别，其基本特征可以用4个V来总结（Volume、Variety、Value和Velocity），具体含义为：

Volume，数据体量巨大，可以是TB级别，也可以是PB级别。

Variety，数据类型繁多，如网络日志、视频、图片、地理位置信息等。物联网、云计算、移动互联网、车联网、手机、平板电脑、PC以及遍布地球各个角落的各种各样的传感器，无一不是数据来源或者承载的方式。

Value，价值密度低。以视频为例，连续不间断监控过程中，可能有用的数据仅仅有一两秒。

Velocity，处理速度快，这一点与传统的数据挖掘技术有着本质的不同。

简而言之，大数据的特点是体量大、多样性、价值密度低、速度快。

1.1.2　大数据的价值

从 1.1.1 节必胜客的故事我们可以感知到大数据的价值。大数据的价值，有的时候很容易通过简单的信息检索，或简单的统计分析得到，就像必胜客所做的那样。但很多情况下，很难直接获取数据的价值，需要通过更复杂的方法去获取数据中隐含的模式和规则，以利用这些规则或模式去指导和预测未来。换句话说，就是要向数据学习社会生活中的规则。就像电影《超能查派》中的那个机器人一样（如图 1-1 所示），通过向数据进行学习，几天之内就学会了超人的技能，而这些技能就是大数据中蕴藏的。

图 1-1　电影《超能查派》中的机器人

（图片来源：http://mt.sohu.com/20150502/n412271291.shtml）

无论是必胜客的故事还是电影《超能查派》，都为我们揭示了大数据的价值。而这种价值不同于物质性的东西，大数据的价值不会随着它的使用而减少，而是可以不断地被处理。大数据的价值并不仅仅限于特定的用途，它可以为了同一目的而被多次使用，亦可用于其他目的。最终，大数据的价值是其所有可能用途的总和。知名 IT 评论人谢文表示，“大数据将逐渐成为现代社会基础设施的一部分，就像公路、铁路、港口、水电和通信网络一样不可或缺。但就其价值特性而言，大数据却和这些物理化的基础设施不同，不会因为使用而折旧和贬值。例如，一组 DNA 可能会死亡或毁灭，但大数据的 DNA 却会永存”。

大数据研发的目的是利用大数据技术去发现大数据的价值并将其应用到相关领域，通过解决大数据的处理问题促进社会的发展。从大数据中发现价值的一系列技术可以称之为数据挖掘。

1.1.3　大数据与数据挖掘的关系

时下，大数据这个概念很火，数据挖掘这个技术也很热，大数据与数据挖掘到底有怎样的关系呢？一般的认识是这样的，大数据只是个概念，围绕这个概念，有两大技术分支，如

图 1-2 所示，一个分支是关于大数据存储的，涉及关系数据库、云存储和分布式存储；另一个分支是关于大数据应用的，涉及数据管理、统计分析、数据挖掘、并行计算、分布式计算等内容。

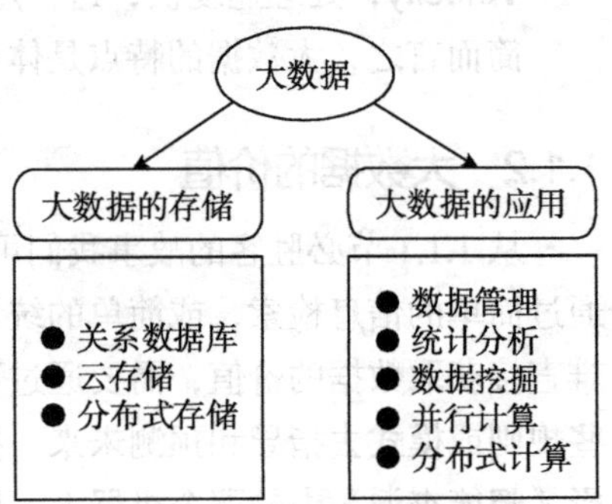

图 1-2 大数据的两大技术分支

这两个分支有着紧密的联系，人们关注的往往是大数据的应用，因为这个部分能够直接产生大数据的效益，体现大数据的价值。但是大数据的存储却是基础，没有存储的大数据，大数据的应用只能是空中楼阁。当然现在大数据的存储，主要涉及硬件、数据库、数据仓库等技术。而对于大数据的应用，涉及的不仅是各层面的技术，还有商业目的、业务逻辑等内容，相对来说比较复杂。所以在本书中，我们关注的还是大数据的应用这个分支，而在这个分支里，数据挖掘尤为重要。因为数据管理相对基础、常规，统计分析也比较常规，能够解决一些浅层次的数据分析问题；并行计算和分布式计算主要解决数据处理的量和速度问题，是锦上添花的技术；数据挖掘则针对一些复杂的大数据应用问题。同时，数据挖掘基本也包含了数据管理、统计分析，也可利用到并行计算和分布式计算。可以说，数据挖掘是数据分析的高级阶段，在国外，现在流行的说法是数据分析学（Data Analytic），包含了数据的统计分析和数据挖掘的内容。

以上是关于大数据与数据挖掘之间关系的解释，当然，我们也并不需要知道那么多，只需要理解数据挖掘是实现大数据应用的重要技术就可以了。

为了能更直观地理解大数据与数据挖掘的关系，现在我们拿数据挖掘与煤矿挖掘进行对比。开采煤的前提是有煤矿，包括煤矿的储藏量、储藏深度、煤的成色等；之后是挖矿，要把这些埋在地下的矿挖出来，需要挖矿工、挖矿机、运输机；再之后是加工、洗煤、精炼，等等；最后才得到价值相对较高的电煤、精煤等产品。

数据挖掘也十分类似：挖掘数据的前提是有数据，包括数据的储藏量、储藏深度、数据的成色（质量）；之后是数据挖掘，要把这些埋藏在数据中的信息挖掘出来；再之后是将数据挖掘的结果发布出去，用于指导商业实践。直到这一步，才创造了价值。而所谓的大数据，就是现在正在形成的巨型矿山。如果想了解大数据，那么踏踏实实的做法是学习数据挖掘相关的知识和技术。

1.2 数据挖掘的概念和原理

1.2.1 什么是数据挖掘

数据挖掘（Data Mining），也叫数据开采、数据采掘等，就是从大量的、不完全的、有噪声的、模糊的、随机的实际应用数据中，提取隐含在其中的、人们事先不知道的，但又是潜在有用的信息和知识的过程。

企业里的数据量非常大，而其中真正有价值的信息却很少，因此从大量的数据中经过深层分析，获得有利于商业运作、提高竞争力的信息，就像从矿石中淘金一样，数据挖掘也因此而得名。这种新式的商业信息处理技术，可以按商业既定业务目标，对大量的商业数据进行探索和分析，揭示隐藏的、未知的或验证已知的规律性，并进一步将其模型化。在较浅的层次上，它利用现有数据库管理系统的查询、检索及报表功能，与多维分析、统计分析方法相结合，进行联机分析处理（OLAP），从而得出可供决策参考的统计分析数据。在深层次上，则从数据库中发现前所未有的、隐含的知识。OLAP 的出现早于数据挖掘，它们都是从数据库中抽取有用信息的方法，就决策支持的需要而言两者是相辅相成的。OLAP 可以看作是一种广义的数据挖掘方法，它旨在简化和支持联机分析，而数据挖掘的目的是使这一过程尽可能自动化。

数据挖掘基于的数据库类型主要有关系型数据库、面向对象数据库、事务数据库、演绎数据库、时态数据库、多媒体数据库、主动数据库、空间数据库、文本型、Internet 信息库以及新兴的数据仓库（Data Warehouse）等。而挖掘后获得的知识包括关联规则、特征规则、区分规则、分类规则、总结规则、偏差规则、聚类规则、模式分析及趋势分析等。数据挖掘是一门交叉学科，它把人们对数据的应用从低层次的简单查询，提升到从数据中挖掘知识，提供决策支持。数据挖掘在数据由数据库转化为知识的过程中，所处的位置如图 1-3 所示。

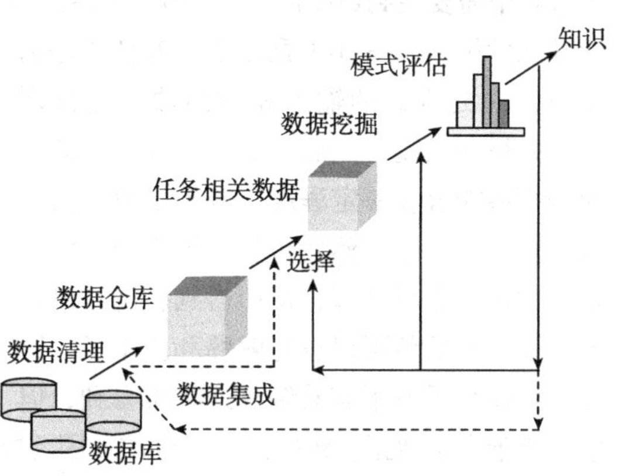

图 1-3　数据由数据库转化为知识的过程

数据挖掘与传统的数据分析（如查询、报表、联机应用分析）的本质区别是数据挖掘是在没有明确假设的前提下去挖掘信息、发现知识（也包括大量的不公开的数据）。数据挖掘使数据库技术进入了一个更高级的阶段。数据挖掘是要发现那些不能靠直觉发现的信息或知识，甚至是违背直觉的信息或知识，挖掘出的信息越是出乎意料，就可能越有价值。能够比市场提前知道这种信息，提前做出决策就会获得超额利润。

所以数据挖掘与传统的数据分析还是有所不同的，概括说来，数据挖掘技术具有以下几个特点：

1）处理的数据规模十分庞大，达到 GB、TB 数量级，甚至更大。

2）查询一般是决策制定者（用户）提出的即时随机查询，往往不能形成精确的查询要求，需要靠系统本身寻找其可能感兴趣的东西。

3）在一些应用（如商业投资等）中，由于数据变化迅速，因此要求数据挖掘能快速做出相应反应以随时提供决策支持。

4）数据挖掘中，规则的发现基于统计规律。因此，所发现的规则不必适用于所有数据，而是当达到某一临界值时，即认为有效。因此，利用数据挖掘技术可能会发现大量的规则。

5）数据挖掘所发现的规则是动态的，它只反映了当前状态的数据库具有的规则，随着不断地向数据库中加入新数据，需要随时对其进行更新。

1.2.2 数据挖掘的原理

数据本来只是数据，直观上并没有表现出任何有价值的知识。当我们用数据挖掘方法，从数据中挖掘出知识后，这种知识是否值得信赖。为了说明这种知识是可信的，现在来简要介绍一下数据挖掘的原理。

数据挖掘其实质是综合应用各种技术，对于业务相关的数据进行一系列科学的处理，这个过程中需要用到数据库、统计学、应用数学、机器学习、可视化、信息科学、程序开发以及其他学科（如图 1-4 所示）。其核心是利用算法对处理好的输入和输出数据进行训练，并得到模型，然后再对模型进行验证，使得模型能够在一定程度上刻画出数据由输入到输出的关系，然后再利用该模型，对新输入的数据进行计算，从而得到新的输出，这个输出然后就可以进行解释和应用了。所以这种模型虽然不容易解释或很难看到，但它是基于大量数据训练并经过验证的，因此能够反映输入数据和输出数据之间的大致关系，这种关系（模型）就是我们需要的知识。可以说，这就是数据挖掘的原理，从中可以看出，数据挖掘是有一定科学依据的，这样挖掘的结果也是值得信任的。

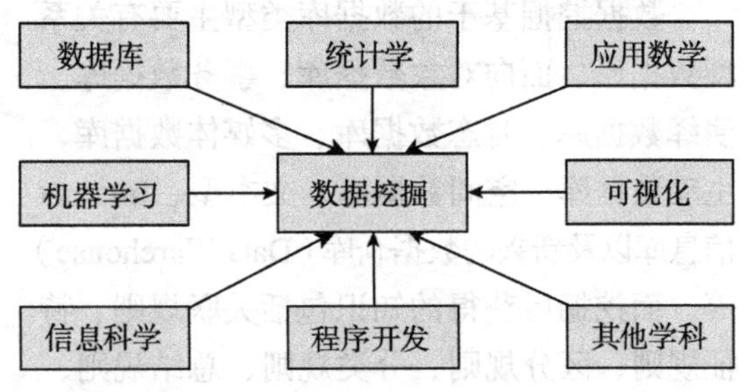

图 1-4 数据挖掘与其他学科的关系

1.3 数据挖掘的内容

数据挖掘包括的内容较多，从广义上来讲，只要可以从数据中挖掘出来的有用的知识都可以算作数据挖掘的内容。对学术研究和产业应用的数据挖掘内容进行归纳，就会发现数据挖掘的内容总是集中在几个方面上，即关联、回归、分类、聚类、预测、诊断六个方面。它们不仅在挖掘的目标和内容上不同，所使用的技术也差别较大，所以通常也将数据挖掘的技术按照这六个方面来分类。下面将逐一介绍这六个数据挖掘内容及相应的技术。

1.3.1 关联

“尿布与啤酒”的故事大家都听过，这里就不啰嗦了。按常规思维，尿布与啤酒风马牛不相及，若不是借助数据挖掘技术对大量交易数据进行挖掘分析，沃尔玛是不可能发现这一有价值的规律的（如图 1-5 所示）。

啤酒和尿布的关系是典型的关联关系，是通过对交易信息进行关联挖掘而得到的。数据关联是数据库中存在的一类重要的可被发现的知识。若两个或多个变量的取值之间存在某种规律性，就称为关联。关联可分为简单关联、时序关联、因果关联。关联分析的目的是找出数据之间隐藏的关联网。有时并不知道数据库中数据的关联关系，即使知道也是不确定的，因此关联分析生成的规则带有可信度，通过可信度来描述这种关系的确定程度。

图 1-5　啤酒和尿布的关联关系

关联规则挖掘就是要发现数据中项集之间存在的关联关系或相关联系。按照不同情况，关联规则挖掘可以分为以下几种情况：

1）基于规则中处理的变量的类别，关联规则可以分为布尔型和数值型。

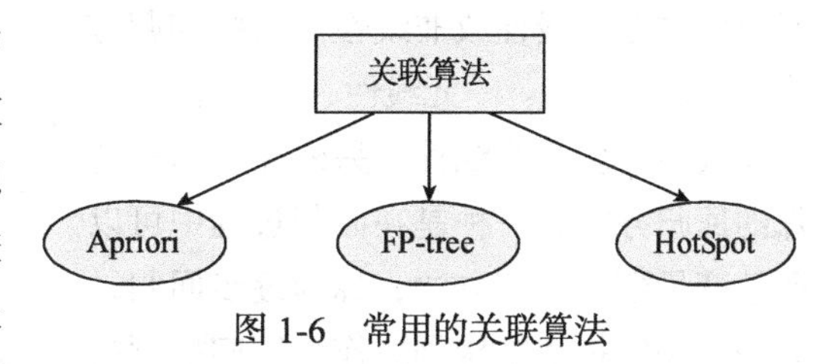

图 1-6　常用的关联算法

布尔型关联规则处理的值都是离散的、种类化的，它显示了这些变量之间的关系；而数值型关联规则可以和多维关联或多层关联规则结合起来，对数值型字段进行处理，将其进行动态的分割，或者直接对原始的数据进行处理，当然数值型关联规则中也可以包含种类变量。例如：性别 ＝“女”=>职业 ＝“秘书”，是布尔型关联规则；性别 ＝“女”=> avg（收入）= 2300，涉及的收入是数值类型，所以是一个数值型关联规则。

2）基于规则中数据的抽象层次，可以分为单层关联规则和多层关联规则。

在单层的关联规则中，所有的变量都没有考虑到现实的数据是具有多个不同的层次的；而在多层的关联规则中，对数据的多层性已经进行了充分的考虑。例如：IBM 台式机=>Sony 打印机，是一个细节数据上的单层关联规则；台式机=>Sony 打印机，是一个较高层次和细节层次之间的多层关联规则。

3）基于规则中涉及的数据的维数，关联规则可以分为单维的和多维的。

在单维的关联规则中，我们只涉及数据的一个维，如用户购买的物品；而在多维的关联规则中，要处理的数据将会涉及多个维。换言之，单维关联规则是处理单个属性中的一些关系；多维关联规则是处理各个属性之间的某些关系。例如：啤酒=>尿布，这条规则只涉及用户购买的物品；性别=“女”=>职业=“秘书”，这条规则就涉及两个字段的信息，是两个维上的一条关联规则。

具体事物之间的关联关系，需要用到具体的关联技术，也就是通常说的算法。常用的关联算法如图 1-6 所示，这些算法将在后面的相应章节具体介绍。

1.3.2 回归

回归（Regression）是确定两种或两种以上变数间相互定量关系的一种统计分析方法。回归是数据挖掘中最为基础的方法，也是应用领域和应用场景最多的方法，只要是量化型问题，我们一般都会先尝试用回归方法来研究或分析。比如要研究某地区钢材消费量与国民收入的关系，那么就可以直接用这两个变量的数据进行回归，然后看看它们之间的关系是否符合某种形式的回归关系，如图 1-7 所示。

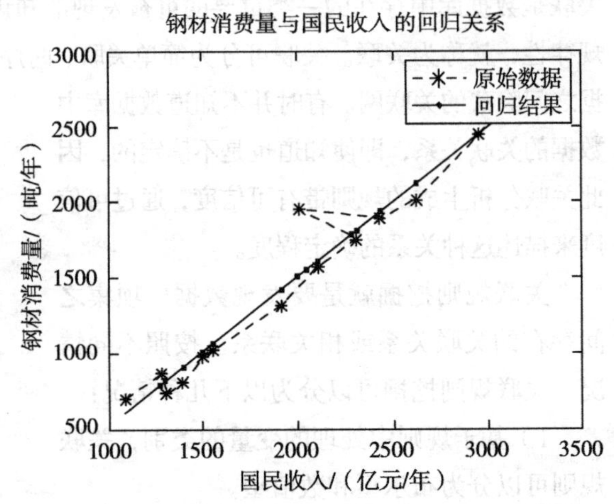

图 1-7 回归方法得到的钢材消费量与国民收入的关系图

根据回归方法中因变量的个数和回归函数的类型（线性或非线性）可将回归方法分为以下几种：一元线性、一元非线性、多元线性、多元非线性。另外还有两种特殊的回归方式，一种是在回归过程中可以调整变量数的回归方法，称为逐步回归，另一种是以指数结构函数作为回归模型的回归方法，称为 Logistic 回归，这些方法的关系如图 1-8 所示。

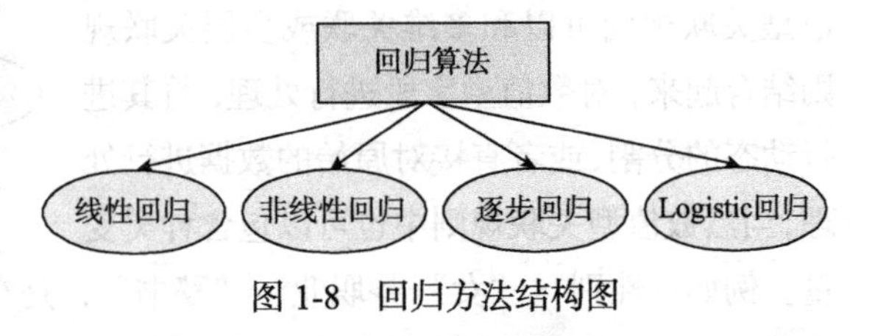

图 1-8 回归方法结构图

1.3.3 分类

分类是一个常见的问题，在我们的日常生活中就会经常遇到分类的问题，比如垃圾分类（如图 1-9 所示）。在数据挖掘中，分类也是最为常见的问题，其典型的应用就是根据事物在数据层面表现的特征，对事物进行科学的分类。

图 1-9 分类示意图

（图片来源：http://www.iflashbuy.com/i/news/a/2013/1105/876.html）

对于分类问题，人们已经研究并总结出了很多有效的方法。到目前为止，已经研究出的经典分类方法主要包括：决策树方法（经典的决策树算法主要包括 ID3 算法、C4.5 算法和 CART 算法等）、神经网络方法、贝叶斯分类、K–近邻算法、判别分析、支持向量机等分类方法，如图 1-10 所示。不同的分类方法有不同的特点。这些分类方法在很多领域都得到了成功的应用，比如决策树方法已经成功地应用到医学诊断、贷款风险评估等领域；神经网络则因为对噪声数据有很好的承受能力而在实际问题中得到了非常成功的应用，比如识别手写字符、语音识别和人脸识别等。但是由于每一种方法都有缺陷，再加上实际问题的复杂性和数据的多样性，使得无论哪一种方法都只能解决某一类问题。近年来，随着人工智能、机器学习、模式识别和数据挖掘等领域中传统方法的不断发展以及各种新方法和新技术的不断涌现，分类方法得到了长足的发展。

1.3.4 聚类

聚类分析（Cluster Analysis）又称群分析，是根据“物以类聚”的道理，对样品进行分类的一种多元统计分析方法，它们讨论的对象是大量的样品，要求能合理地按各自的特性来进行合理的分类，没有任何模式可供参考或依循，是在没有先验知识的情况下进行的。聚类是将数据分类到不同的类或者簇的一个过程，所以同一个簇中的对象有很大的相似性，而不同簇间的对象有很大的相异性。聚类分析起源于分类学，在古老的分类学中，人们主要依靠经验和专业知识来实现分类，很少利用数学工具进行定量的分类。随着人类科学技术的发展，对分类的要求越来越高，以致有时仅凭经验和专业知识难以确切地进行分类，于是人们逐渐地把数学工具引用到了分类学中，形成了数值分类学，之后又将多元分析的技术引入到数值分类学形成了聚类分析。更直接地说，聚类是看样品大致分成几类，然后再对样品进行分类，也就是说，聚类是为了更合理地分类。比如，在图 1-11 中，通过聚类发现这些点大致分成 3 类，那么对于新的数据，就可以按照 3 类的标准进行归类。

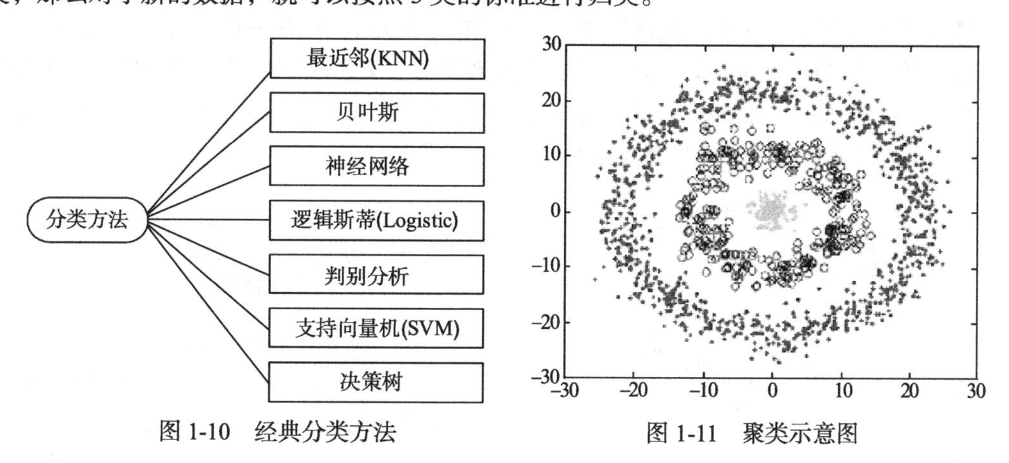

图 1-10　经典分类方法　　图 1-11　聚类示意图

（图片来源：http://www.itongji.cn/article/0R52D42013.html）

在不同的应用领域，很多聚类技术都得到了发展，这些技术方法被用作描述数据，衡量不同数据源间的相似性，以及把数据源分类到不同的簇中。在商业上，聚类分析被用来发现不同的客户群，并且通过购买模式刻画不同客户群的特征；在生物上，聚类分析被用来进行动植物分类和对基因进行分类，获取对种群固有结构的认识；在保险行业上，聚类分析通过一个高的平均消费来鉴定汽车保险单持有者的分组，同时根据住宅类型、价值、地理位置来鉴定一个城市的房产分组；在因特网应用上，聚类分析被用来在网上进行文档归类，以修复信息。

聚类问题的研究已经有很长的历史。迄今为止，为了解决各领域的聚类应用，已经提出的聚类算法有近百种。根据聚类原理，可将聚类算法分为以下几种：划分聚类、层次聚类、基于密度的聚类、基于网格的聚类和基于模型的聚类。虽然聚类的方法很多，在实践中用得比较多的还是K-means、层次聚类、神经网络聚类、模糊C-均值聚类、高斯聚类等几种常用的方法，如图1-12所示。

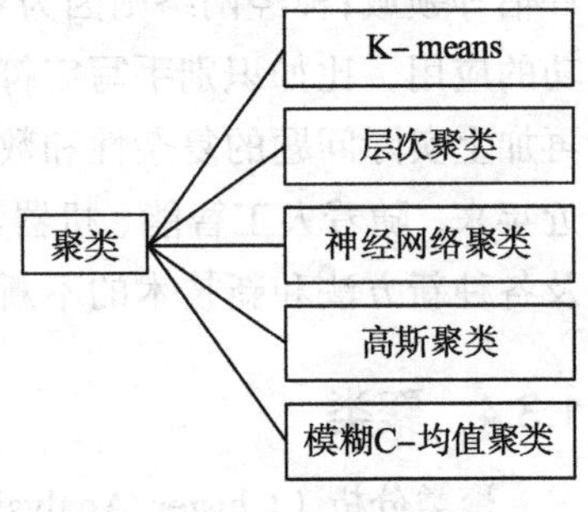

图1-12 常用的聚类方法

1.3.5 预测

预测（Forecasting）是预计未来事件的一门科学，它包含采集历史数据并用某种数学模型来预测未来，它也可以是对未来的主观或直觉的预期，还可以是上述的综合。在数据挖掘中，预计是基于既有的数据进行的，即以现有的数据为基础，对未来的数据进行预测，如图1-13所示。

预测的重要意义就在于它能够在自觉地认识客观规律的基础上，借助大量的信息资料和现代化的计算手段，比较准确地揭示出客观事物运行中的本质联系及发展趋势，预见到可能出现的种种情况，勾画出未来事物发展的基本轮廓，提出各种可以互相替代的发展方案，这样就使人们具有了战略眼光，使得决策有了充分的科学依据。

预测方法有许多，可以分为定性预测方法和定量预测方法，如图1-14所示。从数据挖掘角度，我们用的方法显然是属于定量预测方法。定量预测方法又分为时间序列分析和因果关系分析两类方法，关于时间序列我们将在第12章集中介绍。而在因果关系分析方法中，将在第10章中重点介绍灰色预测和马尔科夫预测两种方法。

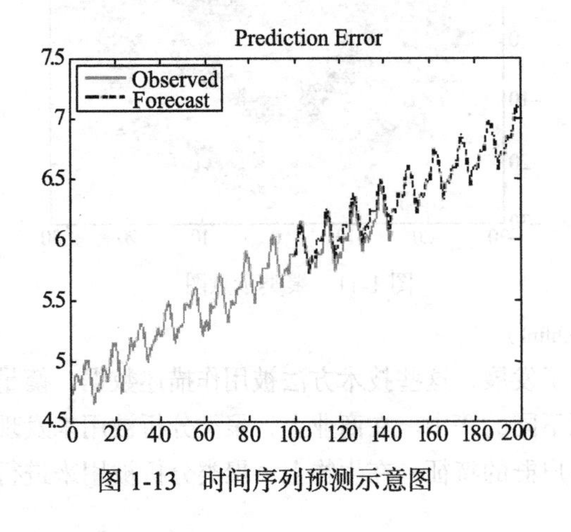

图1-13 时间序列预测示意图

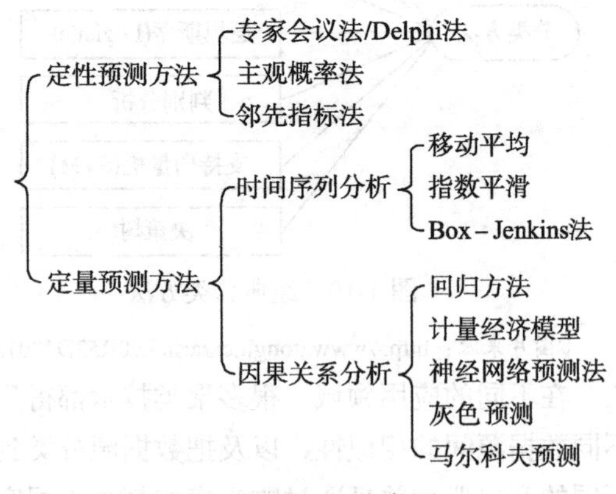

图1-14 预测方法分类图

1.3.6　诊断

在数据挖掘中，诊断的对象是离群点或称为孤立点。离群点是不符合一般数据模型的点，它们与数据的其他部分不同或不一致，如图 1-15 中的 Cluster 3，只有一个点，可以认为是这群数据的离群点。离群点可能是度量或执行错误所导致的，例如，一个人的年龄为–999 可能是由于对年龄的缺省设置所产生的；离群点也可能是固有数据可变性的结果，例如，一个公司的首席执行官的工资远远高于公司其他雇员的工资，成为一个离群点。

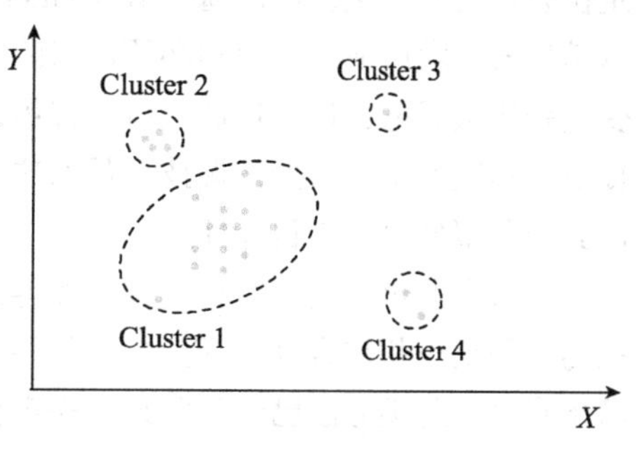

图 1-15　离群点示意图

许多数据挖掘算法试图使离群点的影响最小化，或者排除它们。但是由于一个人的“噪声”可能是另一个人的信号，这可能导致重要的隐藏信息丢失。换句话说，离群点本身可能是非常重要的，例如在欺诈探测中，离群点可能预示着欺诈行为。这样，离群点探测和分析是一个有趣的数据挖掘任务，被称为离群点挖掘或离群点诊断，简称诊断。

离群点诊断有着广泛的应用。像上面所提到的，它能用于欺诈监测，例如探测不寻常的信用卡使用或电信服务。此外，它在市场分析中可用于确定极低或极高收入的客户的消费行为，或者在医疗分析中用于发现对多种治疗方式的不寻常的反应。

目前，人们已经提出了大量关于离群点诊断的算法。这些算法大致上可以分为以下几类：基于统计学或模型的方法、基于距离或邻近度的方法、基于偏差的方法、基于密度的方法和基于聚类的方法，这些方法一般称为经典的离群点诊断方法（这些方法将在第 11 章介绍）。近年来，有不少学者从关联规则、模糊集和人工智能等其他方面出发提出了一些新的离群点诊断算法，比较典型的有基于关联的方法、基于模糊集的方法、基于人工神经网络的方法、基于遗传算法或克隆选择的方法等。

1.4　数据挖掘的应用领域

数据挖掘的应用十分广泛，各个领域的应用既有相同之处，又有各自不同的独特之处。下面将简要介绍数据挖掘在几个不同行业的应用案例。

1.4.1　零售业

对于零售企业，可以通过广泛收集各渠道、各类型的数据，利用数据挖掘技术整合各类信息、还原客户的真实面貌，可以帮助企业切实掌握客户的真实需求，并根据客户需求快速做出应对，实现“精准营销”和“个性化服务”。

现在已经有了大量成功案例，比如沃尔玛公司充分利用天气数据，研究天气与商品数量增减的关系，根据飓风移动的线路，准确预测哪些地方要增加或减少何种商品，并据此进行仓储部署，确保产品能够及时满足消费者需求。美国某领先的化妆品公司，通过当地的百货商店、网络及其邮购等渠道为客户提供服务。该公司希望向客户提供差异化服务，针对如何定位公司的差异化，他们通过从 Twitter 和 Facebook 收集社交信息，更深入地理解化妆品的营销模式，随后他们认识到必须保留两类有价值的客户：高消费者和高影响者。希望通过接受免费化妆服务，让用户进行口碑宣传，这是交易数据与交互数据的完美结合，为业务挑战提供了解决方案。数据挖掘技术帮助这家化妆品公司用社交平台上的数据充实了客户数据，使其业务服务更具有目标性。

零售企业也可利用数据挖掘监控客户的店内走动情况以及与商品的互动。它们将这些数据与交易记录相结合来展开分析，从而在销售哪些商品、如何摆放货品以及何时调整售价上给出意见，此类方法已经帮助某领先零售企业减少了 17%的存货，同时在保持市场份额的前提下，增加了高利润率自有品牌商品的比例。

1.4.2 银行业

银行信息化的迅速发展，产生了大量的业务数据。从海量数据中提取出有价值的信息，为银行的商业决策服务，是数据挖掘的重要应用领域。汇丰、花旗和瑞士银行是数据挖掘技术应用的先行者。如今，数据挖掘已在银行业有了广泛深入的应用。

数据挖掘在银行业的重要应用之一是风险管理，如信用风险评估。可通过构建信用评级模型，评估贷款申请人或信用卡申请人的风险。对于银行账户的信用评估，可采用直观量化的评分技术。以信用评分为例，通过由数据挖掘模型确定的权重，来给每项申请的各指标打分，加总得到该申请人的信用评分情况。银行根据信用评分来决定是否接受申请，确定信用额度。通过数据挖掘，还可以侦查异常的信用卡使用情况，确定极端客户的消费行为。通过建立信用欺诈模型，帮助银行发现具有潜在欺诈性的事件，开展欺诈侦查分析，预防和控制资金非法流失。

数据挖掘在风险管理中的一个优势是可以获得传统渠道很难收集的信息。在这方面，阿里金融就是一个典型的案例。阿里金融利用阿里巴巴 B2B、淘宝、支付宝等电子商务平台上客户积累的信用数据及行为数据，引入网络数据模型和在线视频资信调查模式，通过交叉检验技术辅以第三方验证确认客户信息的真实性，向这些通常无法在传统金融渠道获得贷款的弱势群体批量发放“金额小、期限短、随借随还”的小额贷款。重视数据，而不是依赖担保或者抵押的模式，使阿里金融获得了向银行发起强有力挑战的核心竞争力。

数据挖掘在银行业的另一个重要应用就是客户管理。在银行客户管理生命周期的各个阶段，都会用到数据挖掘技术。

在获取客户阶段，通过探索性的数据挖掘方法，如自动探测聚类和购物篮分析，可以用来找出客户数据库中的特征，预测对于银行营销活动的响应率。可以把客户进行聚类分析，让其自然分群，通过对客户的服务收入、风险、成本等相关因素的分析、预测和优化，找到新的可赢利目标客户。

在保留客户阶段，通过数据挖掘，发现流失客户的特征后，银行可以在具有相似特征的客户未流失之前，采取额外增值服务、特殊待遇和激励忠诚度等措施保留客户。通过数据挖掘技术，可以预测哪些客户将停止使用银行的信用卡，而转用竞争对手的卡。银行可以采取措施来保持这些客户的信任。数据挖掘技术可以识别导致客户转移的关联因子，用模式找出当前客户中相似的可能转移者，通过孤立点分析法可以发现客户的异常行为，从而使银行避免不必要的客户流失。数据挖掘工具，还可以对大量的客户资料进行分析，建立数据模型，确定客户的交易习惯、交易额度和交易频率，分析客户对某个产品的忠诚程度、持久性等，从而为他们提供个性化定制服务，以提高客户忠诚度。

另外，银行还可以借助数据挖掘技术优化客户服务。如通过分析客户对产品的应用频率、持续性等指标来判别客户的忠诚度，通过交易数据的详细分析来鉴别哪些是银行希望保持的客户。找到重点客户后，银行就能为客户提供有针对性的服务。

1.4.3　证券业

大数据理念出现后，对证券业的影响也很大。券商可以利用更多的数据，包括：覆盖各类业务的交易操作行为、个人基本信息、软件使用习惯、自选股、常用分析指标等，甚至建立大数据中心，实现对客户的理财需求挖掘，实施精准营销。也有少数券商与互联网企业合作，在客户服务方面做投资风格分析、策略推荐、风险提醒等。但总的来说，证券业利用数据挖掘技术最集中的两块一块是客户管理，另一块是量化交易。

在交易方面，数据挖掘技术使得量化投资成为现实。例如，投资者对某个事件以及对公司相关报道的观点是什么，都会通过其在互联网上的行为产生新一轮的用户行为数据，在最短的时间内利用算法，得到市场情绪或新闻事件对市场的影响程度，进而挖掘市场景气度、情绪度以及事件热点等指标，为大数据投资生成决策。为此，管清友指出，利用大数据进行投资对传统投资而言不但是一种补充，甚至是一种超越。国内外的研究结果表明，利用大数据进行投资的收益要好于市场平均。美国印第安纳大学近年的一项研究成果更表明，从 Twitter 信息中表现出来的情绪指数与道琼斯工业指数的走势之间相关性高达 87%。牛津大学期刊发表的一篇文章表明，通过搜索分析投资者在网络发帖和评论中表现出来的观点，能够很好地反映多空态度，同样也能够有效地预测未来股市的收益。

英国华威商学院和美国波士顿大学物理系的研究发现，用户通过谷歌搜索的金融关键词或许可以预测金融市场的走向。研究人员统计了谷歌搜索 2004～2011 年的 98 个关键词，追踪了这些关键词在这段时期内的搜索数据变化情况，并将数据和道指的走势进行了对比。研究称，一般而言，当“股票”、“营收”等金融词汇的搜索量下降时，道指随后将上涨，而当这些金融词汇的搜索量上升时，道指在随后的几周内将下跌。研究人员根据这些数据制定了一项投资战略，该战略的回报率高达 326%。相比之下，在 2004 年买入并在 2011 年卖出股票的投资回报率仅为 16%。

在国内，2015 年 2 月 10 日，百度宣布开放“百度股市通”APP 公测。这是国内首款应用大数据引擎技术智能分析股市行情热点的股票 APP，同时意味着百度正式进军互联网证券市场。“百度股市通”独家提供的“智能选股”服务，基于百度每日实时抓取的数百万新闻资讯和数亿次的股票、政经相关搜索大数据，通过技术建模、人工智能，帮助用户快速获知全网关注的投资热点，并掌握这些热点背后的驱动事件及相关个股。

1.4.4 能源业

能源行业作为国民经济与社会发展的基础，正在受到大数据的深刻影响。2013 年，能源相关的一些细分行业与大数据开发应用不断擦出火花，初现爆发力。从海量看似静态的数据中，搜集并分析提取出动态多样的规律性的有价值信息，是大数据技术带给能源行业的福利。

目前能源领域的大数据应用主要有 4 个方面：第一，促进新产品开发。美国通用公司通过每秒分析上万个数据点，融合能量储存和先进的预测算法，开发出能灵活操控 120 米长叶片的 2.5–120 型风机，并无缝地将数据传递给邻近的风机、服务技术人员和顾客，效率与电力输出分别比现行风机提高了 25%和 15%。第二，使能源更“绿色”，其关键是利用可再生能源技术，如冰岛的 Green Earth Data 与 Green Qloud 公司，依靠冰岛丰富的地热与水电资源驱动为数据中心提供 100%的可再生能源。第三，实现能源管理智能化。能源产业可以利用大数据分析天然气或其他能源的购买量、预测能源消费、管理能源用户、提高能源效率、降低能源成本等；大数据与电网的融合可组成智能电网，涉及发电到用户的整个能源转换过程和电力输送链，主要包括智能电网基础技术、大规模新能源发电及并网技术、智能输电网技术、智能配电网技术及智能用电技术等，是未来电网的发展方向等。第四，改变社会，为城市基础设施、能源、交通、环境等带来机遇。大数据使城市越来越智能化，纽约、芝加哥与西雅图向公众开放数据，鼓励建设多样化的智能城市。

以电力行业为例，电力大数据涉及发电、输电、变电、配电、用电、调度各环节，对电力大数据进行挖掘需要跨单位、跨专业。近几年，随着电力企业各类 IT 系统对业务流程的基本覆盖，采集到的数据量迅速增长。而今，围绕数据采用相应的定量和统计信息，挖掘更加有价值的信息，已经逐渐超越数据的收集和存储，成为电力大数据面临的首要问题。越来越多的企业在思考如何利用大数据对业务进行战略性的调整，并通过数据分析，加工成更为高价值的数据，开拓并全面掌控企业业务。举个例子，国家电网在北京亦庄、上海、陕西建立了 3 个大数据中心，其中北京亦庄大数据中心已安装超过 10200 个传感器，它们及时采集数据，存储到云并进行分析和利用，每个月可节约的能耗价值约为 30 万元。

有人提出，重塑电力核心价值和转变电力发展方式是电力大数据的两条核心主线。电力大数据，就是要通过对电力系统海量数据的采集分析，推动其生产运作方式的优化，甚至是挖掘出大量高附加值的信息内容进行行业内外的增值服务业务开展。看似简单的数据，实际暗藏着金矿。维斯塔斯风力系统，依靠的是 BigInsights 软件和 IBM 超级计算机，然后对气象数据进行分析，找出安装风力涡轮机和整个风电场最佳的地点。利用大数据，以往需要数周的分析工作，现在仅需要不足 1 小时便可完成。

除了电力领域，在石油、新能源方面，大数据应用也越来越广泛。

1.4.5　医疗行业

除了较早前就开始利用大数据的互联网公司，医疗行业可能是让大数据分析最先发扬光大的传统行业之一。医疗行业早就遇到了海量数据和非结构化数据的挑战，而近年来很多国家都在积极推进医疗信息化发展，这使得很多医疗机构有资金来做大数据分析。目前，医疗行业在应用大数据方面，主要集中在临床医疗、付款/定价、研发、新的商业模式、公众健康等方面。

比如，在临床医疗方面，通过全面分析病人特征数据和疗效数据，然后比较多种干预措施的有效性，可以找到针对特定病人的最佳治疗途径。研究表明，对同一病人来说，医疗服务提供方不同，医疗护理方法和效果则不同，成本上也存在着很大的差异。精准分析包括病人体征数据、费用数据和疗效数据在内的大型数据集，可以帮助医生确定临床上最有效和最具有成本效益的治疗方法，这将有可能减少过度治疗（如避免那些副作用比疗效明显的治疗方式），以及治疗不足。从长远来看，不管是过度治疗还是治疗不足都将给病人身体带来负面影响，以及产生更高的医疗费用。世界各地的很多医疗机构（如英国的 NICE、德国的 IQWIG、加拿大的普通药品检查机构等）已经开始了类似项目并取得了初步成功。

在临床决策方面，大数据分析技术将使临床决策支持系统更智能，这得益于对非结构化数据的分析能力的日益加强。比如，可以使用图像分析和识别技术，识别医疗影像（X 光、CT、MRI）数据，或者挖掘医疗文献数据建立医疗专家数据库（就像 IBM Watson 做的），从而给医生提出诊疗建议。此外，临床决策支持系统还可以使医疗流程中大部分的工作流流向护理人员和助理医生，使医生从耗时过长的简单咨询工作中解脱出来，从而提高治疗效率。

再比如，在医学研究方面，医疗产品公司可以利用大数据提高研发效率。以美国为例，这将创造每年超过 1000 亿美元的价值。医药公司在新药物的研发阶段，可以通过数据建模和分析，确定最有效率的投入产出比，从而配备最佳资源组合。模型基于药物临床试验阶段之前的数据集及早期临床阶段的数据集，尽可能及时地预测临床结果。评价因素包括产品的安全性、有效性、潜在的副作用和整体的试验结果。通过预测建模可以降低医药产品公司的研发成本，在通过数据建模和分析预测药物临床结果后，可以暂缓研究次优的药物，或者停止在次优药物上的昂贵的临床试验。除了研发成本，医药公司还可以更快地得到回报。通过数据建模和分析，医药公司可以将药物更快推向市场，生产更有针对性的药物，有更高潜在市场回报和治疗成功率的药物。原来一般新药从研发到推向市场的时间大约为 13 年，使用预测模型可以帮助医药企业提早 3～5 年将新药推向市场。

另外，在公众健康方面，大数据的使用可以改善公众健康监控。公共卫生部门可以通过覆盖全国的患者电子病历数据库，快速检测传染病，进行全面的疫情监测，并通过集成疾病监测和响应程序，快速进行响应。这将带来很多好处，包括医疗索赔支出减少、传染病感染率降低，卫生部门可以更快地检测出新的传染病和疫情。通过提供准确和及时的公众健康咨询，将会大幅提高公众健康风险意识，同时也将降低传染病感染风险。所有的这些都将帮助人们创造更好的生活。在加拿大多伦多的一家医院，针对早产婴儿，每秒钟有超过 3000 次的数据读取。通过这些数据分析，医院能够提前知道哪些早产儿出现问题并且有针对性地采取措施，避免早产婴儿夭折。

1.4.6 通信行业

大数据时代的到来几乎影响到了每个行业，信息、互联网和通信行业受到的波动和影响最大。尤其是现代通信行业，大数据的快速发展加速了通信行业的转型，给这个行业注入了新鲜的血液，主要体现在以下几个方面：

1）提高运营商的网络服务质量。互联网技术在不断发展，基于网络的信令数据也在不断增长，这给运营商带来了巨大的挑战，只有不断提高网络服务质量，才有可能满足客户的存储需求。在这样的外部刺激下，运营商不得不尝试大数据的海量分布式存储技术、智能分析技术等先进技术，努力提高网络维护的实时性，预测网络流量峰值，预警异常流量，防止网络堵塞和宕机，为网络改造、优化提供参考，从而提高网络服务质量，提升用户体验。比如，中国移动通过大数据分析，对企业运营的全业务进行针对性的监控、预警、跟踪。系统在第一时间自动捕捉市场变化，再以最快捷的方式推送给指定负责人，使他在最短时间内获知市场行情。

2）提高运营商对客户情况的掌控能力。任何一个企业要想获得长期可持续的发展就必须有足够的对客户数据的掌控能力，只有全面了解客户数据，才能更有效地利用这些客户资源服务于市场。通过使用大数据分析、数据挖掘等工具和方法，电信运营商能够整合来自市场部门、销售部门、服务部门的数据，从各种不同的角度全面了解自己的客户，对客户形象进行精准刻画，以寻找目标客户，制定有针对性的营销计划、产品组合或商业决策，提升客户价值。判断客户对企业产品、服务的感知，有针对性地进行改进和完善。通过情感分析、语义分析等技术，可以针对客户的喜好、情绪，进行个性化的业务推荐。

3）改变了运营商的盈利结构。在过去，运营商主要的盈利均来源于附加值比较低的话务服务，随着大数据时代的来临，数据量和数据产生的方式发生了重大的变革，运营商掌握的信息更加全面和丰满，这无疑为运营商带来了新的商机，目前运营商主要掌握的信息包括移动用户的位置信息、指令信息以及网管和日志信息等。就位置信息而言，运营商可以通过位置信息的分析，得到某一时刻某一地点的用户流量，而流量信息恰恰是大多数商家关心的焦点信息，具有巨大的商业价值。通过对用户位置信息和指令信息的历史数据和当前信息分析建模可以服务于公共服务业，指挥交通、应对突发事件和重大活动，也可以服务于现代的零售行业。电信运营商可以在数据中心的基础上，搭建大数据分析平台，通过自己采集、第三方提供等方式汇聚数据，并对数据进行分析，为相关企业提供分析报告。在未来，这将是运营商重要的利润来源。

1.4.7 汽车行业

互联网、移动互联技术的快速普及，正在诸多方面改变着人们的车辆购置和使用习惯，使传统的汽车数据收集、分析和利用方式发生重大转变，必将推动汽车产业全产业链的变革，为企业带来新的利润增长点和竞争优势。

首先，车企可以利用数据挖掘技术，通过整合汽车媒体、微信、官网等互联网渠道潜客数据，扩大线索入口，提高非店面的新增潜客线索量，并挖掘保有客户的增购、换购、荐购线索，从新客户和保有客户两个维度扩大线索池；运用大数据原理，定义线索级别并进行购车意向分析，优化潜客培育，提高销售线索的转化率，提升销量。

其次，借助数据挖掘技术可以改善产品质量，促进产品研发。通过用户洞察，进行产品设计改进及产品性能改进，提高产品可靠性，降低产品故障率。大数据应用在企业运营方面可通过搭建业务运营的关键数据体系，开发可视化的数据产品，监控关键数据的异动，快速发现问题并定位数据异动的原因，辅助运营决策。

另外，车企可以通过数据挖掘技术进行服务升级。大数据应用于客户管理方面可以提升客户满意度，改善售后服务。通过建立基于大数据的 CRM 系统，了解客户需求，掌握客户动态，为客户提供个性化服务，促进客户回厂维修及保养，提高配件销量，增加售后产值，提升保有客户的利润贡献度。

在汽车的衍生业务方面，数据挖掘也有很大的利用空间。比如，通过对驾驶者总行驶里程、日行驶时间等数据，以及急刹车次数、急加速次数等驾驶行为在云端的分析，有效地帮助保险公司全面了解驾驶者的驾驶习惯和驾驶行为，有利于保险公司发展优质客户，提供不同类型的保险产品。

1.4.8 公共事业

对于政府部门来说，大数据将提升电子政务和政府社会治理的效率。大数据的包容性将打开政府各部门间、政府与市民间的边界，信息孤岛现象大幅削减，数据共享成为可能，政府各机构协同办公效率和为民办事效率提高，同时大数据将极大地提升政府社会治理能力和公共服务能力。对于大数据产业本身来说，政府及公共服务的广泛应用，也使其得到资金及应用支持，从而在技术和应用领域上得到及时地更新与反馈，促使其更迅猛地发展。近年来，包括医疗、教育、政务数据存储、防灾等方面的应用尤其突出。

利用大数据整合信息，将工商、国税、地税、质监等部门所收集的企业基础信息进行共享和比对，通过分析，可以发现监管漏洞，提高执法水平，达到促进财税增收、提高市场监管水平的目的。建设大数据中心，加强政务数据的获取、组织、分析、决策，通过云计算技术实现大数据对政务信息资源的统一管理，依据法律法规和各部门的需求进行政务资源的开发和利用，可以提高设备资源利用率、避免重复建设、降低维护成本。

大数据也将进一步提高决策的效率，提高政府决策的科学性和精准性，提高政府预测预警能力以及应急响应能力，节约决策的成本。以财政部门为例，基于云计算、大数据技术，财政部门可以按需掌握各个部门的数据，并对数据进行分析，作出的决策可以更准确、更高效。另外，也可以依据数据推动财政创新，使财政工作更有效率、更加开放、更加透明。2008年，法国总统萨科齐组建了一个专家组，成员包括以诺贝尔经济学奖获得者约瑟夫·斯蒂格利茨和阿玛蒂亚·森在内的20多名世界知名专家，进行了一项名为"幸福与测度经济进步"的研究。该研究将国民主观幸福感纳入了衡量经济表现的指标，以主观幸福度、生活质量及收入分配等指标来衡量经济发展。

1.5 大数据挖掘的要点

虽然大数据挖掘与一般的数据挖掘在挖掘过程、算法等方面差异不大，但由于大数据在广度和量度上的特殊性，对大数据的挖掘在实现上也会有些不同。要做好大数据的挖掘，除了掌握一般的数据挖掘方法，另外还要把握以下几个大数据挖掘的要点：

（1）大数据思维

大数据思维的核心是要具有利用数据的意识，无论量小还是量大。当我们处理的业务中涉及数据，尤其是有大量数据时，我们要想到是否可以利用这些数据处理碰到的新问题，这就是大数据思维。大数据思维也同时要求思维是开放的、包容的。在数据分享、信息公开的同时，也在释放善意，取得互信，在数据交换的基础上产生合作，这将打破传统封闭与垄断，形成开放、共享、合作思维。创造性思维是大数据思维方式的特性之一，通过对数据的重组、扩展和再利用，突破原有的框架，开拓新领域、确立新决策，发现隐藏在表面之下的数据价值，数据也创造性地成为可重复使用的"再生性"资源。

（2）大数据的收集与集成

大数据是客观存在的，但必须要对其进行控制和操作后才会进行更有意义的挖掘，而操作大数据的第一步就是大数据的收集和集成。

大数据挖掘在收集数据方面的要点就是理清和挖掘与目标可能有关联的数据，然后将这些关联数据收集起来。在当前，两个技术使得大数据的收集开始变得容易：一是各种传感器的廉价化和部署覆盖率的大大提高。比如，我们最熟悉的就是遍布身边的摄像头，不到10年的时间，城市里的任何一个角落放眼望去就全部是摄像头了。二是互联网，随着互联网技术的大发展，能够接入互联网的终端越来越便宜，在人群中的覆盖率不断提高，以致于我们拥有了一个可以覆盖大部分人口的传感器网络。比如，淘宝网每天有亿级别的用户访问、购物。在传统的工业时代，我们永远无法知道一个人在超市做了什么，也很难分析每个人在超市买了什么东西（尽管你有收银数据）。而在互联网这个每个人都带着传感器的时代，一切行为都可能被记录、分析，用于优化你未来的体验。

而集成数据就是将收集的数据统一管理起来，将分散的数据更趋于集中管理，集成的程度越高，对后续的挖掘越有利。另一方面，数据是否适合高度的集成也取决于数据的存在形式。比如，如果都是数据形式的数据就很好集成，但若有的数据是视频、图片或其他形式的数据，就不方便进行集成。集成的要点就是在不破坏数据信息含量的情况下，越集中越好。

（3）大数据的降维

大数据的一个特点是量可能很大，这样就可能超过计算机的处理能力，所以在对数据进行处理后，通常要考虑将数据进行降维，从而缩减数据量。大数据降维的要点是根据数据挖掘的目标、数据量、计算机的处理能力、对时间的要求等多方面的因素，对数据进行分级降维，首先是通过抽样的方式对数据进行降维，第二层次是抽取有用的变量，第三层次根据经典的降维方法，如 PCA 等，进行数据的变形降维。这是一种分级形式的逐层降维方式。

另外一种降维方式是分散的降维方式，就是将大数据需要映射为小的单元进行计算，再对所有的结果进行整合，就是所谓的 map-reduce 算法框架。在单个计算机上进行的计算仍然需要采用一些数据挖掘技术，区别是原先的一些数据挖掘技术不一定能方便地嵌入到 map-reduce 框架中，有些算法需要调整。

采用哪种方式，关键是看我们的数据适合哪种方式，怎么合适，怎么高效就怎么来。

（4）大数据的分布式与并行处理

如果数据经降维后依然很大，或者有些数据就是比较大，不适合降维，比如遥感的图像可能超过计算机的内存，再或者对响应时间要求比较高，那么此时对数据进行处理就要考虑分布式和并行计算了。

并行计算或称平行计算是相对于串行计算来说的。所谓并行计算可分为时间上的并行和空间上的并行。时间上的并行就是指流水线技术，而空间上的并行则是指用多个处理器并发的执行计算。并行计算（Parallel Computing）是指同时使用多种计算资源解决计算问题的过程。为执行并行计算，计算资源应包括一台配有多处理机（并行处理）的计算机、一个与网络相连的计算机专有编号，或者两者结合使用。并行计算的主要目的是快速解决大型且复杂的计算问题。

分布式计算是一门计算机科学，它研究如何把一个需要非常巨大的计算能力才能解决的问题分成许多小的部分，然后把这些部分分配给许多计算机进行处理，最后把这些计算结果综合起来得到最终的结果。分布式计算和集中式计算是相对的。随着计算技术的发展，有些应用需要非常巨大的计算能力才能完成，如果采用集中式计算，需要耗费相当长的时间来完成。分布式计算将该应用分解成许多小的部分，分配给多台计算机进行处理。这样可以节约整体计算时间，大大提高计算效率。

1.6 小结

本章先介绍了大数据与数据挖掘的关系，并由此引出了数据挖掘的概念与原理。这里的重点是明确数据挖掘是实现大数据应用的一套技术，同时数据挖掘也包含了数据管理、数据的统计分析等内容。随后介绍了数据挖掘的内容，包括六个方面，即关联、回归、分类、聚类、预测和诊断。了解数据挖掘的内容有助于我们加深对数据挖掘概念的理解，同时让我们从内容角度构建了数据挖掘的基本框架，这对于以后了解和学习数据挖掘相关技术更有帮助。接下来介绍了数据挖掘技术在几个典型行业中的应用情况，这样更能明确数据挖掘的意义。最后介绍了大数据挖掘的几个要点。应该说大数据挖掘是数据挖掘的一种，所以一般情况下，我们就说数据挖掘，无论被挖掘数据的量有多大。我们现在因为大数据热门，就喜欢什么都套上大数据的概念，其实绝大多数的所谓大数据不过就是数据统计的延伸而已，核心是数据的多维度、多样性以及统计模型的建立，其本质还是数据挖掘。大数据并不足以成就一个时代，它更应该与“互联网+”、产业创新、智能化、虚拟化等概念放在一起，才有足够的力量。

从学科发展的角度来说，数据挖掘正处于最佳发展时期。人类社会在经历一场数据革命：放眼四方，皆可见诸多规模庞大的数据集，并且这些数据集还在以惊人的速度不断增长。如何更好地利用这些大数据显得愈发重要，对企业、组织如是，对科学、工程乃至社会亦如是。数据挖掘幸运地成为了这场数据革命的中心，也站在了大数据信息时代的潮头浪尖，承载着在未来的科研与应用中发展大数据分析、知识挖掘和数据科学的重任。对数据挖掘领域来说，这是一个机遇与挑战并存的时期。

参考文献

[1] http://blog.sina.com.cn/s/blog_85fd28690102v871.html.

[2] http://www.chinaequip.gov.cn/2012-12/05/c_132021353.htm.

[3] http://wenku.baidu.com/link?url=rWoR2DhRtn7MDEbboG7Ql7ySaxXIdX0T_PwfNqMiw-NdfISSkdbc2x LQ BodI q7zP2SiKxCFZTaXwLX1vl9YdZaU8FZXKLjC-YLQfvXh3TRxS.

[4] http://www.dss.gov.cn/News_wenzhang.asp?ArticleID=357635.

[5] http://www.echinagov.com/zt/64/.

[6] 韩佳伟.数据挖掘概念与技术［M］.北京：机械工业出版社.

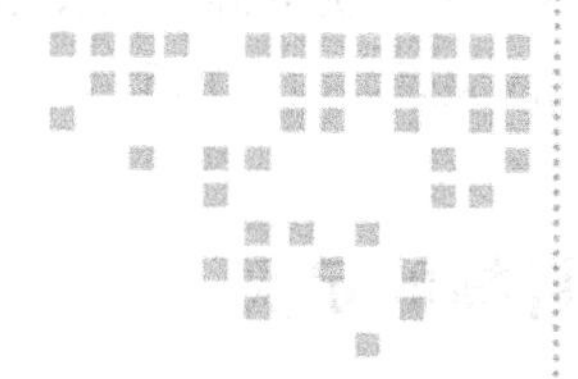

第 2 章 Chapter 2

数据挖掘的过程及工具

数据挖掘的过程是数据挖掘实施的方法论，所以本章将重点介绍数据挖掘的过程，即展示一个数据挖掘项目是如何一步一步实施的。此外，了解数据挖掘的实施工具也很有必要，所以本章还将介绍常用的数据挖掘工具。有了方法论和工具，数据挖掘的外沿框架就构建出来了，内涵部分的算法以后章节将逐个介绍。

2.1 数据挖掘过程概述

数据挖掘能够从一堆杂乱的数据中挖掘出有价值的知识，但也需要一个过程。很多数据挖掘工具的厂商都对这个过程进行了抽象和定义，使之更加清晰。比如，SAS 将数据挖掘过程划分为五个阶段：抽样（Sample）、探索（Explore）、处理（Manipulate）、建模（Model）、评估（Assess），即所谓的 SEMMA 过程模型；SPSS 则提出了 5A 模型，即评估（Assess）、访问（Access）、分析（Analyze）、行动（Act）、自动化（Automate）。但对于商业项目，业界普遍采用 CRISP-DM（Cross-Industry Standard Process for Data Mining）过程，所谓的“跨行业数据挖掘过程标准”，或者在其基础上改进的过程。CRISP-DM 模型为一个 KDD 工程提供了一个完整的过程描述。一个数据挖掘项目的生命周期包含六个阶段：业务理解（Business Understanding）、数据理解（Data Understanding）、数据准备（Data Preparation）、建模（Modeling）、评估（Evaluation）、部署（Deployment）。

纵观这几个过程模型，大家就会发现，其实质是一致的，所以也不必在意到底该用哪个数据挖掘流程，适合自己的就好。但从便于理解和操作的角度，本书所介绍的数据挖掘过程为：①挖掘目标的定义；②数据的准备；③数据的探索；④模型的建立；⑤模型的评估；⑥模型的部署，可以简称为 DPEMED（Definition、Preparation、Explore、Modeling、Evaluation、Deployment）模型，它们之间的关系如图 2-1 所示。

2.2 挖掘目标的定义

企业或组织机构当想要实施数据挖掘时，十有八九是因为觉得积累的业务数据里有些有价值的东西，也就是说在潜意识里面已经有了大致的目标了。这种目标在无形之中会给随后的数据挖掘过程给出明确的目标，所谓有的放矢，这样数据挖掘就可以有意义地进行下去。因此，实施数据挖掘的第一步要确定数据挖掘的目标。

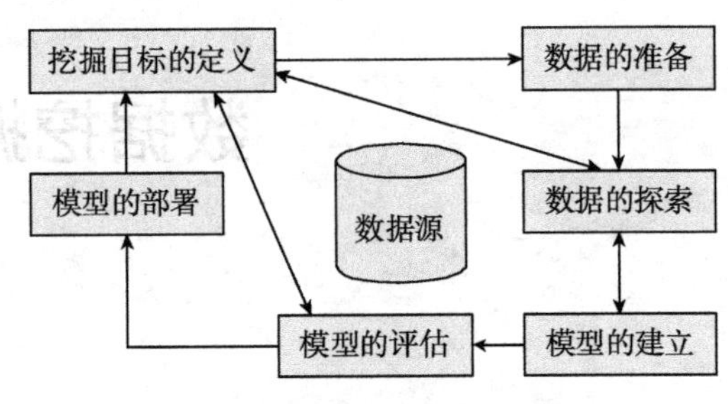

图 2-1 数据挖掘过程示意图

但要确定目标，就必须要了解数据和相关的业务。比如，要分析电信领域的客户呼叫行为，需要了解电信的业务构成、业务运营以及其他诸多的行业知识。有关业务问题，指的是在业务过程中您需要解决的问题、想要知道的答案并且认为这些问题的答案蕴藏在大量的数据中，但并不知道它们在哪里。可能涉及的业务问题很多，从数据挖掘的角度，所需要了解的业务问题至少包含以下三个方面：

1）有关需要解决问题的明确定义；

2）对有关数据的了解；

3）数据挖掘结果对业务作用效力的预测。

如果无法确定哪些问题可用数据挖掘解决，一个好的方法是看它们的成功案例，不论是与您相同的行业或其他行业。许多业务和研究的领域都被证实是数据挖掘能够得以成功应用的领域。它们包括金融服务、银行、保险、电信、零售、制造业、生物、化工等。

当对业务和数据有了一定的了解之后，就可以很容易地定义挖掘的目标，一般可以从以下两个方面定义数据挖掘的目标：

1）数据挖掘需要解决的问题；

2）数据挖掘完成后达到的效果，最好给出关键的评估参数及数值，比如数据挖掘结果在 3 个月内使得整体收益提高 5 个百分点。

2.3 数据的准备

数据的准备是数据挖掘中耗时最多的环节，因为数据挖掘的基础就是数据，所以足够、丰富、高质量的数据对数据挖掘的结果至关重要。数据的准备包括数据的选择、数据的质量分析和数据的预处理三个小环节。

（1）数据的选择

选择数据就是从数据源中搜索所有与业务对象有关的内部和外部数据信息，并从中选择出适用于数据挖掘应用的数据。内部数据通常指的是现有数据，例如交易数据、调查数据、Web 日志等。外部数据通常指需要购买的一些数据，比如股票实时交易数据。

从选择的数据类型来看，在大多数商业应用中都会包括交易数据、关系数据、人口统计数据三种类型的数据。交易数据是业务对象发生业务时产生的操作数据。它们一般有明显的时间和顺序特征，与业务发生有关联，如投资人的证券交易、客户的购物、电话的通话等。关系数据则是相对较少变化的数据，表达了客户、机构、业务之间的关系，如投资人与交易所，客户与电信公司等。人口统计数据表达与业务主题相关的描述信息，这些数据可能来自外部的数据源。这三种数据类型反映了三种数据信息，在数据挖掘的过程中，对知识的发现非常重要，所以选择数据的时候尽量要包括业务相关的这三种类型的数据。

（2）数据的质量分析

数据几乎没有完美的。事实上，大多数数据都包含代码错误、缺失值或其他类型的不一致现象。一种可避免可能出现缺陷的方法是在建模前对可用数据进行全面的质量分析。数据质量分析的目的是评估数据质量，同时为随后的数据预处理提供参考。数据的质量分析通常包括以下几个方面的内容：

- 缺失数据：包括空值或编码为无应答的值（例如$null$、?或 999）。
- 数据错误：通常是在输入数据时造成的排字错误。
- 度量标准错误：包括正确输入但却基于不正确的度量方案的数据。
- 编码不一致：通常包含非标准度量单位或不一致的值，例如同时使用 M 和 male 表示性别。
- 无效的元数据：包含字段的表面意思和字段名称或定义中陈述的意思不匹配。

（3）数据的预处理

经过数据质量分析往往会发现，数据总是存在这样或那样的问题，为了得到准确性、完整性和一致性较好的数据，必须需要对数据进行预处理。根据数据质量的不同，数据预处理所用的技术也会有所不同，但通常会包括数据清洗、数据集成、数据归约和数据变换四个步骤，这四个步骤的作用效果如图 2-2 所示。

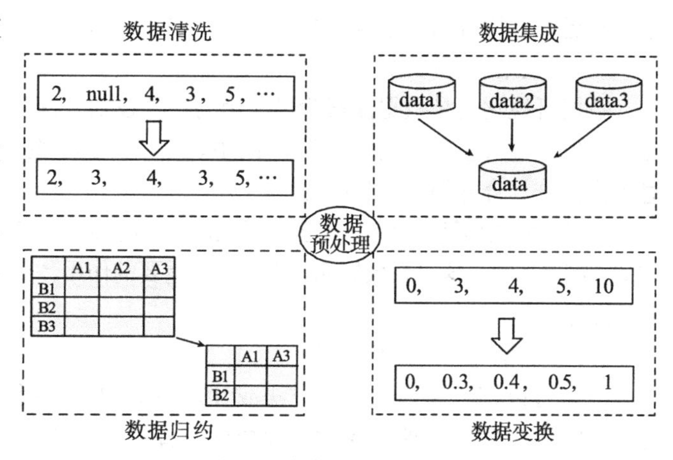

图 2-2　数据预处理的内容

2.4 数据的探索

探索数据是对数据进行初步研究，以便更好地了解数据的特征，为建模的变量选择和算法选择提供依据。在数据挖掘的过程中，数据的准备和数据的探索是个双向的过程，也就是说，数据探索的结果也可以指导数据的准备，尤其是数据的预处理。更具体地说，在数据挖掘的过程中，先进行数据的准备，包括收集、质量分析和预处理，然后进行数据的探索，如果在探索阶段发现数据量太少或数据质量不好或者区分度不好，那么就会返回到数据的准备，重新进行数据的收集、质量分析和预处理，通常是直接返回到预处理环节，如对数据进行归一化处理等预处理操作。然后继续对数据进行探索，直到通过探索对数据比较满意为止，这样就可以转入到下个阶段了。

从广义上说，很少或没有得到理论支撑的数据分析均可以视为数据探索的范畴。数据探索更多的是对数据进行初步分析，有助于针对不同类型的数据或条件进行统计分析的一种技术。数据探索或探索性数据分析具有启发式、开放式等特点。

1）启发式在于，我们可能对数据的类型或特点知之甚少，需要通过统计技术来探索数据内部的东西，就是通常我们所说的让“让数据说话”。这时一般是由于某种原因我们可能对数据背后的理论信息掌握得很少，或缺少这方面的资料等。

2）开放式在于，数据探索以数据清理为先导。数据清理工作往往要参考学科背景知识，例如对缺失值的处理，如果该学科数据对异常值的反应很灵敏，这时如果使用均值去填补，可能会丢失大量的信息（假如缺失值很多）。所以如果仅仅是数据探索，则很少需要考虑上述情况，可以完全根据数据特点来选择相应的处理方法，开放性也体现于此。

下面从几个大的方向上来了解数据探索的方法：

（1）描述统计

描述统计包括均值、频率、众数、百分位数、中位数、极差、方差和百分位数等，一般来说描述统计均可以用来探索数据结构，它们均用于探索数据的不同属性。

（2）数据的可视化

数据可视化也是数据探索阶段常用的一种技术，这种技术概括起来就是将数据的总体特点以图形的方式呈现，用以发现其中的模式。并可以根据一定的规则（标准差、百分数等信息）去拆分、合并等进一步的处理。

毫无疑问图形简明易懂，很多难以表达的情况使用图表顿时使问题变得简单，这也许就是所谓的一图胜千言，这个在数据探索中起到很重要的作用，比如常用的频次图（图2-3）、散点图、箱体图等。

（3）数据探索的建模活动

一切可以用于建模的统计方法或计量模型均可以用于数据探索，不过模型之所以是模型，是因为其背后的理论或学科性质的支撑，所以从这层意义上说，数据探索更多是为分析人员提供感性的认识，所有的结果都有待于理论的验证，而只有在认识的边缘，理论才渐渐被淡化。

2.5　模型的建立

模型的建立是数据挖掘的核心，在这一步要确定具体的数据挖掘模型（算法），并用这个模型原型训练出模型的参数，得到具体的模型形式。模型建立的操作流程如图 2-4 所示，在这一过程中，数据挖掘模型的选择往往是很直观的，例如对股票进行分类，则要选择分类模型。问题是分类模型又有多种模型（算法），这时就需要根据数据特征、挖掘经验、算法适应性等方面确定较为合适的算法，如果很难或不便选择哪种具体的算法，不妨对可能的算法都进行尝试，然后从中选择最佳的算法。

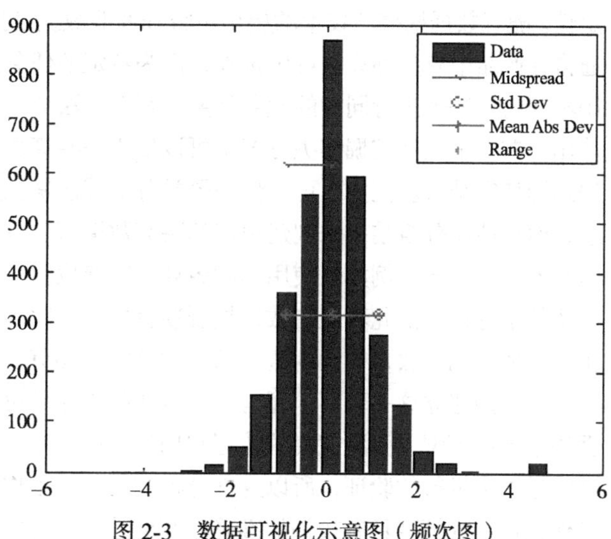

图 2-3　数据可视化示意图（频次图）

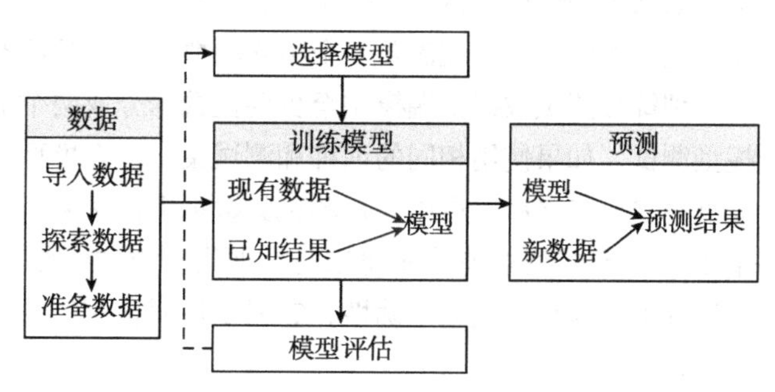

图 2-4　模型建立的流程

数据挖掘的主要内容就是研究模型建立过程中可能用到的各种模型和算法，这些模型和算法就是 1.3 节介绍的关联、回归、分类、聚类、预测和诊断六大类模型。如果从实现的角度，根据各种模型在实现过程中的人工监督（干预）程序，这些模型又可分为有监督模型和无监督模型。数据挖掘过程中，常用的模型结构如图 2-5 所示，根据这一结构，我们可以很清晰地知道模型建立过程中可供选择的模型，关于这些模型的具体适应条件的用法，将在技术篇的各章节具体介绍。

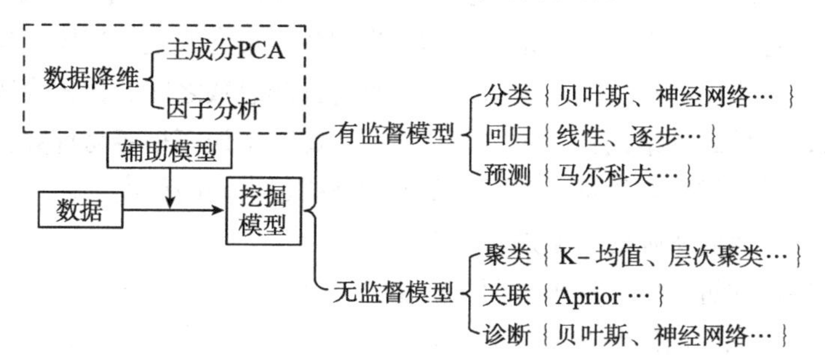

图 2-5　数据挖掘常用的模型（算法）结构图

此处提到模型也提到算法，这两个概念容易混淆。一谈到算法就会想到通过历史数据建立模型，其实数据挖掘算法是创建挖掘模型的机制，对产生的最终挖掘输出结果有很大的决定性。随着数据挖掘新技术的层出不穷和商业数据挖掘产品的成熟与完善。对同一商业问题，通常在产品中有多种算法可供选择，而为特定的任务选择正确的算法很有挑战性。您可以使用不同的算法来执行同样的业务任务，每个算法会生成不同的结果。而且算法可以进行复合使用，在一个数据挖掘解决方案中可以使用一些算法来探析数据，而使用其他算法基于该数据预测特定结果。例如，可以使用聚类分析算法来识别模式，将数据细分成多少有点相似的组，然后使用分组结果来创建更好的决策数模型。也可以在一个解决方案中使用多个算法来执行不同的任务，例如，使用回归树算法来获取财务预测信息，使用基于规则的算法来执行市场篮子分析。由此看出在数据挖掘项目中，在明确挖掘目标和了解各种算法特点后，如何正确选择使用算法，得到期望的结果才是关键环节。

在模型建立这一环节，还有一项重要的工作是设置数据的训练集和测试集，训练集的数据用于训练模型，而测试集的数据则用于验证模型。因为这个环节的模型的验证是在模型的训练过程中进行的验证，所以这部分模型的验证工作一般也认为隶属于模型的建立过程。为了保证得到的模型具有较好的准确度和健壮性，需要先用一部分数据建立模型，然后再用剩下的数据来测试这个得到的模型。有时还需要第 3 个数据集，称为验证集。因为测试集可能受模型特性的影响，还需要一个独立的数据集来验证模型的准确性。

训练和测试数据挖掘模型至少要把数据分成两个部分：一个用于模型训练，另一个用于模型测试。如果使用相同的训练和测试集，那么模型的准确度就很难使人信服。用训练集把模型建立出来之后，可以先在测试集数据上做实验，此模型在测试集上的预测准确度就是一个很好的指导数据，它表示将来与数据集和测试集类似的数据用此模型预测时正确的百分比。但这并不能保证模型的正确性，它只是说明在相似的数据集合的情况下用此模型会得出相似的结果。

常用的验证方法包括简单验证、交叉验证和 N–维交叉验证。

（1）简单验证

简单验证是最基本的测试方法。它从原始数据集合中拿出一定百分比的数据作为测试数据，这个百分比在 5%～33%。注意：在把数据集合分成几部分时，一定要保证选择的随机性，这样才能使分开的各部分数据的性质是一致的。先用数据集合的主体把模型建立起来，然后用此模型来预测测试集中的数据。出现错误的预测与预测总数之间的比称为错误率。对于分类问题，我们可以简单的下结论：“对”与“错”，此时错误率很容易计算。回归问题不能使用简单的“对”或“错”来衡量，但可以用方差来描述准确的程度。比如，用 3 年内预计的客户增长数量同 3 年内实际的数据进行比较。

在一次模型的建立过程中，这种最简单的验证通常要执行几十次。例如，在训练神经网络时，几乎每一个训练周期都要在测试集上运行一次，不断地训练测试，直到在测试集上的准确率不再提高为止。

（2）交叉验证

交叉验证（Cross Validation，CV）是用来验证模型性能的一种统计分析方法，其基本思想是在某种意义下将原始数据（Data Set）进行分组，一部分作为训练集（Training Set），另一部分作为验证集（Test Set），如图 2-6 所示。首先用训练集对分类器进行训练，再利用验证集来测试训练得到的模型（Model），以此来作为评价模型的性能指标。交叉验证在实际应用中非常普遍，适应性非常广，根据不同的交叉方式，又可分为以下三种情况：

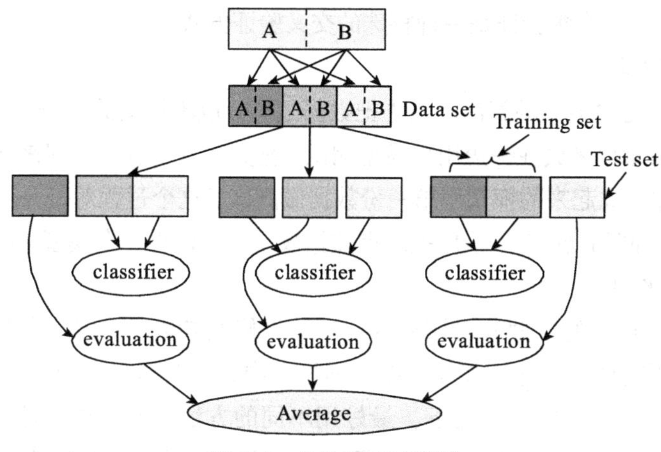

图 2-6　交叉验证示意图

（图片来源：http://blog.csdn.net/liurong_cn/article/details/10516521）

① Hold-Out Method

将原始数据随机分为两组，一组作为训练集，一组作为验证集，利用训练集训练分类器，然后利用验证集验证模型，记录最后的分类准确率为此 Hold-Out Method 下分类器的性能指标。此种方法的好处是处理简单，只需随机把原始数据分为两组即可，其实严格意义上来说，Hold-Out Method 并不能算是 CV，因为这种方法没有达到交叉的思想，由于是随机地将原始数据分组，所以最后验证集分类准确率的高低与原始数据的分组有很大的关系，因此这种方法得到的结果其实并不具有说服性。

② K-fold Cross Validation（记为 K–CV）

将原始数据分成 K 组（一般是均分），将每个子集数据分别做一次验证集，其余的 K–1 组子集数据作为训练集，这样会得到 K 个模型，用这 K 个模型最终的验证集的分类准确率的平均数作为此 K–CV 下分类器的性能指标。K 一般大于等于 2，实际操作时一般从 3 开始取，只有在原始数据集合数据量小的时候才会尝试取 2。K–CV 可以有效地避免过学习以及欠学习状态的发生，最后得到的结果也比较具有说服性。

③ Leave-One-Out Cross Validation（记为 LOO–CV）

如果设原始数据有 N 个样本，那么 LOO–CV 就是 N–CV，即每个样本单独作为验证集，其余的 N–1 个样本作为训练集，所以 LOO–CV 会得到 N 个模型，用这 N 个模型最终的验证集的分类准确率的平均数作为此LOO-CV分类器的性能指标。相比于前面的K-CV，LOO-CV有两个明显的优点：一是每一回合中几乎所有的样本皆用于训练模型，因此最接近原始样本的分布，这样评估所得的结果比较可靠；二是实验过程中没有随机因素会影响实验数据，确保实验过程是可以被复制的。但 LOO-CV 的缺点则是计算成本高，因为需要建立的模型数量与原始数据样本数量相同，当原始数据样本数量相当多时，LOO-CV 就会非常困难，除非每次训练分类器得到模型的速度很快，或可以用并行化计算减少计算所需的时间。

当然也可以认为，全集验证是一种特殊的交叉验证方式。

（3）N-维交叉验证

N-维交叉验证是更通用的算法。它先把数据随机分成不相交的 N 份，比如把数据分成 10 份。先把第一份拿出来放在一边用作模型测试，把其他 9 份合在一起来建立模型，然后把这个用 90%的数据建立起来的模型用第一份数据做测试。这个过程对每一份数据都重复进行一次，得到 10 个不同的错误率。最后把所有数据放在一起建立一个模型，模型的错误率为上面 10 个错误率的平均。

我们可以依据得到的模型和对模型的预期结果修改参数，再用同样的算法建立新的模型，甚至可以采用其他算法建立模型。在数据挖掘中，要根据不同的商业问题采用效果更好的模型，在没有行业经验的情况下，最好用不同的方法（参数或算法）建立几个模型，从中选择最好的。通过上面的处理，就会得到一系列的分析结果和模式，它们是对目标问题多侧面的描述，这时需要对它们进行验证和评价，以得到合理的、完备的决策信息。对产生的模型结果需要进行对比验证、准确度验证、支持度验证等检验以确定模型的价值。在这个阶段需要引入更多层面和背景的用户进行测试和验证，通过对几种模型的综合比较，产生最后的优化模型。

2.6 模型的评估

模型评估阶段需要对数据挖掘过程进行一次全面的回顾，从而确定是否存在重要的因素或任务由于某些原因而被忽视，此阶段的关键目的是确定是否还存在一些重要的商业问题仍未得到充分的考虑。验证模型是处理过程中的关键步骤，可以确定是否成功地进行了前面的步骤。模型的验证需要利用未参与建模的数据进行，这样才能得到比较准确的结果。可以采用的方法有直接使用原来建立模型的样本数据进行检验，或另找一批数据对其进行检验，也可以在实际运行中取出新的数据进行检验。检验的方法是对已知客户状态的数据利用模型进行挖掘，并将挖掘结果与实际情况进行比较。在此步骤中若发现模型不够优化，还需要回到前面的步骤进行调整。

模型的预测精确度是检验模型好坏的一个重要指标，但不是唯一指标。一个良好的数据挖掘模型，在投入实际应用前，需要经过多方面的评估，从而确定它完全达到了商业目标。评估数据挖掘模型优劣的指标有许多，比如精确度（如图 2-7 所示）、LIFT、ROC、Gain 图等。

精确度是最基本和最简单的指标。但是要让用户接受一个模型的结果，仅靠这些评估指标却是不够的，还需要从模型结果的可用性上进一步阐述，即数据挖掘模型到底能带来什么业务上的价值。这实际上也就是数据挖掘模型的可解释性。在实际数据挖掘项目中，模型的可解释性往往比评估指标更为重要。

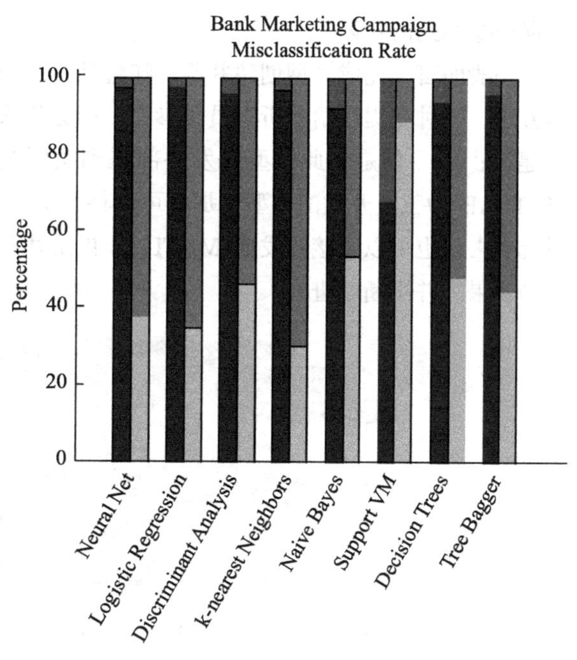

图 2-7　模型分类正确率柱状图

在对模型进行评估时，既要参照评估标准，同时也要考虑到商业目标和商业成功的标准。片面地追求预测正确率就会忽视了数据挖掘的初衷。我们不是为了建立一个完美的数学模型而进行挖掘，而是为了解决实际商业问题。所以挖掘产生结果的可解释性与实用性，才是最根本的标准。例如，在解决客户流失问题中，预测模型捕捉越多的流失客户，不一定就代表能够协助挽留较多的客户。关键在于预测结果对挽留营销活动的制定有多大的帮助。

在量化投资领域，模型的评估尤为重要，往往先要用历史数据对模型进行回测（如图 2-8 所示），然后还需要对模型进行试用一段时间，只有既能保证稳定收益，同时又能保证最大回撤比较小的模型，才敢投入运营，而且在以后的实际运营中，还要不断对模型进行修正、验证、评估。

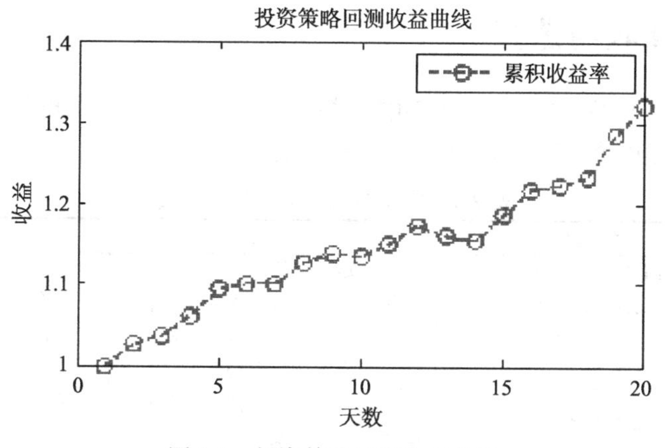

图 2-8　投资策略回测收益曲线

2.7 模型的部署

模型的部署是一般数据挖掘过程的最后一步，是集中体现数据挖掘成果的一步。顾名思义，模型的部署就是将通过验证的评估模型，部署到实际的业务系统中，这样就可以应用在数据中挖掘到的知识。

一般而言，完成模型创建并不意味着项目结束。模型建立并经验证后，有两种主要的使用方法。一种是提供给分析人员做参考，由分析人员通过查看和分析这个模型后提出行动方案建议；另一种是把此模型开发并部署到实际的业务系统中，如图 2-9 所示，如果是以 MATLAB 为工具开发的模型，那么可以将这些模型部署到 C++、Java、.NET 等语言开发的系统中去，也可以直接开发成 MATLAB 的应用程序去使用。在部署模型后，还要不断监控它的效果，并不断改进之。

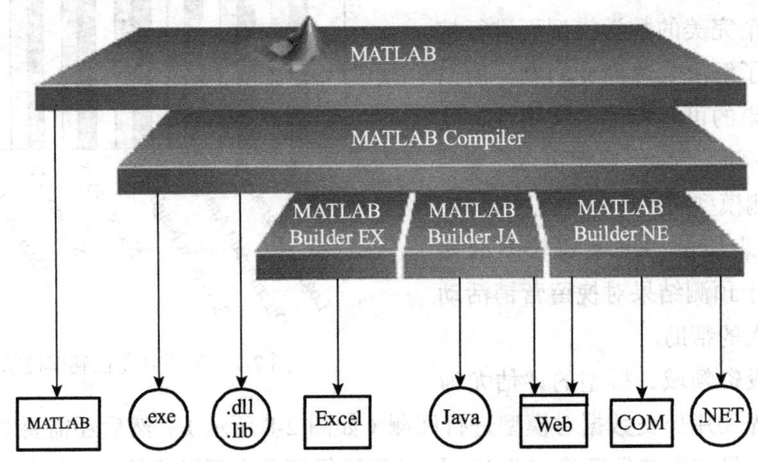

图 2-9 MATLAB 开发的模型可以部署的系统结构示意图

2.8 工具的比较与选择

表 2-1 给出了 5 种数据挖掘工具在功能、特点、适应情况方面的比较，从中可以看出，5 款工具都具有自己独特的特点，都有一定的适应条件。

表 2-1 常用数据挖掘工具的比较

名 称	功 能	特 点	适应情况
MATLAB	不仅具有较强的数据统计、科学计算功能，还具有众多的行业应用工具箱，包括金融、经济等工具箱	①擅长矩阵计算和仿真模拟；②具有丰富的数学函数，适合算法开发或自主的程序开发；③具有强大的绘图功能	适合于学习算法、算法研究、产品研发和灵活产品的开发
SAS	功能极强大的统计分析软件	①具有较强的大数据处理能力；②支持二次开发	有一些行业标准，适合工业使用

（续）

名 称	功 能	特 点	适应情况
SPSS	侧重统计分析	SPSS 使用方便，但不适合自己开发代码，就是说扩展上受限，如果要求不高，已是足够了	界面友好，使用简单，但是功能很强大，也可以编程，能解决绝大部分统计学问题，适合初学者
WEKA	具有丰富的数据挖掘函数，包括分类、聚类、关联分析等主流算法	Java 开发的开源数据分析、机器学习工具	适合于具有一定程序开发经验的工程师，尤其适合于用 Java 进行二次开发
R	类似 MATLAB，具有丰富的数学和统计分析函数	R 是开源的，支持二次开发	适合于算法学习、产品研发、小项目的开发

纵观这 5 种工具的这些特点，本书将选择 MATLAB 作为主要的数据挖掘实现工具。主要有三个方面的原因，一是数据挖掘的主要内容是各种各样的模型和算法，而 MATLAB 特别适合于高效自主的算法开发，因为 MATLAB 具有丰富的数学函数库，可以使用这些函数库根据算法的步骤快速实现算法，从而便于对算法的学习和理解；二是 MATLAB 具有丰富的科学计算功能，包括微积分、优化计算、符号计算等，以及丰富的金融工具和经济工具箱；三是 MATLAB 本身就是程序开发工具，具有 GUI 界面开发功能，所以使用 MALTAB 可以很快将学习的算法和模型，开发成程序和工具，部署到实际的应用环境中。

但工具都是相通的，只要掌握或了解这些数据挖掘技术后，再去应用这些工具，很快就会上手，只是从学习的角度，MATLAB 更合适些。

2.9 小结

本章主要介绍了数据挖掘的过程和常用的工具。数据挖掘的过程也可划分为六个阶段，即定义目标、准备数据、探索数据、建立模型、评估模型、部署模型。了解数据挖掘的过程，我们就知道数据挖掘项目是如何一步一步进行的，这个过程就是数据挖掘项目实施的基本方法论，有了方法论的指导，就可以让我们的数据挖掘项目科学化、规范化，至少会少走一些弯路。另外，本章对数据挖掘常用的工具（MATLAB、SAS、SPSS、WEKA、R）进行了介绍，主要介绍的是每个工具的特色及适应的场景，这样我们就可以知道在什么情况下选择哪种数据挖掘工具更合适了。

参考文献

[1] 韩佳伟.数据挖掘概念与技术[M]. 北京：机械工业出版社.

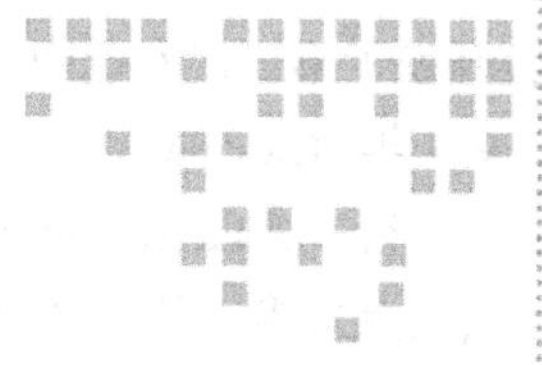

第 3 章 Chapter 3

MATLAB 数据挖掘快速入门

由于 MATLAB 尤其适合用于学习数据挖掘的各种算法和过程，所以本章将通过一个实例介绍如何像使用 Word 一样使用 MATLAB，真正将 MATLAB 当工具来使用。本章的目标是，即使读者从来没有用过 MATLAB，只要看完本章，也可以轻松使用 MATLAB。

3.1 MATLAB 快速入门

3.1.1 MATLAB 概要

MATLAB 意为矩阵实验室（Matrix Laboratory）。除具备卓越的数值计算能力外，它还提供了专业水平的符号计算、文字处理、可视化建模仿真和实时控制等功能。MATLAB 的基本数据单位是矩阵，它的指令表达式与数学、工程中常用的形式十分相似，故用 MATLAB 来解决计算问题要比用 C、FORTRAN 等语言简捷得多。学习 MATLAB，先要从 MATLAB 的历史开始，因为 MATLAB 的发展史就是人类社会在科学计算快速发展的历史，同时我们也可以了解 MATLAB 的两位缔造者 Cleve Moler 和 John Little 在科学史上所做的贡献。

20 世纪 70 年代后期，身为美国 New Mexico 大学计算机系系主任的 Cleve Moler 在给学生讲授线性代数课程时，想教学生使用 EISPACK 和 LINPACK 程序库，但他发现学生用 FORTRAN 编写接口程序很费时间，于是他开始自己动手，利用业余时间为学生编写 EISPACK 和 LINPACK 的接口程序。Cleve Moler 给这个接口程序取名为 MATLAB，该名为矩阵（Matrix）和实验室（Laboratory）两个英文单词的前三个字母的组合。在以后的数年里，MATLAB 在多所大学里作为教学辅助软件使用，并作为面向大众的免费软件广为流传。1983 年春天，Cleve Moler 到 Standford 大学讲学，MATLAB 深深地吸引了工程师 John Little，John

Little 敏锐地觉察到 MATLAB 在工程领域的广阔前景。同年，他和 Cleve Moler、Steve Bangert 一起，用 C 语言开发了第二代专业版。这一代的 MATLAB 语言同时具备了数值计算和数据图示化的功能。1984 年，Cleve Moler 和 John Little 成立了 MathWorks 公司，正式把 MATLAB 推向市场，并继续进行 MATLAB 的研究和开发。

MathWorks 公司顺应多功能需求之潮流，在其卓越数值计算和图示能力的基础上，又率先在专业水平上开拓了其符号计算、文字处理、可视化建模和实时控制能力，开发了适合多学科、多部门要求的新一代科技应用软件 MATLAB。经过多年的国际竞争，MATLAB 已经占据了数值软件市场的主导地位。MATLAB 的出现，为各国科学家开发学科软件提供了新的基础。在 MATLAB 问世不久的 80 年代中期，原先控制领域里的一些软件包纷纷被淘汰或在 MATLAB 上重建。

时至今日，经过 MathWorks 公司的不断完善，MATLAB 已经发展成为适合多学科、多种工作平台的功能强大的大型软件。在国外，MATLAB 已经经受了多年考验。在欧美地区的高校，MATLAB 已经成为线性代数、自动控制理论、数理统计、数字信号处理、时间序列分析、动态系统仿真等高级课程的基本教学工具；成为攻读学位的大学生、硕士生、博士生必须掌握的基本技能。在设计研究单位和工业部门，MATLAB 被广泛用于科学研究和解决各种具体问题。在国内，特别是工程界，MATLAB 一定会盛行起来。可以说，无论你从事工程方面的哪个学科，都能在 MATLAB 里找到合适的功能。

当前流行的 MATLAB 5.3/SIMULINK 3.0 包括拥有数百个内部函数的主包和三十几种工具包（Toolbox）。工具包又可以分为功能性工具包和学科工具包。功能工具包用来扩充 MATLAB 的符号计算、可视化建模仿真、文字处理及实时控制等功能。学科工具包是专业性比较强的工具包，控制工具包、信号处理工具包、通信工具包等都属于此类。

开放性让 MATLAB 广受用户欢迎。除内部函数外，所有 MATLAB 主包文件和各种工具包都是可读、可修改的文件，用户可以通过对源程序的修改或加入自己编写的程序构造新的专用工具包。

3.1.2 MATLAB 的功能

MATLAB 软件是一种用于数值计算、可视化及编程的高级语言和交互式环境。使用 MATLAB，可以分析数据、开发算法、创建模型和应用程序。借助其语言、工具和内置数学函数，您可以探求多种方法，比电子表格或传统编程语言（如 C/C++或 Java）更快地获取结果。

经过 30 多年的发展，MATLAB 已增加了大量的专业工具箱（如图 3-1 所示），所以其应用领域非常广泛，其中包括信号处理和通信、图像和视频处理、控制系统、测试和测量、计算金融学及计算生物学等众多应用领域。在各行业和学术机构中，工程师和科学家使用 MATLAB 来提高他们的工作效率。

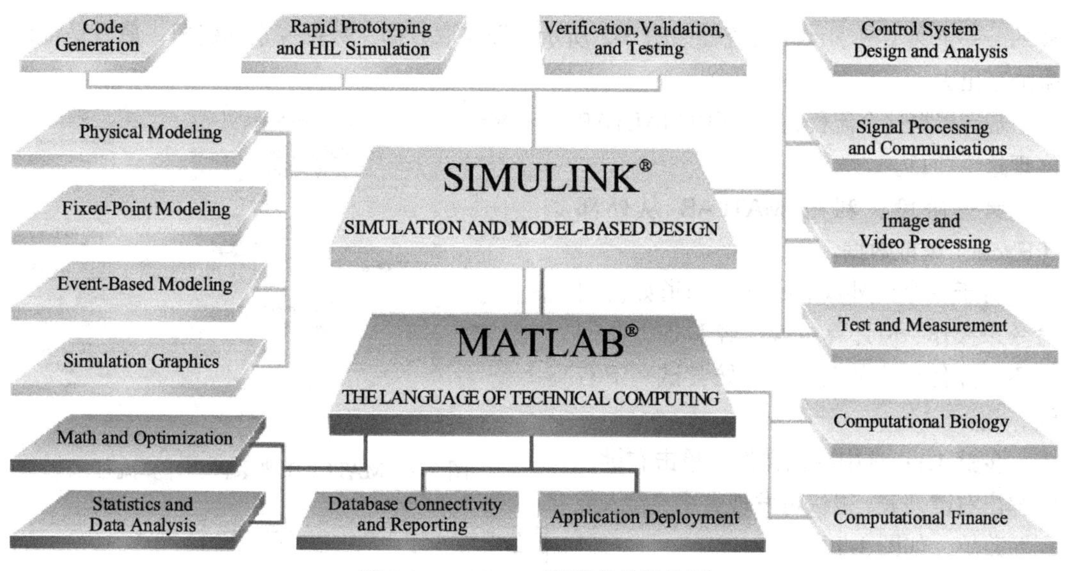

图 3-1　MATLAB 家族产品结构图

3.1.3　快速入门实例

MATLAB 虽然也是一款程序开发工具，但依然是工具，所以它可以像其他工具（如 Word）一样易用。而传统的学习 MATLAB 的方式一般是从学习 MATLAB 知识开始，比如 MATLAB 矩阵操作、绘图、数据类型、程序结构、数值计算等内容。学这些知识的目的是能够将 MATLAB 用起来，可是即便学完了，很多人还是不相信自己能独立、自如地使用 MATLAB。这是因为在我们学习这些知识的时候，目标是虚无的，而不是具体，具体的目标应该是要解决某一问题。

笔者虽然已使用 MATLAB 多年，但记住的 MATLAB 命令不超过 20 个，每次都靠几个常用的命令一步一步地实现各种项目。所以说想使用 MATLAB 并不需要那么多知识的积累，只要掌握住 MATLAB 的几个小技巧就可以了。另外需要说明的一点是，最好的学习方式就是基于项目学习，因为这种学习方式是问题驱动式的，让学习的目标更具体，更容易让学习的知识转化成实实在在的成果，也让学习者觉得有成就。

下面将通过一个小项目，带着大家来一步一步地用 MATLAB 解决一个实际问题，并假设我们都是 MATLAB 的门外汉（还不到菜鸟的水平）。

我们要解决的问题是：已知股票的交易数据：日期、开盘价、最高价、最低价、收盘价、成交量和换手率，试用某种方法来评价这支股票的价值和风险。

这是个开放的问题，比较好的方法是用定量的方式来评价股票的价值和风险，所以这是个很典型的科学计算问题。通过前面对 MATLAB 功能的介绍，我们可以确信 MATLAB 可以帮助我们（选择合适的工具）。

现在抛开 MATLAB，我们来看一看，对于一个科学计算问题，一个典型的处理流程是怎样的。一个典型科学计算的流程如图 3-2 所示，即获取数据，数据探索和建模，最后是将结果分享出去。

现在根据这个流程，看如何用MALTAB实现这个项目。

第一阶段：利用 MATLAB 从外部（Excel）读取数据。

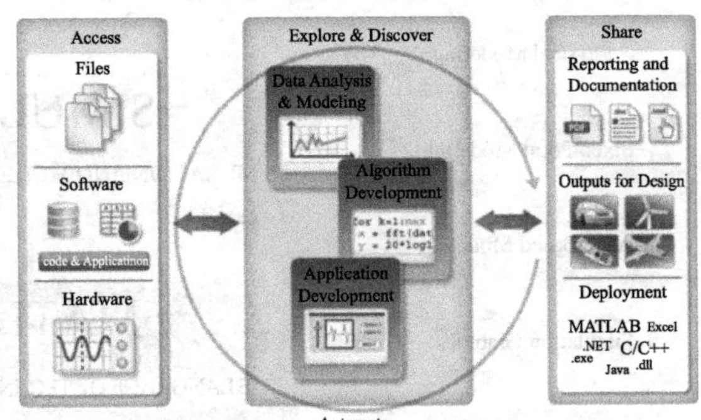

图 3-2 MATLAB 典型科学计算流程

对于一个门外汉，我并不知道如何用命令来操作，但计算机操作经验告诉我们当不知如何操作的时候，不妨尝试一下右键，故：

步骤 1.1：选中数据文件，单击右键，将弹出右键列表，很快可发现有个“导入数据”菜单，如图 3-3 所示。

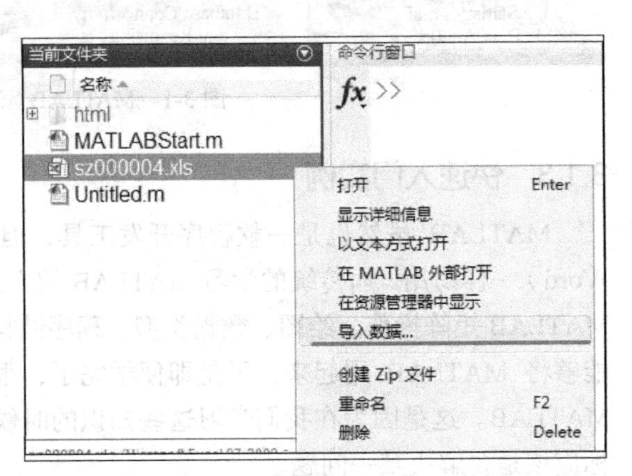

图 3-3 启动导入数据引擎示意图

步骤 1.2：单击“导入数据”这个按钮，则很快发现会启动一个导入数据引擎，如图 3-4 所示。

步骤 1.3：观察图 3-4，只在右上角有个“导入所选内容”按钮，则可直接单击之。马上我们就会发现在 MATLAB 的工作区（当前内存中的变量）就会显示这些导入的数据，并以列向量的方式表示（如图 3-5 所示），因为默认的数据类型就是“列向量”，当然您也可以选择其他的数据类型，大家不妨做几个实验，观察一下选择不同的数据类型后结果会有什么不同。

导入 - C:\work\00_CUMCM2015\MATLBQuickStart\P2_EnteringCase\sz000004.xls

	Date	DateNum	Popen	Phigh	Plow	Pclose	Volum	Turn	ID
1	Date	DateNum	Popen	Phigh	Plow	Pclose	Volum	Turn	ID
2	20150105	735969	15.5800	15.9000	15.3000	15.6900	2809512	3.3496	SZ000004
3	20150106	735970	15.6500	16.5600	15.5000	16.4600	3.3379e+06	3.9795	SZ000004
4	20150107	735971	16.4500	16.5400	16.1100	16.4100	2073761	2.4724	SZ000004
5	20150108	735972	16.4100	17.0300	16.2400	16.9200	3645003	4.3457	SZ000004
6	20150109	735973	16.9200	16.9500	16.2600	16.4300	2715044	3.2370	SZ000004
7	20150112	735976	16.3000	16.3000	15.7600	15.9000	1.6547e+06	1.9728	SZ000004

图 3-4 导入数据界面

至此，第一阶段获取数据的工作完成。下面就转入第二阶段的工作。

第二阶段：数据探索和建模。

现在重新回到问题，对于该问题，我们的目标是希望能够评估股票的价值和风险，但现在我们还不知道该如何去评估，MATLAB是工具，不能代替我们决策用何种方法来评估，但是可以辅助我们得到合适的方法，这就是数据探索部分的工作。下面我们就来尝试如何在MATLAB中进行数据的探索和建模。

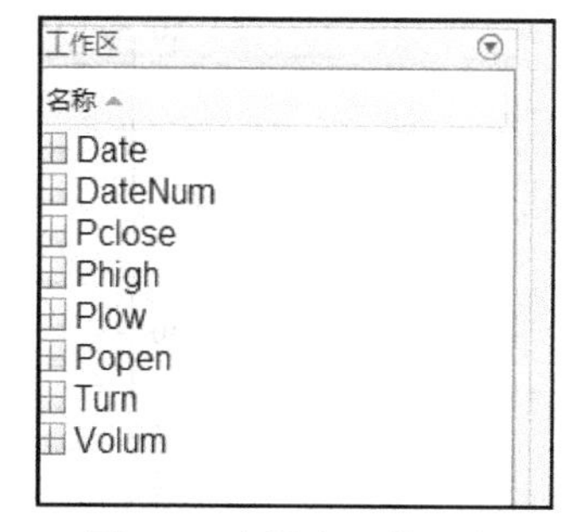

图3-5　变量在工作区中的显示方式

步骤2.1：查看数据的统计信息，了解我们的数据。具体的操作方式是双击工具区，此时会得到所有变量的详细统计信息，如图3-6所示。

通过查看工具区变量这些基本的统计信息，有助于快速在第一层面认识我们正在研究的数据。当然，只要大体浏览即可，除非这些统计信息对某个问题有更重要的意思。数据的统计信息是认识数据的基础，但不够直观，更直观也更容易发现数据规律的方式就是数据可视化，也就是以图的形式呈现数据的信息。下面我们将尝试用MATLAB对这些数据进行可视化。

工作区

名称	大小	类	最小值	最大值	均值	方差
Volum	98x1	double	624781	11231861	3.2248...	2.5743...
Turn	98x1	double	0.7449	13.3911	3.8447	3.6592
Popen	98x1	double	15.5800	37	22.3703	31.1909
Plow	98x1	double	15.3000	35.1600	21.8470	27.3291
Phigh	98x1	double	15.9000	38.8000	23.0387	35.9744
Pclose	98x1	double	15.6900	37.3800	22.5668	31.9923
DateNum	98x1	double	735969	736113	7.3604...	1.8899...
Date	98x1	double	201501...	20150529	201503...	2.0278...

图3-6　变量的统计信息界面

由于变量比较多，所以还有必要对这些变量进行初步的梳理。对于这个问题，我们一般关心收盘价随时间的变化趋势，这样我们就可以初步选定日期（DateNum）和收盘价（Pclose）作为我们的重点研究对象。也就是说下一步，我们要对这两个变量进行可视化。

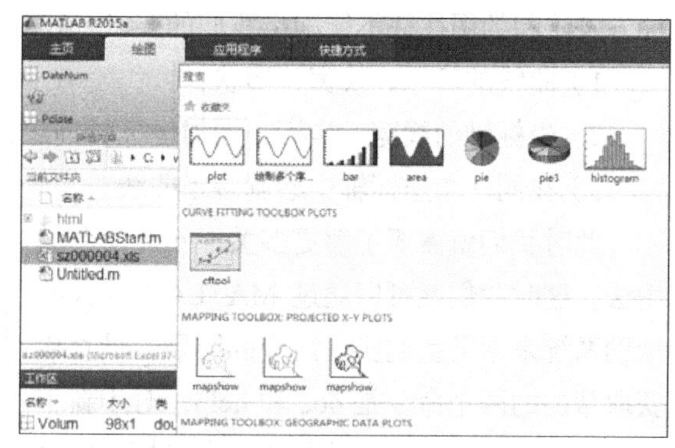

图3-7　MATLAB绘图面板中的图例

对于一个新手，我们还不知道如何绘图。但不要紧，新编MATLAB（2012a以后）提供了非常丰富的绘图功能。大家很快就会发现，新版MALTAB有个“绘图”面板，这里提供了非常丰富的图形原型，如图3-7所示。

此处，要注意，需要先在工作区选中变量，然后绘图面板中的这些图标才会激活。接下来就可以选中一个中意的图标进行绘图，一般都直接先选第一个（plot）看一下效果，然后再浏览整个面板，看看有没有更合适的。下面我们进行绘图操作。

步骤2.2：选中变量DataNum和Pclose，在绘图面板中单击plot图标，马上可以得到这两个变量的可视化结果，如图 3-8 所示。同时还可以在命令窗口区显示绘制此图的命令：

```
>> plot(DateNum,Pclose)
```

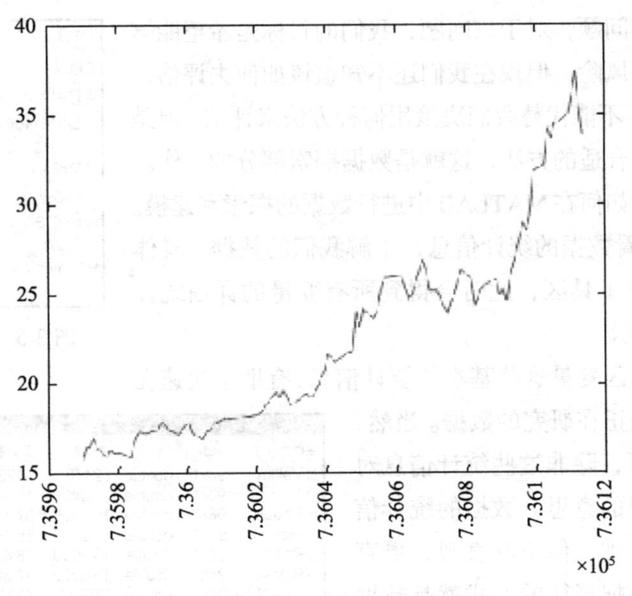

图 3-8 通过 plot 图标绘制的原图

这样我们就知道了，下次再绘制这样的图直接用 plot 命令就可以了。一般情况下，用这种方式绘制的图往往不能满足我们的要求，比如我们希望更改：

1）曲线的颜色、线宽、形状；

2）坐标轴的线宽、坐标，增加坐标轴描述；

3）在同一个坐标轴中绘制多条曲线。

此时我们就需要了解更多关于 plot 命令的用法，这时我们就可以通过 MATLAB 强大的帮助系统来帮助我们实现期望的结果。最直接获取帮助的两个命令是 doc 和 help，对于新手来说，推荐使用 doc，因为 doc 直接打开的是帮助系统中的某个命令的用法说明，不仅全，而且有应用实例（如图 3-9 所示），这样就可以“照猫画虎”，直接参考实例，从而将实例快速转化成自己需要的代码。

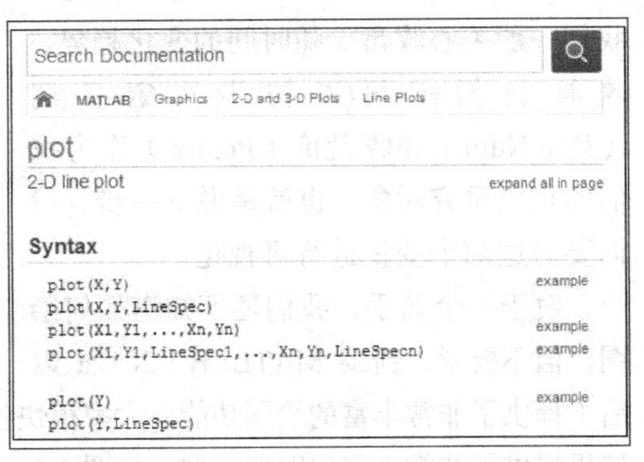

图 3-9 通过 doc 启动的 plot 帮助信息界面

当然也可以在绘图面板上选择其他图标，这样就可以与 plot 绘制的图进行对照，看哪种绘图形式更适合数据的可视化和理解。一般，我们在对数据进行初步的认识之后，都能够在脑海中勾绘出比较理想的数据呈现形式，所以这时快速浏览一下绘图面板中的可用图标，即可很快选定自己中意的绘图形式。对于案例中的问题，还是认为中规中矩的曲线图更容易描绘出收盘价随时间的变化趋势图，所以在这个案例中，还是选择 plot 方法来对数据进行可视化。

接下来我们就要考虑如何评估股票的价值和风险。

从图 3-8 中我们可以大致看出，对于一支好的股票，对于这样的走势，我们希望股票的增幅越大越好，体现在数学上，就是曲线的斜率越大越好。而对于风险，同样对于这样的走势，则用最大回撤来描述它的风险更合适。

经过这样的分析，我们就可以确定，接下来，我们要计算曲线的斜率和该股票的最大回撤。不妨一个一个来，我们先来看如何计算曲线的斜率。对于这个问题，比较简单，由于从数据的可视化结果来看，数据近似成线性，所以不妨用多项式拟合的方法来拟合该组数据的方程，这样我们就可以得到斜率。

如何拟合呢？对于一个新手来说，我并不清楚用什么命令。此时就可以用 MATLAB 自带的强大的帮助系统了。在 MATLAB 主面板（靠近右侧）点击“帮助”，就可以打开帮助系统，在搜索框中搜索多项式拟合的关键词“polyfit”，马上就可以列出与该关键词相关的帮助信息，同时很快就会发现，正好有个命令就是 polyfit，果断点击该命令，进入该命令的用法页面，了解该命令的用法，就可以直接用了。也可以直接找中意的案例，然后直接将案例中的代码复制过去，修改数据和参数就可以了。

步骤 2.3：通过帮助搜索多项式拟合的命令，并计算股票的价值，具体代码为：

```
>> p = polyfit(DateNum,Pclose,1); % 多项式拟合
>> value = p(1) % 将斜率赋值给value，作为股票的价值
value =
   0.1212
```

步骤 2.4：用通常的方法，即通过 help 查询的方法，可以很快得到计算最大回撤的代码：

```
>> MaxDD = maxdrawdown(Pclose); % 计算最大回撤
>> risk = MaxDD  % 将最大回撤赋值给risk，作为股票的风险
risk =
   0.1155
```

到此处，我们已经找到了评估股票价值和风险的方法，并能用 MATLAB 来实现了。但是，我们都是在命令行中实现的，并不能很方便地修改代码。而 MATLAB 最经典的一种用法就是脚本，因为脚本不仅能够完整地呈现整个问题的解决方法，同时便于维护、完善、执行，优点很多。所以当我们的探索和开发工作比较成熟后，通常都会将这些有用的程序归纳整理起来，形成脚本。现在我们就来看如何快速开发解决该问题的脚本。

步骤 2.5：像步骤 1.1 一样，重新选中数据文件，单击右键并单击弹出的“导入数据”菜单，待启动导入数据引擎后，选择“生成脚本”，然后就会得到导入数据的脚本，并保存该脚本。

步骤 2.6：从命令历史中选择一些有用的命令，并复制到步骤 2.5 得到的脚本中，这样就

可以很容易地得到解决该问题的完整脚本，如下所示：

```
%% MATLAB 入门案例
%% 导入数据
clc, clear, close all
% 导入数据
[~, ~, raw] = xlsread('sz000004.xls','Sheet1','A2:H99');
% 创建输出变量
data = reshape([raw{:}],size(raw));
% 将导入的数组分配给列变量名称
Date = data(:,1);
DateNum = data(:,2);
Popen = data(:,3);
Phigh = data(:,4);
Plow = data(:,5);
Pclose = data(:,6);
Volum = data(:,7);
Turn = data(:,8);
% 清除临时变量
 clearvars data raw;

 %% 数据探索
figure % 创建一个新的图像窗口
plot(DateNum,Pclose,'k') % 更改图的颜色为黑色(打印后不失真)
datetick('x','mm');% 更改日期显示类型
xlabel('日期'); % x 轴说明
ylabel('收盘价'); % y 轴说明
figure
bar(Pclose) % 作为对照图形

%% 股票价值的评估
p = polyfit(DateNum,Pclose,1); % 多项式拟合
% 分号的作用为不在命令窗口显示执行结果
P1 = polyval(p,DateNum); % 得到多项式模型的结果
figure
plot(DateNum,P1,DateNum,Pclose,'*g'); % 模型与原始数据的对照
value = p(1) % 将斜率赋值给 value，作为股票的价值

%% 股票风险的评估
MaxDD = maxdrawdown(Pclose); % 计算最大回撤
risk = MaxDD  % 将最大回撤赋值给 risk，作为股票的风险
```

到此处，第二阶段的数据探索和建模工作就完成了。

第三阶段：发布。

当项目的主要工作完成之后，就进入了项目的发布阶段，换句话说，就是将项目的成果展示出去。通常来讲，展示项目的形式有以下几种：

1）能够独立运行的程序，比如在第二阶段得到的脚本；

2）报告或论文；

3）软件和应用。

第一种发布形式，在第二阶段已完成。而对于第三种形式，更适合大中型项目，当然用 MATLAB 开发应用也比较高效。我们这里重点关注第二种发布形式，因为这是种比较常用也比较实用的项目展示形式。下面还将继续用上面的案例来介绍如何通过 MATLAB 的 publish 功能来快速发布报告。

步骤 3.1：在脚本编辑器的“发布”面板，从“发布”按钮（最右侧）的下拉菜单中，选择“编辑发布选项”，这样就打开了发布的配置面板，如图 3-10 所示。

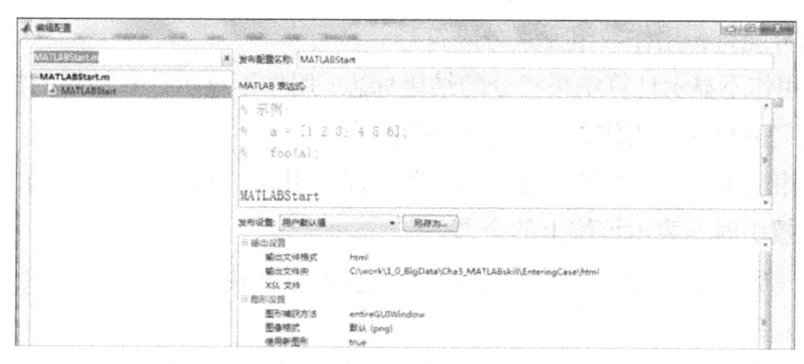

图 3-10　发布界面示意图

步骤 3.2：根据自己的要求，选择合适的“输出文件格式”，默认为 html，但比较常用的是 Word 格式，因为 Word 格式便于编辑，尤其是对于写报告或论文。然后单击“发布”按钮，就可以运行程序，同时会得到一份详细的运行报告，包括目录、实现过程、主要结果和图，当时也可以配置其他选项来控制是否显示代码等内容。

至此，整个项目就算完成了。从中我们可以发现，这个过程中，我们并不需要记住多少个 MATLAB 命令，只用少数几个命令，MATLAB 就帮我们完成了想做的事情。通过这个项目，我们会有这样的基本认识：一是 MATLAB 的使用真的很简单，就像一般的办公工具那样好用；二是，项目过程中，思路核心是只用 MATLAB 快速实现我们想做的事情。

3.1.4　入门后的提高

快速入门是为了让我们快速建立对 MATLAB 的使用信心，有了信心后，提高就是自然而然的事情了。为了帮助读者能够更自如地应用 MATLAB，下面将介绍几个入门后提高 MATLAB 使用水平的建议：

（1）要了解 MATLAB 最常用的操作技巧和最常用的知识点，基本上是每个项目中都会用到的最基本的技巧。

（2）要了解 MATLAB 的开发模式，这样无论项目多复杂，都能灵活面对。

（3）基于项目学习，积累经验和知识。

根据以上三点，大家就可以逐渐变成 MATLAB 高手了，至少可以很自信地使用 MATLAB。

3.2 MATLAB 常用技巧

1. 常用标点的功能

标点符号在 MATLAB 中的地位极其重要，为确保指令正确执行，标点符号一定要在英文状态下输入。常用标点符号的功能如下：

- ❑ 逗号：用作要显示计算结果的指令与其后面的指令之间的分隔；用作输入量与输入量之间的分隔符；用作数组元素分隔符号。
- ❑ 分号：用作不显示计算结果指令的结尾标志；用作不显示计算结果的指令与其后面的指令之间的分隔；用作数组的行间分隔符号。
- ❑ 冒号：用来生成一维数值数组；用作单下标援引时，表示全部元素构成的长列；用作多下标援引时，表示该维上的全部。
- ❑ 注释号（%）：由它启首后的所有物理行被看作非执行的注释。
- ❑ 单引号：字符串记述符。
- ❑ 圆括号：在数组援引时使用；函数指令输入宗量列表时使用。
- ❑ 方括号：输入数组时使用；函数指令输出宗量列表时使用。
- ❑ 花括号：元胞数组记述符。
- ❑ 续行号：由三个以上连续黑点构成。它把其下的物理行看作该行的逻辑继续，以构成一个较长的完整指令。

2. 常用操作指令

在 MATLAB 指令窗中，常见的通用操作指令主要有：

- ❑ clc：清除指令窗中显示的内容。
- ❑ clear：清除 MATLAB 工作空间中保存的变量。
- ❑ close all：关闭所有打开的图形窗口。
- ❑ clf：清除图形窗内容。
- ❑ edit：打开 m 文件编辑器。
- ❑ disp：显示变量的内容。
- ❑ simulink：打开仿真工具箱。

3. 指令编辑操作键

- ❑ ↑：前寻调回已输入过的指定行。
- ❑ ↓：后寻调回已输入过的指定行。
- ❑ tab：补全命令。

4. MATLAB 数据类型

MATLAB 中绝大多数情况下所用的数据都是数组形式，数组又根据数据的类型分成如图 3-11 所示的几种形式。其中的逻辑、字符、数值、结构体，跟常用的编程语言相似，但元胞数组和表类型的数据是 MATLAB 中比较有特色的数据类型，可以重点关注。

元胞数组是 MATLAB 的一种特殊数据类型，可以将元胞数组看作一种无所不包的通用矩阵，或者叫作广义矩阵。组成元胞数组的元素可以是任何一种数据类型的常数或者常量，每一个元素也可以具有不同的尺寸和内存占用空间，每一个元素的内容也可以完全不同，所以元胞数组的元素叫作元胞（Cell）。和一般的数值矩阵一样，元胞数组的内存空间也是动态分配的。

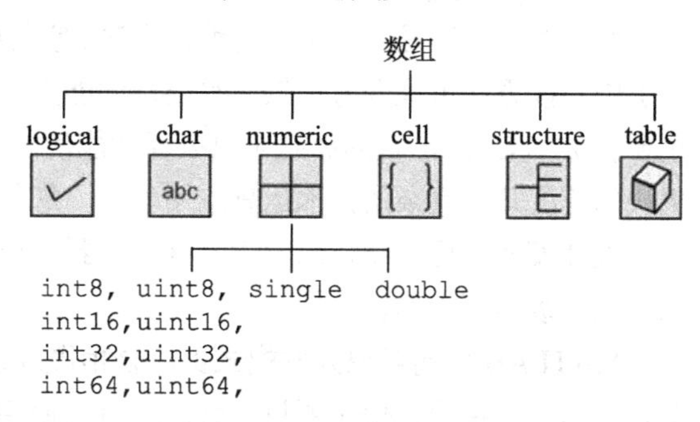

图 3-11　MATLAB 常用的变量类型

表是从 MATLAB 2014a 开始出现的数据类型，在支持数据类型方面与元胞数组相似，能够包含所有的数据类型。但表在展示数据及操作数据方面更具有优势，表相当于一个小型数据库，在展示数据方面，表就像是一个 Excel 表格那样可以容易地展示数据，而在数据操作方面，表类型数据的常见的数据库操作包括插入、查询、修改数据。

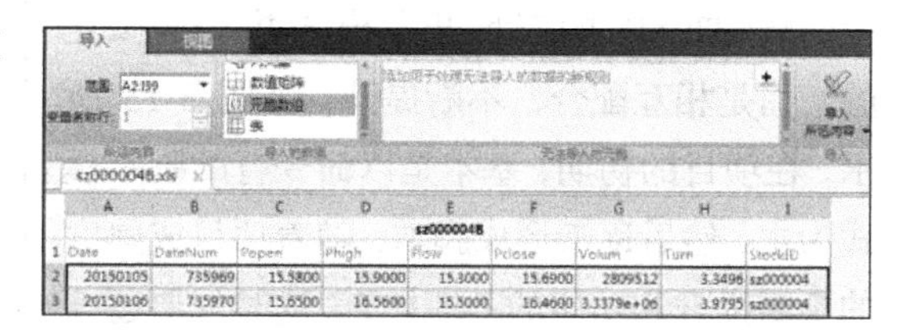

图 3-12　选择两种方式导入

比较直观地认识这两种数据类型的方式就是做“实验”，在导入数据引擎中选择“元胞数据”或“表”，然后查看两种方式导入的结果，如图 3-12 所示。

3.3　MATLAB 开发模式

1. 命令行模式

命令行模式即在命令行窗口区进行交互式的开发模式。命令行模式非常灵活，并且能够很快给出结果。所以命令行模式特别适合单个的小型科学计算问题的求解，比如解方程、拟合曲线等操作，也比较适合项目的探索分析和建模等工作，比如在入门实例中介绍的数据绘图、拟合、求最大回撤。命令行模式的缺点是不便于重复执行，也不便于自动化执行科学计算任务。

2. 脚本模式

脚本模式是 MATLAB 最常见的开发模式，当 MATLAB 入门之后，我们的很多工作都是通过脚本模式进行的。我们在入门实例中产生的脚本就是在脚本模式下产生的开发结果。在该模式下，我们可以很方便地进行代码的修改，同时可以继续更复杂的任务。脚本模式的优点是便于重复执行计算，并可以将整个计算过程保存在脚本中，可移植性比较高，同时也非常灵活。

3. 面向对象模式

面向对象编程是一种正式的编程方法，它将数据和相关操作（方法）合并到逻辑结构（对象）中。该方法可提升管理软件复杂性的能力——在开发和维护大型应用与数据结构时尤为重要。MATLAB 语言的面向对象编程功能使您能够以比其他语言（例如 C++、C#和 Java）更快的速度开发复杂的技术运算应用程序。您能够在 MATLAB 中定义类并应用面向对象的标准设计模式，可实现代码重用、继承、封装以及参考行为，无须费力执行其他语言所要求的那些低级整理工作。

MATLAB 面向对象开发模式更适合稍微复杂一些的项目，更直接地说，就是更有效地组织程序的功能模块，便于项目的管理、重复使用，同时使得项目更简洁，更容易维护。

4. 三种模式的配合

MATLAB 的三种开发模式并不是孤立的，而是相互配合，不断提升，如图 3-13 所示。在项目的初期，基本是以命令行的脚本模式为主，然后逐渐形成脚本，随着项目成熟度的不断提升和功能的不断扩充，这时就要逐渐使用面向对象的开发模式，逐渐将功能模块改写成函数的形式，加强程序的重复调用。当然，即便项目的成熟度已经很高，还需要在命令行模式下进行测试函数、测试输出等工作，同时新增的功能也需要在脚本模式状态下进行完善。所以说三个模式的有效配合是项目代码不断精炼不断提升的过程，三种模式的配合如图 3-13 所示。

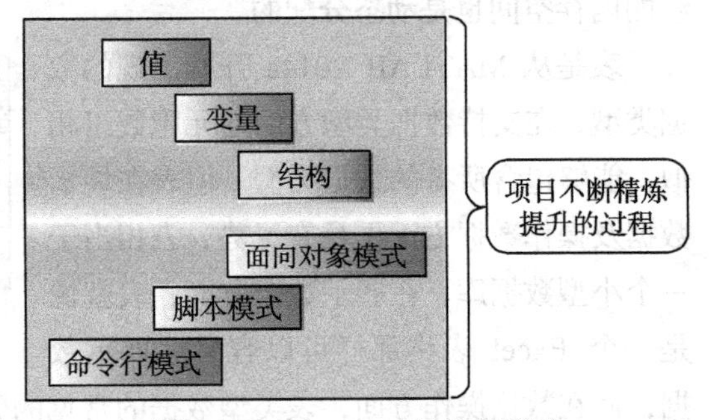

图 3-13 MATLAB 的编程模式

现在对 3.1 节中介绍的入门实例进行扩展，假如现在有 10 支股票的数据，那如何去选择一个投资价值大同时风险比较小的股票呢？

前面我们已经通过命令行模式和脚本模式创建了选择评价 1 支股票价值和风险的脚本，显然，我们用该脚本如果重复执行 10 次，再进行筛选也能完成任务，但是当股票数达到上千支后，就比较困难了，我们还是希望程序能够自动完成筛选过程。于是此时就可以采用面向对象的编程模型，将需要重复使用的脚本抽象成函数，这样就可以更容易地完成该项目。

3.4 MATLAB 数据挖掘实例

安德森鸢尾花（Anderson's Iris）问题是最经典的分类问题，也是比较好的学习数据挖掘的入门实例。现在我们就来看如何用 MATLAB 实现对此问题的分类。

先来介绍一下该问题的数据：安德森鸢尾花卉数据集（Anderson's Iris data set），也称费雪鸢尾花卉数据集（Fisher's Iris data set），是一类多重变量分析的数据集。它最初是埃德加·安德森从加拿大加斯帕半岛上的鸢尾属花朵中提取的地理变异数据，后由罗纳德·费雪作为判别分析的一个例子，运用到统计学中。其数据集包含了 50 个样本，都属于鸢尾属下的三个亚属，分别是山鸢尾、变色鸢尾和维吉尼亚鸢尾。四个特征被用作样本的定量分析，它们分别是花萼和花瓣的长度和宽度。基于这四个特征，可以训练一个分类器从而实现对鸢尾花的分类。

具体实现过程如下：

1）加载数据。

```
load fisheriris
X = meas(:,3:4);
```

2）数据探索，数据可视化结果如图 3-14 所示。

```
figure;
plot(X(:,1),X(:,2),'k*','MarkerSize',5);
title 'Fisher''s Iris Data';
xlabel 'Petal Lengths (cm)';
ylabel 'Petal Widths (cm)';
```

3）分类模型的训练及分类结果的展示（分类结果如图 3-15 所示）。

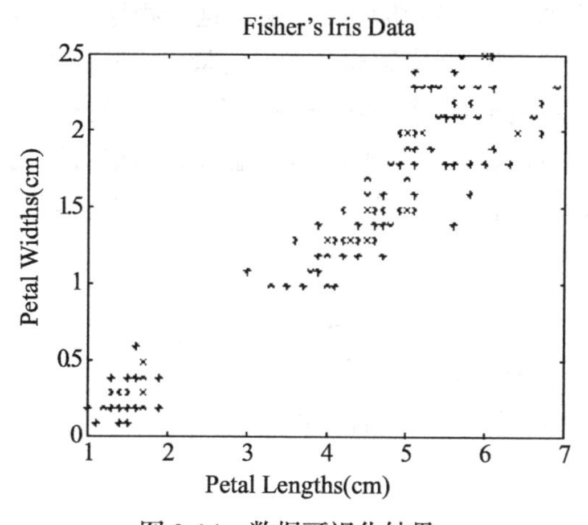

图 3-14 数据可视化结果

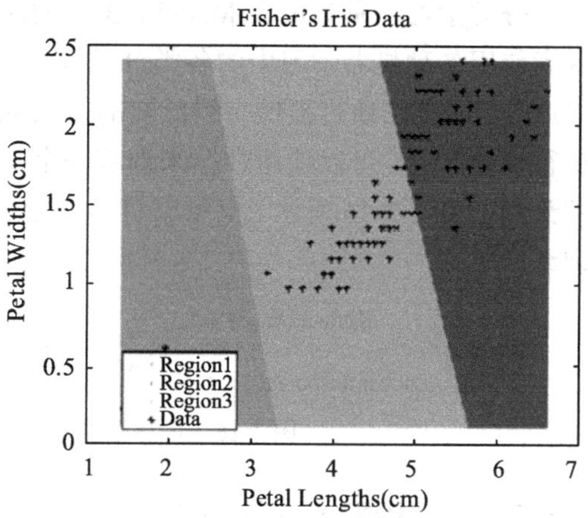

图 3-15 分类结果图

```
[idx,C] = kmeans(X,3);
% 显示分类结果
x1 = min(X(:,1)):0.01:max(X(:,1));
x2 = min(X(:,2)):0.01:max(X(:,2));
[x1G,x2G] = meshgrid(x1,x2);
XGrid = [x1G(:),x2G(:)];
```

```
idx2Region = kmeans(XGrid,3,'MaxIter',1,'Start',C);
figure;
gscatter(XGrid(:,1),XGrid(:,2),idx2Region,...
    [0,0.75,0.75;0.75,0,0.75;0.75,0.75,0],'..');
hold on;
plot(X(:,1),X(:,2),'k*','MarkerSize',5);
title 'Fisher''s Iris Data';
xlabel 'Petal Lengths (cm)';
ylabel 'Petal Widths (cm)';
legend('Region 1','Region 2','Region 3','Data','Location','Best');
```

以上是一个分类的简单例子，从该例子的实现过程来看，用 MATLAB 实现数据挖掘还是比较方便的，而且 MATLAB 代码是种脚本代码，易读性也较强。该例子也展示了数据挖掘的基本流程，这样也让我们对数据挖掘的实现过程有了更深刻的认识。

3.5 MATLAB 集成数据挖掘工具

MATLAB 在 2015a 版本以后推出了集成的数据挖掘工具 Classification Learner，翻译成中文是分类学习机。可以说这个分类学习机可以完全通过界面来操作，属于典型的工具，同时又非常容易使用，所以接下来将介绍 MATLAB 自带的分类学习机的用法。

3.5.1 分类学习机简介

分类学习机是集成在 MATLAB 中的应用程序（2015a 版后）。使用这个程序，可以探索使用各种机器学习中的各类分类算法。分类类型包括决策树、支持向量机、最近邻和集成分类。可以通过提供一组已知的输入数据（观测或示例）和已知响应的数据（例如类）执行机器学习。可以使用数据来训练一个模型，然后用这个模型对新的输入数据进行输出的预测，如图 3-16 所示。也可以将模型导出到工作区，或生成 MATLAB 代码来重新创建训练的模式。

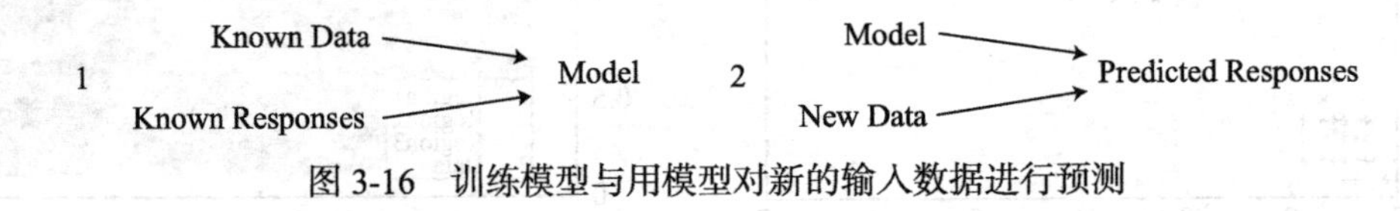

图 3-16 训练模型与用模型对新的输入数据进行预测

3.5.2 交互探索算法的方式

使用这个工具，可以探索使用各种分类机器学习算法。在整个过程中，可以浏览数据、选择指标、指定交叉验证方案、训练模型并评估结果。具体工作流程如下：

1）在 MATLAB 命令窗口输入 classificationLearner 打开分类学习机。

2）导入数据，并选择指标变量和响应变量。

3）选择一个分类。在分类学习机选项卡的分类部分，单击一个分类类型。要查看所有可用的分类选项，点击最右侧的分类部分的箭头展开分类列表。然后就可以根据需要，选择合适的分类类型（如表 3-1 所示），该表显示了不同的监督学习算法的典型特征。选择一个分类类型，要考虑预测的准确性、训练和预测的速度、内存使用情况和可解释性等因素。例如，如果要选择快的分类类型，尽量选择决策树。要了解每个分类器的详细信息，可以查看“Details view”，如图 3-17 所示。

表 3-1　不同分类算法的特征

算法类型	预测精度	训练速度	是否容易解释
决策树	中	快	Yes
支持向量机	高	中	Yes，线性 SVM No，其他
最近邻	低维度高 高维度低	快	No
集成分类	高	慢	No

4）选择一个分类后，单击“训练”。可以重复尝试不同的分类，每次单击训练，就可在历史列表中留下一个新的模型。

5）通过散点图、混淆矩阵和 ROC 曲线检查，比较模型的性能，同时在历史列表中会显示每个模型的准确率，如图 3-18 所示。

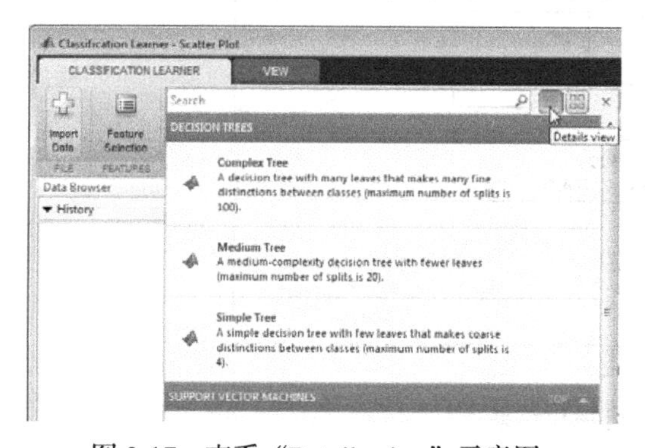

图 3-17　查看“Details view”示意图

图 3-18　多次训练模型后的操作界面

6）选择历史列表中的最佳模型，并检查分类性能。

7）要进一步改进模型，可以尝试在高级对话框中改变分类的参数设置，然后训练新的模型。

8）生成代码或导出模型到工作区，使用新的数据进行预测。

3.5.3　MATLAB 分类学习机应用实例

1. 加载数据

运行本章配套程序 HumanActivityLearning.m 的第一节，执行数据加载：

```
%% 加载训练数据
load rawSensorData_train.mat
plotRawSensorData(total_acc_x_train, total_acc_y_train, ...
    total_acc_z_train,trainActivity,1000)
rawSensorDataTrain = table(...
    total_acc_x_train, total_acc_y_train, total_acc_z_train, ...
    body_gyro_x_train, body_gyro_y_train, body_gyro_z_train);

T_mean = varfun(@Wmean, rawSensorDataTrain);
T_stdv = varfun(@Wstd , rawSensorDataTrain);
T_pca  = varfun(@Wpca1, rawSensorDataTrain);

humanActivityData = [T_mean, T_stdv, T_pca];
humanActivityData.activity = trainActivity;
```

在加载数据后，对数据进行了可视化，如图 3-19 所示。

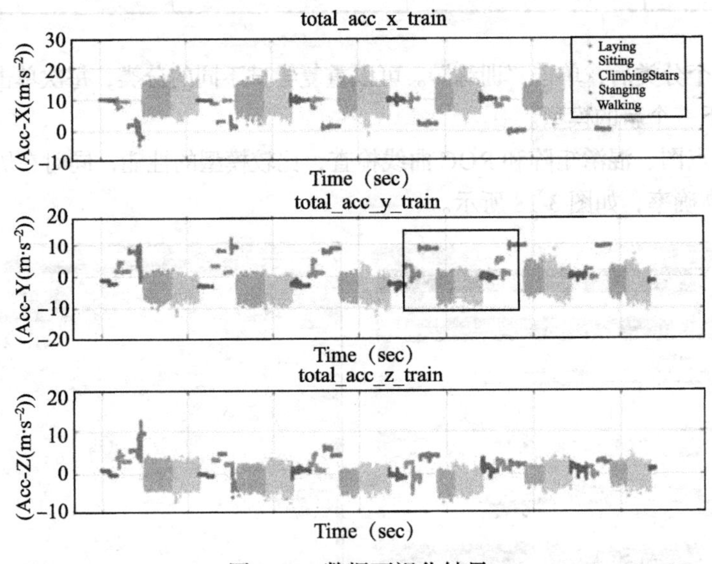

图 3-19 数据可视化结果

2. 启动分类学习机训练模型

运行 HumanActivityLearning.m 脚本的第二节启动分类学习机，或者在 MATLAB 命令行输入：classificationLearner，然后回车也可以启动分类学习机（如图 3-20 所示）。

然后就可以在界面上按照以下步骤操作：

（1）导入数据

单击左侧“Import Data”按钮，启动设置分类引擎 Set Up Classification。然后在步骤 1 中选择数据，如图 3-21 所示。

在步骤 2 中选择指标，如图 3-22 所示。

在步骤 3 中选择验证方式，如图 3-23 所示。

然后在 Set Up Classification 面板上单击“Import Data”，即可重新回到分类学习机的主面板，如图 3-24 所示。

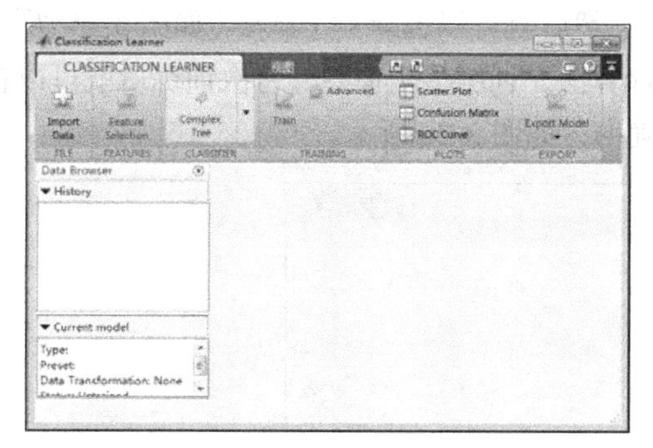

图 3-20 分类学习机初始化界面

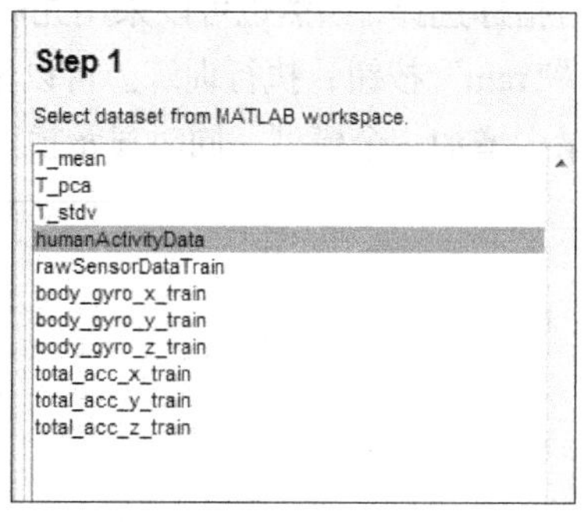

图 3-21 选择数据示意图

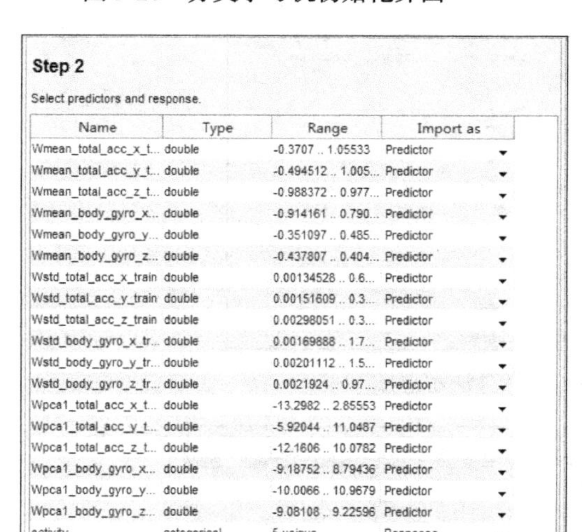
Step 2

Select predictors and response.

Name	Type	Range	Import as
Wmean_total_acc_x_t...	double	-0.3707 .. 1.05533	Predictor
Wmean_total_acc_y_t...	double	-0.494512 .. 1.005...	Predictor
Wmean_total_acc_z_t...	double	-0.988372 .. 0.977...	Predictor
Wmean_body_gyro_x...	double	-0.914161 .. 0.790...	Predictor
Wmean_body_gyro_y...	double	-0.351097 .. 0.485...	Predictor
Wmean_body_gyro_z...	double	-0.437807 .. 0.404...	Predictor
Wstd_total_acc_x_train	double	0.00134528 .. 0.6...	Predictor
Wstd_total_acc_y_train	double	0.00151609 .. 0.3...	Predictor
Wstd_total_acc_z_train	double	0.00298051 .. 0.3...	Predictor
Wstd_body_gyro_x_tr...	double	0.00169888 .. 1.7...	Predictor
Wstd_body_gyro_y_tr...	double	0.00201112 .. 1.5...	Predictor
Wstd_body_gyro_z_tr...	double	0.0021924 .. 0.97...	Predictor
Wpca1_total_acc_x_t...	double	-13.2982 .. 2.85553	Predictor
Wpca1_total_acc_y_t...	double	-5.92044 .. 11.0487	Predictor
Wpca1_total_acc_z_t...	double	-12.1606 .. 10.0782	Predictor
Wpca1_body_gyro_x...	double	-9.18752 .. 8.79436	Predictor
Wpca1_body_gyro_y...	double	-10.0066 .. 10.9679	Predictor
Wpca1_body_gyro_z...	double	-9.08108 .. 9.22596	Predictor
activity	categorical	5 unique	Response

图 3-22 选择指标界面

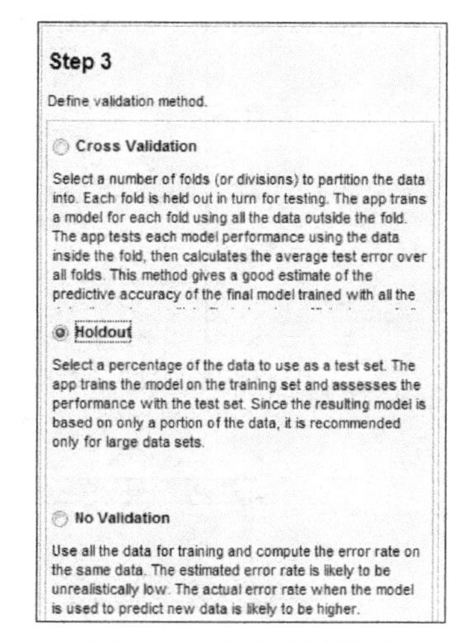

图 3-23 交叉验证界面

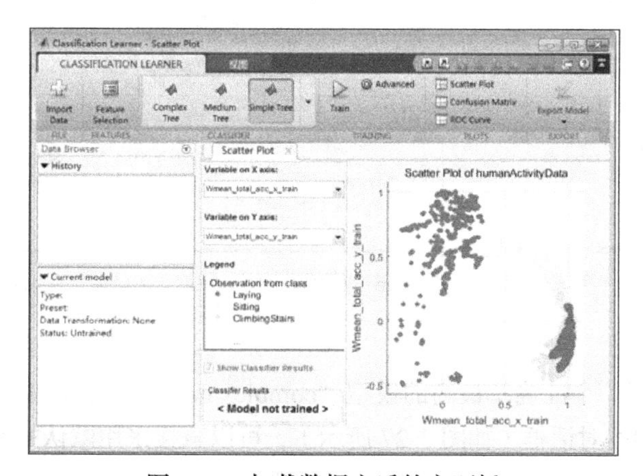

图 3-24 加载数据之后的主面板

（2）训练模型

接下来，又回到分类学习机主面板上进行操作了。首先可以在“Feature Selection”中重新进行指标选择，当然也可以采用先前的设置。然后就可以选择一个算法（如图 3-25 所示），单击“Train”按钮，执行训练。可以多次选择算法，训练多个模型，每次训练后就可以在历史记录中增加一个模型，同时显示模型的准确率，如图 3-26 所示。

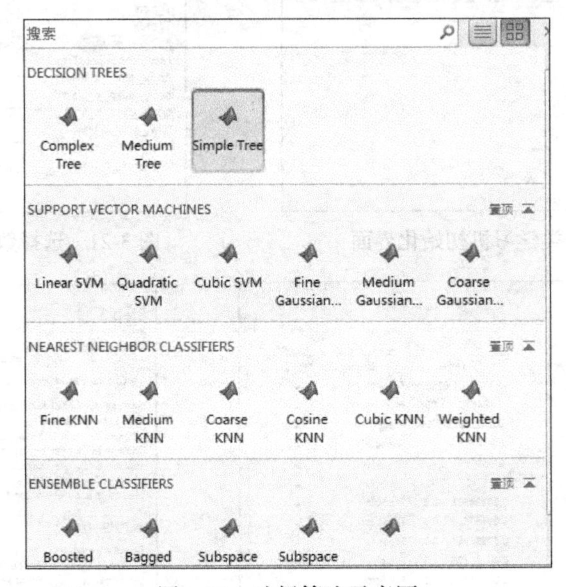

图 3-25　选择算法示意图

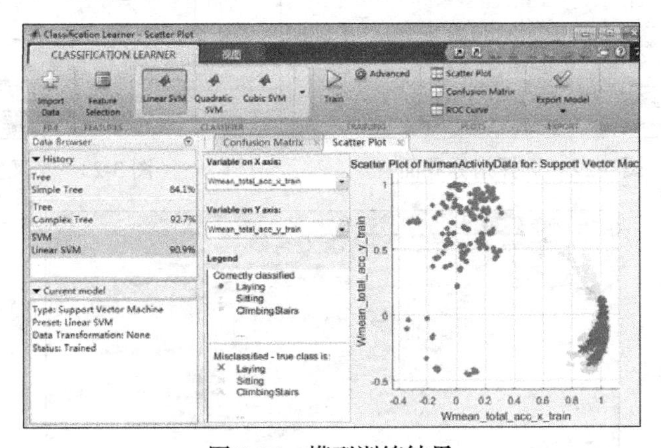

图 3-26　模型训练结果

（3）导出模型

从 history 中选择一个准确率最高的模型“complex tree”，然后单击“Export Model”，这时会弹出命名模型的对话框（如图 3-27 所示），可以直接采用默认的名字，直接单击“确定”即可，然后就会在 Workspace 中出现这个模型。

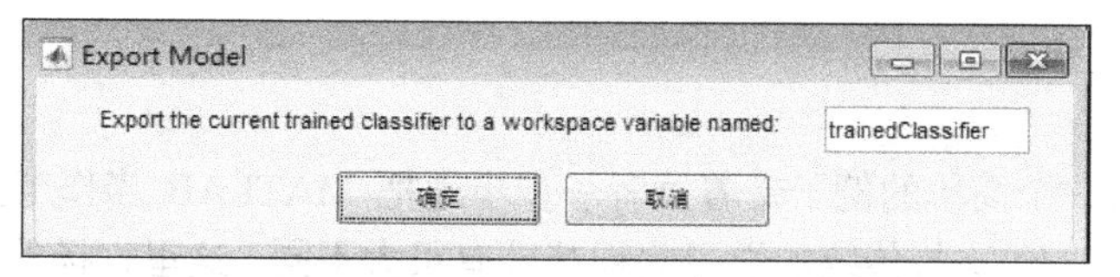

图3-27　导出模型结果

3. 用测试数据测试分类器的性能

执行脚本的第三节，用新的数据对分类器进行测试，就可以得到分类结果及比对图，如图3-28所示。

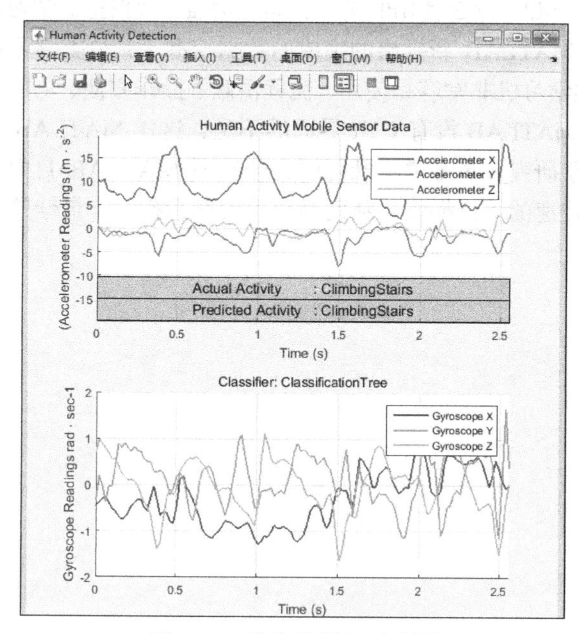

图3-28　分类结果与对比图

具体实现代码如下：

```
%% 用测试数据测试分类器的性能
load rawSensorData_test.mat
% Step 1: Create a table
rawSensorDataTest = table(...
   total_acc_x_test, total_acc_y_test, total_acc_z_test, ...
   body_gyro_x_test, body_gyro_y_test, body_gyro_z_test);
% Step 2: Extract features from raw sensor data
T_mean = varfun(@Wmean, rawSensorDataTest);
T_stdv = varfun(@Wstd , rawSensorDataTest);
T_pca  = varfun(@Wpca1, rawSensorDataTest);
humanActivityData = [T_mean, T_stdv, T_pca];
humanActivityData.activity = testActivity;
% Step 3: Use trained model to predict activity on new sensor data
plotActivityResults(trainedClassifier,rawSensorDataTest,humanActivityData,0.05)
```

3.6 小结

本章直接通过一个简单的例子带着读者一步步地把 MATLAB 当作工具去使用，实现了 MATLAB 的快速入门。这与传统的学习编程基础有很大不同，这里宣扬的一个理念是“在应用中学习”。同时，通过一个引例，介绍了 MATLAB 最实用也最常用的几个操作技巧，这样读者就能够灵活地使用这几个技巧，解决各种科学计算问题。为了拓展 MATLAB 的知识面，本章还介绍了使用 MATLAB 中的常用的知识点和操作技巧，如数据类型、常用的操作指令等。再通过介绍一个数据挖掘实例，更直观地让读者感受如何用 MATLAB 进行数据挖掘，这样就可以让大家快速建立对 MATLAB 使用的信心，同时增强对数据挖掘学习的信心。

本章最后介绍了 MATLAB 新推出的集成的数据挖掘工具分类学习机的用法，可以看出 MATLAB 自带的分类学习机非常容易使用，流程清晰、操作方便、功能齐全是学习机的主要特点。学习机弥补了 MATLAB 没有 GUI 界面的不足，这样 MATLAB 就大大增强了其应用人群和应用领域。对于研究人员来说，既可以充分发挥 MATLAB 自由灵活的编程特点，又可以利用分类器进行快速的算法探索，从而为分类问题选择一个最佳的分类器。

第二篇

技术篇

- 第 4 章　数据的准备
- 第 5 章　数据的探索
- 第 6 章　关联规则方法
- 第 7 章　数据回归方法
- 第 8 章　分类方法
- 第 9 章　聚类方法
- 第 10 章　预测方法
- 第 11 章　诊断方法
- 第 12 章　时间序列方法
- 第 13 章　智能优化方法

本篇是数据挖掘技术的主体部分，系统介绍了数据挖掘的相关技术及其这些技术的应用实例。该部分又分三个层次：

1）数据挖掘前期的一些技术，包括数据的准备（收集数据、数据质量分析、数据预处理等）和数据的探索（衍生变量、数据可视化、样本选择、数据降维等）。

2）数据挖掘的核心六大类方法，包括关联规则、回归、分类、聚类、预测和诊断。对于每类方法，则详细介绍了其包含的典型算法，包括基本思想、应用场景、算法步骤、MATLAB 实现程序、应用实例。

3）数据挖掘中特殊的实用技术，包含两章内容，一是关于时序数据挖掘的时间序列技术；二是智能优化方法。该层次也是数据技术体系中不可或缺的技术。时序数据是数据挖掘中的一类特殊数据，所以针对该类特殊的数据类型，介绍了时间序列方法。另外，数据挖掘离不开优化，所以又以一章智能优化方法介绍了两个比较常用的优化方法，遗传算法和模拟退火算法。

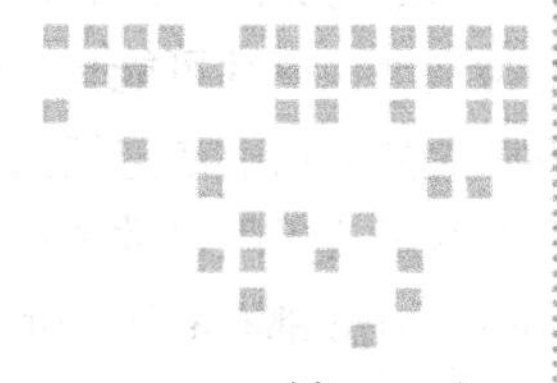

第 4 章　Chapter 4

数据的准备

数据挖掘的基础就是数据，所以准备足够、丰富、高质量的数据对数据挖掘的结果至关重要。数据的准备也是数据挖掘中耗时最多的环节，数据的准备包括数据的收集、数据的质量分析和数据的预处理三个小环节，本章将针对这三个环节进行介绍。

4.1　数据的收集

4.1.1　认识数据

数据是数据挖掘的基础，所以我们有必要先认识一下数据。关于数据的内容很多，从数据挖掘的角度，我们往往关心数据的属性和数据的质量。

1. 数据的属性

数据集由数据对象组成，一个数据对象代表一个实体。例如，在销售数据库中，对象可以是顾客、商品或销售；在医疗数据库中，对象可以是患者；在大学的数据库中，对象可以是学生、教授和课程。通常，数据对象用属性描述。数据对象又称样本、实例、数据点或对象。如果数据对象存放在数据库中，则它们是数据元组，也就是说，横向数据库的行对应于数据对象，而列对应于属性。本节，我们定义属性，并且考察各种属性类型。

属性（Attribute）是一个数据字段，表示数据对象的一个特征。在文献中，属性、维（Dimension）、特征（Feature）和变量（Variable）可以互换地使用。术语“维”一般用在数据仓库中，机器学习文献更倾向于使用术语“特征”，而统计学家则更愿意使用术语“变量”。数据挖掘和数据库的专业人士一般使用术语“属性”，我们也使用术语“属性”。例如，描述顾客对象的属性可能包括 customer_ID、name 和 address。给定属性的观测值称作观测，用来描述一个给定对象的一组属性称作属性向量（或特征向量）。

一个属性的类型由该属性可能具有的值的集合决定。属性的描述有多种方法，在数据挖掘领域，一般将属性分为离散或连续两类，每种类型都可以用不同的方法处理。

离散属性具有有限或无限可数个值，可以用或不用整数表示。属性 hair_color、smoker、medical_test 和 drink_size 都有有限个值，因此是离散的。注意，离散属性可以具有数值型的值，如对于二元属性取 0 和 1，对于年龄属性取 0～110。如果一个属性可能的值的集合是无限的，但是可以建立一个与自然数一一对应关系，则这个属性是无限可数的，例如属性 customer_ID 是无限可数的。顾客数量是无限增长的，但事实上实际的值的集合是可数的（可以建立这些值与整数集合的一一对应）。如果属性不是离散的，则它是连续的。在文献中，术语“数值属性”与“连续属性”通常可以互换地使用。（这可能令人困惑，因为在经典意义下，连续值是实数，而数值值可以是整数或实数。）在实践中，实数值用有限位数字表示。连续属性一般用浮点变量表示。

2. 数据的存在形式

要想获取数据，首先要明确数据存在什么地方，以什么形式存在。一般根据数据的存储形式，将数据分为结构化数据、非结构化数据以及半结构化数据。

结构化数据，简单来说就是数据库。结合到典型场景中更容易理解，比如企业 ERP、财务系统、医疗 HIS 数据库、教育一卡通、政府行政审批和其他核心数据库等。这些应用需要哪些存储方案呢？其基本包括高速存储应用需求、数据备份需求、数据共享需求以及数据容灾需求。

非结构化数据，包括视频、音频、图片、图像、文档、文本等形式。具体到典型实例中，如医疗影像系统、教育视频点播、视频监控、国土 GIS、设计院、文件服务器（PDM/FTP）、媒体资源管理等具体应用，这些行业对于存储需求包括数据存储、数据备份以及数据共享等。

半结构化数据，包括邮件、HTML、报表、资源库等，典型场景如邮件系统、WEB 集群、教学资源库、数据挖掘系统、档案系统等，这些应用对应于数据存储、数据备份、数据共享以及数据归档等基本存储需求。

4.1.2 数据挖掘的数据源

良好的数据源是数据挖掘成功的重要保证，那么哪些数据可以作为数据源呢？从广义上说，所有与业务相关的结构化数据、非结构化数据或半结构化数据都可能是数据源，所谓大数据的概念。但也并不是所有，也不可能所有的数据都拿过来挖掘，而是选择与数据挖掘业务目标相关的数据作为某次数据挖掘的数据源。同样是证券公司，如果数据挖掘的目标是研究证券公司的客户分类，以便于精准营销或服务，那么就要从数据源中选择与客户相关的数据作为该次数据挖掘项目的数据源；但如果是为了投资，则会选择一些交易数据、上市公司信息等作为数据源。数据挖掘的数据源可用图 4-1 表示。

在实践中，大多数的数据存在于数据仓库中，但为了方便，通常要建立某次数据挖掘的数据集市。相对于传统方法，数据仓库提供了一个新的解决方案。数据仓库使用更新驱动的（Update-Driven）方法，而不是查询驱动的方法。这种方法将来自多个异种数据源的信息预先集成，并储存在数据仓库中供直接查询和分析。与联机事务处理数据库不同，数据仓库不包含最近的信息。然而，数据仓库为集成的异种数据库提高了分布式处理的能力，这一点在证券业尤为重要。数据被复制、预处理、集成、注释、汇总，并重新组织到一个语义一致的数据存储中。在数据仓库中进行的查询处理并不影响在局部数据源上进行的数据处理，因此，数据仓库可以完全满足证券行业实时性的要求。当然关于数据仓库和数据集市的设计与建立问题，不是数据挖掘的重点，这里仅需略作了解即可。

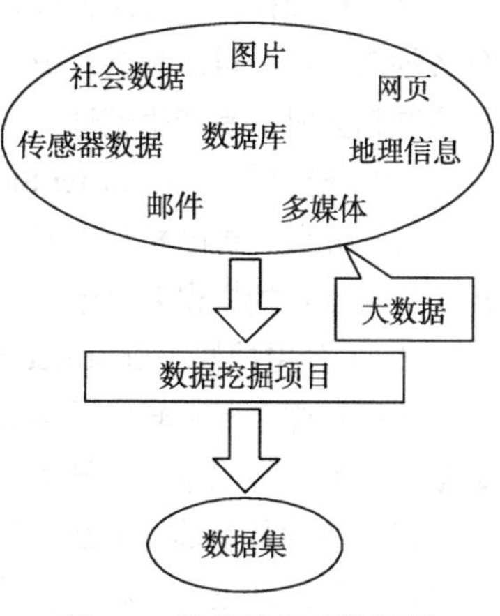

图 4-1 数据挖掘的数据源

4.1.3 数据抽样

在数据收集的过程中，宽表数据往往是几十万、上百万级记录的。要对所有数据进行预处理、训练，时间上很难满足要求，因此对数据进行抽样就很必要了。同时，抽样可以作为一种数据归约技术使用，因为它允许用数据很小的随机样本（子集）表示大型数据集。不同的数据抽样方法对模型的精度有很大影响，可以考虑用一些数据浏览工具、统计工具对数据分布做一定的探索，在对数据做充分的了解后，再考虑采用合适的抽样方法。对一般的模型，比如客户细分，主要是数据的聚类，在做抽样时可用随机抽样，也可以考虑整群抽样；而做离网预警模型或者金融欺诈预测模型时，数据分布是严重有偏的，而且这种有偏数据对这类模型来说恰恰是至关重要的，此时则一般采用分层抽样和过度抽样相结合的方法。

选择抽样方法要注意抽样方法的正确性。抽样方法的正确性是指抽样的代表性和随机性，代表性反映样本与全集的接近程度，而随机性反映样品被抽入样本纯属偶然。在对总体样本质量状况一无所知的情况下，显然不能以主观的限制条件去提高抽样的代表性，抽样应当是完全随机的，这时采用简单随机抽样最为合理。在对总体质量构成有所了解的情况下，可以采用分层随机或系统随机抽样来提高抽样的代表性。在采用简单随机抽样有困难的情况下，可以采用代表性和随机性较差的分段随机抽样或整群随机抽样。这些抽样方法除简单随机抽样外，都是带有主观限制条件的随机抽样方法。通常只要不是有意识地抽取质量好或坏的产品，尽量从数据源的各部分抽样，这样都可以近似地认为是随机抽样。

具体的数据抽样方法主要有以下 4 种：

（1）简单随机抽样（Simple Random Sampling）

将调查总体全部观察编号，再用抽签法或随机数字表随机抽取部分观察组成样本。该法的优点是操作简单，标准误差计算简单；缺点是总体较大时，难以一一编号。

（2）系统抽样（Systematic Sampling）

又称机械抽样、等距抽样，即先将总体的观察按某一顺序号分成 *n* 个部分，再从每一部分各抽取一定数量的观察组成样本。该法的优点是易于理解、简便易行；缺点是总体有周期或增减趋势时，易产生偏性。

（3）整群抽样（Cluster Sampling）

总体分群，再随机抽取几个群组成样本，群内全部抽样。该法的优点是便于组织、节省经费。缺点：抽样误差大于单纯随机抽样。

（4）分层抽样（Stratified Sampling）

先按对样本影响较大的某种特征，将总体分为若干个类别，再从每一层内随机抽取一定数量的观察，合起来组成样本。该法的优点是样本代表性好，抽样误差减少。

以上四种基本抽样方法都属于单阶段抽样，实际应用中常根据实际情况将整个抽样过程分为若干阶段来进行，称为多阶段抽样。在抽样的过程中，往往要紧扣数据挖掘目标，具体的数据抽样过程如图 4-2 所示。

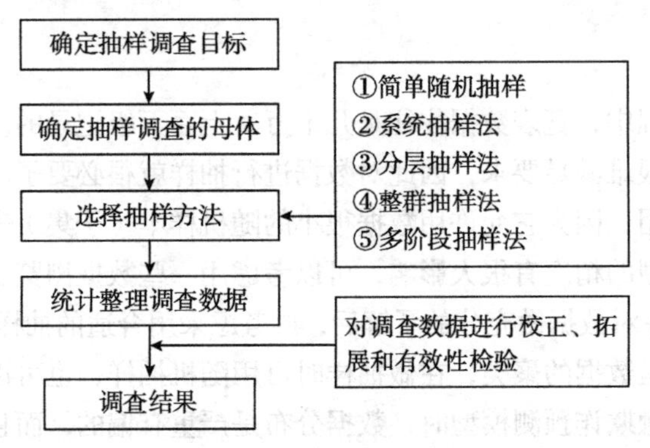

图 4-2 数据抽样流程

4.1.4 金融行业的数据源

金融行业是比较成熟、有趣的行业，所以本书中介绍技术实现过程的很多案例选自金融行业。而在金融行业，又以投资领域最为典型，所以随后将以金融行业的量化投资为例，来介绍如何得到需要的数据源。

长期以来，证券公司的交易系统一直处于中国各行业 IT 技术应用的领先水平，积累了丰富的数据。整个运营系统产生的数据主要分为两大类：股票行情数据与客户交易数据。股票行情数据由交易所产生，广泛分布，是实时共享信息。一些现有的实时行情分析系统都能进行从简单到复杂的分析；客户交易数据在各个证券公司的营业部产生，分布于证券公司的营业部及证券交易所，属于相对私有数据。这些数据反映了客户的资金状况、交易状况和持仓状况等，对证券公司和交易所而言具有极高的分析价值。

在投资领域，业务目标不同，所用的数据源也不同。图 4-3 给出了与投资相关的结构化数据源的图谱，从中就可以看出，不同的业务目标，可以选择不同的数据，这些数据可能自己有，也可能自己没有。但从数据挖掘的角度，数据越全越好。

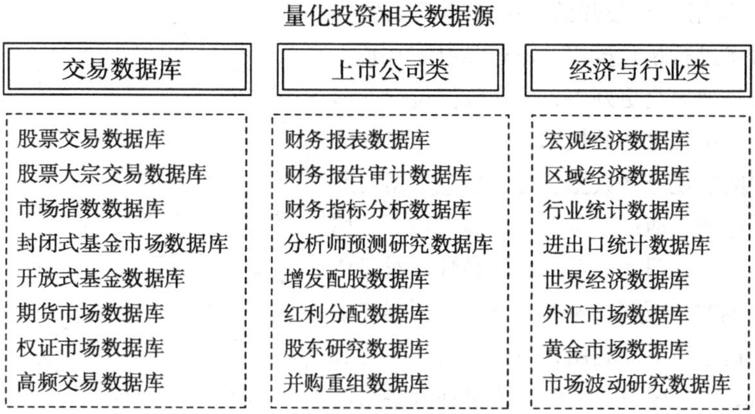

量化投资相关数据源

交易数据库	上市公司类	经济与行业类
股票交易数据库	财务报表数据库	宏观经济数据库
股票大宗交易数据库	财务报告审计数据库	区域经济数据库
市场指数数据库	财务指标分析数据库	行业统计数据库
封闭式基金市场数据库	分析师预测研究数据库	进出口统计数据库
开放式基金数据库	增发配股数据库	世界经济数据库
期货市场数据库	红利分配数据库	外汇市场数据库
权证市场数据库	股东研究数据库	黄金市场数据库
高频交易数据库	并购重组数据库	市场波动研究数据库

图 4-3　投资相关数据源图谱

那么如何选择合适的数据源呢？首先要有个以数据挖掘业务目标为导向的方法论，在这个方法论中要大致规划出采用哪些数据源、经过怎样的处理、得到什么样的结果。以量化选股为例，可以先给出一个如图 4-4 所示的方法论，这样就可以基本锁定所需要的数据源。

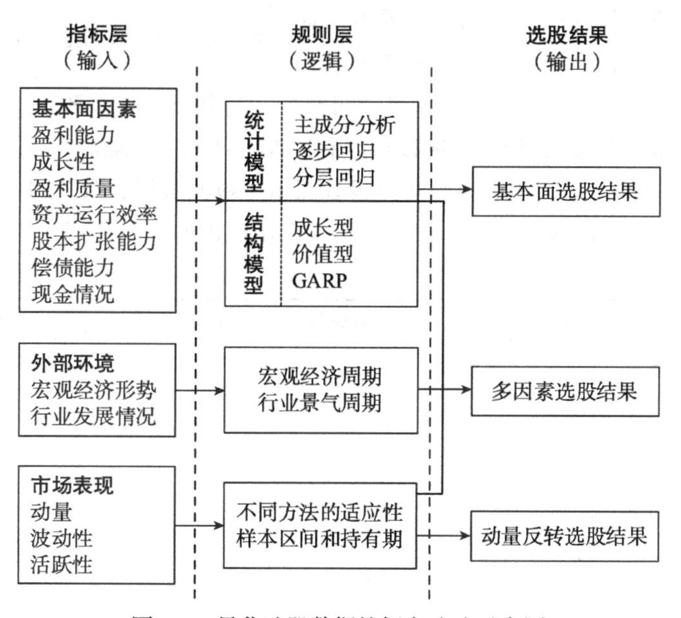

图 4-4　量化选股数据挖掘方法论示意图

为了进一步确定完成该项数据挖掘任务需要的数据源，还需要针对方法论中指标层的指标进行分析，以确定用什么数据源可以得到这些指标。根据指标层的这些指标，就可很容易地确定具体的数据源，如图 4-5 所示。

对于专业的量化投资机构，获取这些数据不难，一般的机构都会有比较健全的数据。而在这里我们尽量用一些公开的数据来研究如何利用数据挖掘技术进行量化投资。不过从技术层面，用这些公共数据效果会更好些，公共数据包含形形色色的数据，会用到更多的技术。另外，从目标数据来看，其中的宏观经济数据、行业信息数据对股票的影响是普遍的，通过基本面分析就可以了，用量化效果可能不一定显著，而且这两类数据对股票的影响是中长期的，短期影响并不显著；而客户信息数据，我们这里更不能利用，但我们关注的是股票的市场表现，所有客户的操作行为会在股票市场上有表现。所以综合分析下来，交易数据和公司财务数据对研究量化投资更有价值，而且这两类数据都是公共数据，我们可以用来作为研究对象。

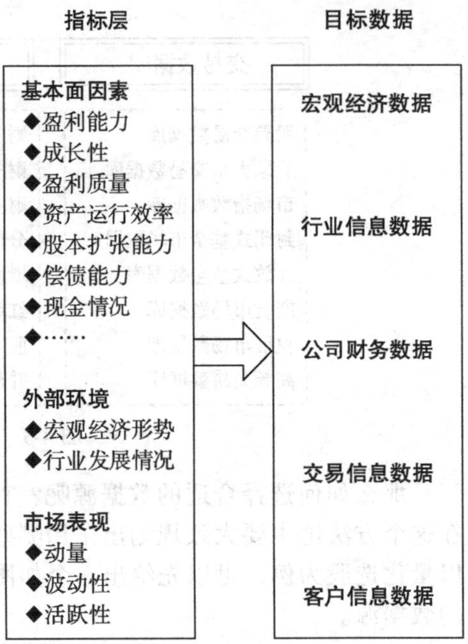

指标层
基本面因素
◆盈利能力
◆成长性
◆盈利质量
◆资产运行效率
◆股本扩张能力
◆偿债能力
◆现金情况
◆……
外部环境
◆宏观经济形势
◆行业发展情况
市场表现
◆动量
◆波动性
◆活跃性

目标数据
宏观经济数据
行业信息数据
公司财务数据
交易信息数据
客户信息数据

图 4-5 根据数据挖掘方法论确定的数据源

4.1.5 从雅虎获取交易数据

数据是数据挖掘的基础，下面就来看看，如何获取交易数据和公司财务数据。首先来介绍如何获取交易数据。许多财经网站都有丰富、可靠的交易数据，比如雅虎、新浪、网易、腾讯，其中雅虎与 MATLAB 有接口，所以可以利用 MATLAB 从雅虎获得这些交易数据，获取的程序如 P4–1 所示。运行该程序，可以得到深市主板的数据，对该程序略作修改，就可以获得沪市和创业板的数据。这里，作为例子，只用深市的交易数据作为研究对象。

程序编号	P4–1	文件名称	P4_1_TradeData.m	说明	读取交易数据

```
%% P4-1：采集深圳主板股票交易数据
%% 环境准备及变量定义
clc, clear all, close all
% 参数定义
connect=yahoo;
stattime='1/1/11';    % 时间起点
closetime='12/31/13';  %  时间终点
load('IndexSz.mat');  % 加载有效的股票代码
Idsz=cell2mat(IndexSz);
%% 获取股票数据
for i=1:2720  % 其他股票数据量较少
    i
  % 定义深圳主板股票代码
```

```
    if  i<2725
    k1='00000';   k2='0000';   k3='000';   k4='00';
    d=num2str(i);
    if i<10
       kk=[k1,d];
    elseif  (10<=i)&&(i<100)
       kk=[k2,d];
    elseif  (100<=i)&&(i<1000)
       kk=[k3,d];
    elseif  (1000<=i)&&(i<10000)
       kk=[k4,d];
    end
    tail='.sz';
    whole=[kk,tail];
    end

  % 判断是否是有效的股票代码
  if  strmatch(k1, Idsz) ~= 1;
      continue;
  end

  % 获得股票交易数据
  price=fetch(connect,whole,stattime,closetime);

  %% 将数据保存到本地的Excel
   [p_r, p_c]=size(price);
   if p_r==0
      continue
   end
  price_data(:,1:6)=price(:,2:7);
  name_h='sz';
  name_t=kk;
  table_name=strcat(name_h, name_t);
  [p_r, p_c]=size(price);
  for ii=1:p_r
       price_date(ii,1)={datestr(price(ii,1),'yyyymmdd')};
  end

   xlswrite(['\sz_data\',table_name],      price_date,      'sheet1',['A1:A'
num2str(p_r)]);
   xlswrite(['\sz_data\',table_name],      price_data,      'sheet1',['B1:G'
num2str(p_r)]);
   clear ii kk whole test price price_date price_data
end
%% 说明: 采集的数据放在同一目录的 sz_data 文件夹下
```

该程序的运行结果是在本地建立一个 data 文件夹，里面存放着各支股票的交易数据。打开 data 文件夹中的文件（以 sz000001 为例），可以看到如表 4-1 所示的数据，第二列到第六列的数据分别是日交易的开盘价、最高价、最低价、收盘价、成交量，第七列是收盘价的向前复权价。

表 4-1 获得的股票交易数据

日期	开盘价	最高价	最低价	收盘价	成交量	向前复权价
20131231	11.73	12.39	11.65	12.25	82686400	12.25
20131230	11.79	11.85	11.7	11.74	43574400	11.74
20131227	11.46	11.89	11.43	11.75	63066100	11.75
20131226	11.7	11.7	11.43	11.45	40230000	11.45
20131225	11.7	11.79	11.53	11.72	50589900	11.72
20131224	12	12.12	11.6	11.7	51936400	11.7

这里使用了一个重要函数 fetch，该函数的用法如下：

data = fetch(Connect, 'Security', 'FromDate', 'ToDate')

通过 fetch 函数就可以从 yahoo 财经数据库中获取指定日期范围股票的日线数据，其中的参数含义如下：

Connect：表示从哪里获取数据，这里是从 yahoo 财经获取股票数据，将 Connect 设置为 yahoo。

Security：表示获取哪一支股票的数据，这里将 Security 设置为需要获取数据的股票的代码，如果是上海市场的股票，在股票代码后面加“.ss”，如果是深证市场的股票，在股票代码后面加“.sz”，比如想获取上海市场浦发银行的股票日交易数据，可将 Security 设置为 600000.ss；深证市场万科 A 的股票日交易数据，可将 Security 设置为 000000.sz。

FromDate：指定时间范围的开始时间。

ToDate：指定时间范围的结束时间。

读者可以自己运行该程序获得想要的数据，也可以直接利用已经获取的数据。由于从雅虎获取数据受到网络等因素的影响，所以从雅虎获取数据不是很稳定。另外 MATLAB 与雅虎的接口更新不是很及时，当雅虎数据发生变化时，再用 MATLAB 从雅虎获取数据就会出问题。从数据质量角度，毕竟雅虎的数据是公共数据，存在一定的缺失、重复等问题。虽然从量化投资角度用雅虎的交易数据不是很理想，但对于学习数据挖掘却是极佳的，因为可以充分利用数据处理的各种方法。

4.1.6 从大智慧获取财务数据

用 MATLAB 也可以获得公司财务数据，下面就介绍一种用 MATLAB 获取财务数据的方法。运用该方法，先要安装大智慧，并下载数据到本地，然后就可以用 MATLAB 程序（如 P4-2 所示）将数据解析到 Excel 中，运行程序，打开数据文件，可以获得 52 列数据，这些数据的具体描述如表 4-2 所示。

程序编号	P4–2	文件名称	P4_2_FinanceData.m	说明	读取财务数据

```
%% 读取大智慧财务信息
clc, clear all
%% 将数据读入MATLAB
file='C:\Program Files\dzh\Download\FIN\full.FIN';
% 大智慧的安装路径'C:\Program Files\dzh'
filesize=dir(file)
filesize=filesize.bytes
k=(filesize-8)/216; %公司家数
fileid=fopen(file,'rb');
fseek(fileid,8,'bof');
for i=1:k
    stkfin(i).code=sprintf('%s',fread(fileid, 8, '*char'));
    fseek(fileid,4,'cof');
    a=fread(fileid,3,'int32');
    b=fread(fileid,48,'float32');
    stkfin(i).fin=[a;b];
end
fclose(fileid);

%% 将数据转化成Excel形式
%fCode=zeros(1,1);
fValue=zeros(k,51);
for i=1:k
   fCode(i,1)={stkfin(i).code};
   fValue(i,1:51)=stkfin(i).fin';
end
% 将股票代码保存到Excel
 xlswrite('StockFinanceA.xlsx', fCode, 'sheet1',['A2:A' num2str(i+1)]);
 xlswrite('StockFinanceA.xlsx', fValue, 'sheet1',['B2:AZ' num2str(i+1)]);

 %% 说明: 数据保存在StockFinanceA.xlsx中
```

表 4-2　上市公司财务数据包含内容

序号	变量名称	序号	变量名称
1	公司代码	12	净利润同比
2	数据下载日期	13	主营收同比
3	数据更新日期	14	销售毛利率
4	公司上市日期	15	调整每股净资产
5	每股收益	16	总资产
6	每股净资产	17	流动资产
7	净资产收率（%）	18	固定资产
8	每股经营现金	19	无形资产
9	每股公积金	20	流动负债
10	每股未分配	21	长期负债
11	股东权益比	22	总负债

（续）

序号	变量名称	序号	变量名称
23	股东权益	38	无限售股
24	资本公积金	39	A 股
25	经营现金流量	40	B 股
26	筹资现金流量	41	境外上市股
27	投资现金流量	42	其他流通股
28	现金增加额	43	限售股
29	主营收入	44	国家持股
30	主营利润	45	国有法人股
31	营业利润	46	境内法人股
32	投资收益	47	境内自然人股
33	营业外收支	48	其他发起人股
34	利润总额	49	募集法人股
35	净利润	50	境外法人股
36	未分配利润	51	境外自然人股
37	总股本	52	优先股或其他

4.1.7 从 Wind 获取高质量数据

万得（Wind）是中国内地领先的金融数据、信息和软件服务企业。在国内市场，Wind 的客户包括超过 90%的中国证券公司、基金管理公司、保险公司、银行和投资公司等金融企业；在金融财经数据领域，Wind 已建成国内最完整、最准确的以金融证券数据为核心的一流的大型金融工程和财经数据仓库，数据内容涵盖股票、基金、债券、外汇、保险、期货、金融衍生品、现货交易、宏观经济、财经新闻等领域，并且这些数据更新比较及时，这对于量化投资是非常有利的。

如果已经安装了 Wind，那么获取高质量的数据就比较容易，因为 Wind 提供了外部数据接口。目前 Wind 提供了 MATLAB、Excel、R、C/C++、C#等工具的接口，如图 4-6 所示。

这里还是介绍如何用 MATLAB 获取 Wind 的数据。在 MATLAB 命令窗口下键入如下命令：

```
>>w=windmatlab
>>w.menu
```

就会在 MATLAB 窗口右上角弹出向导，如图 4-7 所示。

通过该向导，可以很容易地获取你想获取的数据，当然也可以通过与向导上按钮名称一致的函数来获取数据，在量化投资中，常用的函数如表 4-3 所示。用户可以通过这些函数，自动获取数据，这样就可以利用这些数据进行量化分析。

比如，可以用以下代码将 Wind 的数据保存到 Excel 中：

```
clc, clear all, close all
w = windmatlab;
w.menu;
[data,codes,fields,times,errorid,reqid] =
```

```
w.wsd('000001.SZ','open,high,low,close,volume','2014-01-01','2014-11-18','Fill=P
revious');
X = [times, data] ;
xlswrite('sdata.xlsx', X);
```

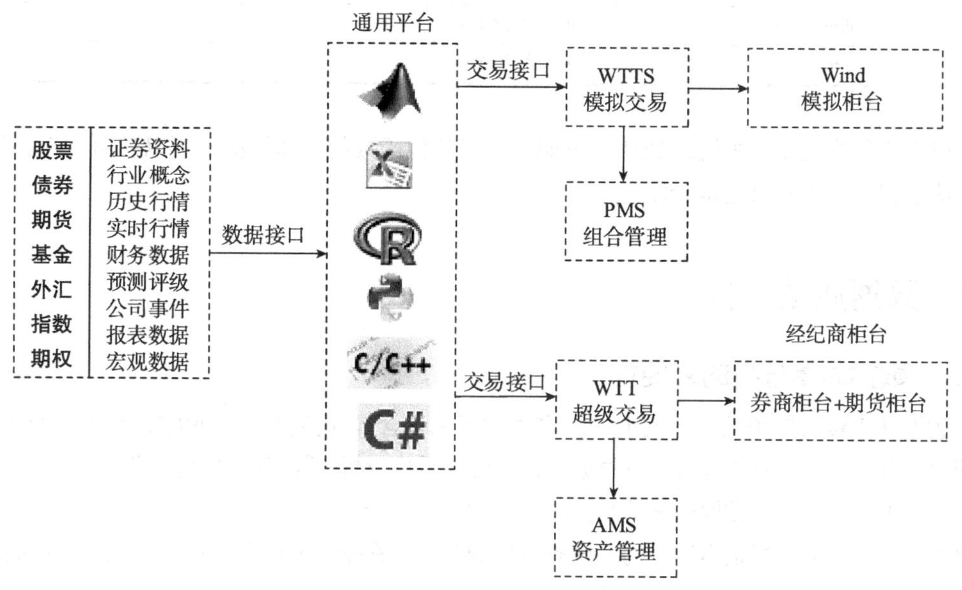

图 4-6　Wind 数据接口示意图

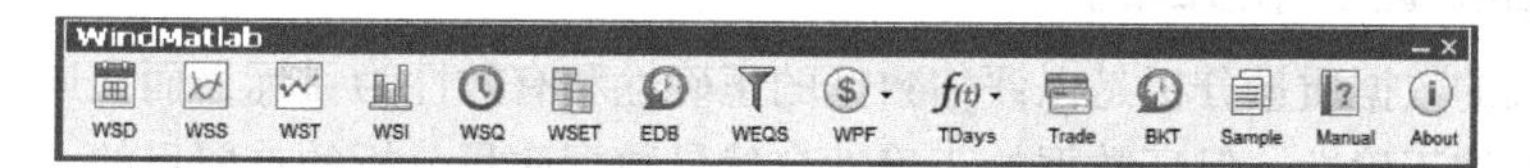

图 4-7　Wind 在 MATLAB 上的数据向导示意图

表 4-3　MATLAB 与 Wind 混合使用时常用的函数

类型	函数名	函数功能
数据	wsd/wss	获取日间基本面数据、行情数据、技术指标等
	wsi	获取分钟行情数据、支持技术指标变参
	wst	获取日内买卖十档盘口快照、成交数据
	wsq	获取订阅实时行情数据
	wset	获取变长数据集数据：指数成分、分红、ST 股票等
功能	weqs	与终端证券筛选交互
	wpf/wupf	组合管理报表下载/组合持仓数据直接上传
日期	tdays/tdaysoffset	获取日期时间序列/获取前推后推日期
	tdayscount	计算日期间距
交易	tlogon/tlogout	交易登陆/退出
	torder/tcancel	交易下单/撤单
	tquery	资金/委托/成交/持仓查询

（续）

类型	函数名	函数功能
回测	bktstart/bktend	开始回测/结束回测
	bktorder/bktquery	回测进行中的下单/查询
	bktsummary	回测结果查询

以上代码中使用的关键函数就是 wsd。关于其他函数的具体用法，可以参考 Wind 提供的用法说明，这里不再过多介绍。

4.2 数据质量分析

4.2.1 数据质量分析的必要性

数据几乎没有完美的。事实上，大多数数据都包含属性值错误、缺失或其他类型的不一致现象。所以在建模前通常需要对数据进行全面的质量分析。数据质量分析同时也是准备数据过程中的重要一环，是数据探索的前提。我们常说，“Garbage in, Garbage out”，数据质量的重要性无论如何强调都是不过分的。没有可信的数据，数据挖掘构建的模型将是空中楼阁。

4.2.2 数据质量分析的目的

数据挖掘的数据质量分析是以评估数据的正确性和有效性为目标，而在通常的数据挖掘项目中主要关注正确性，保证数据的正确性自然是数据质量分析的首要目的。其次，数据挖掘中数据质量重点关注的是对建模效果影响的大小，对质量的分析和评估也是以对后续挖掘的影响为原则。如在电信客户流失分析时，我们发现有国际漫游通话的客户比例极小，例如只有不到 0.01%的客户有此行为。这时，即便国际漫游通话时长的统计正确性毫无问题，也认为该变量缺少有效的信息而有数据质量问题。因为该变量提供的信息只可能对最多 0.01%的客户产生影响，对未来预测模型的贡献实在太微乎其微。

所以，数据质量分析的目的，可以概括成以下两点：

1）保证数据的正确性；

2）保证数据的有效性。

4.2.3 数据质量分析的内容

数据质量分析的内容是以数据质量分析的目的为依据，数据质量分析的目的是保证数据的正确性和有效性这两个方面，所以数据质量分析的内容也主要包含这两个方面。

在数据的正确性分析方面，通常涉及以下几个方面的内容：

1）缺失值：缺失数据包括空值或编码为无意义的值（例如 null）。

2）数据错误：数据错误通常是在输入数据时造成的排字错误。

3）度量标准错误：正确输入但因为不正确的度量标准而导致的错误数据。

4）编码不一致：通常包含非标准度量单位或不一致的值，例如同时使用 M 和 male 表示性别。

而在数据的有效性分析方面，则主要关注数据统计方面的信息，比如占比、方差、均值、分位数等方面的信息，以此来了解这些数据包含的信息量程度。

4.2.4　数据质量分析方法

数据挖掘中数据质量分析的对象主要是宽表。宽表通常是在数据仓库基础上建立的信息列表，每条纪录对应一个样品的各种信息，其中用于分析建模的字段我们称为变量。对于变量，我们通常按照取值类型分为：数值变量和分类变量。对于数值变量，还可以进一步分为离散型变量、连续型变量。数据质量分析的对象就是这些不同类型的变量，类型不同分析的方法也略有不同。在这些方法中，比较常用的数据质量分析方法有：值分析、统计分析、频次与直方图分析。

1. 值分析

值分析通常是进行数据质量分析的第一步，它可以帮助我们在总体上分析数据的自然分布情况。比如，数据是否只有唯一值，该变量中有多少空值等。值分析是我们常用方法中最简单的一种，它的分析信息统计简便，信息含义清晰易理解，同时也是最有效的分析方法，因为它能够快速地给出明确的结论。

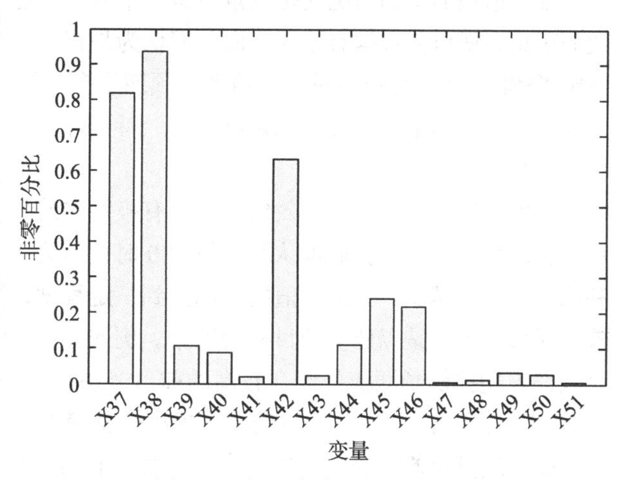

图 4-8　变量非零百分比柱状图

进行值分析时，我们对宽表中变量进行取值情况的统计，常用的具体统计信息如表 4-4 所示。

表 4-4　值分析常用的统计信息

数值名称	描　　述	作　　用
总记录数	变量所有样本总数	表征数据规模
唯一值数	该变量不重复取值的数量	表征数据多样性
空值占比	取值为 null 的记录数/占总记录数的比例	表征无效数据的影响程度
非零占比	取值不为 0 的记录数/占总记录数的比例	表征非零值的影响程度
正数占比	取值大于 0 的记录数/占总记录数的比例	表征正值的影响程度
负数占比	取值小于 0 的记录数/占总记录数的比例	表征负值的影响程度

现在对 4.1 节中获取的财务数据进行质量评估。通过对数据初步的分析，选择非零百分

比作为数据评估指标。对变量 X37～X51 的 15 个变量的非零数值进行统计，并计算各变量对应的非零百分比，如图 4-8 所示。通过本图，可以清晰地看到只有变量 X37 和 X38 的非零百分比超过 80%，其他变量相当多的数值为 0，也就是说这些变量包含的数据信息量太少，此时对这些数据进行挖掘的意义就不大了。如果为了保证数据的有效性，取非零百分比的阈值为 80%，则这 15 个变量，只有 X37 和 X38 这两个变量会纳入下一轮的数据样本的变量体系中。

对数据进行值分析主要是为了了解数据的值特征及信息量，不同的值在表征数据特征方面也有所偏重，至于何时用哪些值对数据质量进行分析，可以根据以下这些值的分析意义来确定：

（1）唯一值分析

唯一值最简单的情况就是变量只有一个取值，这样的变量对于挖掘建模无法提供任何有效的信息。所以从数据有效性方面我们认为是存在问题的。而如果我们对于变量业务含义有一定了解时，还能分析变量唯一值数比预期是多还是少。例如，我们预先知道性别只有“男”、“女”、“不确定”三种，如果出现 4、5 种取值时，可能就要查看是否存在数据质量问题。

（2）无效值分析

空值、空字符串都是无效信息（只有极特殊的情况下我们认为空值、空字符串提供了信息），而很多情况下我们也认为取值为 0 时也是无效信息。无效值的比例越多，建模时能够利用的信息就越少。当无效值的比例大到一定程度，甚至认为该变量对于建模是无效的。有效与无效的界限是以建模的目标为依据。例如，在流失预测建模时，流失率大概为 15%，同时我们希望能够预测流失倾向较高的前 10%用户。这时，如果一个变量无效值的比例接近 90%，则我们认为该变量质量较差，提供信息较少；而如果无效值的比例超过 99%时，则认为该变量质量极差，提供很少的信息；而如果无效值的比例超过 99.9%时，则我们认为该变量无效。对于无效值较多的变量，首先应怀疑数据处理过程是否存在错误。如无错误，对于极差和无效的变量，在建模时将慎用甚至弃用。

（3）异常值分析

在多数情况下，变量是不容许出现负值、空值的，而在某些业务背景中，变量取 0 也是异常的。异常值分析主要就是分析变量是否存在异常值的情况，再结合一定的业务背景知识，确认是否存在错误的数据。

2. 统计分析

统计分析是统计量对数据进行统计学特征的分析，常用的统计量有均值、最小值、最大值、标准差、极差和一些拓展统计量。常用的拓展统计量有以下几个：

1）众数（Mode）：变量中发生频率最大的值。众数不受极端数据的影响，并且求法简便。当数值或被观察者没有明显次序（常发生于非数值性资料）时特别有用。例如：用户状态有正常、欠费停机、申请停机、拆机、销号这几种可能，该变量的众数是“正常”则是正常的。

2）分位数（Median）：将数据从小到大排序，小于某个值的数据占总数的百分比。例如，我们通常所说的中位数就是 50%分位数，即小于中位数的所有值占总数的 50%。

3）中位数：中位数可避免极端数据，代表着数据总体的中等情况。如果总数个数是奇数，按从小到大的顺序，取中间的那个数，如果总数个数是偶数个，按从小到大的顺序，取中间那两个数的平均数。

4）偏度：正态分布的偏度为 0，偏度<0 称分布具有负偏离，偏度>0 称分布具有正偏离。若知道分布有可能在偏度上偏离正态分布时，可用偏度来检验分布的正态性。偏度的计算公式为：

$$f(x)=\frac{n}{(n-1)(n-2)}\sum_{i=1}^{n}\left(\frac{x_i-\overline{x}}{s}\right)^3$$

其中，s 是该变量的标准差。

MATLAB 的 Workspace 中可以直接查看数据的基本统计量信息，根据这些基本统计量就可以大致了解数据的基本情况，如图 4-9 所示。均值、最大值、最小值、中位数描述的是数据的基本特征，从数据质量分析的角度，极差、方差或标准差更有用，因为这些统计量更关注的是这个变量所有数据的统计特征。比如，在某个案例中，如果我们发现某些数据的极差变化很大，说明这些数据的数量级悬殊很大，很可能需要对数据进行归一化处理；如果发现一些变量的标准差很小，说明数据的变化不是很大，有可能说明这个变量所包含的信息比较少，在数据挖掘中就可以考虑是否需要删除这些变量。

Name ▲	Min	Max	Mean	Median	Range	Var	Std
X1	0	20140220	1.9467e+07	20140220	20140220	1.3088e+13	3.6177e...
X10	-3.6464e+04	168.3827	-0.7562	30.2678	3.6633e+04	5.7249e+05	756.6318
X11	-1.9738e+04	2.4768e+05	85.0542	0	2.6741e+05	1.7193e+07	4.1465e...
X12	-99.5900	7.4837e+05	245.4296	1.3250	7.4847e+05	1.2691e+08	1.1266e...
X13	-62.8956	105.9052	18.3495	15.2800	168.8008	405.4152	20.1349
X14	-14.3442	37.1246	2.5077	1.9999	51.4688	9.1182	3.0196
X15	0	1.2531e+11	1.9433e+09	1.1947e+06	1.2531e+11	1.6792e+20	1.2958e...
X16	-1.0925e+04	1.3688e+10	1.6233e+08	6.4392e+05	1.3688e+10	7.7473e+17	8.8019e...
X17	0	7.9861e+09	1.0533e+08	1.5395e+05	7.9861e+09	3.6180e+17	6.0150e...
X18	0	1.3484e+09	1.6573e+07	2.9608e+04	1.3484e+09	8.8216e+15	9.3924e...
X19	-3.2393e+04	1.1676e+10	1.4541e+08	2.7876e+05	1.1676e+10	6.4262e+17	8.0163e...
X2	0	20140220	1.9631e+07	20130930	20140220	9.7683e+12	3.1254e...
X20	-297.4120	4.8634e+09	6.1151e+07	1.1450e+04	4.8634e+09	1.2235e+17	3.4978e...
X21	-2.8868e+04	1.0771e+11	1.7001e+09	3.6309e+05	1.0771e+11	1.3390e+20	1.1571e...
X22	-3.6800e+06	1.6255e+14	2.2106e+12	7.0824e+05	1.6255e+14	1.7661e+26	1.3290e...
X23	-8.7258e+05	4.4579e+09	5.5356e+07	2.3446e+05	4.4588e+09	9.8695e+16	3.1416e...
X24	-230936800	2.6080e+09	1.7934e+07	0	2.8390e+09	1.7502e+16	1.3229e...
X25	-2.5131e+09	20925052	-2.6076e+07	-1.7445e+04	2.5340e+09	2.7405e+16	1.6555e...

图 4-9　MATLAB 中数据的基本统计信息

统计分析方法虽然简单，但却最能反映数据的特征。因为不同的统计量表征的数据特征有所偏重，所以在数据挖掘的不同阶段往往用不同的统计量去认识、评估数据。无论是何阶段，我们只需要认识这些统计量本身的特征，就可以很灵活地选择应用。认识这些统计变量本身的特征，需要关注以下几点：

1）统计分析方法的核心就是分析数据的分布情况，即查看数据与正态分布的接近程度。以数据按照正态分布为假设的前提下，我们利用统计分析方法就是查看数据相对正态分布的偏离程度。在了解数据分布情况之后，我们还可以针对分布情况选取代表性的统计量描述数据整体情况。例如，在数据分布为正态时，我们可以用均值来代表数据的整体情况；而数据分布较为偏斜时，众数与中位数就能够更好地代表数据的整体情况。

2）对极值与均值的评判要借助一定的业务常识，或与变量的历史进行对比。我们可以查看最小值是否合乎业务逻辑；最高值是否真实、准确；均值是否合理。在一定时间区间以内，均值通常是比较稳定的。极值与均值的获取较为简易，目前在数据挖掘项目的实施中也常常被使用。但单纯使用极值与均值需要借助一定的业务经验，具有一定的局限性。

3）标准差反映变量数据的分散程度。如果变量是以正态分布，则当最大值（或最小值）与均值的差超过 3 倍标准差时，这些极值很可能是存在问题的。因为超过 3 倍标准差的数值存在的概率大约为 0.3%。如图 4-10 所示，深灰、浅灰、淡灰区域对应分别是 1 倍、2 倍和 3 倍标准差，对应数据落在其间的概率为 68.3%、95.5%、99.7%。不过现实中，一方面我们的数据量十分巨大，往往上万，因此极值超过 3 倍标准差也是正常的；另一方面，许多变量的分布并不满足正态分布，因此使用时需要注意。

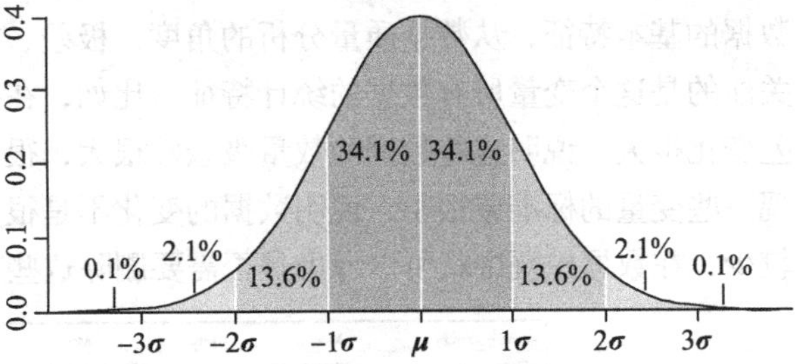

图 4-10 标准差分布概率图

3. 频次与直方图分析

统计分析时我们对数据分布情况用一些统计量进行了描述，但这些统计量虽宏观却不直观，因此可以使用频次与直方图来进行更深入更直观的分析。

直方图和频次图都是一种用柱状图表示数据分布特征的分析方式。通过直方图和频次图可以有效地观测出数据分布的两个重要特征：集中趋势和离散趋势。直方图适用于对大量连续性数据进行整理加工，找出其统计规律，以便对其总体分布特征进行推断。频次图是为了计算离散型数据各值分布情况的统计方法，它有助于理解某些特殊数值的意义，同时它也可以支持多个维度组合分布情况。频次与直方图分析方法在提供更细节信息的同时，也存在必须人工分析的局限。同时，很多时候需要借助一些业务经验。

（1）直方图分析方法

直方图（数值等宽）的分析步骤是：

1）找出数据的最大值和最小值；

2）将数据按序排列，然后进行分组，分组的数量在 6～20 之间较为适宜；

3）用组数去除最大值和最小值之差，求出组距的宽度；

4）计算各组的界限位，各组的界限位可以从第一组开始依次计算，第一组的下界为最小值减去组距的一半，第一组的上界为其下界值加上组距，第二组的下界限位为第一组的上界限值，第二组的下界限值加上组距，就是第二组的上界限位，依此类推；

5）统计各组数据出现频数，作频数分布表；

6）以组距为底长，以频数为高，作各组的矩形图。

在 MATLAB 中利用 hist 命令很快就可绘制出某个变量的直方图，如图 4-11 所示即为用该命令对 X1 绘制的直方图。通过直方图，可以很容易地看出，该变量的数据过于集中，这对数据挖掘来说，意义不大，所以就可以考虑删除该变量。再看该数据的业务特征发现，该变量是日期，而日期在这里只是时间标记，所以不应该作为数据变量来研究，只适合作为标识变量来考虑。所以在实际的数据挖掘中，对该变量可以不予考虑。同理，对 X2 和 X3 都可以不予考虑。

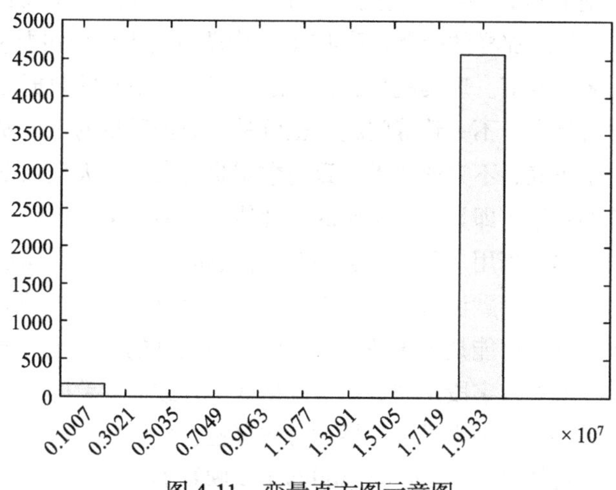

图 4-11 变量直方图示意图

（2）频次图

频次图与直方图的意义相似，只是频次图对分类变量而言。频次图的具体分析步骤是：

1）集中和记录数据，计算总的分类数 N；

2）将数据按序排列，分为 N 组；

3）统计各组数据出现频数，作频数分布表；

4）作频次图。

频次图相对简单，这里不再举例说明。

4.2.5 数据质量分析的结果及应用

数据挖掘的数据质量分析的结果通常是一份数据质量分析报告，是数据预处理阶段的重要输入信息，因为如何对数据进行预处理需要根据数据的质量情况而确定。而对于新启动的项目，数据质量分析结果能够帮助大家快速地了解数据的情况。比如，利用值分析方法，可以在无或很少的业务背景知识下，对数据的唯一值、无效值、异常值进行分析，可以发现只有一个无重复数值，无效值过多或有异常取值（如出现负数）等情况的数据质量问题；利用统计分析方法，根据极值与均值的差与标准差的比值，可以找出可能存在异常的指标；对于字符型的字段（通常是维度），可以使用频次图了解维度的数值分布情况；对于数值型的字段（通常是指标），可以通过直方图了解指标的大致分布情况。

4.3 数据预处理

4.3.1 为什么需要数据预处理

数据挖掘的数据基本都来自生产、生活、商业中的实际数据，在现实世界中，由于各种原因导致数据总是有这样或那样的问题。看 4.1.6 节中获取的上市公司财务数据，就会发现有相当多的变量含有无效的取值。现实就是这么残酷，我们采集到的数据往往存在缺失某些重要数据、不正确或含有噪声、不一致等问题，也就是说数据质量的三个要素：准确性、完整性和一致性都很差。不正确、不完整和不一致的数据是现实世界大型数据库和数据仓库的共同特点。导致不正确的数据（即具有不正确的属性值）可能有多种原因：收集数据的设备可能出故障；输入错误数据；当用户不希望提交个人信息时，可能故意向强制输入字段输入不正确的值（例如，为生日选择默认值“1 月 1 日”），这称为被掩盖的缺失数据。错误也可能在数据传输中出现，这些可能是由于技术的限制。不正确的数据也可能是由命名约定或所用的数据代码不一致，或输入字段（如日期）的格式不一致而导致的。

影响数据质量的另外两个因素是可信性和可解释性。可信性（Believability）反映有多少数据是用户信赖的，而可解释性（Interpretability）反映数据是否容易理解。假设在某一时刻数据库有一些错误，之后都被更正。然而，过去的错误已经给投资部门造成了影响，因此他们不再相信该数据。数据还使用了许多编码方式，量化分析人员并不知道如何解释它们。即便该数据库现在是正确的、完整的、一致的、及时的，但是由于很差的可信性和可解释性，这时数据质量仍然可能被认为很低。

总之，现实世界的数据质量很难让人总是满意的，一般是很差的，原因也有很多。但我们并不需要过多关注数据质量差的原因，只需关注如何让数据质量更好，也就是说如何对数据进行预处理，以提高数据质量，满足数据挖掘的需要。

4.3.2 数据预处理的方法

数据预处理的主要任务可以概括成四个内容，即数据清洗、数据集成、数据归约和数据变换，如图 4-12 所示。

数据清理是通过填写缺失的值、光滑噪声数据、识别或删除离群点，并解决不一致性等方式来“清理”数据。如果用户认为数据是脏的，则他们可能不会相信这些数据上的挖掘结果。此外，脏数据可能使挖掘过程陷入混乱，导致不可靠的输出。

数据集成是把不同来源、格式、性质的数据在逻辑上或物理上有机地集中，以便更方便地进行数据挖掘工作。数据集成通过数据交换而达到，主要解决数据的分布性和异构性问题。数据集成的程度和形式也是多种多样，对于小的项目，如果原始的数据都存在不同的表中，数据集成的过程往往是根据关键字段将不同的表集成到一个或几个表格中，而对于大的项目，则有可能需要集成到单独的数据仓库中。

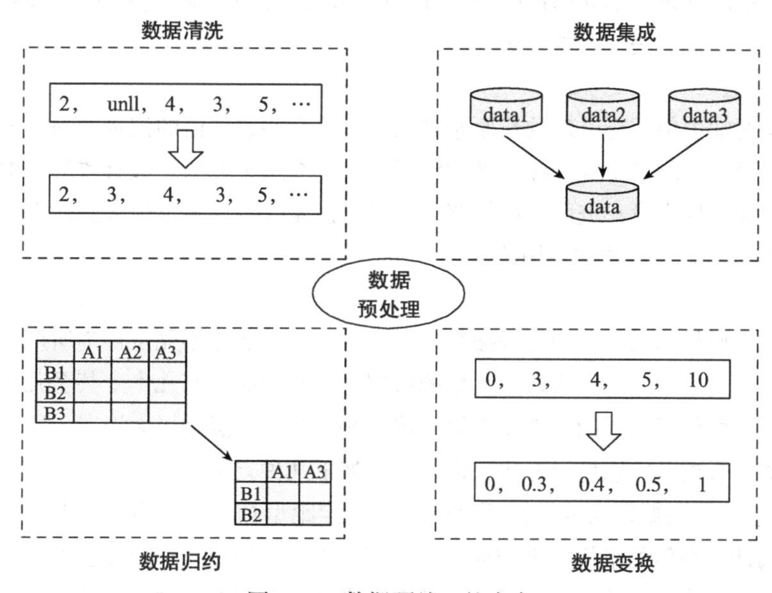

图 4-12　数据预处理的内容

数据归约得到数据集的简化表示，虽小得多，但能够产生同样的（或几乎同样的）分析结果。数据归约策略包括维归约和数值归约。在维归约中，使用减少变量方案，以便得到原始数据的简化或“压缩”表示。比如，采用主成分分析技术减少变量，或通过相关性分析去掉相关性小的变量。数值归约，则主要指通过样本筛选，减少数据量，这也是常用的数据归约方案。

数据变换是将数据从一种表示变为另一种表现形式的过程。假设你决定使用诸如神经网络、最近邻分类或聚类这样的基于距离的挖掘算法进行建模或挖掘，如果待分析的数据已经规范化，即按比例映射到一个较小的区间（例如，［0.0,1.0］），则这些方法将得到更好的结果。问题是往往各变量的标准不同，数据的数量级差异比较大，在这样的情况下，如果不对数据进行转化，显然模型反映的主要是大数量级数据的特征，所以通常还需要灵活地对数据进行转换。

虽然数据预处理主要分为以上四个方面的内容，但它们之间并不是互斥的。例如，冗余数据的删除既是一种数据清理形式，也是一种数据归约。总之，现实世界的数据一般是脏的、不完整的和不一致的。数据预处理技术可以改进数据的质量，从而有助于提高随后挖掘过程的准确率和效率。由于高质量的决策必然依赖于高质量的数据，因此数据预处理是知识发现过程的重要步骤。

4.3.3 数据清洗

数据清理的主要任务是填充缺失值和去除数据中的噪声。

1. 缺失值处理

对于缺失值的处理，不同的情况处理方法也不同，总的来说，缺失值处理可概括为删除法和插补法（或称填充法）两类方法。

（1）删除法

删除法是对缺失值进行处理的最原始方法，它将存在缺失值的记录删除。如果数据缺失问题可以通过简单的删除小部分样本来达到目标，那么这个方法是最有效的。由于删除了非缺失信息，损失了样本量，进而削弱了统计功效。但是，当样本量很大而缺失值所占样本比例较少时（<5%）就可以考虑使用此法。

（2）插补法

它的思想来源是以最可能的值来插补缺失值，比全部删除不完全样本所产生的信息丢失要少。在数据挖掘中，面对的通常是大型的数据库，它的属性有几十个甚至几百个，因为一个属性值的缺失而放弃大量的其他属性值，这种删除是对信息的极大浪费，所以产生了以可能值对缺失值进行插补的思想与方法。常用的有如下几种方法。

1）均值插补。根据数据的属性可将数据分为定距型和非定距型。如果缺失值是定距型的，就以该属性存在值的平均值来插补缺失的值；如果缺失值是非定距型的，就根据统计学中的众数原理，用该属性的众数（即出现频率最高的值）来补齐缺失的值；如果数据符合较规范的分布规律，则还可以用中值插补。

2）回归插补，即利用线性或非线性回归技术得到的数据来对某个变量的缺失数据进行插补，图 4-13 给出了回归插补、均值插补、中值插补等几种插补方法的示意图，从图中可以看出，采用不同的插补法插补的数据略有不同，还需要根据数据的规律选择相应的插补方法。

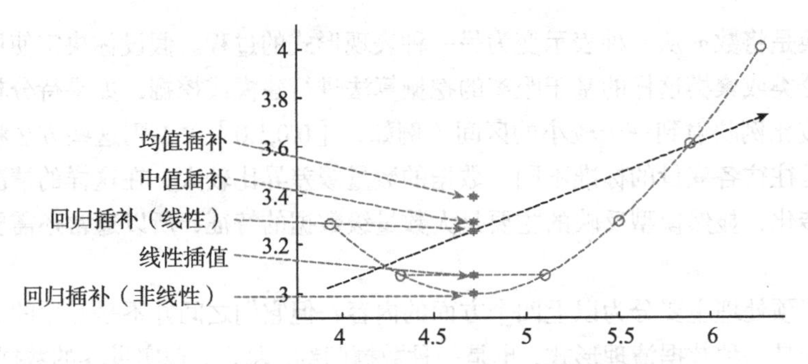

图 4-13 几种常用的插补法缺失值处理方式示意图

3）极大似然估计（Max Likelihood，ML）。在缺失类型为随机缺失的条件下，假设模型对于完整的样本是正确的，那么通过观测数据的边际分布可以对未知参数进行极大似然估计

（Little and Rubin）。这种方法也被称为忽略缺失值的极大似然估计，对于极大似然的参数估计实际中常采用的计算方法是期望值最大化（Expectation Maximization，EM）。该方法比删除个案和单值插补更有吸引力，它的一个重要前提是：适用于大样本。有效样本的数量足够以保证 ML 估计值是渐近无偏的并服从正态分布。

需要注意的是，在某些情况下，缺失值并不意味数据有错误。例如，在申请信用卡时，可能要求申请人提供驾驶执照号。没有驾驶执照的申请者可能自然地不填写该字段。表格应当允许填表人使用诸如“不适用”等值。理想情况下，每个属性都应当有一个或多个关于空值条件的规则。这些规则可以说明是否允许空值，并且说明这样的空值应当如何处理或转换。如果在业务处理的稍后步骤提供值，某些字段也可能故意留下空白。因此，尽管在得到数据后，我们可以尽力清理数据，但好的数据库和数据输入设计将有助于在第一现场把缺失值或错误的数量降至最低。

2. 噪声过滤

噪声（Noise）即是数据中存在的数据随机误差。噪声数据的存在是正常的，但会影响变量真值的反应，所以有时也需要对这些噪声数据进行过滤。目前，常用的噪声过滤方法有回归法、均值平滑法、离群点分析及小波去噪。

（1）回归法

回归法是用一个函数拟合数据来光滑数据。线性回归可以得到两个属性（或变量）的“最佳”直线，使得一个属性可以用来预测另一个。多元线性回归是线性回归的扩充，其中涉及的属性多于两个。如图 4-14 所示，这里使用的即是回归法来去除数据中的噪声，即使用回归后的函数值来代替原始的数据，从而避免噪声数据的干扰。回归法首先依赖于对数据趋势的判断，符合线性趋势的，才好用回归法，所以往往需要先对数据进行可视化，判断数据的趋势及规律，然后再确定是否可以用回归法进行去噪。

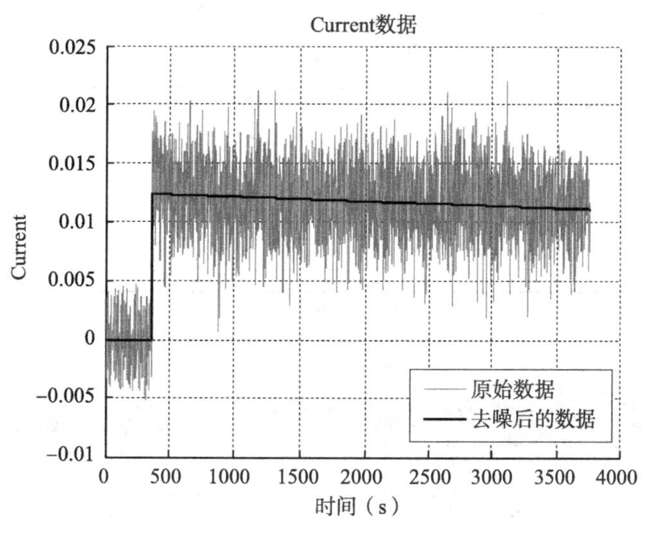

图 4-14　回归法去噪示意图

（2）均值平滑法

均值平滑法是指对于具有序列特征的变量用临近的若干数据的均值来替换原始数据的方法。如图 4-15 所示，对于具有正弦时序特征的数据，利用均值平滑法对其噪声进行过滤，从图中可以看出，去噪效果非常显著。均值平滑法类似于股票中的移动均线，如 5 日均线、20 日均线。

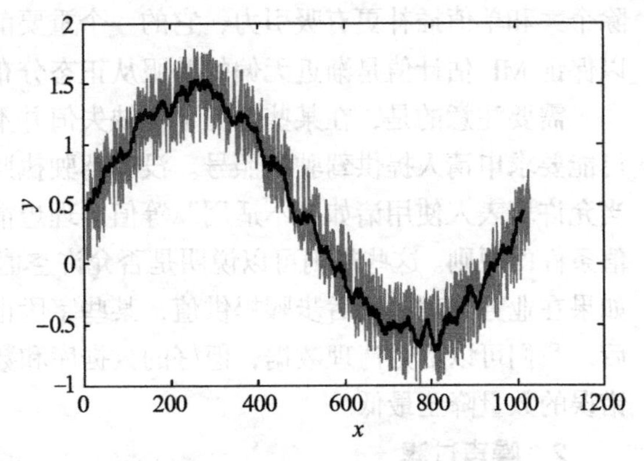

图 4-15 均值平滑法去噪示意图

（3）离群点分析

离群点分析是通过聚类等方法来检测离群点，并将其删除，从而实现去噪的方法。直观上，落在簇集合之外的值被视为离群点。

（4）小波去噪

在数学上，小波去噪问题的本质是一个函数逼近问题，即如何在由小波母函数伸缩和平移所展成的函数空间中，根据提出的衡量准则，寻找对原信号的最佳逼近，以完成原信号和噪声信号的区分。也就是寻找从实际信号空间到小波函数空间的最佳映射，以便得到原信号的最佳恢复。从信号学的角度看，小波去噪是一个信号滤波的问题，而且尽管在很大程度上小波去噪可以看成是低通滤波，但是由于在去噪后还能成功地保留信号特征，所以在这一点上又优于传统的低通滤波器。由此可见，小波去噪实际上是特征提取和低通滤波功能的综合。图 4-16 即为用小波技术对数据进行去噪的效果图。

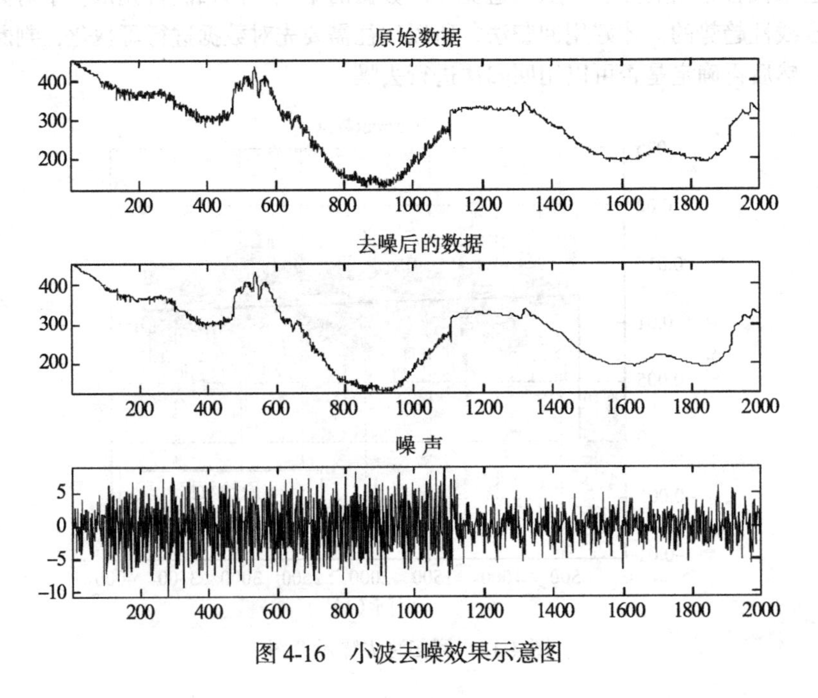

图 4-16 小波去噪效果示意图

4.3.4　数据集成

数据集成就是将若干个分散的数据源中的数据，逻辑地或物理地集成到一个统一的数据集合中。数据集成的核心任务是要将互相关联的分布式异构数据源集成到一起，使用户能够以更透明的方式访问这些数据源。集成是指维护数据源整体上的数据一致性、提高信息共享利用的效率；透明的方式是指用户无需关心如何实现对异构数据源数据的访问，只关心以何种方式访问何种数据。实现数据集成的系统称作数据集成系统，它为用户提供统一的数据源访问接口，执行用户对数据源的访问请求。

数据集成的数据源广义上包括各类 XML 文档、HTML 文档、电子邮件、普通文件等结构化、半结构化信息。数据集成是信息系统集成的基础和关键。好的数据集成系统要保证用户以低代价、高效率使用异构的数据。

常用的数据集成方法，主要有联邦数据库、中间件集成方法和数据仓库方法。但这些方法都倾向于数据库系统构建的方法。从数据挖掘的角度，我们更倾向于是如何直接获得某个数据挖掘项目需要的数据，而不是 IT 系统的构建上。当然数据库系统集成度越高，数据挖掘的执行也就越方便。在实际中更多的情况下，由于时间、周期等问题的制约，数据挖掘的实施往往只利用现有可用的数据库系统，也就是说更多的情况下，只考虑某个数据挖掘项目如何实施。从这个角度上讲，对某个数据挖掘项目，更多的数据集成主要是指数据的融合，即数据表的集成。对于数据表的集成，主要有内接和外接两种方式，如图 4-17 所示。究竟如何拼接，则要具体问题具体分析。

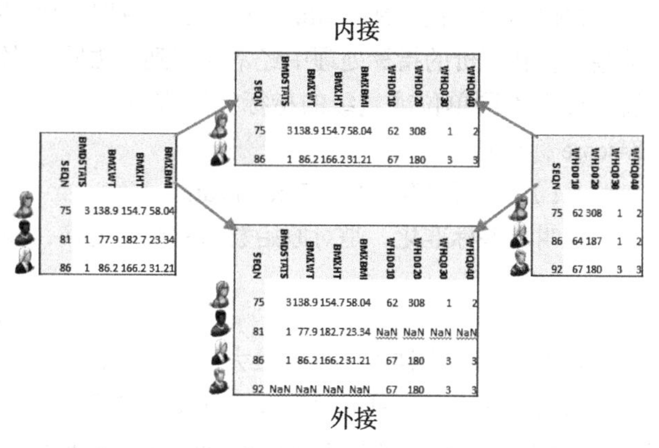

图 4-17　数据集成示意图

4.3.5　数据归约

用于分析的数据集可能包含数以百计的属性，其中大部分属性可能与挖掘任务不相关，或者是冗余的。尽管领域专家可以挑选出有用的属性，但这可能是一项困难而费时的任务，特别是当数据的行为不是十分清楚时更是如此。遗漏相关属性或留下不相关属性都可能是有害的，会导致所用的挖掘算法无所适从，这可能导致发现质量很差的模式。此外，不相关或冗余的属性增加了数据量。

数据归约的目的是得到能够与原始数据集近似等效甚至更好但数据量却较少的数据集。这样，对归约后的数据集进行挖掘将更有效，且能够产生相同（或几乎相同）的挖掘效果。

数据归约的策略较多，但从数据挖掘角度，常用的是属性选择和样本选择。

属性选择是通过删除不相关或冗余的属性（或维）减少数据量。属性选择的目标是找出最小属性集，使得数据类的概率分布尽可能地接近使用所有属性得到的原分布。在缩小的属性集上挖掘还有其他的优点：它减少了出现在发现模式上的属性数目，使得模式更易于理解。究竟如何选择属性，主要看属性与挖掘目标的关联程度及属性本身的数据质量，根据数据质量评估的结果，可以删除一些属性，在利用数据相关性分析、数据统计分析、数据可视化和主成分分析技术还可以选择删除一些属性，最后剩下一些更好的属性。

样本选择也就是上面介绍的数据抽样，所用的方法一致。在数据挖掘过程中，对样本的选择不是在收集阶段就确定的，而是有个逐渐筛选、逐级抽样的过程。

在数据收集和准备阶段，数据归约通常用最简单直观的方法，如直接抽样或直接根据数据质量分析结果删除一些属性。在数据探索阶段，随着对数据理解的深入，将会进行更细致的数据抽样，这时用的方法也会复杂些，比如相关性分析和主成分分析——这两种方法将在第 5 章详细介绍。

4.3.6 数据变换

将数据从一种表示形式变为另一种表现形式的过程。常用的数据变换方式是数据标准化、离散化和语义转换。

1. 标准化

数据的标准化（Normalization）是将数据按比例缩放，使之落入一个小的特定区间。在某些比较和评价的指标处理中经常会用到，去除数据的单位限制，将其转化为无量纲的纯数值，便于不同单位或量级的指标能够进行比较和加权。其中最典型的就是 0-1 标准化和 Z-score 标准化：

（1）0-1 标准化（0-1 Normalization）

也叫离差标准化，是对原始数据的线性变换，使结果落到[0,1]区间，转换函数如下：

$$x^* = \frac{x - \min}{\max - \min}$$

其中，max 为样本数据的最大值；min 为样本数据的最小值。这种方法有一个缺陷就是当有新数据加入时，可能导致 max 和 min 的变化，需要重新定义。

（2）Z-score 标准化（Zero-mean normalization）

也叫标准差标准化，经过处理的数据符合标准正态分布，即均值为 0，标准差为 1，也是最为常用的标准化方法，其转化函数为：

$$x^* = \frac{x - \mu}{\sigma}$$

其中，μ 为所有样本数据的均值；σ 为所有样本数据的标准差。

2. 离散化

离散化指把连续型数据切分为若干“段”，也称 bin，是数据分析中常用的手段。有些数据挖掘算法，特别是某些分类算法，要求数据是分类属性形式。这样，常常需要将连续属性变换成分类属性（离散化，Discretization）。此外，如果一个分类属性具有大量不同值（类别），或者某些值出现不频繁，则对于某些数据挖掘任务，可通过合并某些值从而减少类别的数目。

在数据挖掘中，离散化得到普遍采用。究其原因，有以下几点：

1）算法需要。例如决策树，NaiveBayes等算法本身不能直接使用连续型变量，连续型数据只有经离散处理后才能进入算法引擎。这一点在使用具体软件时可能不明显，因为大多数数据挖掘软件内已经内建了离散化处理程序，所以从使用界面看，软件可以接纳任何形式的数据。但实际上，在运算决策树或NaiveBayes模型前，软件都要在后台对数据先作预处理。

2）离散化可以有效地克服数据中隐藏的缺陷：使模型结果更加稳定。例如，数据中的极端值是影响模型效果的一个重要因素。极端值导致模型参数过高或过低，或导致模型被虚假现象“迷惑”，把原来不存在的关系作为重要模式来学习。而离散化，尤其是等距离散，可以有效地减弱极端值和异常值的影响。

3）有利于对非线性关系进行诊断和描述：对连续型数据进行离散处理后，自变量和目标变量之间的关系变得清晰化。如果两者之间是非线性关系，可以重新定义离散后变量每段的取值，如采取0,1的形式，由一个变量派生为多个亚变量，分别确定每段和目标变量间的联系。这样做，虽然减少了模型的自由度，但可以大大提高模型的灵活度。

数据离散化通常是将连续变量的定义域根据需要按照一定的规则划分为几个区间，同时对每个区间用1个符号来代替。比如，我们在定义好坏股票时，就可以用数据离散化的方法来刻画股票的好坏。如果以当天的涨幅这个属性来定义股票的好坏标准，将股票分为5类（非常好、好、一般、差、非常差），且每类用1～5来表示，我们就可以用如表4-5所示的方式来将股票的涨幅这个属性进行离散化。

表4-5　变量离散化方法

[7,10]	非常好	5
[2,7)	好	4
[−2,2)	一般	3
[−7, −2)	差	2
[−10, −7)	非常差	1

离散化处理不免要损失一部分信息。很显然，对连续型数据进行分段后，同一个段内的观察点之间的差异便消失了，所以是否需要进行离散化还需要根据业务、算法等因素的需求综合考虑。

3. 语义转换

对于某些属性，其属性值是由字符型构成，比如如果上面这个属性为“股票类别”，其构成元素是{非常好、好、一般、差、非常差}，则对于这种变量，在数据挖掘过程中，非常不方便，且会占用更多的计算机资源，所以通常用整型的数据来表示原始的属性值含义，如可以用{1, 2, 3, 4, 5}来同步替换原来的属性值，从而完成这个属性的语义转换。

4.4　小结

数据的准备是数据挖掘的基础，本章对数据准备过程中的三个环节——数据的收集、数据的质量分析和数据的预处理进行了介绍。本章内容的技术性不是很强，更多的是知识和经验的介绍。

在数据收集阶段，需要强调两点，一是数据挖掘的数据源具有广义的特征，原则上与数据挖掘目标相关的数据都可以作为这个项目的原始数据，所以在数据收集阶段应尽量发散思维，尽量寻找与业务关联的数据，这样至少能保证数据的全面性；二是收集数据的过程也伴随数据的抽样，如果对数据的质量不够了解，最简单直接的方法就是先把这些数据全部拿过来，然后随着项目的深入，再逐渐通过抽样来归约。

数据质量分析的主要目的是评估数据的质量，为进一步的数据预处理做准备。数据质量分析主要重点关注数据质量分析的常用方法，即值分析、统计分析和频次与直方图分析三种方法。这三种方法的应用没有先后顺序之分，选用什么方法是根据数据的特征而定的，在实践中，通常组合使用这三种方法对数据进行分析，这样三种方法的优势都可以发挥出来。另外，数据质量分析也是强化对数据理解的一个过程，通过对数据进行质量分析，可以加深对数据的认识和理解，这对数据挖掘项目的实施也是非常重要的。

数据预处理是数据准备的重点和主要工作，实践中没有任何一个数据挖掘的项目是完美的，总是有这样或那样的问题，所以总是需要做些数据预处理工作。尽管已经开发了许多数据预处理的方法，由于不一致或脏数据的数量巨大，以及问题本身的复杂性，数据预处理仍然是一个活跃的研究领域。在实践中，数据预处理的过程非常灵活，项目之间数据预处理过程的经验可以借鉴，但基本不会完全相同，所以说数据预处理本身也是一种科学与艺术相结合的过程。

参考文献

[1] 卓金武, 周英. 量化投资：数据挖掘技术与实践(MATLAB 版)[M]. 北京：电子工业出版社, 2015.

[2] 刘云霞. 数据预处理——数据归约的统计方法研究及应用[M]. 厦门：厦门大学出版社.

第 5 章 Chapter 5

数据的探索

经过第 4 章数据的准备，我们已经获得了一些基本的质量较高的数据，在正式开始挖掘之前，通常先进行数据的探索，就像要采矿前，先要探索一下要挖掘的目标矿藏。探索矿藏，人们通常关注的是矿藏的储量、分布特征、物理化学属性等基本信息，以便确定采矿的方式、工具、人员配备等内容。其实数据挖掘的过程和采矿的道理是类似的，在进行正式的数据挖掘前，我们也有必要了解数据的量、属性特征、关联关系等信息，以便确定数据挖掘的模型、算法、技术路线等内容。

所谓数据的探索（Data Exploratory，以下简称 DE），是指对已有的数据（特别是调查或观察得来的原始数据）在尽量少的先验假定下进行探索，通过作图、制表、方程拟合、计算特征量等手段探索数据的结构和规律的一种数据分析方法。特别是当我们对这些数据中的信息没有足够的经验，不知道该用何种传统统计方法进行分析时，探索性数据分析就会非常有效。

DE 主要是在对数据进行初步分析时，往往还无法确定采用什么模型对哪些变量进行挖掘，分析者先对数据进行探索，辨析数据的模式与特点，并把它们有序地进行整合，这样就能够灵活地选择和调整合适的分析模型，并揭示数据相对于常见模型的种种偏离。

DE 的特点有三个：一是在分析思路上让数据说话，不强调对数据的整理，从原始数据出发，深入探索数据的内在规律，而不是从某种假定出发，套用理论结论，拘泥于模型的假设。二是 DE 分析方法灵活，而不是拘泥于传统的统计方法，分析方法的选择完全从数据出发，灵活对待，灵活处理，什么方法可以达到探索和发现的目的就使用什么方法。这里特别强调的是 DE 更看重的是方法的稳健性、耐抗性，而不刻意追求概率意义上的精确性。三是 DE 的结果简单直观，更易于普及，更强调直观及数据可视化，更强调方法的多样性及灵活性，使分析者能一目了然地看出数据中隐含的有价值的信息，显示出其遵循的普遍规律及与众不同的突出特点，促进其发现规律，得到启迪，满足分析者的多方面要求，这也是 DE 对于数据挖掘的主要贡献。

实际上，在数据的探索阶段，分析者完全可以在数据分析的初期不受太多理论条件的束缚，充分展开想象的翅膀，多角度、多层面地对现有数据的规律进行可视化的探索，新的线索往往就会自然而然地出现，为下一步的统计建模与预测等精细化分析奠定良好的基础。

总之，探索性数据分析强调灵活地探求线索和证据，重在发现数据中可能隐藏着的有价值的信息，比如数据的分布模式、变化趋势、可能的交互影响、异常变化等。什么方法才能很好地探索这些数据，从中发现我们所期望的，甚至意想不到的重要信息呢？本章将系统介绍数据探索的常用方法和技术，包括衍生变量、数据的统计、数据可视化、样本选择和数据降维。

5.1 衍生变量

5.1.1 衍生变量的定义

衍生变量，顾名思义是由其他既有变量通过不同形式的组合而衍生出的变量。例如，已经知道一个长形物体的质量、长度、体积，现在就可以通过对现有三个变量的组合得到一些有用的衍生变量，如密度=质量/体积，线密度=质量/长度。

在数据挖掘过程中，通常需要对现有的变量进行各种形式的衍生，以得到更多可用的变量。虽然衍生变量与原始变量有一定的相关性，但能更直观地反映事物的某些特征，表现在数据上就会更直接，所以某些衍生变量在数据挖掘过程中反而更有用。就像上面提及的密度和线密度，如果我们现在研究哪些物体可以漂浮在水面上，只要根据密度这一衍生变量就可以判断出。但并不是所有衍生变量都有意义，所以衍生变量也要适度。

在量化投资领域，很多变量都是衍生变量。在股票市场，我们能得到的原始变量是日期、开盘价、最高价、最低价、收盘价、成交量和复权价，但经过衍生，可以得到形形色色的变量，如平滑异同平均线（MACD）、能量潮（OBV）、心理线、乖离率等。各个投资机构都常用的多因子模型，其本质差异就在于大家所用因子的不同，而这些不同的因子很多情况下是由于大家所用的衍生方法不同而已。所以探索衍生变量是数据挖掘探索阶段一个非常重要的环节，尤其在量化投资领域。

5.1.2 变量衍生的原则和方法

变量衍生的方法多种多样，也没有统一的标准，所以对于任何一个数据挖掘项目，都有无数个衍生变量。我们并不能穷尽所有变量，也不需要，那应该怎么办呢？其实，从数据挖掘的角度，变量的衍生也要遵守一定的准则，这样产生的变量才更有效。一般在探索衍生变量时，可以遵循以下两点变量衍生原则：

1）衍生变量能够客观反映事物的特征；

2）衍生变量与数据挖掘的业务目标有一定的联系。

当然这个原则指导下的衍生变量还是很宽泛的，往往还要按照一定的方法，再融入对业务的理解产生衍生变量。这里提供几个基本的衍生变量的方法：

1）对多个列变量进行组合。例如，身高的平方/体重（肥胖指数）、负债/收益、信贷额度–贷款额度、总通话时间/总呼叫次数、网页访问量/购买总量等。

2）按照维度分类汇总。例如，在分析无线通信客户流失现象时发现，按照手机型号分类汇总的流失率比单纯用手机型号分类的数据更有用。

3）对某个变量进一步分解。例如，对于日期变量，可进一步分解为季度、是否节假日、工作日、周末等变量。

4）对具有时间序列特征的变量可以进一步提取时序特征。例如，一段时间的总开销、平均增长率、初始值与终值的比率、2 个相邻值之间的比率、顾客在假期购物占年度比重、周末电话平均长度与每周电话平均长度等。

5.1.3 常用的股票衍生变量

当前，证券市场上的各种技术指标数不胜数，其中的绝大多数都是衍生变量。例如，相对强弱 RSI（指标）、KD（随机指标）、DMI（趋向指标）、MACD、OBV、心理线、乖离率等。这些都是很著名的技术指标，在股市应用中长盛不衰。而且，随着时间的推移，新的技术指标还在不断涌现。包括：MACD、DMI、EXPMA（指数平均数）、TRIX（三重指数平滑移动平均）、OBV、ASI（振动升降指标）、EMV（简易波动指标）、WVAD（威廉变异离散量）、SAR（停损点）、CCI（顺势指标）、ROC（变动率指标）、BOLL（布林线）、WR（威廉指标）、KDJ（随机指标）、RSI（相对强弱指标）、MIKE（麦克指标）等。这里就不再一一列举证券市场的这些指标，若想详细了解这些指标，参考文献[1]中有更详尽的股票指标。

为了用数据挖掘方法来研究量化交易策略，非常需要这些衍生变量。这里，也将选择或改造几个指标来作为数据挖掘的备选指标，同时介绍如何产生和计算衍生变量。下面的程序中，包括 10 个衍生变量的详细计算过程和其中 4 个变量的变换趋势图，关于衍生变量的计算过程，也在程序中有明显的提示，相信大家根据程序就能清晰地知道这些变量的计算过程，这里就不再用文字赘述。

第 1 步：环境准备及读取原始数据。

```
clc, clear all, close all
% 读取股票数据
price = xlsread('\sz_data\sz000001.xls');
```

第 2 步：计算衍生变量。

```
sr=size(price,1);
```

```
cp=30; % 衍生变量计算日期区间最大跨度
sampleValue=zeros((sr-cp), 10);
% 指标计算
for  h=1:(sr-cp)
% dv1: 当日涨幅
dv1=100*(price(h,5)-price(h+1,5))/price(h+1,5);
% dv2: 10 日涨幅
dv2=100*(price(h,5)-price(h+10,5))/price(h+10,5);
% dv3: 10 日涨跌比率 ADR
% dv4: 10 日相对强弱指标 RSI
rise_num=0; dec_num=0;
  for j=1:10
      rise_rate=100*(price(h+j-1,5)-price(h+j,5))/price(j+h,5);
      if rise_rate>=0
          rise_num=rise_num+1;
      else
          dec_num=dec_num+1;
      end
  end
 dv3=rise_num/(dec_num+0.01);
 dv4=rise_num/10;
% dv5: 当日 K 线值;
% dv6: 6 日 K 线均值
s_kvalue=zeros(1,6);
 for j=1:6

    s_kvalue(j)=(price(h+j-1,5)-price(h+j-1,2))/((price(h+j-1,3)-price(h+ j-1,
4))+0.01);
  end
    dv5=s_kvalue(1);
    dv6=sum(s_kvalue(1,1:6))/6;
% dv7: 10 日乖离率(BIAS)
dv7=(price(h,5)-sum(price(h:h+9,5))/10)/(sum(price(h:h+9,5))/10);
% dv8: 9 日 RSV
% dv9: 30 日 RSV
dv8=(price(h,5)-min(price(h:h+8,5)))/(max(price(h:h+8,5))-min(price(h:h+8,5)));
dv9=(price(h,5)-min(price(h:h+29,5)))/(max(price(h:h+29,5))-min(price(h:h+29,5))
);
% dv10: OBV 量比
dv10=sign(price(h,5)-price(h+1,5))*price(h,6)/(sum(price(h:h+4,6))/5);
% 收集衍生变量的数据
sampleValue(h, :)=[dv1, dv2, dv3, dv4, dv5, dv6, dv7, dv8, dv9, dv10];
end
```

第 3 步：收集并保存数据。

```
sampleDate=price(1:(sr-cp),1);
xlswrite('value_dv.xlsx',sampleDate, 'Sheet1',['A1:A' num2str(sr-cp)] );
xlswrite('value_dv.xlsx', sampleValue, 'Sheet1',['B1:K' num2str(sr-cp)]);
```

第4步：数据可视化（选择4个变量作为代表）。

（1）dv1——股票当日涨幅

```
dv1 = sampleValue(:,1);
sampleDate=datenum(num2str(sampleDate), 'yyyymmdd');
figure;
plot( sampleDate, dv1,'-r*',...
    'LineWidth',1,...
    'MarkerSize',4,...
    'MarkerEdgeColor','b',...
    'MarkerFaceColor',[0.5,0.5,0.5])
grid on
set(gca,'linewidth',2) ;
title('股票涨幅变化趋势(dv1)','fontsize',12);
datetick('x', 'mmm-yy')
xlabel('时间')
ylabel('当日涨幅')
```

本节程序执行后，将产生如图5-1所示的股票当日涨幅的可视化结果，通过该图，我们可以大致知道这支股票的特性，比如波动性、周期性等特征。

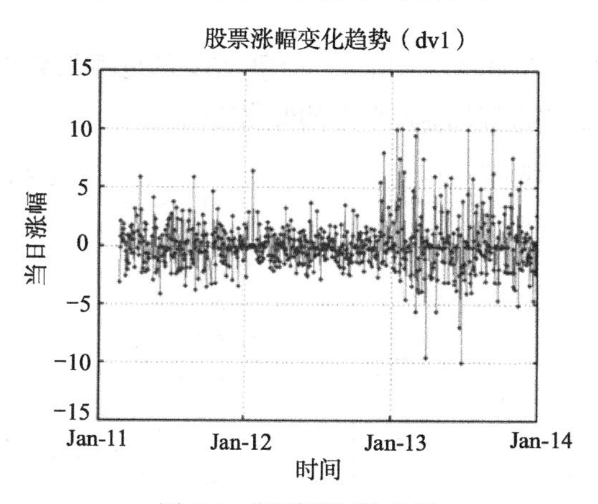

图5-1　股票涨幅散点图

（2）dv4——10日相对强弱指标RSI

```
dv4 = sampleValue(:,4);
figure;
plot( sampleDate, dv4,'-r*',...
    'LineWidth',1,...
    'MarkerSize',4,...
    'MarkerEdgeColor','b',...
    'MarkerFaceColor',[0.5,0.5,0.5])
set(gca,'linewidth',2) ;
datetick('x', 'mmm-yy')
xlabel('时间')
```

```
ylabel('10 日 RSI')
title('10 日相对强弱指标 RSI(dv4)','fontsize',12);
grid on
```

本节程序执行后，将产生如图 5-2 所示的股票 RSI 的可视化结果，通过该图，我们可以大致知道股票 RSI 指标具有连续性和惯性，这对于股票指标的设计是很有帮助的。

（3）dv8——9 日 RSV

```
dv8 = sampleValue(:,8);
figure;
plot( sampleDate, dv8,'-r*',...
    'LineWidth',1,...
    'MarkerSize',4,...
    'MarkerEdgeColor','b',...
    'MarkerFaceColor',[0.5,0.5,0.5])
set(gca,'linewidth',2) ;
datetick('x', 'mmm-yy')
xlabel('时间')
ylabel('9 日 RSV')
title('9 日 RSV(dv8)','fontsize',12);
grid on
```

本节程序执行后，将产生如图 5-3 所示的股票 RSV 的可视化结果，通过该图，我们可以大致知道股票 RSI 指标能够很好地监测股票的变化情况。

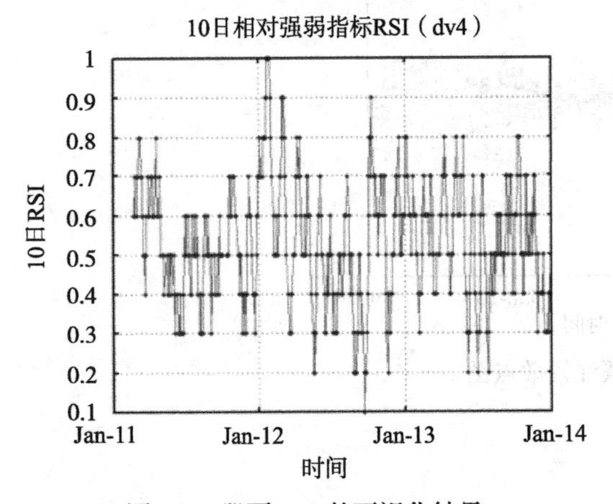

图 5-2 股票 RSI 的可视化结果

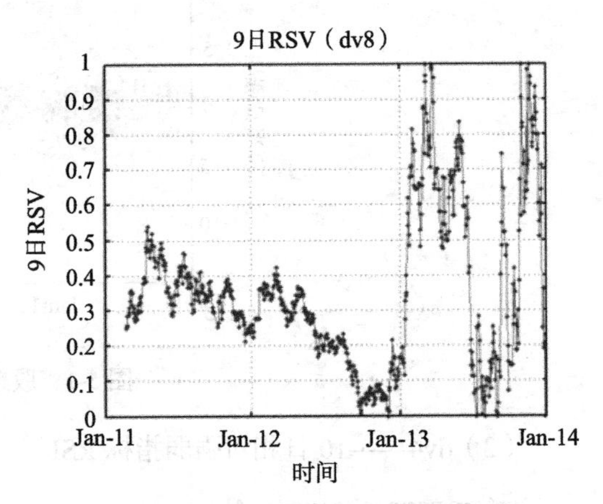

图 5-3 股票 RSV 的可视化结果

（4）dv10——OBV 量比

```
dv10= sampleValue(:,10);
figure;
plot( sampleDate, dv10,'-r*',...
    'LineWidth',1,...
    'MarkerSize',2,...
    'MarkerEdgeColor','b',...
```

```
    'MarkerFaceColor',[0.5,0.5,0.5])
set(gca,'linewidth',2) ;
datetick('x', 'mmm-yy')
xlabel('时间')
ylabel('OBV 量比')
title('OBV 量比','fontsize',12);
grid on
```

本节程序执行后，将产生如图 5-4 所示的股票 OBV 量比的可视化结果，通过该图，我们可以大致知道股票 OBV 指标能够很好地监测股票变化的异常情况。

5.1.4　评价型衍生变量

在衍生变量中有一类重要衍生变量，这类变量的主要作用是用于评价被挖掘事物的好坏，称为评价型衍生变量。为什么要探索评价型衍生变量呢？这是因为数据挖掘中很多的算法都是机器学习算法，这类算法的典型特点是需要有输入和输出的样本训练机器，然后才可以用这个机器对新样本的输入进行计算，然后得到我们想要的输出，而在实际的原始数据中，并不存在可以用作为训练样本输出的变量，这时就需要通过衍生方法得到这类衍生变量。

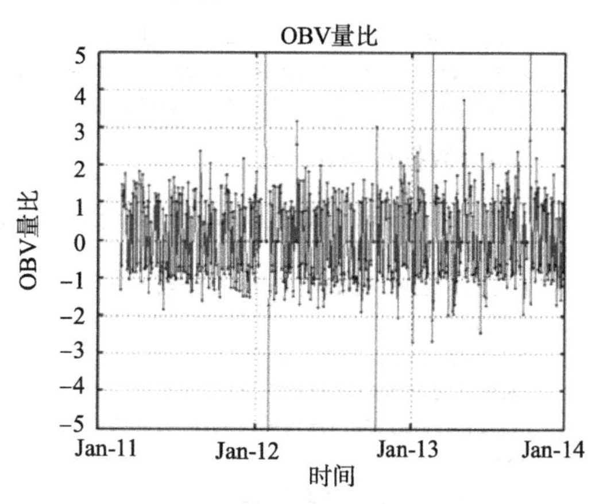

图 5-4　股票 OBV 的可视化结果

在量化投资中，我们也需要这类变量用于评价股票的好坏，为此我们可以根据数据挖掘的业务目标衍生出评价型衍生变量。

下面的程序是基于股票交易数据衍生的变量，具体实现过程如下：

（1）环境准备及数据读取

```
clc, clear all, close all
% 读取股票数据
price = xlsread('\sz_data\sz000001.xls');
```

（2）计算评价型衍生变量

```
sr=size(price,1);
cp=30; % 衍生变量计算日期区间最大跨度
evaValue=zeros((sr-cp),1);
s_y=0; good_s_n=0; bad_s_n=0; common_s_n=0;
for h=1:(sr-cp)
 % 判断好坏股票
  rise_1=100*(price(h+1,5)-price(h,5))/price(h+1,5);
  rise_2=100*(price(h+3,5)-price(h,5))/price(h+3,5);
    if rise_1>=2&&rise_2>=4
      s_y=1;
      good_s_n=good_s_n+1;
    elseif rise_1<0&&rise_2<0
```

```
      s_y=-1;
      bad_s_n=bad_s_n+1;
    else
      common_s_n=common_s_n+1;
    end
% 收集衍生变量的数据
evaValue(h, :)=s_y;
end
```

（3）收集并保存数据

```
sampleDate=price(1:(sr-cp),1);
xlswrite('eva_dv.xlsx',sampleDate, 'Sheet1',['A1:A' num2str(sr-cp)] );
xlswrite('eva_dv.xlsx', evaValue, 'Sheet1',['B1:K' num2str(sr-cp)]);
```

（4）数据可视化 dv1

```
sampleDate=datenum(num2str(sampleDate), 'yyyymmdd');
figure;
plot( sampleDate, evaValue,'-r*',...
'LineWidth',1,...
'MarkerSize',4,...
'MarkerEdgeColor','b',...
'MarkerFaceColor',[0.5,0.5,0.5])
grid on
set(gca,'linewidth',2) ;
title('好坏股票变化图','fontsize',12);
datetick('x', 'mmm-yy')
xlabel('时间')
ylabel('股票评价值')
grid on
```

本节程序执行后，将产生如图 5-5 所示的好坏股票可视化结果。

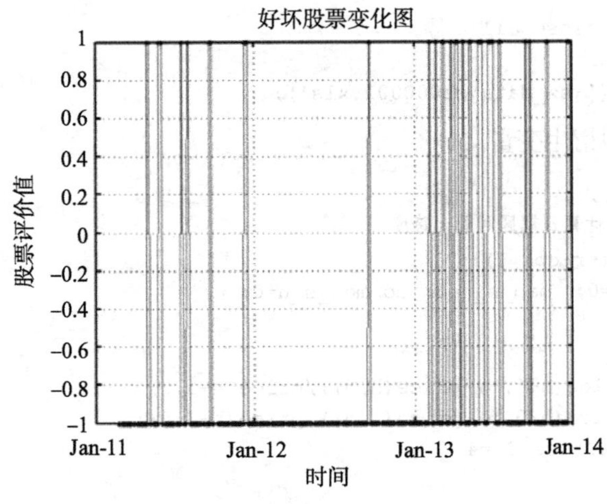

图 5-5 好坏股票可视化结果

5.1.5　衍生变量的数据收集与集成

当产生衍生变量后，为了便于后续的数据处理，通常需要将数据收集在一起，如果是不同的文件或表，也常常合并在一张表中。

在以上程序的基础上，将产生的指标型衍生变量和评价型衍生变量的程序修改为 MATLAB 的函数形式，然后就可以重复调用这些函数，这样就可以计算所有股票数据文件夹下所有股票数据对应的衍生变量。MATLAB 2013b 之后的版本具有表格（Table）这种数据类型，所以很容易实现对这些数据进行收集和集成。只需要使用 join 这一函数就可以将不同表格中的数据集成到一张表格中，具体实现程序如 P5-1 所示。

程序编号	P5–1	文件名称	P5_1_DerivedData.m	说明	衍生变量的收集和集成

```
%% P5-1: 衍生变量的收集和集成
%% 指定数据文件
clc, clear all, close all
dirname = 'sz_data';
files = dir(fullfile(dirname, '*.xls'));
%% 产生并收集衍生变量
tsn = 0;
% for i = 1:length(files)
for i = 1:5
  filename = fullfile(dirname, files(i).name);
  price0 = xlsread(filename);
  % 将成交量为 0 的行删除
    [m,n]=size(price0);
    j1=1;
     for j=1:m
        if price0(j,6)~=0
           price(j1,:)=price0(j,:);
           j1=j1+1;
        end
     end
   % 将开盘有效天数少的股票删除
  if m<120
     continue;
  end
  % 产生指标型衍生变量
  dataTableA = DerivedDataA(price);
  % 产生评价型衍生变量
  dataTableB = DerivedDataB(price);
  tempDataTable0 = join(dataTableA, dataTableB);
  % 增加股票代码字段
  rn = size(tempDataTable0, 1);
  for k =1:rn
      sid(k,:) = files(k).name(1:8);
  end
```

```
    tempDataTable1.sid = sid;
    tempDataTable1 = struct2table(tempDataTable1);
    tempDataTable =[tempDataTable1, tempDataTable0];
    % 将产生的数据收集到一个表格中
    tsn = tsn +rn;
    dataTable((tsn-rn+1):tsn,:) = tempDataTable;
    clear price0 price tempDataTable1 tempDataTable0 tempDataTable sid...
        j j1 dataTableA  dataTableB;
end
%% 保存集成后的数据
writetable(dataTable, 'dataTableA1.xlsx');
```

5.2 数据的统计

对数据进行统计是从定量的角度去探索数据，也是最基本的数据探索方式，其主要目的是了解数据的基本特征。此时，虽然所用的方法同数据质量分析阶段相似，但其立足的重点不同，这时主要是关注数据从统计学上反映的量的特征，以便我们更好地认识这些将要被挖掘的数据。

这里我们先要清楚两个关于统计的基本概念：总体和样本。统计的总体是人们研究对象的全体，又称母体，如工厂一天生产的全部产品（按合格品及废品分类）、学校全体学生的身高。总体中的每一个基本单位称为个体，个体的特征用一个变量（如 x）来表示。从总体中随机产生的若干个体的集合称为样本，或子样，如 n 件产品、100 名学生的身高，或者一根轴直径的 10 次测量。实际上这就是从总体中随机取得的一批数据，不妨记作 $x_1, x_2, \cdots, x_n$，n 称为样本容量。

从统计学的角度，简单地说统计的任务是由样本推断总体。从数据探索的角度，我们就要关注更具体的内容，通常我们是由样本推断总体的数据特征。

5.2.1 基本描述性统计

假设有一个容量为 n 的样本（即一组数据），记作 $x = (x_1, x_2, \cdots, x_n)$，需要对它进行一定的加工，才能提取出有用的信息。统计量就是加工出来的、反映样本数量特征的函数，它不含任何未知量。

下面我们介绍几种常用的统计量。

（1）表示位置的统计量：算术平均值和中位数

算术平均值（简称均值）描述数据取值的平均位置，记作 $\bar{x}$，数学表达式为：

$$\bar{x} = \frac{1}{n}\sum_{i=1}^{n} x_i$$

中位数是将数据由小到大排序后位于中间位置的那个数值。MATLAB 中 mean(x)返回 x

的均值，median(x)返回中位数。

（2）表示数据散度的统计量：标准差、方差和极差

标准差 S 定义为：

$$S=\left[\frac{1}{n-1}\sum_{i=1}^{n}(x_i-\overline{x})^2\right]^{\frac{1}{2}}$$

它是各个数据与均值偏离程度的度量，这种偏离不妨称为变异。

方差是标准差的平方 S^2。

极差是 $x=(x_1,x_2,\cdots,x_n)$ 的最大值与最小值之差。

MATLAB 中 std(x)返回 x 的标准差，var(x)返回方差，range(x)返回极差。

你可能注意到标准差 S 的定义中，对 n 个 $(x_i-\overline{x})$ 的平方求和，却被 $(n-1)$ 除，这是出于无偏估计的要求。若需要改为被 n 除，MATLAB 可用 std(x,1)和 var(x,1)来实现。

（3）表示分布形状的统计量：偏度和峰度

偏度反映分布的对称性，$\nu_1>0$ 称为右偏态，此时数据位于均值右边的比位于左边的多；$\nu_1<0$ 称为左偏态，情况相反；而 ν_1 接近 0 则可认为分布是对称的。

峰度是分布形状的另一种度量，正态分布的峰度为 3，若 ν_2 比 3 大得多，表示分布有沉重的尾巴，说明样本中含有较多远离均值的数据，因而峰度可以用作衡量偏离正态分布的尺度之一。

MATLAB 中 skewness(x)返回 x 的偏度，kurtosis(x)返回峰度。

在以上用 MATLAB 计算各个统计量的命令中，若 x 为矩阵，则作用于 x 的列，返回一个行向量。

统计量中最重要、最常用的是均值和标准差，由于样本是随机变量，它们作为样本的函数自然也是随机变量，当用它们去推断总体时，有多大的可靠性就与统计量的概率分布有关，因此我们需要知道几个重要分布的简单性质。

5.2.2 分布描述性统计

随机变量的特性完全由它的（概率）分布函数或（概率）密度函数来描述。设有随机变量 X，其分布函数定义为 $X\leqslant x$ 的概率，即 $F(x)=P\{X\leqslant x\}$。若 X 是连续型随机变量，则其密度函数 $p(x)$与 $F(x)$ 的关系为：

$$F(x)=\int_{-\infty}^{x}p(x)\mathrm{d}x$$

分位数是下面常用的一个概念，其定义为：对于$0<\alpha<1$，使某分布函数 $F(x)=\alpha$ 的 x，称为这个分布的 α 分位数，记作 x_α。

柱状分布图是频数分布图，频数除以样本容量 n，称为频率，n 充分大时频率是概率的近似，因此柱状分布图可以看作密度函数图形的（离散化）近似。

5.3 数据可视化

在对数据进行统计之后，对数据就会有一定的认识，但还是不够直观，最直观的方法就是将这些数据进行可视化，用图的形式将数据的特征表现出来，这样我们就能够更清晰地认识数据。MATLAB 提供了非常丰富的数据可视化函数，可以利用这些函数进行各种形式的数据可视化，但从数据挖掘的角度，还是数据分布形态、中心分布、关联情况等角度的数据可视化最有用。

5.3.1 基本可视化方法

基本可视化是最常用的方法，在对数据进行可视化探索时，通常先用 plot 这样最基本的绘图命令来绘制各变量的分布趋势，以了解数据的基本特征。

下面的程序就是对 5.1 节中得到的数据进行基本可视化分析的过程：

```
% 数据可视化——基本绘图
% 读取数据
clc, clear al, close all
X=xlsread('dataTableA2.xlsx');
% 绘制变量 dv1 的基本分布
N=size(X,1);
id=1:N;
figure
plot( id', X(:,2),'LineWidth',1)
set(gca,'linewidth',2);
xlabel('编号','fontsize',12);
ylabel('dv1', 'fontsize',12);
title('变量 dv1 分布图','fontsize',12);
```

该程序产生图 5-6 的数据可视化结果，该图是用 plot 绘制的数据最原始的分布形态，通过该图能了解数据大致的分布中心、边界、数据集中程度等信息。

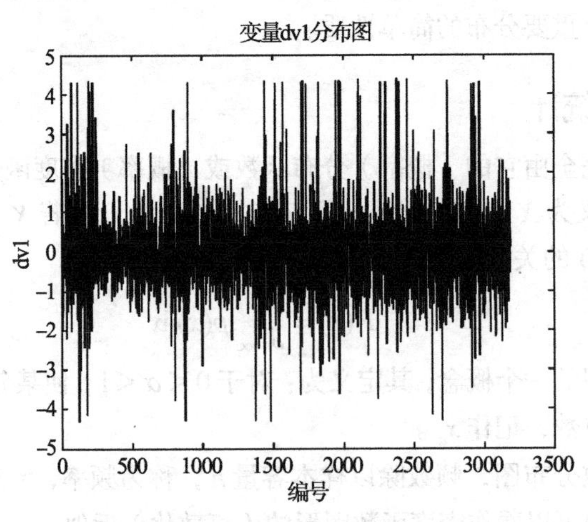

图 5-6 变量 dv1 的分布图

5.3.2 数据分布形状可视化

在数据挖掘中，数据的分布特征对我们了解数据是非常有利的，可以用下面的代码绘制以上 4 个变量的柱状分布图。

```
% 同时绘制变量 dv1~dv4 的柱状分布图
Figure
subplot(2,2,1);
hist(X(:,2));
title('dv1 柱状分布图','fontsize',12)
subplot(2,2,2);
hist(X(:,3));
title('dv2 柱状分布图','fontsize',12)
subplot(2,2,3);
hist(X(:,4));
title('dv3 柱状分布图','fontsize',12)
subplot(2,2,4);
hist(X(:,5));
title('dv4 柱状分布图','fontsize',12)
```

图 5-7 即为用 hist 绘制的变量的柱状分布图，该图的优势是更直观地反映了数据的集中程度，由该图可以看出，变量 dv3 过于集中，这对数据挖掘是不利的，相当于这个变量基本是固定值，对任何样本都是一样的，所以没有区分效果，这样的变量就可以考虑删除。可见对数据进行可视化分析意义还是很大的。

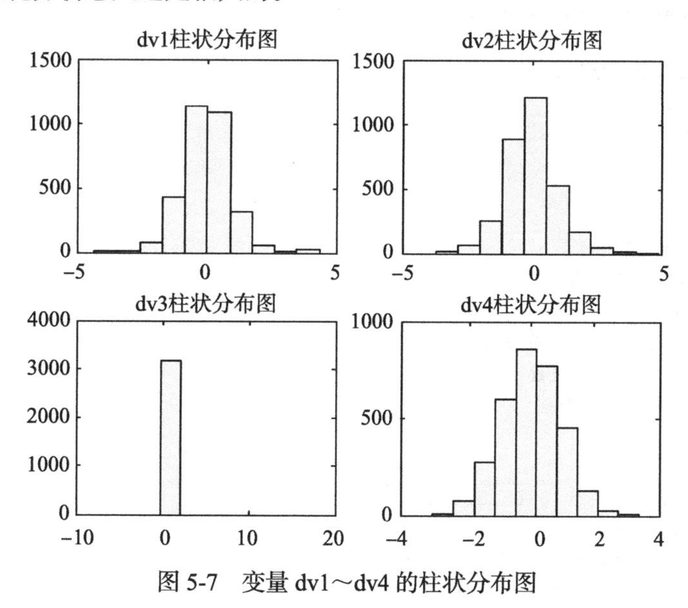

图 5-7 变量 dv1～dv4 的柱状分布图

也可以将常用的统计量绘制在分布图中，这样更有利于对数据特征的把握，就像是得到了数据的地图，这对全面认识数据是非常有利的。以下代码即实现了绘制这种图的功能，得到的图如图 5-8 所示。

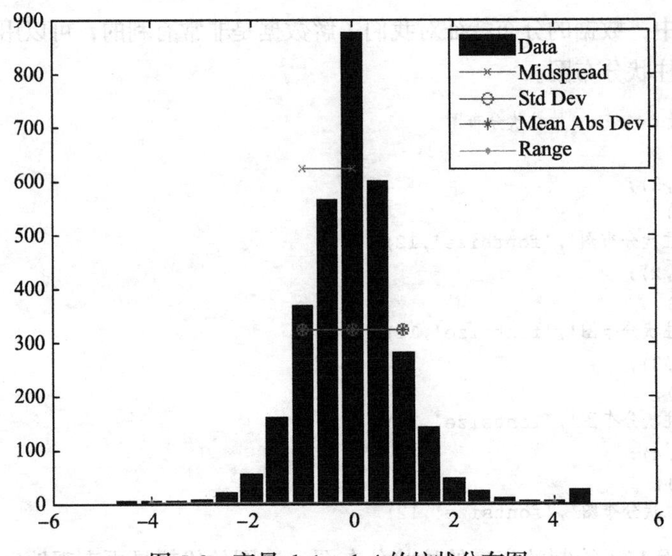

图 5-8 变量 dv1 ~ dv4 的柱状分布图

```
% 数据可视化—数据分布形状图
% 读取数据
  clc, clear al, close all
  X=xlsread('dataTableA2.xlsx');
  dv1=X(:,2);
  % 绘制变量 dv1 的柱状分布图
  h = -5:0.5:5;
  n = hist(dv1,h);
  figure
  bar(h, n)

  % 计算常用的形状度量指标
  mn = mean(dv1); % 均值
  sdev = std(dv1); % 标准差
  mdsprd = iqr(dv1); % 四分位数
  mnad = mad(dv1); % 中位数
  rng = range(dv1); % 极差

  % 标识度量数值
  x = round(quantile(dv1,[0.25,0.5,0.75]));
  y = (n(h==x(1)) + n(h==x(3)))/2;
  line(x,[y,y,y],'marker','x','color','r')
  x = round(mn + sdev*[-1,0,1]);
  y = (n(h==x(1)) + n(h==x(3)))/2;
  line(x,[y,y,y],'marker','o','color',[0 0.5 0])
  x = round(mn + mnad*[-1,0,1]);
  y = (n(h==x(1)) + n(h==x(3)))/2;
```

```
line(x,[y,y,y],'marker','*','color',[0.75 0 0.75])
x = round([min(dv1),max(dv1)]);
line(x,[1,1],'marker','.','color',[0 0.75 0.75])
legend('Data','Midspread','Std Dev','Mean Abs Dev','Range')
```

5.3.3　数据关联情况可视化

数据关联可视化对分析哪些变量更有效具有更直观的效果，所以在进行变量筛选前，可以先利用关联可视化了解各变量间的关联关系，具体实现代码如下：

```
% 数据可视化——变量相关性
% 读取数据
clc, clear al, close all
X=xlsread('dataTableA2.xlsx');
Vars = X(:,7:12);
%  绘制变量间相关性关联图
Figure
plotmatrix(Vars)
%  绘制变量间相关性强度图
covmat = corrcoef(Vars);
figure
imagesc(covmat);
grid;
colorbar;
```

该程序产生两幅图，一个是变量间相互关联图（图 5-9），通过该图可以看出任意两个变量的数据关联趋向。另外一幅图是关联强度图（图 5-10），从宏观上表现变量间的关联强度，实践中往往用于筛选变量。

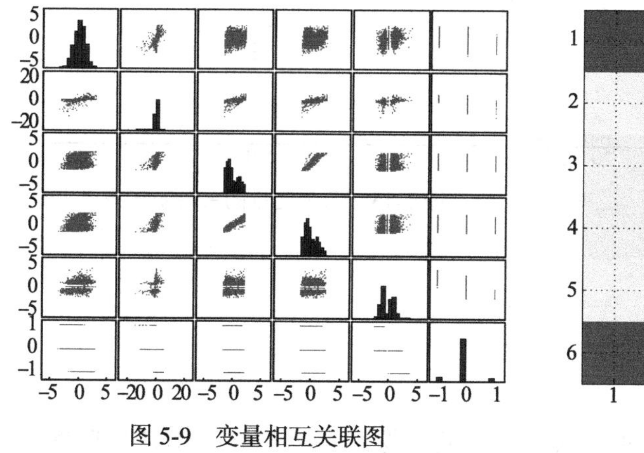

图 5-9　变量相互关联图

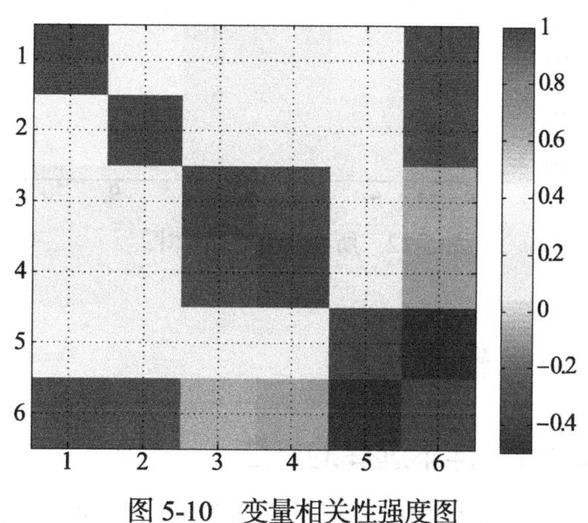

图 5-10　变量相关性强度图

5.3.4　数据分组可视化

数据分组可视化是指按照不同的分位数将数据进行分组，典型的图形是箱体图，箱体图的含义如图 5-11 所示，根据箱体图可以看出数据的分布特征和异常值的数量，这对于确定是否需要进行异常值处理是很有利的。

绘制箱体图的 MATLAB 命令是 boxplot，可以按照以下代码方式实现对数据的分组可视化：

```
% 数据可视化——数据分组
% 读取数据
clc, clear al, close all
X=xlsread('dataTableA2.xlsx');
dv1=X(:,2);
eva=X(:,12);
% Boxplot
figure
boxplot(X(:,2:12))
figure
boxplot(dv1, eva)
```

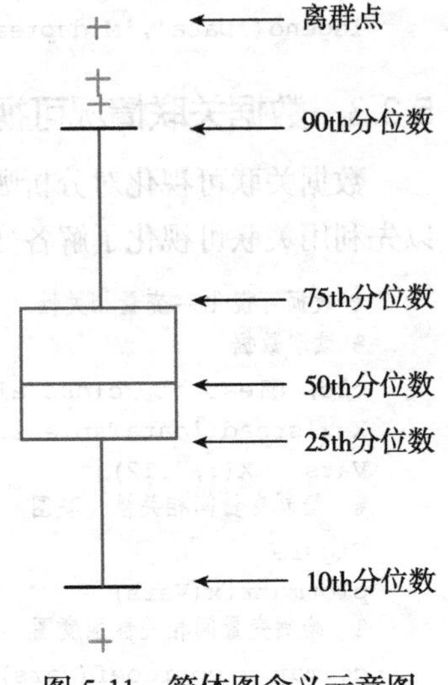

图 5-11 箱体图含义示意图

该程序产生了所有变量的箱体图（图 5-12）和两个变量的关系箱体图（图 5-13），这样就能更全面地得出各变量的数据分布特征及任意两个变量的关系特征。

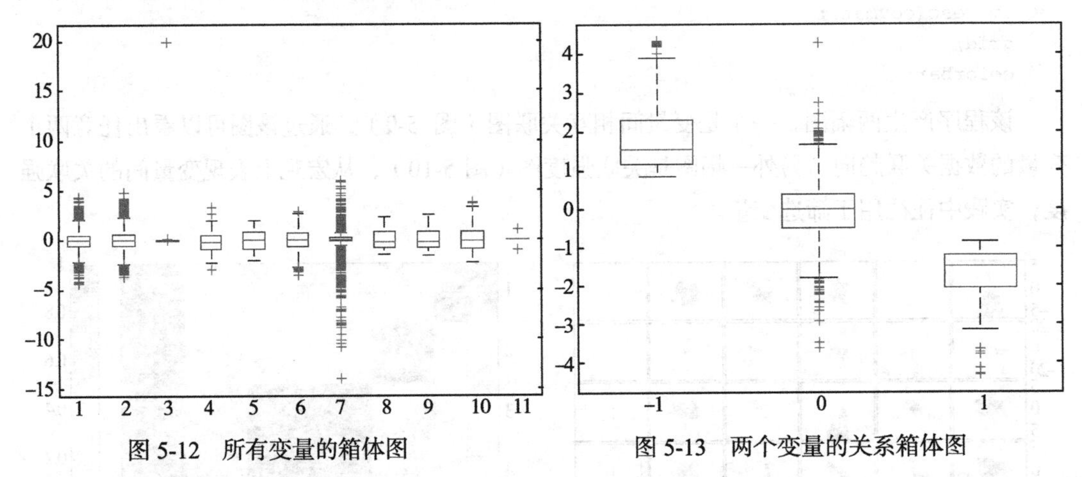

图 5-12 所有变量的箱体图　　图 5-13 两个变量的关系箱体图

5.4 样本选择

5.4.1 样本选择的方法

当进行数据挖掘时，通常并不是对所有样本数据进行挖掘，而是从数据样本中选择一部分数据进行挖掘。通过对数据样本的精选，不仅能减少数据处理量，节省系统资源，而且能通过数据的筛选，使你想要它反映的规律性更加凸现出来。

为了让选择的样本能够表现母体的特征，所以在实际进行样本选择时有两个要点需要注意：一是样本的数量，选择的样本数量要能够刻画数据的特征，满足算法数据需求量的要求，同时兼顾计算机性能和时效要求；二是要注意样本选择的平衡性，比如对于分类样本，每个类别的样本数量尽量一致，这样就可以保证模型的均衡性。

从巨大的数据母体中如何取出样本数据呢？这就需要考虑数据挖掘的本身目的及数据的具体情况，通常有3种取样方法：

（1）随机取样法

随机从样本母体中抽取数据，在实际应用中，通常采用类似产生随机数的方法抽取数据样本。随机取样法适合于样本母体基数较大，同时样本数据质量均衡的情况。

（2）顺序取样法

按照一定的顺序，从样本母体抽取数据样本，通常直接按照编号的顺序从头开始选择样品，如选择前1000条数据。顺序取样法适合于样本数据质量均衡的情况。

（3）监督取样法

对数据样品进行监督检查之后再抽取样本，该法适合于样本数据质量较差的情况。

5.4.2 样本选择应用实例

在5.1节中我们已经通过衍生变量得到一部分数据，分析会发现，这些样品的均衡性不是很好，其中好股票和坏股票的样本数量较少，一般股票样品数较多，如果不重新选择样本，直接用算法训练模型所得到的模型将主要表现一般股票的特征，对好股票的预测是非常不利的，所以在这种情况下需要进行数据的挑选。

对数据进行分析发现，数据基数比较大，数据质量也比较均衡，用随机取样法比较合适。根据随机取样法，编写了程序P5-2。

程序编号	P5-2	文件名称	DerivedData.m	说明	衍生变量的收集和抽样

```
%%衍生变量的收集和抽样
clc, clear all, close all
dirname = 'sz_data';
files = dir(fullfile(dirname, '*.xls'));
%% 产生并收集衍生变量
tsn = 0;
% for i = 1:length(files)
for i = 1:20
    i
  filename = fullfile(dirname, files(i).name);
  price0 = xlsread(filename);
  % 将成交量为0的行删除
    [m,n]=size(price0);
    j1=1;
     for j=1:m
        if price0(j,6)~=0
```

```
            price(j1,:)=price0(j,:);
            j1=j1+1;
         end
      end
   % 将开盘有效天数少的股票删除
   if m<120
      continue;
   end
   % 产生指标型衍生变量
   dataTableA = DerivedDataA(price);
   % 产生评价型衍生变量
   dataTableB = DerivedDataB(price);
   tempDataTable0 = join(dataTableA, dataTableB);
   % 增加股票代码字段
   rn = size(tempDataTable0, 1);
   for k =1:rn
        sid(k,:) = files(k).name(1:8);
   end
   tempDataTable1.sid = sid;
   tempDataTable1 = struct2table(tempDataTable1);
   tempDataTable =[tempDataTable1, tempDataTable0];
   % 将产生的数据收集到一个表格中
   tsn = tsn +rn;
   dataTable((tsn-rn+1):tsn,:) = tempDataTable;
   clear price0 price tempDataTable1 tempDataTable0 tempDataTable sid...
      j j1 dataTableA  dataTableB;
end
%% 保存集成后的数据
writetable(dataTable, 'dataTableA1.xlsx');
%% 样本筛选
tsn=size(dataTable,1);
% 统计样本中各类样品的数量
gn=0; cn=0; bn=0;
for q=1:tsn
    if dataTable.eva(q)==1
        gn=gn+1;
        gst(gn,:)=dataTable(q,:);
    elseif dataTable.eva(q)==0
        cn=cn+1;
        cst(cn,:)=dataTable(q,:);
    elseif dataTable.eva(q)==-1
        bn=bn+1;
        bst(bn,:)=dataTable(q,:);
    end
end
% 确定各小类样本的规模
pn=min([gn; cn; bn]);
% 按随机法挑选样本
gsid=randperm(gn, pn);
```

```
csid=randperm(cn, pn);
bsid=randperm(bn, pn);
for q1=1:pn
   gss(q1,:)=gst(gsid(q1),:);
   css(q1,:)=cst(csid(q1),:);
   bss(q1,:)=bst(bsid(q1),:);
end
tss=[gss;css;bss];
clear gst cst bst gsid csid bsid gss css bss;
% 保存挑选的样本到 Excel
writetable(dataTable, 'StockSampleA1.xlsx');
%%
```

运行程序，就可以发现样本中好、坏、一般股票的样本量都是一样的，这样的数据对于训练模型是比较好的。

5.5 数据降维

5.5.1 主成分分析基本原理

在数据挖掘中，我们经常会遇到多个变量的问题，而且在多数情况下，多个变量之间常常存在一定的相关性。当变量个数较多且变量之间存在复杂关系时，会显著增加分析问题的复杂性。如果有一种方法可以将多个变量综合为少数几个代表性变量，使这些变量既能够代表原始变量的绝大多数信息又互不相关，那么这样的方法无疑有助于对问题的分析和建模。这时，就可以考虑用主成分分析法（PCA）。

1. PCA 基本思想

主成分分析是采取一种数学降维的方法，其所要做的就是设法将原来众多具有一定相关性的变量，重新组合为一组新的相互无关的综合变量来代替原来变量。通常，数学上的处理方法就是将原来的变量做线性组合，作为新的综合变量，但是这种组合如果不加以限制，则可以有很多，应该如何选择呢？如果将选取的第一个线性组合即第一个综合变量记为 F_1，自然希望它尽可能多地反映原来变量的信息。这里“信息”用方差来测量，即希望 var (F_1) 越大，表示 F_1 包含的信息越多。因此在所有的线性组合中所选取的 F_1 应该是方差最大的，故称 F_1 为第一主成分。如果第一主成分不足以代表原来 P 个变量的信息，再考虑选取 F_2 即第二个线性组合，为了有效地反映原来信息，F_1 已有的信息就不需要再出现在 F_2 中，用数学语言表达就是要求 cov (F_1, F_2)=0，称 F_2 为第二主成分，依此类推可以构造出第三、四……第 p 个主成分。注：cov 表示统计学中的协方差。

2. PCA 方法步骤

这里关于 PCA 方法的理论推导不再赘述，我们将重点放在如何应用 PCA 解决实际问题上。下面先简单介绍一下 PCA 的典型步骤。

（1）对原始数据进行标准化处理

假设样本观测数据矩阵为：

$$X=\begin{bmatrix} x_{11} & x_{12} & \cdots & x_{1p} \\ x_{21} & x_{22} & \cdots & x_{2p} \\ \vdots & \vdots & \vdots & \vdots \\ x_{n1} & x_{n2} & \cdots & x_{np} \end{bmatrix}$$

那么可以按照如下方法对原始数据进行标准化处理：

$$x_{ij}^{*}=\frac{x_{ij}-\overline{x}_j}{\sqrt{\operatorname{var}(x_j)}},i=1,2,\cdots,n;j=1,2,\cdots,p$$

其中，$\overline{x}_j=\frac{1}{n}\sum_{i=1}^{n}x_{ij}$，$\operatorname{var}(x_j)=\frac{1}{n-1}\sum_{i=1}^{n}(x_{ij}-\overline{x}_j)^2\ (j=1,2,\cdots,p)$。

（2）计算样本相关系数矩阵

为方便，假定原始数据标准化后仍用 X 表示，则经标准化处理后数据的相关系数为：

$$R=\begin{bmatrix} r_{11} & r_{12} & \cdots & r_{1p} \\ r_{21} & r_{22} & \cdots & r_{2p} \\ \vdots & \vdots & \vdots & \vdots \\ r_{p1} & r_{p2} & \cdots & r_{pp} \end{bmatrix}$$

其中，$r_{ij}\frac{\operatorname{cov}(x_i,x_j)}{\sqrt{\operatorname{var}(x_1)}\sqrt{\operatorname{var}(x_2)}}=\frac{\sum_{k=1}^{k=n}\left(x_{ki}-\overline{x}_i\right)\left(x_{kj}-\overline{x}_j\right)}{\sqrt{\sum_{k=1}^{k=n}\left(x_{ki}-\overline{x}_i\right)^2}\sqrt{\sum_{k=1}^{k=n}\left(x_{kj}-\overline{x}_j\right)^2}}$，$n>1$。

（3）计算相关系数矩阵 R 的特征值（$\lambda_1,\lambda_2,\cdots,\lambda_p$）和相应的特征向量：

$$a_i=\left(a_{i1},a_{i2},\cdots,a_{ip}\right),\ i=1,2,\cdots,p$$

（4）选择重要的主成分，并写出主成分表达式

主成分分析可以得到 p 个主成分，但是，由于各个主成分的方差是递减的，包含的信息量也是递减的，所以实际分析时，一般不是选取 p 个主成分，而是根据各个主成分累计贡献率的大小选取前 k 个主成分，这里贡献率就是指某个主成分的方差占全部方差的比重，实际也就是某个特征值占全部特征值合计的比重，即：

$$\text{贡献率}=\frac{\lambda_i}{\sum_{i=1}^{p}\lambda_i}$$

贡献率越大，说明该主成分所包含的原始变量的信息越强。主成分个数 k 的选取，主要根据主成分的累计贡献率来决定，即一般要求累计贡献率达到 85%以上，这样才能保证综合

变量能包括原始变量的绝大多数信息。

另外，在实际应用中，选择了重要的主成分后，还要注意主成分实际含义的解释。主成分分析中一个很关键的问题是如何给主成分赋予新的意义，给出合理的解释。一般而言，这个解释是根据主成分表达式的系数结合定性分析来进行的。主成分是原来变量的线性组合，在这个线性组合中各变量的系数有大有小，有正有负，有的大小相当，因而不能简单地认为这个主成分是某个原变量的属性的作用，线性组合中各变量系数的绝对值大者表明该主成分主要综合了绝对值大的变量，有几个变量系数大小相当时，应认为这一主成分是这几个变量的总和，这几个变量综合在一起应赋予怎样的实际意义，就要结合具体的实际问题和专业，给出恰当的解释，进而才能达到深刻分析的目的。

（5）计算主成分得分

根据标准化的原始数据，按照各个样品，分别代入主成分表达式，就可以得到各主成分下的各个样品的新数据，即为主成分得分。具体形式如下：

$$\begin{bmatrix} F_{11} & F_{12} & \cdots & F_{1k} \\ F_{21} & F_{22} & \cdots & F_{2k} \\ \vdots & \vdots & \vdots & \vdots \\ F_{n1} & F_{n2} & \cdots & F_{nk} \end{bmatrix}$$

其中，$F_{ij} = a_{j1}x_{i1} + a_{j2}x_{i2} + \ldots + a_{jp}x_{ip}$（$i = 1, 2, \cdots, n$；$j = 1, 2, \cdots, k$）。

（6）依据主成分得分的数据，进一步对问题进行后续的分析和建模

后续的分析和建模常见的形式有主成分回归、变量子集合的选择、综合评价等。下面将以实例的形式来介绍如何用 MATLAB 来实现 PCA 过程。

5.5.2　PCA 应用案例：企业综合实力排序

为了系统地分析某 IT 类企业的经济效益，选择了 8 个不同的利润指标，对 15 家企业进行了调研，并得到如表 5-1 所示的数据。请根据这些数据对这 15 家企业进行综合实力排序。

表 5-1　企业综合实力评价表

企业编号	净利润率(%)	固定资产利润率(%)	总产值利润率(%)	销售收入利润率(%)	产品成本利润率(%)	物耗利润率(%)	人均利润(千元/人)	流动资金利润率(%)
1	40.4	24.7	7.2	6.1	8.3	8.7	2.442	20
2	25	12.7	11.2	11	12.9	20.2	3.542	9.1
3	13.2	3.3	3.9	4.3	4.4	5.5	0.578	3.6
4	22.3	6.7	5.6	3.7	6	7.4	0.176	7.3
5	34.3	11.8	7.1	7.1	8	8.9	1.726	27.5
6	35.6	12.5	16.4	16.7	22.8	29.3	3.017	26.6
7	22	7.8	9.9	10.2	12.6	17.6	0.847	10.6
8	48.4	13.4	10.9	9.9	10.9	13.9	1.772	17.8
9	40.6	19.1	19.8	19	29.7	39.6	2.449	35.8

（续）

企业编号	净利润率(%)	固定资产利润率(%)	总产值利润率(%)	销售收入利润率(%)	产品成本利润率(%)	物耗利润率(%)	人均利润(千元/人)	流动资金利润率(%)
10	24.8	8	9.8	8.9	11.9	16.2	0.789	13.7
11	12.5	9.7	4.2	4.2	4.6	6.5	0.874	3.9
12	1.8	0.6	0.7	0.7	0.8	1.1	0.056	1
13	32.3	13.9	9.4	8.3	9.8	13.3	2.126	17.1
14	38.5	9.1	11.3	9.5	12.2	16.4	1.327	11.6
15	26.2	10.1	5.6	15.6	7.7	30.1	0.126	25.9

由于本问题中涉及 8 个指标，这些指标间的关联关系并不明确，且各指标数值的数量级也有差异，为此这里将首先借助 PCA 方法对指标体系进行降维处理，然后根据 PCA 打分结果实现对企业的综合实例排序。

根据以上的 PCA 步骤，编写了 MATLAB 程序，如 P5-3 所示。

程序编号	P5-3	文件名称	PCAa.m	说明	PCA MALTAB 程序

```
% P5-3: PCA 方法 MATLAB 实现程序
%--------------------------------------------------------------------------
%% 数据导入及处理
clc
clear all
A=xlsread('Coporation_evaluation.xlsx', 'B2:I16');

% 数据标准化处理
a=size(A,1);
b=size(A,2);
for i=1:b
    SA(:,i)=(A(:,i)-mean(A(:,i)))/std(A(:,i));
end

%% 计算相关系数矩阵的特征值和特征向量
CM=corrcoef(SA); % 计算相关系数矩阵(correlation matrix)
[V, D]=eig(CM); % 计算特征值和特征向量

for j=1:b
    DS(j,1)=D(b+1-j, b+1-j); % 对特征值按降序进行排序
end
for i=1:b
    DS(i,2)=DS(i,1)/sum(DS(:,1)); %贡献率
    DS(i,3)=sum(DS(1:i,1))/sum(DS(:,1)); %累计贡献率
end

%% 选择主成分及对应的特征向量
```

```
T=0.9;  % 主成分信息保留率
for K=1:b
    if DS(K,3)>=T
        Com_num=K;
        break;
    end
end

% 提取主成分对应的特征向量
for j=1:Com_num
    PV(:,j)=V(:,b+1-j);
end

%% 计算各评价对象的主成分得分
new_score=SA*PV;
for i=1:a
    total_score(i,1)=sum(new_score(i,:));
    total_score(i,2)=i;
end
result_report=[new_score, total_score]; % 将各主成分得分与总分放在同一个矩阵中
result_report=sortrows(result_report,-4); % 按总分降序排序

%% 输出模型及结果报告
disp('特征值及其贡献率、累计贡献率：')
DS
disp('信息保留率 T 对应的主成分数与特征向量：')
Com_num
PV
disp('主成分得分及排序(按第 4 列的总分进行降序排序,前 3 列为各主成分得分,第 5 列为企业编号)')
result_report
```

运行程序，显示如下的结果报告：

```
特征值及其贡献率、累计贡献率：
DS =
    5.7361    0.7170    0.7170
    1.0972    0.1372    0.8542
    0.5896    0.0737    0.9279
    0.2858    0.0357    0.9636
    0.1456    0.0182    0.9818
    0.1369    0.0171    0.9989
    0.0060    0.0007    0.9997
    0.0027    0.0003    1.0000

信息保留率 T 对应的主成分数与特征向量：
Com_num  =  3
PV =
    0.3334    0.3788    0.3115
```

```
    0.3063    0.5562    0.1871
    0.3900   -0.1148   -0.3182
    0.3780   -0.3508    0.0888
    0.3853   -0.2254   -0.2715
    0.3616   -0.4337    0.0696
    0.3026    0.4147   -0.6189
    0.3596   -0.0031    0.5452

主成分得分及排序(按第 4 列的总分进行降序排序,前 3 列为各主成分得分,第 5 列为企业编号)
result_report =
    5.1936   -0.9793    0.0207    4.2350    9.0000
    0.7662    2.6618    0.5437    3.9717    1.0000
    1.0203    0.9392    0.4081    2.3677    8.0000
    3.3891   -0.6612   -0.7569    1.9710    6.0000
    0.0553    0.9176    0.8255    1.7984    5.0000
    0.3735    0.8378   -0.1081    1.1033   13.0000
    0.4709   -1.5064    1.7882    0.7527   15.0000
    0.3471   -0.0592   -0.1197    0.1682   14.0000
    0.9709    0.4364   -1.6996   -0.2923    2.0000
   -0.3372   -0.6891    0.0188   -1.0075   10.0000
   -0.3262   -0.9407   -0.2569   -1.5238    7.0000
   -2.2020   -0.1181    0.2656   -2.0545    4.0000
   -2.4132    0.2140   -0.3145   -2.5137   11.0000
   -2.8818   -0.4350   -0.3267   -3.6435    3.0000
   -4.4264   -0.6180   -0.2884   -5.3327   12.0000
```

从该报告可知，第 9 家企业的综合实力最强，第 12 家企业的综合实力最弱。报告还给出了各主成分的权重信息（贡献率）及与原始变量的关联关系（特征向量），这样就可以根据实际问题做进一步的分析。

以上应用实例只是一种比较简单的应用实例，具体的 PCA 方法的使用还要根据实际问题和需要灵活使用。

5.5.3 相关系数降维

定义：设有如下两组观测值：

$$X: x_1, x_2, \cdots, x_n$$
$$Y: y_1, y_2, \cdots, y_n$$

则称 $r = \dfrac{\sum_{i=1}^{n}(X_i - \overline{X})(Y_i - \overline{Y})}{\sqrt{\sum_{i=1}^{n}(X_i - \overline{X})^2}\sqrt{\sum_{i=1}^{n}(Y_i - \overline{Y})^2}}$ 为“X 与 Y 的相关系数”。

相关系数用 r 表示，r 在–1 和+1 之间取值。相关系数 r 的绝对值大小（即 $|r|$），表示两个变量之间的直线相关强度；相关系数 r 的正负号表示相关的方向，分别是正相关和负相关；若相关系数 $r = 0$，称零线性相关，简称零相关；相关系数 $|r|=1$ 时，表示两个变量是完全相

关，这时，两个变量之间的关系成了确定性的函数关系，这种情况在行为科学与社会科学中是极少存在的。

一般说来，若观测数据的个数足够多，计算出来的相关系数 r 就会更真实地反映客观事物之间的本来面目。

当 $0.7 \leqslant |r| < 1$ 时，称为高度相关；当 $0.4 \leqslant |r| < 0.7$ 时，称为中等相关；当 $0.2 \leqslant |r| < 0.4$ 时，称为低度相关；当 $|r| < 0.2$ 时，称极低相关或接近零相关。

由于事物之间联系的复杂性，在实际研究中，通过统计方法确定出来的相关系数 r 即使是高度相关，我们在解释相关系数时，还要结合具体变量的性质特点和有关专业知识进行。两个高度相关的变量，它们之间可能具有明显的因果关系；也可能只具有部分因果关系；还可能没有直接的因果关系，其数量上的相互关联，只是它们共同受到其他第三个变量所支配的结果。除此之外，相关系数 r 接近零，这只是表示这两个变量不存在明显的直线性相关模式，但不能肯定地说这两个变量之间就没有规律性的联系。通过散点图我们有时会发现，两个变量之间存在明显的某种曲线性相关，但计算直线性相关系数时，其 r 值往往接近零。对于这一点，读者应该有所认识。

5.6 小结

本章介绍了数据探索的相关内容。在数据挖掘中，数据探索的目的是为建模做准备，包括衍生变量、数据可视化、样本筛选和数据降维。从这几个方面的内容可以看出，实际上数据探索还是集中在数据进一步的处理，它所解决的问题是要对哪些变量建模，用哪些样本？可以说数据探索是深度的数据预处理，相比一般的数据预处理，数据探索阶段更强调的是探索性，即要探索用哪些变量建模更合适？

衍生变量是为了得到更多有利于描述问题的变量，其要点是通过创造性和务实的设计产生一些与问题的研究有关的变量。衍生变量的方式很多，也很灵活，只要有助于问题的研究又合理。但也要掌握适度，过多的衍生变量会稀释原有变量，所以并不是变量越多越好。

数据的统计和数据可视化的主要目的还是进一步了解数据，目的是要点是了解哪些变量包含的信息更多。这块的内容相对较简单，也有自己的固定模式，只要通过这些基本的数据认识方法来了解方法，能够分析出哪些变量包含有效的数据信息即可。样本选择更多的是从数据记录中筛选数据，一是要注意筛选出的数据对建模来说足够，二是要具有代表性。

关于数据降维，这里介绍了两种方法，主成分分析法和相关系数法。在数据挖掘中，并不是所有项目都需要用到这两种方法进行降维，事实上很少项目中会直接使用主成分分析法进行降维，有时直接使用主成分分析法分析案例中的影响因素，对于相关性分析，则是一个既简单灵活，又非常有效的方法，当数据变量较多时，则可以只使用该法进行变量的筛选。

参考文献

[1] 股票指标. http://wiki.mbalib.com/wiki/Category:%E8%82%A1%E7%A5%A8%E6%8A%80%E6%9C%AF%E6%8C%87%E6%A0%87.

[2] 卓金武, 周英. 量化投资：数据挖掘技术与实践(MATLAB 版)[M]. 北京：电子工业出版社, 2015.

第 6 章 Chapter 6

关联规则方法

关联规则挖掘的目标是发现数据项集之间的关联关系或相关联系，是数据挖掘中一个重要的课题。

关联规则挖掘的一个典型例子是购物篮分析，关联规则挖掘有助于发现交易数据库中不同商品（项）之间的联系，找出顾客购买行为模式，如购买了某一商品对购买其他商品的影响。分析结果可以应用于商品货架布局、货存安排以及根据购买模式对用户进行分类。

Agrawal 等于 1993 年首先提出了挖掘顾客交易数据库中项集间的关联规则问题，以后诸多的研究人员对关联规则的挖掘问题进行了大量的研究。他们的工作包括对原有的算法进行优化，如引入随机采样、并行的思想等，以提高算法挖掘规则的效率；对关联规则的应用进行推广。

关联规则挖掘除了应用于顾客购物模式的挖掘，在其他领域也得到了应用，包括工程、医疗保健、金融证券分析、电信和保险业的错误校验等。

本章将介绍关联规则挖掘的基本概念、主要算法和这些算法的典型案例。

6.1 关联规则概要

6.1.1 关联规则的背景

关联规则最初提出的动机是针对购物篮分析（Market Basket Analysis）问题提出的。假设超市经理想更多地了解顾客的购物习惯（如图 6-1 所示），特别是，想知道哪些商品顾客可能会在一次购物时同时购买？为回答该问题，

图 6-1 购物篮挖掘示意图

可以对商店的顾客购买记录进行购物篮分析。该过程通过发现顾客放入"购物篮"中的不同商品之间的关联，分析顾客的购物习惯。这种关联的发现可以帮助零售商了解哪些商品频繁地被顾客同时购买，从而帮助他们开发更好的营销策略。

为了对顾客的购物篮进行分析，1993 年，Agrawal 等首先提出关联规则的概念，同时给出了相应的挖掘算法 AIS，但是性能较差。1994 年，又提出了著名的 Apriori 算法，至今 Apriori 仍然作为关联规则挖掘的经典算法被广泛讨论，以后诸多的研究人员对关联规则的挖掘问题进行了大量的研究。

6.1.2 关联规则的基本概念

先了解一下关联规则挖掘中涉及的几个基本概念：

定义 1：项与项集

数据库中不可分割的最小单位信息，称为项目，用符号 i 表示。项的集合称为项集。设集合 $I=\{i_1,i_2,\cdots,i_k\}$ 是项集，I 中项目的个数为 k，则集合 I 称为 k–项集。例如，集合{啤酒，尿布，牛奶}是一个 3–项集。

定义 2：事务

设 $I=\{i_1,i_2,\cdots,i_k\}$ 是由数据库中所有项目构成的集合，一次处理所含项目的集合用 T 表示，$T=\{t_1,t_2,\cdots,t_n\}$。每一个 t_i 包含的项集都是 I 子集。

例如，如果顾客在商场里同一次购买多种商品，这些购物信息在数据库中有一个唯一的标识，用以表示这些商品是同一顾客同一次购买的。我们称该用户的本次购物活动对应一个数据库事务。

定义 3：项集的频数（支持度计数）

包括项集的事务数称为项集的频数（支持度计数）。

定义 4：关联规则

关联规则是形如 $X\Rightarrow Y$ 的蕴含式，其中 X，Y 分别是 I 的真子集，并且 $X\cap Y=\varnothing$。X 称为规则的前提，Y 称为规则的结果。关联规则反映 X 中的项目出现时，Y 中的项目也跟着出现的规律。

定义 5：关联规则的支持度（Support）

关联规则的支持度是交易集中同时包含的 X 和 Y 的交易数与所有交易数之比，记为 $\text{support}(X\Rightarrow Y)$，即 $\text{support}(X\Rightarrow Y)=\text{support}\,X\cup Y=P(XY)$

支持度反映了 X 和 Y 中所含的项在事务集中同时出现的频率。

定义 6：关联规则的置信度（Confidence）

关联规则的置信度是交易集中包含 X 和 Y 的交易数与所有包含 X 的交易数之比，记为 $\text{confidence}(X\Rightarrow Y)$，即：

$$\text{confidence}(X \Rightarrow Y) = \frac{\text{support}(X \cup Y)}{\text{support}(X)} = P(Y|X)$$

置信度反映了包含 X 的事务中，出现 Y 的条件概率。

定义 7：最小支持度与最小置信度

通常用户为了达到一定的要求，需要指定规则必须满足的支持度和置信度阈限，当 $\text{support}(X \Rightarrow Y)$、$\text{confidence}(X \Rightarrow Y)$ 分别大于等于各自的阈限值时，认为 $X \Rightarrow Y$ 是有趣的，此两个值称为最小支持度阈值（min_sup）和最小置信度阈值（min_conf）。其中，min_sup 描述了关联规则的最低重要程度，min_conf 规定了关联规则必须满足的最低可靠性。

定义 8：频繁项集

设 $U = \{u_1, u_2, \cdots, u_n\}$ 为项目的集合，且 $U \subseteq I$，$U \neq \varnothing$，对于给定的最小支持度 min_sup，如果项集 U 的支持度 $\text{support}(U) \geqslant \text{min\_sup}$，则称 U 为频繁项集，否则，U 为非频繁项集。

定义 9：强关联规则

$\text{support}(X \Rightarrow Y) \geqslant \text{min\_ sup}$ 且 $\text{confidence}(X \Rightarrow Y) \geqslant \text{min\_ conf}$，称关联规则 $X \Rightarrow Y$ 为强关联规则，否则称 $X \Rightarrow Y$ 为弱关联规则。

现在用一个简单的例子来说明这些定义。表 6-1 是顾客购买记录的数据库 D，包含 6 个事务。项集 I={网球拍, 网球, 运动鞋, 羽毛球}。考虑关联规则：网球拍⇒ 网球，事务 1、2、3、4、6 包含网球拍，事务 1、2、5、6 同时包含网球拍和网球，支持度 $\text{support} = \frac{3}{6} = 0.5$，置信度 $\text{confident} = \frac{3}{5} = 0.6$。若给定最小支持度 $\alpha = 0.5$，最小置信度 $\beta = 0.5$，关联规则网球拍⇒网球是有趣的，认为购买网球拍和购买网球之间存在关联。

6.1.3 关联规则的分类

按照不同标准，关联规则可以进行如下分类：

1）基于规则中处理的变量的类别，关联规则可以分为布尔型和数值型。

表 6-1 客户购买记录数据库

TID	网球拍	网球	运动鞋	羽毛球
1	1	1	1	0
2	1	1	0	0
3	1	0	0	0
4	1	0	1	0
5	0	1	1	1
6	1	1	0	0

布尔型关联规则处理的值都是离散的、种类化的，它显示了这些变量之间的关系；而数值型关联规则可以和多维关联或多层关联规则结合起来，对数值型字段进行处理，将其进行动态的分割，或者直接对原始的数据进行处理，当然数值型关联规则中也可以包含种类变量。例如：性别=“女”=>职业=“秘书”，是布尔型关联规则；性别=“女”=>avg（收入）=2300，涉及的收入是数值类型，所以是一个数值型关联规则。

2）基于规则中数据的抽象层次，可以分为单层关联规则和多层关联规则。

在单层的关联规则中，所有的变量都没有考虑到现实的数据是具有多个不同的层次的；而在多层的关联规则中，对数据的多层性已经进行了充分的考虑。例如：IBM 台式机=> Sony 打印机，是一个细节数据上的单层关联规则；台式机=>Sony 打印机，是一个较高层次和细节层次之间的多层关联规则。

3）基于规则中涉及的数据的维数，关联规则可以分为单维的和多维的。

在单维的关联规则中，我们只涉及数据的一个维，如用户购买的物品；而在多维的关联规则中，要处理的数据将会涉及多个维。换句话说，单维关联规则是处理单个属性中的一些关系；多维关联规则是处理各个属性之间的某些关系。例如：啤酒=>尿布，这条规则只涉及用户购买的物品；性别="女"=>职业="秘书"，这条规则就涉及两个字段的信息，是两个维上的一条关联规则。

6.1.4 关联规则挖掘常用算法

关联规则挖掘算法是关联规则挖掘研究的主要内容，迄今为止已提出了许多高效的关联规则挖掘算法。最著名的关联规则发现方法是 R. Agrawal 提出的 Apriori 算法。Apriori 算法主要包含两个步骤：第一步是找出事务数据库中所有大于等于用户指定的最小支持度的数据项集；第二步是利用频繁项集生成所需要的关联规则，根据用户设定的最小置信度进行取舍，最后得到强关联规则。识别或发现所有频繁项目集是关联规则发现算法的核心。

关联规则挖掘另一个比较著名的算法是 J. Han 等提出的 FP-tree。该方法采用分而治之的策略，在经过第一遍扫描之后，把数据库中的频集压缩进一棵频繁模式树（FP-tree），同时依然保留其中的关联信息，随后再将 FP-tree 分化成一些条件库，每个库和一个长度为 1 的频集相关，然后再对这些条件库分别进行挖掘。当原始数据量很大时，也可以结合划分的方法，使得一个 FP-tree 可以放入主存中。实验表明，FP-Growth 对不同长度的规则都有很好的适应性，同时在效率上较之 Apriori 算法有巨大的提高。

在下面的章节中将重点介绍这两个算法。

6.2 Apriori 算法

6.2.1 Apriori 算法基本思想

关联规则的挖掘分为两步：①找出所有频繁项集；②由频繁项集产生强关联规则。而其总体性能由第一步决定。在搜索频繁项集时，最简单、基本的算法就是 Apriori 算法。算法的名字基于这样一个事实：算法使用频繁项集性质的先验知识。Apriori 使用一种被称作逐层搜索的迭代方法，k 项集用于探索（k+1）项集。首先，通过扫描数据库，累积每个项的计数，并收集满足最小支持度的项，找出频繁 1 项集的集合。该集合记作 L1。然后，L1 用于找频繁 2 项集的集合 L2，L2 用于找 L3，如此下去，直到不能再找到频繁 k 项集。找每个 Lk 需要一次数据库全扫描。

Apriori 核心算法思想简要描述如下：该算法中有两个关键步骤为连接步和剪枝步。

1）连接步：为找出 Lk（频繁 k 项集），通过 Lk–1 与自身连接，产生候选 k 项集，该候选项集记作 Ck；其中 Lk–1 的元素是可连接的。

2）剪枝步：Ck 是 Lk 的超集，即它的成员可以是也可以不是频繁的，但所有的频繁项集都包含在 Ck 中。扫描数据库，确定 Ck 中每一个候选的计数，从而确定 Lk（计数值不小于最小支持度计数的所有候选是频繁的，从而属于 Lk）。然而，Ck 可能很大，这样所涉及的计算量就很大。为压缩 Ck，使用 Apriori 性质：任何非频繁的（k–1）项集都不可能是频繁 k 项集的子集。因此，如果一个候选 k 项集的（k–1）项集不在 Lk 中，则该候选项也不可能是频繁的，从而可以由 Ck 中删除。这种子集测试可以使用所有频繁项集的散列树快速完成。

6.2.2　Apriori 算法步骤

Apriori 算法的主要步骤如下：

1）扫描全部数据，产生候选 1–项集的集合 C1；

2）根据最小支持度，由候选 1–项集的集合 C1 产生频繁 1–项集的集合 L1；

3）对 k>1，重复执行步骤 4）、5）、6）；

4）由 Lk 执行连接和剪枝操作，产生候选（k+1）–项集的集合 Ck+1；

5）根据最小支持度，由候选（k+1）–项集的集合 Ck+1，产生频繁（k+1）–项集的集合 Lk+1；

6）若 L≠∅，则 k=k+1，跳往步骤 4）；否则，跳往步骤 7）；

7）根据最小置信度，由频繁项集产生强关联规则，结束。

6.2.3　Apriori 算法实例

表 6-2 是一个数据库的事务列表，在数据库中有 9 笔交易，即|D|=9。每笔交易都用不同的 TID 作代表，交易中的项按字典序存放，下面描述一下 Apriori 算法寻找 D 中频繁项集的过程。

设最小支持度计数为 2，即 min_ sup=2，利用 Apriori 算法产生候选项集及频繁项集的过程如下所示：

表 6-2　数据库事务列表示例

事务	商品 ID 的列表
T100	I1,I2,I5
T200	I2,I4
T300	I2,I3
T400	I1,I2,I4
T500	I1,I3
T600	I2,I3
T700	I1,I3
T800	I1,I2,I3,I5
T900	I1,I2,I3

第一次扫描：

扫描数据库 D 获得每个候选项的计数：

由于最小事务支持数为 2，没有删除任何项目。可以确定频繁 1 项集的集合 L1，它由具有最小支持度的候选 1 项集组成。

C1

项集	支持度计数
{I1}	6
{I2}	7
{I3}	6
{I4}	2
{I5}	2

比较候选支持计数与最小支持度计数 →

L1

项集	支持度计数
{I1}	6
{I2}	7
{I3}	6
{I4}	2
{I5}	2

第二次扫描：

为发现频繁 2 项集的集合 L2，算法使用 L1∞L1 算法产生候选 2 项集的集合 C2，然后再根据支持度得到 L2：

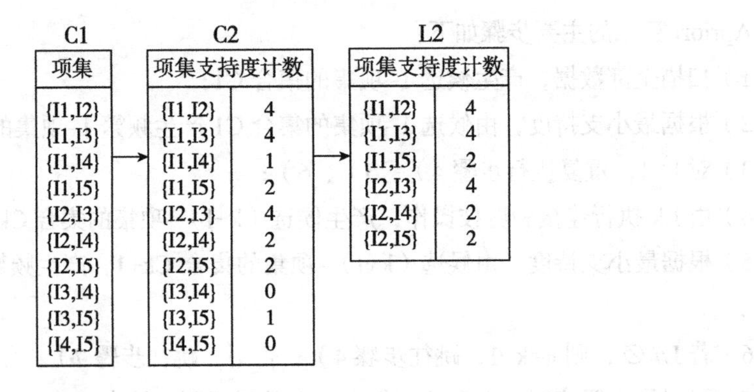

C1

项集
{I1,I2}
{I1,I3}
{I1,I4}
{I1,I5}
{I2,I3}
{I2,I4}
{I2,I5}
{I3,I4}
{I3,I5}
{I4,I5}

C2

项集	支持度计数
{I1,I2}	4
{I1,I3}	4
{I1,I4}	1
{I1,I5}	2
{I2,I3}	4
{I2,I4}	2
{I2,I5}	2
{I3,I4}	0
{I3,I5}	1
{I4,I5}	0

L2

项集	支持度计数
{I1,I2}	4
{I1,I3}	4
{I1,I5}	2
{I2,I3}	4
{I2,I4}	2
{I2,I5}	2

第三次扫描：

L2∞L2 产生候选 3 项集的集合 C3。

候选 3 项集 C3 的产生详细地列表如下：

1）连接 C3=L2∞L2={{I1,I2}，{I1,I3}，{I1,I5}，{I2,I3}，{I2,I4}，{I2,I5}}∞{{I1,I2}，{I1,I3}，{I1,I5}，{I2,I3}，{I2,I4}，{I2,I5}}={{I1,I2,I3}，{I1,I2,I5}，{I1,I3,I5}，{I2,I3,I4}，{I2,I3,I5}，{I2,I4,I5}}

2）使用 Apriori 性质剪枝：频繁项集的所有非空子集也必须是频繁的。例如，{I1,I3,I5}的 2 项子集是{I1,I3}、{I1,I5}和{I3,I5}。{I3,I5}不是 L2 的元素，因而不是频繁的。因此，从 C3 中删除{I1,I3,I5}。

3）这样，剪枝 C3={{I1,I2,I3}，{I1,I2,I5}}。

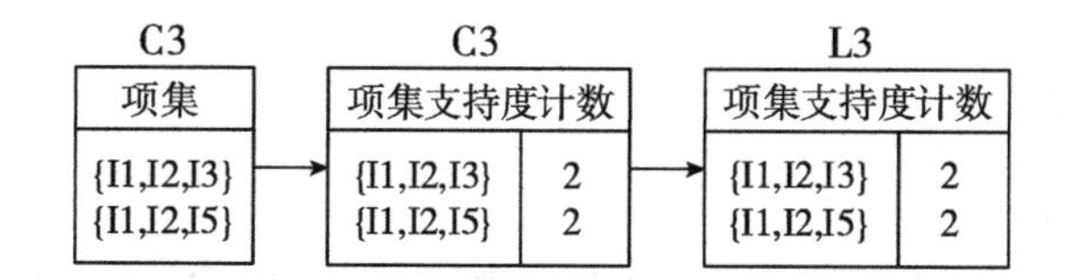

第四次扫描：

算法使用 L3∞L3 产生候选 4-项集的集合 C4。L3∞L3={{I1,I2,I3,I5}}，根据 Apriori 性质，因为它的子集{I2,I3,I5}不是频繁的，所以这个项集被删除。这样 C4=∅，因此算法终止，找出了所有的频繁项集。

6.2.4 Apriori 算法程序实现

在实践中，事务记录通常是上万条以上，这时就要借助程序去找出所有的频繁项集。下面将介绍一种用程序实现 Apriori 算法的方法。

为了便于对数据进行处理，首先对数据库中的事务进行一个映射，映射的方法是看每条事务中是否包含项集中的所有元素，如果包含对应的元素，则标记为 1，否则为 0，这样就可以得到由所有事务组成的 0-1 矩阵。以表 6-2 为例，对该表的事务进行映射后，可到如表 6-3 所示的新的事务矩阵。

表 6-3 由事务列表衍生的事务矩阵

	I1	I2	I3	I4	I5
T100	1	1	0	0	1
T200	0	1	0	1	0
T300	0	1	1	0	0
T400	1	1	0	1	0
T500	1	0	1	0	0
T600	0	1	1	0	0
T700	1	0	1	0	0
T800	1	1	1	0	1
T900	1	1	1	0	0

当进行这样的处理后，用程序进行处理就更容易了。接下来，按照 Apriori 算法的步骤，编写如 P6-1 的程序，则很快得到表 6-3 对应的频繁项集的 0-1 映射矩阵：

```
1    0    0    0    0    6
0    1    0    0    0    7
0    0    1    0    0    6
0    0    0    1    0    2
0    0    0    0    1    2
1    1    0    0    0    4
1    0    1    0    0    4
1    0    0    0    1    2
0    1    1    0    0    4
```

```
0  1  0  1  0  2
0  1  0  0  1  2
1  1  1  0  0  2
1  1  0  0  1  2
```

以上矩阵的最后一列是频繁项集的支持度。比较可以发现，用程序得到的结果与6.2.3节的结果是一致的，但用程序实现寻找频繁项集的效率要高得多，尤其是当事务记录增多后。

程序编号	P6-1	文件名称	Apriori_ex1.m	说明	Apriori 算法 MATLAB 程序

```
%% Apriori 算法的 MATLAB 程序
%% ----------------------
%% 读取数据
clc, clear all, close all
data = xlsread('c5_data1.xlsx','Sheet1','B2:F10')
%% 调用 Apriori 算法
disp('频繁项集为: ')
apriori(data,2)

%% ---函数 apriori 的代码--------------------
function [L]=apriori(D,min_sup)
[L, A]=init(D,min_sup); %A 为 1-频繁项集  L 中为包含 1-频繁项集以及对应的支持度
k=1;
C=apriori_gen(A,k); %产生 2 项的集合
while ~(size(C,1)==0)
[M, C]=get_k_itemset(D,C,min_sup); %产生 k-频繁项集 M 是带支持度  C 不带
if ~(size(M,1)==0)
   L=[L;M];
end
k=k+1;
C=apriori_gen(C,k); %产生组合及剪枝后的候选集
end

%% ---函数 init 的代码--------------------
function [L,A]=init(D,min_sup) %D 表示数据集，min_sup 为最小支持度
[~,n]=size(D);
A=eye(n,n);
B=sum(D,1);
for i=1:n
   if B(i)<min_sup
      B(i)=[];
      A(i,:)=[];
   end
end
L=[A B'];

%% ---函数 apriori_gen 的代码--------------------
```

```
function [C]=apriori_gen(A,k) %产生Ck(实现组内连接及剪枝)
%A表示第k-1次的频繁项集，k表示第k-频繁项集
[m,n]=size(A);
C=zeros(0,n);
%组内连接
for i=1:1:m
    for j=i+1:1:m
        flag=1;
        for t=1:1:k-1
            if ~(A(i,t)==A(j,t))
                flag=0;
                break;
            end
        end
        if flag==0
            break;
        end
        c=A(i,:)|A(j,:);
        flag=isExit(c,A);   %剪枝
        if(flag==1)
            C=[C;c];
        end
    end
end

%% ---函数get_k_itemset的代码--------------------
function [L C]=get_k_itemset(D,C,min_sup)
%D为数据集，C为第k次剪枝后的候选集获得第k次的频繁项集
m=size(C,1);
M=zeros(m,1);
t=size(D,1);
i=1;
while i<=m

    C(i,:);
    H=ones(t,1);
    ind=find(C(i,:)==1);
    n=size(ind,2);
    for j=1:1:n
        D(:,ind(j));
        H=H&D(:,ind(j));
    end
        x=sum(H');
        if x<min_sup
            C(i,:)=[];
            M(i)=[];
            m=m-1;
        else
            M(i)=x;
            i=i+1;
```

```
        end
    end
    L=[C M];

    %% ---函数 isExit 的代码--------------------
    function flag=isExit(c,A)
    %判断 c 串的子串在 A 中是否存在
    [m, n]=size(A);
    b=c;
    % flag=0;
    for i=1:1:n
      c=b;
      if c(i)==0
         continue;
      end
      c(i)=0;
      flag=0;
      for j=1:1:m
         A(j,:);
         a=sum(xor(c,A(j,:)));
         if a==0
            flag=1;
            break;
         end
      end
      if flag==0
         return
      end
    end
```

6.2.5 Apriori 算法优缺点

Apriori 算法的最大优点是算法思路比较简单，它以递归统计为基础，生成频繁项集，易于实现。Apriori 算法作为经典的频繁项目集生成算法，在数据挖掘技术中占有很重要的地位。但通过上面的分析发现，为了生成 Ck，在连接步骤需要大量的比较，而且由连接产生的项集即使后来由 Apriori 性质确定了它不是候选项集，但在确定之前仍然需要对它生成子项集，并对子项集进行确定是否都在 Lk-1 中。这些步骤浪费了大量的时间，如果可以保证由连接步生成的项集都是候选项集，那么可以省掉不必要的连接比较和剪枝步骤。

6.3 FP-Growth 算法

6.3.1 FP-Growth 算法步骤

FP-Growth（频繁模式增长）算法是韩家炜老师在 2000 年提出的关联分析算法，它采取如下分治策略：将提供频繁项集的数据库压缩到一棵频繁模式树（FP-tree），但仍保留项集关联信息；该算法和 Apriori 算法最大的不同有两点：第一，不产生候选集，第二，只需要两次遍历数据库，大大提高了效率。

算法的具体描述如下：

输入：事务数据库 D；最小支持度阈值 min_sup。

输出：频繁模式的完全集。

第一步：按以下步骤构造 FP–树：

1）扫描事务数据库 D 一次。收集频繁项的集合 F 和它们的支持度。对 F 按支持度降序排序，结果为频繁项表 L。

2）创建 FP–树的根节点，以 “null” 标记它。对于 D 中每个事务 Trans，执行：选择 Trans 中的频繁项，并按 L 中的次序排序。设排序后的频繁项表为[p | P]，其中，p 是第一个元素，而 P 是剩余元素的表。调用 insert_tree([p | P], T)。该过程执行情况如下：如果 T 有子女 N 使得 N.item-name = p.item-name，则 N 的计数增加 1；否则创建一个新节点 N，将其计数设置为 1，链接到它的父节点 T，并且通过节点链结构将其链接到具有相同 item–name 的节点。如果 P 非空，递归地调用 insert_tree(P, N)。

第二步：根据 FP–树挖掘频繁项集，该过程实现如下：

1）if Tree 含单个路径 P then

2）for 路径 P 中节点的每个组合（记作 β）

3）产生模式 β∪α，其支持度 support = β 中节点的最小支持度；

4）else for each a i 在 Tree 的头部 {

5）产生一个模式 β = a i∪α，其支持度 support = a i .support；

6）构造 β 的条件模式基，然后构造 β 的条件 FP–树 Treeβ；

7）if Treeβ ≠ ∅　then

8）调用 FP_growth (Treeβ, β)；}

6.3.2　FP-Growth 算法实例

第一步：构造 FP–tree：

1）扫描事务数据库得到频繁 1–项目集 F：

I1	I2	I3	I4	I5
6	7	6	2	2

2）定义 min_sup=2，即最小支持度为 2，重新排列 F：

I2	I1	I3	I4	I5
7	6	6	2	2

3）重新调整事务数据库：

I2	7
I1	6
I3	6
I4	2
I5	2

➡

TID	Items
1	I2,I1,I5
2	I2,I4
3	I2,I3
4	I2,I1,I4
5	I1,I3
6	I2,I3
7	I1,I3
8	I2,I1,I3,I5
9	I2,I1,I3

4）创建根节点和频繁项目表：

Item-name	Node-head
I2	Null
I1	Null
I3	Null
I4	Null
I5	Null

Null

5）加入第一个事务(I2,I1,I5)：

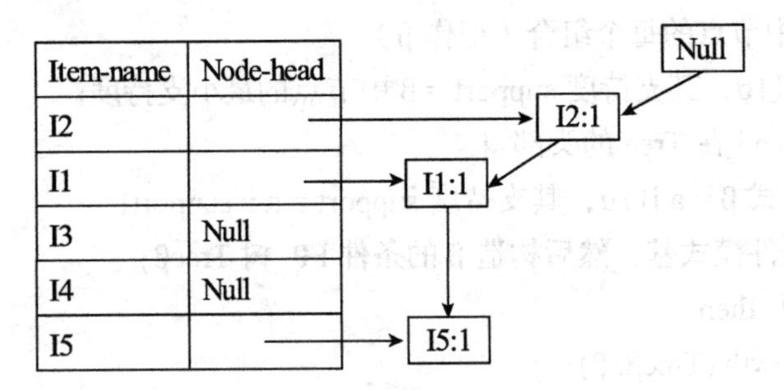

6）依次加入其他事务：

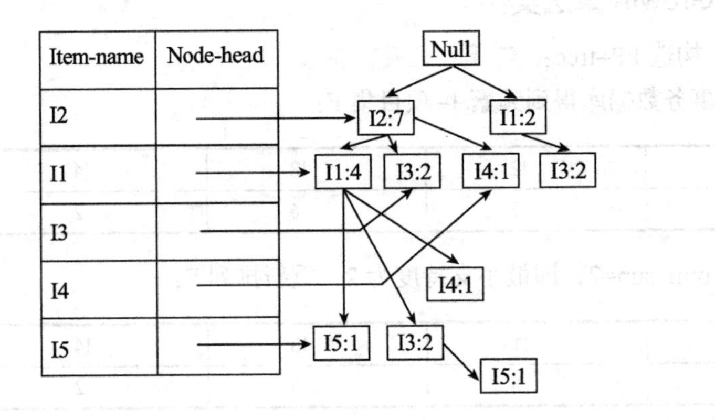

至此，就得到了一个完整的 FP-tree。

第二步：根据 FP-树挖掘频繁项集：

1）首先考虑 I5，得到条件模式基：<(I2,I1:1)>、<I2,I1,I3:1>，并构造条件 FP-tree：

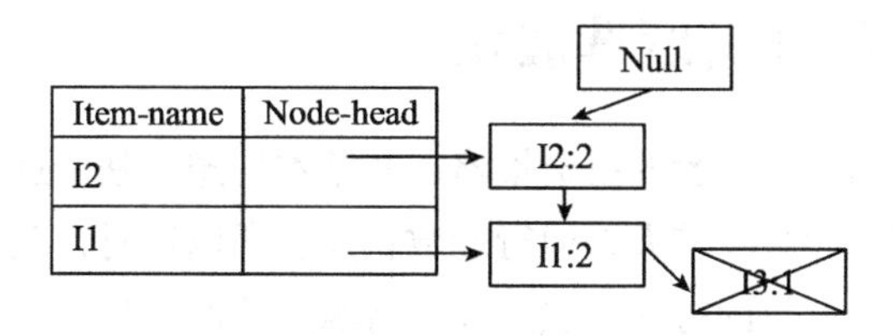

得到 I5 频繁项集：{{I2,I5:2},{I1,I5:2},{I2,I1,I5:2}}。

2）同理，依次考虑 I4、I3、I1，可以得到以下频繁项集：

I4 频繁项集：{{I2,I4:2}}；

I3 频繁项集：{{I2,I3:4},{I1,I3:4},{I2,I1,I3:2}}；

I1 频繁项集：{{I2,I1:4}。

以上演示了 FP-Growth 算法的详细实现过程，大家可以看出，依据 FP-tree 寻找频繁项集，更直观、更清晰。当然也可以像 6.2.4 节那样用 MATLAB 实现 FP-Growth 算法的整个过程，大家可以尝试一下，以加深对 FP-Growth 算法的理解。

6.3.3 FP-Growth 算法优缺点

FP-Growth 算法的优点：

1）一个大数据库能够被有效地压缩成比原数据库小很多的高密度结构，避免了重复扫描数据库的开销。

2）该算法基于 FP-tree 的挖掘采取模式增长的递归策略，创造性地提出了无候选项目集的挖掘方法，在进行长频繁项集的挖掘时效率较好。

3）挖掘过程中采取了分治策略，将这种压缩后的数据库 DB 分成一组条件数据库 Dn，每个条件数据库关联一个频繁项，并分别挖掘每一个条件数据库。而这些条件数据库 Dn 要远远小于数据库 DB。

FP-Growth 算法的缺点：

1）该算法采取增长模式的递归策略，虽然避免了候选项目集的产生。但在挖掘过程中，如果大项集的数量很多，并且由原数据库得到的 FP-tree 的分枝很多，而且分枝长度又很长时，该算法需要构造出数量巨大的 conditional FP-tree，不仅费时而且要占用大量的空间，挖掘效率不高，而且采用递归算法本身效率也较低。

2）由于海量的事物集合存放在大型数据库中，经典的 FP-Growth 算法在生成新的 FP-tree 时每次都要遍历调减模式基两次，导致系统需要反复申请本地以及数据库服务器的资源查询相同内容的海量数据，一方面降低了算法的效率，另一方面使得数据库服务器产生高负荷，不利于数据库服务器正常运作。

6.4 应用实例：行业关联选股法

在股市中有一种根据行业选股的投资策略，其基本思想是基于这样的认识：从众多个股中选择具有增长潜力的个股难度较大，但行业数较少，所以选对行业的可能性更高，另外股市通常出现这样的现象，就是同行业的股票往往普涨或普跌，只要选对行业，无论怎么选个股，都可能盈利。这里，将介绍一种基于关联规则挖掘的选股方法——行业关联选股法。其基本思想是：从数据中寻找具有联动关联的行业，当某个行业出现涨势之后，而其关联行业还没有开始涨，则从其关联行业中选择典型个股买入。

对于该方法，寻找关联行业是关键，而寻找关联行业，则正好可以用本章介绍的关联规则方法实现。

首先我们需要有行业关联数据的事务。在交易系统或公共股票数据中，我们能得到交易日各行业的涨幅数据，但这样的数据不能直接应用，需要对数据进行预处理。为此，需要定义一个标准，界定哪些行业算是涨势好的行业，比如可以定义 10 个交易日内，行业涨幅超过大盘涨幅 5%的行业为好行业，这样就可以得到类似股市行业关联的事务数据，如表 6-4 所示。

表 6-4 股票行业关联事务矩阵

	银行	券商	钢铁	能源	医药	化工
T1	1	1	0	0	1	0
T2	0	0	0	1	0	1
T3	1	1	1	0	0	0
T4	1	1	0	1	0	1
T5	0	0	1	0	1	0
T6	0	1	1	0	0	0
T7	1	0	1	0	0	0
T8	1	1	1	0	1	1
T9	1	1	1	0	0	0
T10	1	1	0	1	0	0

接下来，可以选择一个关联规则算法如挖掘这里的频繁项集。尽管 Apriori 算法有一些缺点，但该算法的适应性还是最强，所以这里依然用该算法实现关联行业的挖掘。将程序 P6-1 中的数据文件替换成表 6-4 的数据文件，并设最小支持度为 3，则很快可以得到如下结果：

```
1    0    0    0    0    0    7
0    1    0    0    0    0    7
0    0    1    0    0    0    6
0    0    0    1    0    0    3
0    0    0    0    1    0    3
0    0    0    0    0    1    3
1    1    0    0    0    0    6
1    0    1    0    0    0    4
0    1    1    0    0    0    4
1    1    1    0    0    0    3
```

由程序的执行结果，我们看以看出，满足最小支持度 3 的包含 3 个行业项的项集只有一个，即：

{银行,券商,钢铁：3/10}

这说明这 3 个行业在一定周期内（10 个交易日）具有较高（3/10）的联动可能性。

再看包含 2 个行业项的项集，这里发现 2 个：

{银行,钢铁：4/10}

{银行,券商：4/10}

而且它们出现联动的概率是一致的，都为 4/10，所以在实践中，如果出现这 3 个行业中的一个出现涨势，那么就可以考虑从其他 2 个行业中选择代表性的股票进行买入，这样就可以在其他行业还没上涨时，提前埋伏进去，以此获得较高的收益。

以上就是行业关联选股法的基本思想、实现方式和操作步骤，当然这里介绍的案例只是一个原型，在具体操作中可以更灵活。

6.5　小结

关联规则挖掘是数据挖掘诸多功能中应用最广泛的一种，关联规则描述了给定数据集的项目之间的有趣联系。这些描述可以帮助人们从更深层次认识事物之间的联系，从而帮助人们更好地从事商业活动，如对保险、证券、银行、零售等行业客户行为模式的分析可以提高这些行业的经营效率。

在进行关联规则挖掘时，Apriori 算法和 FP-Growth 算法是两种最为常用的方法，尽管 Apriori 算法存在一些缺点，但该算法的适应性依然最好，所以在实践中进行关联规则分析时，首选该算法，当然也可以根据实际情况，对该算法进行改进，以更好地适应新的数据和场景。FP-Growth 算法具有很好的直观性，对于认识、分析、研究事物之间的关联关系是非常有帮助的，所以在实践中该方法可以作为与 Apriori 算法配合使用的方法，也可以单独使用。

对于关联规则挖掘领域的发展，笔者认为可以在如下一些方向上进行深入研究：在处理大量的数据时，如何提高算法效率；对于挖掘迅速更新的数据的挖掘算法的进一步研究；在挖掘的过程中，提供一种与用户进行交互的方法，将用户的领域知识结合在其中；对于数值型字段在关联规则中的处理问题；生成结果的可视化，等等。

参考文献

[1] 卓金武, 周英. 量化投资：数据挖掘技术与实践(MATLAB 版)[M]. 北京：电子工业出版社, 2015.

[2] 姚琛. 数据挖掘中关联规则更新算法的研究(D). 吉林：吉林大学, 2005.

[3] 冯阿芳. 一种关联规则 Apriori 算法的优化[J]. 科技论坛, 2010.4.

[4] 杨金凤, 刘锋. 一种改进的 Apriori 算法[J]. 微型机与应用, 2010.1.

[5] Pang-Ning, Tan Michael Steinbach, Vipin Kumar. 数据挖掘导论[M]. 北京：人民邮电出版社, 2006.5.

[6] David Hand, Padhraic Smyth. 数据挖掘原理[M]. 张银奎, 廖丽, 宋俊, 等译. 北京：机械工业出版社, 2003.4.

[7] 陈文伟, 黄金才. 数据挖掘技术[M]. 北京：北京工业大学出版社, 2002.12.

[8] Richard J.Roiger, Michael W.Geatz（美）. 数据挖掘教程[M]. 翁敬农, 译. 北京：清华大学出版社, 2003.11.

[9] 李雄飞, 李军. 数据挖掘与知识发现[M]. 北京：高等教育出版社, 2003.11.

[10] Jiawei Han 等. 数据挖掘概念与技术[M]. 范明, 等译. 北京：机械工业出版社, 2012.

第 7 章 Chapter 7

数据回归方法

当人们对研究对象的内在特性和各因素间的关系有比较充分的认识时，一般用机理分析方法建立数学模型。如果由于客观事物内部规律的复杂性及人们认识程度的限制，无法分析实际对象内在的因果关系，建立合乎机理规律的数学模型，那么通常的办法是搜集大量数据，基于对数据的统计分析去建立模型。数据挖掘正是处理数据的技术，本章将讨论数据挖掘中用途非常广泛的一类方法——回归方法。

事物之间的关系可以抽象为变量之间的关系。变量之间的关系可以分为两类：一类叫确定性关系，也叫函数关系，其特征是：一个变量随着其他变量的确定而确定。另一类关系叫相关关系，变量之间的关系很难用一种精确的方法表示出来。例如，通常人的年龄越大血压越高，但人的年龄和血压之间没有确定的数量关系，人的年龄和血压之间的关系就是相关关系。回归方法就是处理变量之间的相关关系的一种数学方法。其解决问题的大致方法、步骤如下：

1）收集一组包含因变量和自变量的数据；

2）选定因变量和自变量之间的模型，即一个数学式子，利用数据按照一定准则（如最小二乘）计算模型中的系数；

3）利用统计分析方法对不同的模型进行比较，找出效果最好的模型；

4）判断得到的模型是否适合于这组数据；

5）利用模型对因变量作出预测或解释。

回归在数据挖掘中是最为基础的方法，也是应用领域和应用场景最多的方法，只要是量化型问题，我们一般都会先尝试用回归方法来研究或分析。

根据回归方法中因变量的个数和回归函数的类型（线性或非线性）可将回归方法分为以

下几种：一元线性、一元非线性、多元线性、多元非线性。另外还有两种特殊的回归方式，一种在回归过程中可以调整变量数的回归方法，称为逐步回归，另一种是以指数结构函数作为回归模型的回归方法，称为 Logistic 回归。本章将逐一介绍这几个回归方法。

7.1 一元回归

7.1.1 一元线性回归

设Y是一个可观测的随机变量,它受到一个非随机变量因素x和随机误差ε影响。若Y与x有如下线性关系：

$$Y=\beta_0+\beta_1 x+\varepsilon$$

且ε的均值$E(x)=0$，方差$\mathrm{var}(\varepsilon)=\sigma^2(\sigma>0)$，其中$\beta_0$、$\beta_1$是固定的未知差数，称为回归系数，$Y$称为因变量，$x$称为自变量，则称此$Y$与$x$之间的函数关系表达式为一元线性回归模型。

对于实际问题，要建立回归方程，首先要确定能否建立线性回归模型，其次确定如何对模型中的未知参数β_0、β_1进行评估。

通常，我们首先对总体(x,Y)进行n次独立观测，获得n组数据（称为样本观测值）：

$$(x_1,y_1),(x_2,y_2),\cdots,(x_n,y_n)$$

然后在直角坐标系xoy中画出数据点$(x_1,y_1),(i=1,2,\cdots,n)$，该图形称为数据的散点图。如果这些点大致地位于同一条直线的附近，或者说，散点图呈现线性形状，则认为Y与x之间的关系符合线性关系。此时，利用最小乘法可以得到回归模型参数β_0、β_1的最小二乘估计$\hat{\beta}_0$、$\hat{\beta}_1$，估计公式为：

$$\begin{cases}\hat{\beta}_0=\overline{y}-\overline{x}\hat{\beta}_1\\ \hat{\beta}_1=\dfrac{L_{xy}}{L_{xx}}\end{cases}$$

其中，$\overline{x}=\dfrac{1}{n}\sum\limits_{i=1}^{n}x_i,\overline{y}=\dfrac{1}{n}\sum\limits_{i=1}^{n}y_i,L_{xx}=\sum\limits_{i=1}^{n}(x_i-\overline{x})^2,L_{xy}=\sum\limits_{i=1}^{n}(x_1-\overline{x})(y_1-\overline{y})$。

于是就可以建立经验模型：

$$\hat{y}=\hat{\beta}_0+\hat{\beta}_1 x$$

对于得到的回归方程形式，通常需要进行回归效果的评价，当有几种回归结果后，还通常需要加以比较以选出较好的方程，常用的准则有：

1）决定系数R^2，其数学定义为：

$$R^2=1-\frac{\mathrm{SSE}}{\mathrm{SST}}$$

R^2称为决定系数。显然$R^2\leqslant 1$，R^2大表示观测值y_i与拟合值$\hat{y}_i$比较靠近，也就意味着从整体上看，n 个点的散布离曲线较近。因此选 R^2 大的方程为好。

2）剩余标准差 s，其数学定义为：

$$s=\sqrt{\mathrm{SSE}/(n-2)}$$

s 称为剩余标准差，s 类似于一元线性回归方程中对 σ 的估计，可以将 s 看成是平均残差平方和的算术根，自然其值小的方程为好。

其实上面两个准则所选方程总是一致的，因为 s 小必有残差平方和小，从而 R^2 必定大。不过，这两个量从两个角度给出我们定量的概念。R^2 的大小给出了总体上拟合程度的好坏，s 给出了观测点与回归曲线偏离的一个量值。所以，通常在实际问题中两者都求出，供使用者从不同角度去认识所拟合的曲线回归。

3）F 检验（类似于一元线性回归中的 F 检验），其数学表达式为：

$$F=\frac{\mathrm{SSR}/1}{\mathrm{SSE}/(n-2)}$$

其中，$\mathrm{SST}=\sum_{i=1}^{n}(y_i-\bar{y})^2$，$\mathrm{SSE}=\sum_{i=1}^{n}(y_i-\hat{y}_i)^2$，$\mathrm{SSR}=\mathrm{SST}-\mathrm{SSE}$。

对于一元线性回归，通常有三个主要任务：

1）利用样本观测值对回归系数 β_0、β_1 和 σ 做点估计，由于我们所计算出的 $\hat{\beta}_0$、$\hat{\beta}_1$ 仍然是随机变量，因此要对 $\hat{\beta}_0$、$\hat{\beta}_1$ 取值的区间进行估计，如果区间估计值是一个较短的区间表示模型精度较高。

2）对方程的线性关系做显著性检验，反映模型是否具有良好线性关系可通过相关系数 R 的值及 F 值观察。

3）当可以确定 Y 与 x 之间的函数后，就可以利用该模型对 Y 进行预测。

现在通过实例来说明如何进行一元线性回归：

【例 7-1】近 10 年来，某市社会商品零售总额与职工工资总额（单位：亿元）的数据见表 7-1，请建立社会商品零售总额与职工工资总额数据的回归模型。

表 7-1　商品零售总额与职工工资总额

职工工资总额	23.8	27.6	31.6	32.4	33.7	34.9	43.2	52.8	63.8	73.4
商品零售总额	41.4	51.8	61.7	67.9	68.7	77.5	95.9	137.4	155.0	175.0

该问题是典型的一元回归问题，但先要确定是否是线性的，当确定是线性后就可以利用上面的方法建立它们之间的回归模型，具体实现的 MATLAB 代码和各部分代码的执行结果如下：

（1）输入数据

```
clc, clear all, close all
x=[23.80,27.60,31.60,32.40,33.70,34.90,43.20,52.80,63.80,73.40];
y=[41.4,51.8,61.70,67.90,68.70,77.50,95.90,137.40,155.0,175.0];
```

（2）采用最小二乘回归

```
Figure
plot(x,y,'r*')                                    %作散点图
xlabel('x（职工工资总额）', 'fontsize',12)         %横坐标名
ylabel('y（商品零售总额）', 'fontsize',12)         %纵坐标名
set(gca,'linewidth',2);
% 采用最小二乘拟合
Lxx=sum((x-mean(x)).^2);
Lxy=sum((x-mean(x)).*(y-mean(y)));
b1=Lxy/Lxx;
b0=mean(y)-b1*mean(x);
y1=b1*x+b0;
hold on
plot(x, y1,'linewidth',2);
```

运行本节程序，会得到如图 7-1 所示的回归图像。在用最小二乘回归之前，先绘制了数据的散点图，这样就可以从图形上判断这些数据是否近似成线性关系。当发现它们的确近似在一条线上后，再用线性回归的方法进行回归，这样也更符合我们分析数据的一般思路。

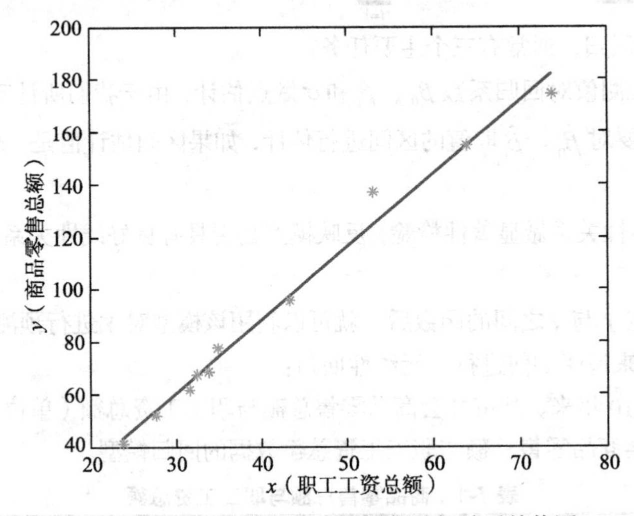

图 7-1 职工工资总额和商品零售总额关系趋势图

（3）采用 LinearModel.fit 函数进行回归

```
m2 = LinearModel.fit(x,y)
```

运行结果如下：

```
m2 =
Linear regression model:
    y ~ 1 + x1
Estimated Coefficients:
                   Estimate      SE       tStat      pValue
    (Intercept)    -23.549     5.1028    -4.615    0.0017215
```

```
   x1          2.7991     0.11456    24.435    8.4014e-09
R-squared: 0.987,  Adjusted R-Squared 0.985
F-statistic vs. constant model: 597, p-value = 8.4e-09
```

（4）采用 regress 函数进行回归

```
Y=y';
X=[ones(size(x,2),1),x'];
[b, bint, r, rint, s] = regress(Y, X)
```

运行结果如下：

```
b =
  -23.5493
    2.7991
bint =
  -35.3165   -11.7822
    2.5350     3.0633
r =
   -1.6697
   -1.9064
   -3.2029
    0.7578
   -2.0810
    3.3600
   -1.4727
   13.1557
   -0.0346
   -6.9062
rint =
  -13.8012   10.4617
  -14.4059   10.5931
  -15.8100    9.4042
  -12.1858   13.7014
  -14.9838   10.8217
   -9.3920   16.1120
  -14.6286   11.6832
    7.3565   18.9550
  -11.6973   11.6281
  -14.5630    0.7506
s =
    0.9868  597.0543    0.0000   31.9768
```

在以上回归程序中，使用了两个回归函数 LinearModel.fit 和 regress。从运行结果来看，大家可以很容易地看出它们的差异，所以在实际使用中，只要根据自己的需要选用一种即可。

函数 LinearModel.fit 输出的内容为典型的线性回归的参数，这里就不再多介绍。关于 regress，其用法多样，输出的内容也相对较多，这里简单介绍一下该函数的用法。

MATLAB 帮助中关于 regress 的用法，有以下几种：

```
b = regress(y,X)
[b,bint] = regress(y,X)
[b,bint,r] = regress(y,X)
[b,bint,r,rint] = regress(y,X)
[b,bint,r,rint,stats] = regress(y,X)
[...] = regress(y,X,alpha)
```

输入 y（因变量，列向量），X（1 与自变量组成的矩阵）和 alpha（显著性水平，缺省时默认 0.05）。

输出 $b=(\hat{\beta}_0,\hat{\beta}_1)$，bint 是 β_0、β_1 的置信区间，r 是残差（列向量），rint 是残差的置信区间，s 包含 4 个统计量：决定系数 R^2（相关系数为 R）、F 值、$F(1,n-2)$分布大于 F 值的概率 p、剩余方差 s^2 的值。

其意义和用法如下：R^2 的值越接近 1，变量的线性相关性越强，说明模型有效；如果满足 $F_{1-\alpha}(1,n-2)<F$，则认为变量 y 与 x 有显著的线性关系，其中 $F_{1-\alpha}(1,n-2)$ 的值可查 F 分布表，或直接用 MATLAB 命令 finv(1−α, 1, n−2)计算得到；如果 $p<\alpha$ 表示线性模型可用。这三个值可以相互印证。s^2 的值主要用来比较模型是否有改进，其值越小说明模型精度越高。

7.1.2 一元非线性回归

在一些实际问题中，变量间的关系并不都是线性的，那时就应该用曲线去进行拟合。

用曲线去拟合数据首先要解决的问题是回归方程中的参数如何估计?

解决这一问题的一个基本思路是：

对于曲线回归建模的非线性目标函数 $y=f(x)$，通过某种数学变换 $\begin{cases} v=v(y) \\ u=u(x) \end{cases}$ 使之“线性化”为一元线性函数 $v=a+bu$ 的形式，继而利用线性最小二乘估计的方法估计出参数 a 和 b，用一元线性回归方程 $\hat{v}=\hat{a}+\hat{b}u$ 来描述 v 与 u 间的统计规律性，然后再用逆变换 $\begin{cases} y=v^{-1}(v) \\ x=u^{-1}(u) \end{cases}$ 还原为目标函数形式的非线性回归方程。

比如，对于指数函数 $y=ae^{bx}$，令 $v=\ln y$，$u=x$，则 $v=a+bu$。通过这样的形式，就可以将一些非线性函数转化为线性函数，这样就可以利用线性回归方法进行回归。

当然，依据 MATLAB 的非线性回归函数，只要给出函数原型就可以进行各种形式的非线性回归，但在了解如何进行非线性回归前，有必要了解一下常见的非线性回归模型，因为绝大多数的非线性回归都是由这些基本的形式组合而来。

表 7-2 给出了常用的非线性函数及其函数图像趋势图，依据这些趋势图，可大概判断出某个问题属于哪种非线性关系，这对于选择合适的模型非常有帮助。然后就可以根据选择好的函数形式，进行非线性拟合，最后从几个可能的拟合结果中，根据 7.1.1 节中介绍的回归效果评价准则，选择一个最好的回归结果。

表 7-2　常见的一元非线性模型

类　型	模型形式	图像影响参数	图　像
倒幂函数	$y = a + b\dfrac{1}{x}$	/	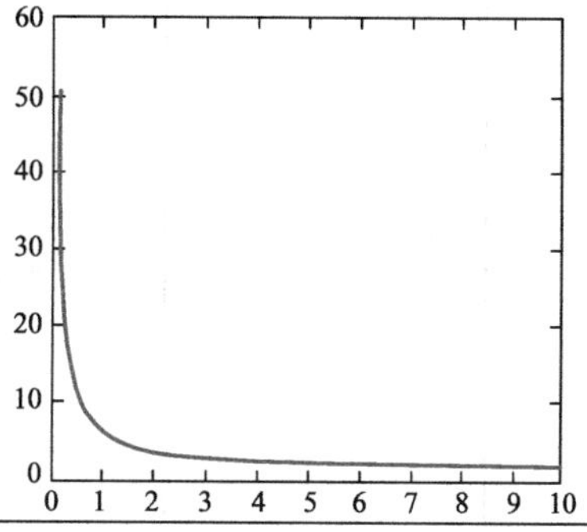
幂函数	$y = ax^b$	$b<0$	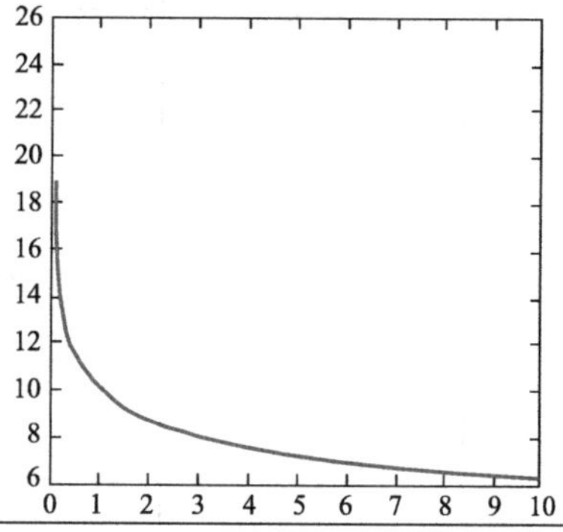
		$0<b<1$	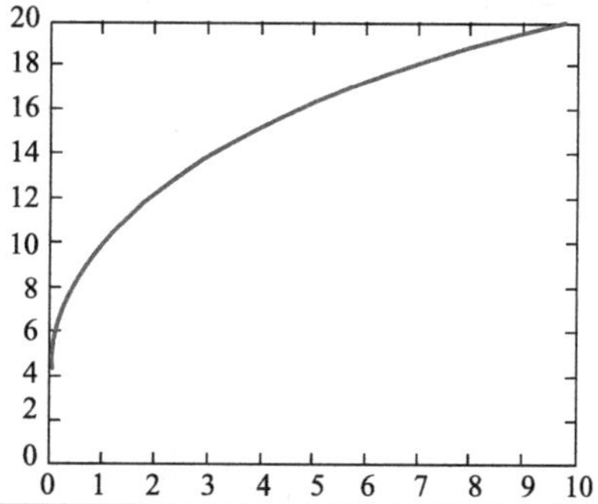
		$b>1$	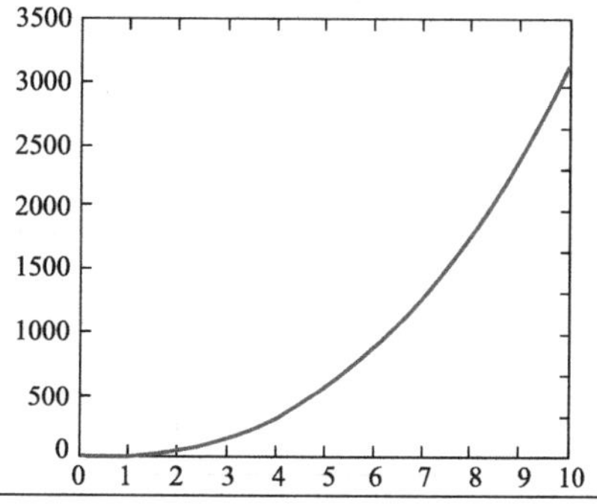

（续）

类　型	模型形式	图像影响参数	图　像
指数函数	$y = ae^{bx}$	$b>0$	250 200 150 100 50 0 0 1 2 3 4 5 6 7 8 9 10
		$b<0$	1.5 1 0.5 0 0 1 2 3 4 5 6 7 8 9 10
倒指数函数	$y = ae^{b/x}$	$b>0$	2.8 2.6 2.4 2.2 2 1.8 1.6 1.4 1.2 1 0 0.01 0.02 0.03 0.04 0.05 0.06 0.07 0.08 0.09 0.1
		$b<0$	1 0.9 0.8 0.7 0.6 0.5 0.4 0 0 0.01 0.02 0.03 0.04 0.05 0.06 0.07 0.08 0.09 0.1

（续）

类　型	模型形式	图像影响参数	图　像
对数函数	$y = a + b\ln x$	$b>0$	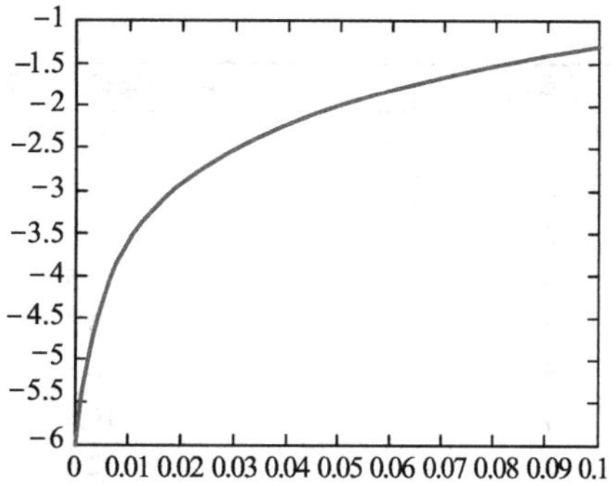
		$b<0$	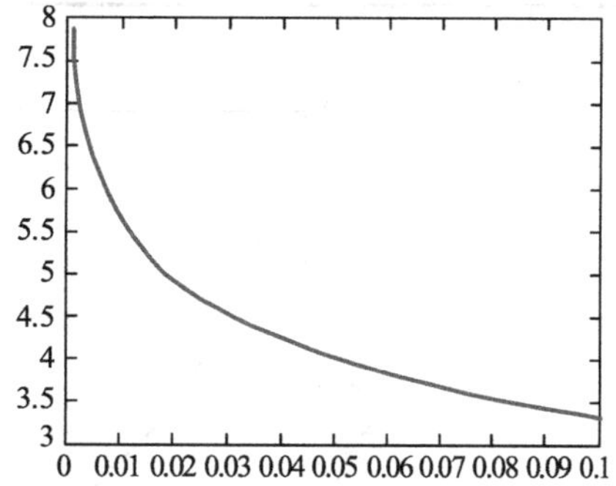
S 型曲线	$y = \frac{1}{a + be^{-x}}$	/	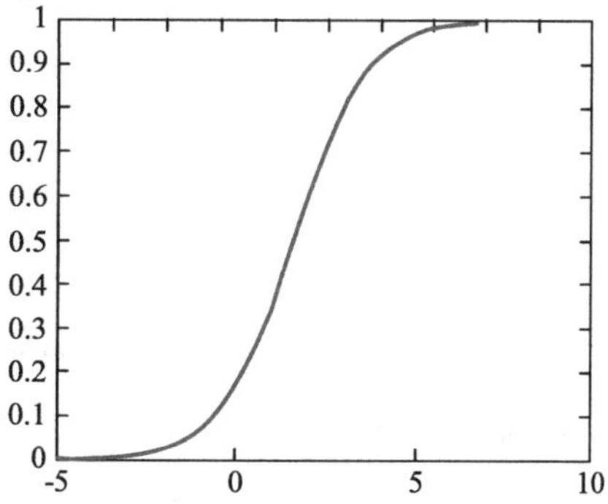

下面通过一个实例来说明如何利用非线性回归技术解决实例的问题。

【例 7-2】 为了解百货商店销售额 x 与流通率（这是反映商业活动的一个质量指标，指每元商品流转额所分摊的流通费用）y 之间的关系，收集了九个商店的有关数据（见表 7-3）。

为了得到 x 与 y 之间的关系，先绘制出它们之间的散点图，如图 7-2 所示的“雪花”点图。由该图可以判断它们之间的关系近似为对数关系或指数关系，因此可以利用这两种函数形式进行非线性拟合，具体实现步骤及每个步骤的结果如下：

表 7-3 销售额与流通费率数据

样本点	x—销售额（万元）	y—流通费率（%）
1	1.5	7.0
2	4.5	4.8
3	7.5	3.6
4	10.5	3.1
5	13.5	2.7
6	16.5	2.5
7	19.5	2.4
8	22.5	2.3
9	25.5	2.2

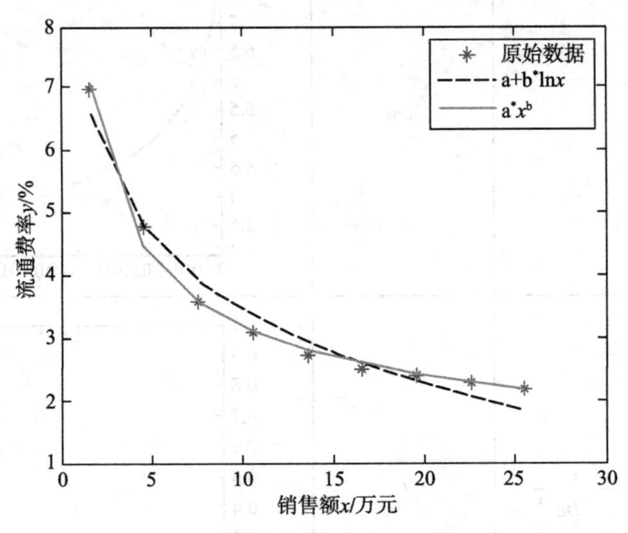

图 7-2 销售额与流通费率之间的关系图

（1）输入数据

```
clc, clear all, close all
x=[1.5, 4.5, 7.5,10.5,13.5,16.5,19.5,22.5,25.5];
y=[7.0,4.8,3.6,3.1,2.7,2.5,2.4,2.3,2.2];
plot(x,y,'*','linewidth',2);
set(gca,'linewidth',2);
xlabel('销售额 x/万元','fontsize', 12)
ylabel('流通费率 y/%', 'fontsize',12)
```

（2）对数形式非线性回归

```
m1 = @(b,x) b(1) + b(2)*log(x);
nonlinfit1 = fitnlm(x,y,m1,[0.01;0.01])
```

```
b=nonlinfit1.Coefficients.Estimate;
Y1=b(1,1)+b(2,1)*log(x);
hold on
plot(x,Y1,'--k','linewidth',2)
```

运行结果如下：

```
nonlinfit1 =
Nonlinear regression model:
   y ~ b1 + b2*log(x)
Estimated Coefficients:
          Estimate      SE        tStat       pValue
    b1    7.3979      0.26667     27.742    2.0303e-08
    b2    -1.713      0.10724    -15.974    9.1465e-07
R-Squared: 0.973,  Adjusted R-Squared 0.969
F-statistic vs. constant model: 255, p-value = 9.15e-07
```

（3）指数形式非线性回归

```
m2 = 'y ~ b1*x^b2';
nonlinfit2 = fitnlm(x,y,m2,[1;1])
b1=nonlinfit2.Coefficients.Estimate(1,1);
b2=nonlinfit2.Coefficients.Estimate(2,1);
Y2=b1*x.^b2;
hold on
plot(x,Y2,'r','linewidth',2)
legend('原始数据','a+b*lnx','a*x^b')
```

运行结果如下：

```
nonlinfit2 =
Nonlinear regression model:
   y ~ b1*x^b2
Estimated Coefficients:
          Estimate       SE         tStat       pValue
    b1     8.4112      0.19176      43.862    8.3606e-10
    b2    -0.41893     0.012382    -33.834    5.1061e-09
R-Squared: 0.993,  Adjusted R-Squared 0.992
F-statistic vs. zero model: 3.05e+03, p-value = 5.1e-11
```

在该案例中，选择两种函数形式进行非线性回归，从回归结果来看，对数形式的决定系数为 0.973，而指数形式的为 0.993，优于前者，所以可以认为指数形式的函数形式更符合 y 与 x 之间的关系，这样就可以确定它们之间的函数关系形式。

7.1.3 一元多项式回归

一元多项式回归模型的一般形式为：

$$y=\beta_0+\beta_1 x+\cdots+\beta_m x^m+\varepsilon$$

用 MATLAB 进行一元多项式回归，可以使用命令 polyfit(x, y, m)，该函数用法相对简单，这里就不再介绍一元多项式回归的案例。

7.2 多元回归

7.2.1 多元线性回归

设Y是一个可观测的随机变量，它受到$p(p>0)$个非随机变量因素$X_1,X_2,\cdots,X_p$和随机误差ε的影响。若Y与$X_1,X_2,\cdots,X_p$，有如下线性关系：

$$Y=\beta_0+\beta_1X_1+\beta_2X_2+\cdots+\beta_pX_p+\varepsilon$$

其中，$\beta_0,\beta_1,\beta_2,\cdots,\beta_p$是固定的未知参数，称为回归系数；$\varepsilon$是均值为0、方差为$\sigma^2(\sigma>0)$的随机变量；$Y$称为被解释变量；$X_1,X_2,\cdots,X_p$称为解释变量。此模型称为多元线性回归模型。

自变量$X_1,X_2,\cdots,X_p$是非随机的且可精确观测，随机误差ε代表其随机因素对因变量Y产生的影响。

对于总体$(X_1,X_2,\cdots,X_p;Y)$的n组观测值$(x_{i1},x_{i2},\cdots,x_{ip};y)(i=1,2,\cdots,n;n>p)$，应满足式：

$$\begin{cases}y_1=\beta_0+\beta_1x_{11}+\beta_2x_{12}+\cdots+\beta_px_{1p}+\varepsilon_1\\ y_2=\beta_0+\beta_1x_{21}+\beta_2x_{22}+\cdots+\beta_px_{2p}+\varepsilon_2\\ \qquad\cdots\\ y_n=\beta_0+\beta_1x_{n1}+\beta_2x_{n2}+\cdots+\beta_px_{np}+\varepsilon_n\end{cases}$$

其中$\varepsilon_1,\varepsilon_2,\cdots,\varepsilon_n$，相互独立，且设$\varepsilon_i\sim N(0,\sigma^2)(i=1,2,\cdots,n)$，记

$$Y=\begin{bmatrix}y_1\\y_2\\\vdots\\y_n\end{bmatrix},\quad X=\begin{bmatrix}1&x_{11}&x_{12}&\cdots&x_{1p}\\1&x_{21}&x_{22}&\cdots&x_{2p}\\\vdots&\vdots&\vdots&\cdots&\vdots\\1&x_{n1}&x_{n2}&\cdots&x_{np}\end{bmatrix},\quad \beta=\begin{bmatrix}\beta_0\\\beta_1\\\vdots\\\beta_p\end{bmatrix},\quad \varepsilon=\begin{bmatrix}\varepsilon_1\\\varepsilon_2\\\vdots\\\varepsilon_n\end{bmatrix}$$

则模型可用矩阵形式表示为：

$$Y=X\beta+\varepsilon$$

其中，Y称为观测向量；X称为设计矩阵；β称为待估计向量；ε是不可观测的n维随机向量，它的分量相互独立，假定$\varepsilon\sim N(0,\sigma^2I_n)$。

建立多元线性回归建模的基本步骤如下：

1）对问题进行分析，选择因变量与解释变量，作出因变量与各解释变量的散点图，初步设定多元线性回归模型的参数个数。

2）输入因变量与自变量的观测数据(y,X)，计算参数的估计。

3）分析数据的异常点情况。

4）作显著性检验，若通过，则对模型作预测。

5）对模型进一步研究，如残差的正态性检验、残差的异方差检验、残差的自相关性检验等。

对于多元线性回归，依然可以使用前面介绍的regress函数来执行，现在举例说明如何应

用该函数进行多元线性回归。

【例 7-3】某科学基金会希望估计从事某研究的学者的年薪 Y 与他们的研究成果（论文、著作等）的质量指标 X_1、从事研究工作的时间 X_2、能成功获得资助的指标 X_3 之间的关系，为此按一定的实验设计方法调查了 24 位研究学者，得到如表 7-4 所示的数据（i 为学者序号），试建立 Y 与 X_1,X_2,X_3 之间关系的数学模型，并得出有关结论和作统计分析。

表 7-4　从事某种研究的学者的相关指标数据

i	1	2	3	4	5	6	7	8	9	10	11	12
x_{i1}	3.5	5.3	5.1	5.8	4.2	6.0	6.8	5.5	3.1	7.2	4.5	4.9
x_{i2}	9	20	18	33	31	13	25	30	5	47	25	11
x_{i3}	6.1	6.4	7.4	6.7	7.5	5.9	6.0	4.0	5.8	8.3	5.0	6.4
y_i	33.2	40.3	38.7	46.8	41.4	37.5	39.0	40.7	30.1	52.9	38.2	31.8
i	13	14	15	16	17	18	19	20	21	22	23	24
x_{i1}	8.0	6.5	6.6	3.7	6.2	7.0	4.0	4.5	5.9	5.6	4.8	3.9
x_{i2}	23	35	39	21	7	40	35	23	33	27	34	15
x_{i3}	7.6	7.0	5.0	4.4	5.5	7.0	6.0	3.5	4.9	4.3	8.0	5.8
y_i	43.3	44.1	42.5	33.6	34.2	48.0	38.0	35.9	40.4	36.8	45.2	35.1

该问题是典型的多元回归问题，但能否应用多元线性回归，最好先通过数据可视化判断它们之间的变化趋势，如果近似满足线性关系，则可以执行利用多元线性回归方法对该问题进行回归。具体步骤如下：

（1）作出因变量 Y 与各自变量的样本散点图

作散点图的目的主要是观察因变量 Y 与各自变量间是否有比较好的线性关系，以便选择恰当的数学模型形式。图 7-3 分别为年薪 Y 与成果质量指标 X_1、研究工作时间 X_2、获得资助的指标 X_3 之间的散点图。从图中可以看出这些点大致分布在一条直线旁边，因此有比较好的线性关系，可以采用线性回归。绘制图 7-3 的代码如下：

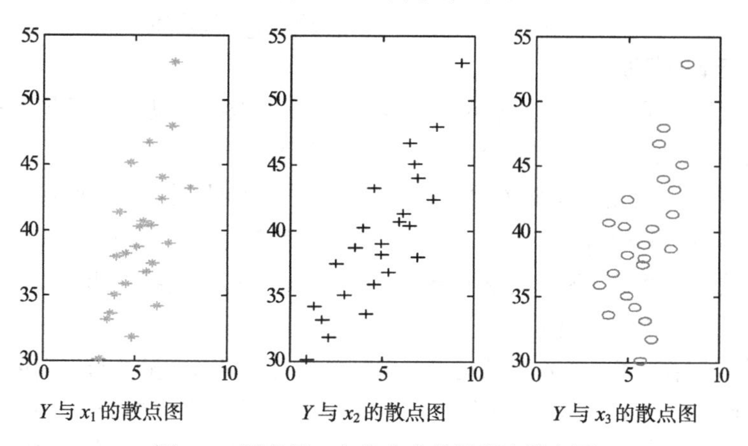

图 7-3　因变量 Y 与各自变量的样本散点图

```
subplot(1,3,1),plot(x1,Y,'g*'),
subplot(1,3,2),plot(x2,Y,'k+'),
subplot(1,3,3),plot(x3,Y,'ro'),
```

（2）进行多元线性回归

这里可以直接使用 regress 函数执行多元线性回归，具体代码如下：

```
x1=[3.5 5.3 5.1 5.8 4.2 6.0 6.8 5.5 3.1 7.2 4.5 4.9 8.0 6.5 6.5 3.7 6.2 7.0 4.0 4.5
5.9 5.6 4.8 3.9];
x2=[9 20 18 33 31 13 25 30 5 47 25 11 23 35 39 21 7 40 35 23 33 27 34 15];
x3=[6.1 6.4 7.4 6.7 7.5 5.9 6.0 4.0 5.8 8.3 5.0 6.4 7.6 7.0 5.0 4.0 5.5 7.0 6.0 3.5
4.9 4.3 8.0 5.0];
Y=[33.2 40.3 38.7 46.8 41.4 37.5 39.0 40.7 30.1 52.9 38.2 31.8 43.3 44.1 42.5 33.6
34.2 48.0 38.0 35.9 40.4 36.8 45.2 35.1];
n=24; m=3;
X=[ones(n,1),x1',x2',x3'];
[b,bint,r,rint,s]=regress(Y',X,0.05);
```

运行后即得到结果如表 7-5 所示。

表 7-5 对初步回归模型的计算结果

回归系数	回归系数的估计值	回归系数的置信区间
β_0	18.0157	[13.9052 22.1262]
β_1	1.0817	[0.3900 1.7733]
β_2	0.3212	[0.2440 0.3984]
β_3	1.2835	[0.6691 1.8979]
R^2=0.9106 F=67.9195 p<0.0001 $s^2=3.0719$		

计算结果包括回归系数 b=(β_0, β_1, β_2, β_3)=(18.0157, 1.0817, 0.3212, 1.2835)、回归系数的置信区间，以及统计变量 stats（它包含四个检验统计量：相关系数的平方 R^2、假设检验统计量 F、与 F 对应的概率 p、s^2 的值）。因此我们得到初步的回归方程为：

$$\hat{y}=18.0157+1.0817x_1+0.3212x_2+1.2835x_3$$

由结果对模型的判断：

回归系数置信区间不包含零点表示模型较好，残差在零点附近也表示模型较好，接着就是利用检验统计量 R、F、p 的值判断该模型是否可用。

1）相关系数 R 的评价：本例 R 的绝对值为 0.9542，表明线性相关性较强。

2）F 检验法：当 $F>F_{1-\alpha}(m,n-m-1)$，即认为因变量 y 与自变量 $x_1,x_2,\cdots,x_m$ 之间有显著的线性相关关系；否则认为因变量 y 与自变量 $x_1,x_2,\cdots,x_m$ 之间线性相关关系不显著。本例 $F=67.919>F_{1-0.05}(3,20)=3.10$。

3）p 值检验：若 $p<\alpha$（α 为预定显著水平），则说明因变量 y 与自变量 $x_1,x_2,\cdots,x_m$ 之间有显著的线性相关关系。本例输出结果，$p<0.0001$，显然满足 $P<\alpha$=0.05。

以上三种统计推断方法推断的结果是一致的，说明因变量 y 与自变量之间有显著的线性相关关系，所得线性回归模型可用。s^2 当然越小越好，这主要在模型改进时作为参考。

7.2.2　多元多项式回归

下面通过一个用多元多项式回归的实例说明何时用多项式回归以及如何通过 MATLAB 软件进行处理。

【例 7–4】为了了解人口平均预期寿命与人均国内生产总值和体质得分的关系，我们查阅了国家统计局资料，北京体育大学出版社出版的《2000 国民体质监测报告》，表 7-6 是我国内地 31 个省（区、市）的有关数据。我们希望通过这几组数据考察它们是否具有良好的相关关系，并通过它们的关系从人均国内生产总值（可以看作反映生活水平的一个指标）、体质得分预测其寿命可能的变化范围。体质是指人体的质量，是在遗传性和获得性的基础上表现出来的人体形态结构，生理机能和心理因素综合的、相对稳定的特征。体质是人的生命活动和工作能力的物质基础。它在形成、发展和消亡过程中，具有明显的个体差异和阶段性。中国体育科学学会体质研究会研究表明，体质应包括身体形态发育水平、生理功能水平、身体素质和运动能力发展水平、心理发育水平和适应能力五个方面。目前，体质的综合评价主要是形态、机能和身体素质三类指标按一定的权重进行换算而得。

表 7-6　31 个省（区、市）人口预期寿命与人均国内生产总值和体质得分数据

序号	预期寿命	体质得分	人均产值	序号	预期寿命	体质得分	人均产值	序号	预期寿命	体质得分	人均产值
1	71.54	66.165	12857	12	65.49	56.775	8744	23	69.87	64.305	17717
2	73.92	71.25	24495	13	68.95	66.01	11494	24	67.41	60.485	15205
3	73.27	70.135	24250	14	73.34	67.97	20461	25	78.14	70.29	70622
4	71.20	65.125	10060	15	65.96	62.9	5382	26	76.10	69.345	47319
5	73.91	69.99	29931	16	72.37	66.1	19070	27	74.91	68.415	40643
6	72.54	65.765	18243	17	70.07	64.51	10935	28	72.91	66.495	11781
7	70.66	67.29	10763	18	72.55	68.385	22007	29	70.17	65.765	10658
8	71.85	67.71	9907	19	71.65	66.205	13594	30	66.03	63.28	11587
9	71.08	66.525	13255	20	71.73	65.77	11474	31	64.37	62.84	9725
10	71.29	67.13	9088	21	73.10	67.065	14335				
11	74.70	69.505	33772	22	67.47	63.605	7898				

该问题的求解过程如下：

1）对表 7-6 中的数据 $(x_1,y),(x_2,y)$ 作散点图，如图 7-4 所示。

从图 7-4 可以看出人口预期寿命 y 与体质得分 x_2 有较好的线性关系，y 与人均国内生产总值 x_1 的关系难以确定，我们建立二次函数的回归模型。一般的多元二项式回归模型可表为：

$$y=\beta_0+\beta_1 x_1+\cdots+\beta_m x_m+\sum_{1\leqslant j,k\leqslant m}\beta_{jk}x_j x_k+\varepsilon$$

MATLAB 统计工具箱提供了一个很方便的多元二项式回归命令：

Rstool(x,y, 'model',alpha)

输入 x 为自变量（n×m 矩阵），y 为因变量（n 维向量），alpha 为显著水平，model 从下列 4 个模型中选择一个：

linear（只包含线性项）；

purequadratic(包含线性项和纯二次项）；

interaction（包含线性项和纯交互项）；

quadratic（包含线性项和完全二次项）。

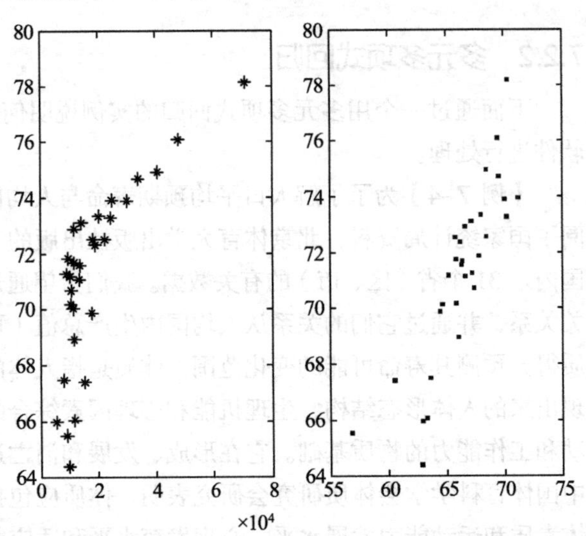

图 7-4 预期寿命与人均国内生产总值和体质得分的散点

2）执行回归，具体实现代码如下：

```
y=[71.54 73.92 73.27 71.20 73.91
72.54 70.66 71.85 71.08 71.29,74.70 65.49 68.95 73.34 65.96 72.37 70.07 72.55 71.65
71.73,73.10 67.47 69.87 67.41 78.14 76.10 74.91 72.91 70.17 66.03 64.37];
x1=[12857 24495 24250 10060 29931 18243 10763 9907 13255 9088 33772 8744 11494 20461
5382 19070 10935 22007 13594 11474 14335 7898 17717 15205 70622 47319 40643 11781
10658 11587 9725];
x2=[66.165 71.25 70.135 65.125 69.99 65.765 67.29 67.71 66.525 67.13,69.505 56.775
66.01 67.97 62.9 66.1 64.51 68.385 66.205 65.77,67.065 63.605 64.305 60.485 70.29
69.345 68.415 66.495 65.765 63.28 62.84];
x=[x1',x2'];
rstool(x,y','purequadratic')
```

该段代码执行后得到一个如图 7-5 所示的交互式画面。

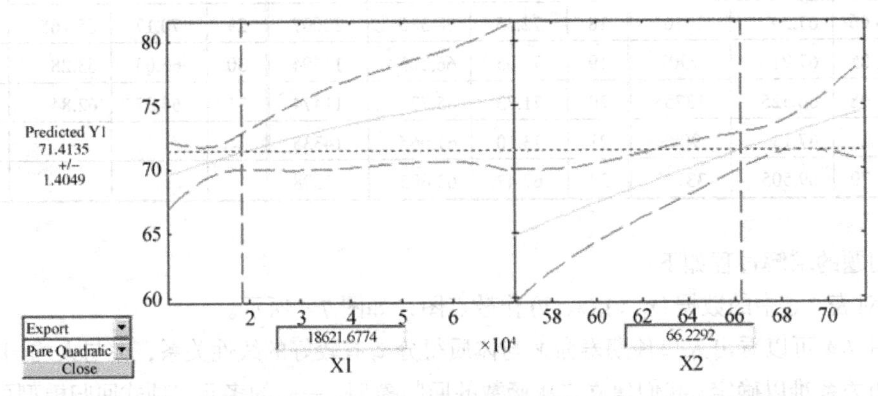

图 7-5 预期寿命与人均国内生产总值和体质得分的一个交互式画面

左边一幅图形是 x_2 固定时的曲线 $y(x_1)$ 及其置信区间，右边一幅图形是 x_1 固定时的曲线

$y(x_2)$ 及其置信区间。移动鼠标可改变 x_1 、x_2 的值，同时图左边给出 y 的预测值及其置信区间。如输入 x_1=128757，x_2=66.165，则 y =70.6948，其置信区间为 70.6948±1.1079。

图的左下方有两个下拉式菜单，上面的菜单 Export 用于输出数据（包括：回归系数 parameters、残差 residuals、剩余标准差 RMSE 等），用于在 MATLAB 工作空间中得到有关数据。通过下面的菜单在上述 4 个模型中变更选择，最后确定 RMSE 值较小的模型。最终确定的最佳模型包含线性项和完全二次项（Quadratic），模型的形式为：

$$y = \beta_0 + \beta_1 x_1 + \beta_2 x_2 + \beta_3 x_1 x_2 + \beta_4 x_1^2 + \beta_5 x_2^2 + \varepsilon$$

选择该模型形式，即可得到对应的参数值，将参数值代入模型，得到最后的回归模型为：

$$y = 195.36 + 0.0045 x_1 - 5.5753 x_2 - 6.7338 \times 10^{-5} x_1 x_2 + 3.3529 \times 10^{-9} x_1^2 + 0.055556 x_2^2$$

利用此模型，我们可以根据国内生产总值及体质得分预测寿命。

7.3　逐步回归

7.3.1　逐步回归基本思想

逐步回归的基本思想是，将变量一个个引入，引入变量的条件是偏回归平方和检验是最显著的，同时每次引入一个新变量后，对已选入的变量要进行逐个检验，将不显著变量剔除。

逐步回归的基本思想是有进有出。具体做法是将变量一个一个引入，每引入一个自变量后，对已引入的变量要进行逐个检验，当原引入的变量由于后面变量的引入而变得不再显著时，要将其剔除。引入一个变量或从回归方程中剔除一个变量为逐步回归的一步，每一步都要进行 F 检验，以确保每次引入新的变量之前回归方程中只包含显著的变量。这个过程反复进行，直至既无显著的自变量引入回归方程，也无不显著的自变量从回归方程中剔除为止，这样就可以保证最后所得的变量子集中的所有变量都是显著的。这样经若干步以后便得“最优”变量子集。

逐步回归的基本思想是：对全部因子按其对 y 影响程度的大小（偏回归平方的大小），从大到小依次逐个地引入回归方程，并随时对回归方程当时所含的全部变量进行检验，看其是否仍然显著，如不显著就将其剔除，直到回归方程中所含的所有变量对 y 的作用都显著时，才考虑引入新的变量。再在剩下的未选因子中，选出对 y 作用最大者，检验其显著性，显著时，引入方程，不显著时，则不引入。直到最后再没有显著因子可以引入，也没有不显著的变量需要剔除为止。

从方法上讲，逐步回归分析并没有采用什么新的理论，其原理还只是多元线性回归的内容，只是在具体计算方面利用一些技巧。

逐步回归是多元回归中用以选择自变量的一种常用方法。在此重点介绍的是一种“向前法”。此法的基本思想是：将自变量逐个地引入方程，引入的条件是该自变量的偏回归平方和在未选入的自变量（未选量）中是最大的，并经 F 检验是有显著性的。另外，每引入一个新变量，要对先前已选入方程的变量（已选量）逐个进行 F 检验，将偏回归平方和最小且无显著性的变量剔除出方程，直至方程外的自变量不能再引入，方程中的自变量不能再剔除为止。另一种是“向后法”，它的基本思想是：首先建立包括全部自变量的回归方程，然后逐步地剔除变量，先对每一自变量作 F（或 t）检验，剔除无显著性的变量中偏回归平方和最小的自变量，重新建立方程。接着对方程外的自变量逐个进行 F 检验，将偏回归平方和最大且有显著性的变量引入方程。重复上述过程，直至方程中的所有自变量都有显著性而方程外的自变量都没有显著性为止（例见条目“多元线性回归”例 1、2）。此法在自变量不多，特别是无显著性的自变量不多时可以使用。与一般多元回归相比，用逐步回归法求得的回归方程有如下优点：它所含的自变量个数较少，便于应用；它的剩余标准差也较小，方程的稳定性较好；由于每步都作检验，因而保证了方程中的所有自变量都是有显著性的。逐步回归分析的主要用途是：

1）建立一个自变量个数较少的多元线性回归方程。它和一般多元回归方程的用途一样，可用于描述某些因素与某一医学现象间的数量关系、疾病的预测预报、辅助诊断等。

2）因素分析。它有助于从大量因素中把对某一医学现象作用显著的因素或因素组找出来，因此在病因分析、疗效分析中有着广泛的应用。但通常还须兼用“向前法”、“向后法”，并适当多采用几个 F 检验的界值水准，结合专业分析，从中选定比较正确的结果。

7.3.2 逐步回归步骤

逐步回归分析时在考虑的全部自变量中按其对 y 的贡献程度大小，由大到小逐个地引入回归方程，而对那些对 y 作用不显著的变量则不引入回归方程。另外，已被引入回归方程的变量在引入新变量进行 F 检验后失去重要性时，需要从回归方程中剔除出去。

步骤 1：计算变量均值 $\bar{x}_1,\bar{x}_2,\cdots,\bar{x}_n,\bar{y}$ 和差平方和 $L_{11},L_{22},\cdots,L_{pp},L_{yy}$。记各自的标准化变量为 $u_j=\dfrac{x_j-\bar{x}_j}{\sqrt{L_{jj}}},j=1,\cdots,p,u_{p+1}=\dfrac{y-\bar{y}}{\sqrt{L_{yy}}}$。

步骤 2：计算 $x_1,x_2,\cdots,x_p,y$ 的相关系数矩阵 $R^{(0)}$。

步骤 3：设已经选上了 K 个变量：$x_{i_1},x_{i_2},\cdots,x_{i_k}$，且 $i_1,i_2,\cdots,i_k$ 互不相同，$R^{(0)}$ 经过变换后为 $R^{(k)}=(r_{i_j}^{(k)})$。对 $j=1,2,\cdots,k$ 逐一计算标准化变量 u_{i_j} 的偏回归平方和 $V_{i_j}^{(k)}=\dfrac{(r_{i_j,(p+1)}^{(k)})^2}{r_{i_ji_j}^{(k)}}$，记 $V_l^{(k)}=\max\{V_{i_j}^{(k)}\}$，作 F 检验，$F=\dfrac{V_l^{(k)}}{r_{(p+1)(p+1)}^{(k)}/(n-k-1)}$，对给定的显著性水平 α，拒绝域为 $F<F_{1-\alpha}(1,n-k-1)$。

步骤 4：将步骤 3 循环，直至最终选上了 t 个变量 $x_{i_1},x_{i_2},\cdots,x_{i_t}$，且 $i_1,i_2,\cdots,i_t$ 互不相同，$R^{(0)}$ 经过变换后为 $R^{(t)}=(r_{i_j}^{(t)})$，则对应的回归方程为：

$$\frac{\hat{y}-\overline{y}}{\sqrt{L_{yy}}}=r_{i_1,(p+1)}^{(k)}\frac{x_{i_1}-\overline{x}_{i_1}}{\sqrt{L_{i_1i_1}}}+\cdots+r_{i_k,(p+1)}^{(k)}\frac{x_{i_k}-\overline{x}_{i_k}}{\sqrt{L_{i_ki_k}}}$$

通过代数运算可得 $\hat{y}=b_0+b_{i_1}x_{i_1}+\cdots+b_{i_k}x_{i_k}$。

7.3.3 逐步回归的 MATLAB 方法

逐步回归的计算实施过程可以利用 MATLAB 软件在计算机上自动完成，我们要求关心应用的读者一定要通过前面的叙述掌握逐步回归方法的思想，这样才能用对用好逐步回归法。

在 MATLAB 7.0 统计工具箱中用做逐步回归的命令是 Stepwise，它提供一个交互画面，通过该工具你可以自由地选择变量，进行统计分析，其通常用法是：

Stepwise（X,Y,in,penter,premove）

其中 X 是自变量数据，Y 是因变量数据，分别为 $n\times p$ 和 $n\times 1$ 的矩阵，in 是矩阵 X 的列数的指标，给出初始模型中包括的子集，默认设定为全部自变量不在模型中，penter 为变量进入时显著性水平，默认值为 0.05，premove 为变量剔除时显著性水平，默认值为 0.10。

在应用 Stepwise 命令进行运算时，程序不断提醒将某个变量加入（Move in）回归方程，或者提醒某个变量从回归方程中剔除（Move out）。

注意 应用 Stepwise 命令做逐步回归，数据矩阵 X 的第一列不需要人工加一个全 1 向量，程序会自动求出回归方程的常数项（Intercept）。

下面通过一个例子说明 Stepwise 的用法。

【例 7–5】（Hald，1960）Hald 数据是关于水泥生产的数据。某种水泥在凝固时放出的热量 Y（单位：卡/克）与水泥中 4 种化学成品所占的百分比有关：

X1 : $3CaO\cdot Al_2O_3$ X2 : $3CaO\cdot SiO_2$ X3 : $4CaO\cdot Al_2O_3\cdot Fe_2O_3$ X4 : $2CaO\cdot SiO_2$

在生产中测得 12 组数据，见表 7-7，试建立 Y 关于这些因子的“最优”回归方程。

表 7-7 水泥生产的数据

序 号	1	2	3	4	5	6	7	8	9	10	11	12
X1	7	1	11	11	7	11	3	1	2	21	1	11
X2	26	29	56	31	52	55	71	31	54	47	40	66
X3	6	15	8	8	6	9	17	22	18	4	23	9
X4	60	52	20	47	33	22	6	44	22	26	34	12
Y	78.5	74.3	104.3	87.6	95.9	109.2	102.7	72.5	93.1	115.9	83.8	113.3

对于例 7-5 中的问题，可以使用多元线性回归、多元多项式回归，但也可以考虑使用逐步回归。从逐步回归的原理来看，逐步回归是以上两种回归方法的结合，可以自动使得方程的因子设置最合理。对于该问题，逐步回归的代码如下：

```
X=[7,26,6,60;1,29,15,52;11,56,8,20;11,31,8,47;7,52,6,33;11,55,9,22;3,71,17,6;1,
```

```
31,22,44;2,54,18,22;21,47,4,26;1,40,23,34;11,66,9,12];   %自变量数据
Y=[78.5,74.3,104.3,87.6,95.9,109.2,102.7,72.5,93.1,115.9,83.8,113.3];  %因变量数据
Stepwise（X,Y,[1,2,3,4],0.05,0.10）% in=[1,2,3,4]表示X1、X2、X3、X4均保留在模型中
```

程序执行后得到下列逐步回归的窗口，如图 7-6 所示。

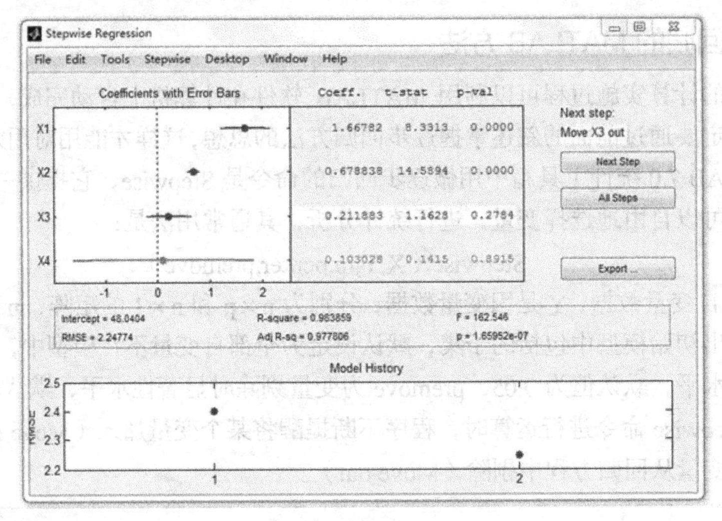

图 7-6 逐步回归操作界面

图 7-6 显示变量 X1、X2、X3、X4 均保留在模型中，窗口的右侧按钮上方提示：将变量 X3 剔除回归方程（Move X3 out），单击“Next Step”按钮，即进行下一步运算，将第 3 列数据对应的变量 X3 剔除回归方程。单击“Next Step”按钮后，剔除的变量 X3 所对应的行用红色表示，同时又得到提示：将变量 X4 剔除回归方程（Move X4 out），单击“Next Step”按钮，这样一直重复操作，直到“Next Step”按钮变灰，表明逐步回归结束，此时得到的模型即为逐步回归最终的结果。

7.4 Logistic 回归

7.4.1 Logistic 模型

在回归分析中，因变量 y 可能有两种情形：① y 是一个定量的变量，这时就用通常的 regress 函数对 y 进行回归；② y 是一个定性的变量，比如 $y=0$ 或 1，这时就不能用通常的 regress 函数对 y 进行回归，而是使用所谓的 Logistic 回归。Logistic 方法主要应用在研究某些现象发生的概率 p，比如股票涨还是跌，公司成功或失败的概率。除此之外，本章还讨论概率 p 与哪些因素有关。Logistic 回归模型的基本形式为：

$$p(Y=1|x_1,x_2,\cdots,x_k)=\frac{\exp(\beta_0+\beta_1x_1+\cdots+\beta_kx_k)}{1+\exp(\beta_0+\beta_1x_1+\cdots+\beta_kx_k)}$$

其中，β_0，β_1，$\cdots$，β_k 为类似于多元线性回归模型中的回归系数。

该式表示当变量为 $x_1,x_2,\cdots,x_k$ 时，自变量 p 为 1 的概率。对该式进行对数变换，可得：

$$\ln\frac{p}{1-p}=\beta_0+\beta_1x_1+\cdots+\beta_kx_k$$

至此，我们就会发现，只要对因变量 p 按照 $\ln(p/(1-p))$ 的形式进行对数变换，就可以将 Logistic 回归问题转化为线性回归问题，此时就可以按照多元线性回归的方法很容易地得到回归参数。但很快又会发现，对于定性实践，p 的取值只有 0,1，这就导致 $\ln(p/(1-p))$ 形式失去意义。为此，在实际应用 Logistic 模型的过程中，常常不是直接对 p 进行回归，而是先定义一种单调连续的概率函数 π，令

$$\pi=p(Y=1|x_1,x_2,\cdots,x_k)\text{，}\quad 0<\pi<1$$

有了这样的定义，Logistic 模型就可变形为：

$$\ln\frac{\pi}{1-\pi}=\beta_0+\beta_1x_1+\cdots+\beta_kx_k\text{ ，}\quad 0<\pi<1$$

虽然形式相同，但此时的 π 为连续函数。然后只需要对原始数据进行合理的映射处理，就可以用线性回归方法得到回归系数。最后再由 π 和 p 的映射关系进行反映射而得到 p 的值。下面以一个实例来更具体地介绍如何用 MATLAB 进行 Logistic 回归分析。

7.4.2 Logistic 回归实例

企业到金融商业机构贷款，金融商业机构需要对企业进行评估。评估结果为 0,1 两种形式，0 表示企业两年后破产，将拒绝贷款，而 1 表示企业两年后具备还款能力，可以贷款。在表 7-8 中，已知前 20 家企业的三项评价指标值和评估结果，试建立模型对其他 5 家企业（企业 21～25）进行评估。

表 7-8　企业还款能力评价表

企业编号	X1	X2	X3	Y	预测值
1	−62.8	−89.5	1.7	0	0
2	3.3	−3.5	1.1	0	0
3	−120.8	−103.2	2.5	0	0
4	−18.1	−28.8	1.1	0	0
5	−3.8	−50.6	0.9	0	0
6	−61.2	−56.2	1.7	0	0
7	−20.3	−17.4	1	0	0
8	−194.5	−25.8	0.5	0	0
9	20.8	−4.3	1	0	0
10	−106.1	−22.9	1.5	0	0
11	43	16.4	1.3	1	1
12	47	16	1.9	1	1
13	−3.3	4	2.7	1	1

（续）

企业编号	X1	X2	X3	Y	预测值
14	35	20.8	1.9	1	1
15	46.7	12.6	0.9	1	1
16	20.8	12.5	2.4	1	1
17	33	23.6	1.5	1	1
18	26.1	10.4	2.1	1	1
19	68.6	13.8	1.6	1	1
20	37.3	33.4	3.5	1	1
21	−49.2	−17.2	0.3	?	0
22	−19.2	−36.7	0.8	?	0
23	40.6	5.8	1.8	?	1
24	34.6	26.4	1.8	?	1
25	19.9	26.7	2.3	?	1

对于该问题，很明显可以用 Logistic 模型来求解。但需要首先确定概率函数π和评价结果p之间的映射关系。此时π表示企业两年后具备还款能力的概率，且$0<\pi<1$。另外，对于已知结果的 20 个可用作回归的数据，有 10 个为 0，10 个为 1，数量相等，所以可取分界值为 0.5，即π到p的映射关系为：

$$p=\begin{cases}0, & \pi\leqslant 0.5\\ 1, & \pi>0.5\end{cases}$$

这样归类相当于模糊数学中的“截集”，把连续的变量划分成离散的。

对于已知评价结果的前 20 家企业，我们只知道它们最终的评价结果p值，但并不知道对应的概率函数π的值。但是为了能够进行参数回归，我们需要知道这 20 家企业对应的π值。于是，为了方便做回归运算，我们取区间的中值作为π的值，即：

对于$p=0$，$\pi=(0+0.5)/2=0.25$

对于$p=1$，$\pi=(0.5+1)/2=0.75$

有了这样的映射关系，就可以利用 MATLAB 进行求解，具体求解程序如程序 P7-1 所示。

程序编号	P7–1	文件名称	P7_1_logisctic_ex1.m	说明	Logistic 回归程序

```
% 程序 P7-1: Logistic 方法 MATLAB 实现程序
%--------------------------------------------------------------------
%% 数据准备
clear all
clc
X0=xlsread('logistic_ex1.xlsx', 'A2:C21'); % 回归数据 X 值
XE=xlsread('logistic_ex1.xlsx', 'A2:C26'); % 验证与预测数据
```

```
Y0=xlsread('logistic_ex1.xlsx', 'D2:D21'); % 回归数据 P 值
%------------------------------------------------------------------------
%% 数据转化和参数回归
n=size(Y0,1);
for i=1:n
   if Y0(i)==0
      Y1(i,1)=0.25;
   else
      Y1(i,1)=0.75;
   end
end
X1=ones(size(X0,1),1); % 构建常数项系数
X=[X1, X0];
Y=log(Y1./(1-Y1));
b=regress(Y,X);
%-----------------------------------------------------------------
%% 模型验证和应用
for i=1:size(XE,1)
Pai0=exp(b(1)+b(2)*XE(i,1)+b(3)*XE(i,2)+b(4)*XE(i,3))/(1+exp(b(1)+b(2)*XE(i,1)
+b(3)*XE(i,2)+b(4)*XE(i,3)));
   if Pai0<=0.5
     P(i)=0;
   else
     P(i)=1;
   end
end
%% 显示结果
disp(['回归系数:' num2str(b')]);
disp(['评价结果:' num2str(P)])
```

运行程序，可得如下的求解结果：

回归系数：-0.63656　　0.004127　　0.016292　　0.53305

评价结果：0　0　0　0　0　0　0　0　0　0　1　1　1　1　1　1　1　1　1　1　0　0
1　1　1

由第一行显示的系数矩阵，即知该问题的 Logistic 回归模型为：

$$\begin{cases} \pi = \dfrac{\exp(-0.63656 + 0.004127x_1 + 0.016292x_2 + \cdots + 0.53305x_3)}{1 + \exp(-0.63656 + 0.004127x_1 + 0.016292x_2 + \cdots + 0.53305x_3)} \\ p = \begin{cases} 0, & \pi \leqslant 0.5 \\ 1, & \pi > 0.5 \end{cases} \end{cases}$$

第二行显示的为模型的评价结果，其中前 20 个相当于对模型的验证，后 5 个为应用模型后对新企业的评价结果。将模型求解的结果与原始数据的评价结果进行对比发现（如表 7-8 后两列），模型结果与实际结果完全一致，说明该模型的准确率较高，可以用来预测新企业的还款能力。

7.5 应用实例：多因子选股模型的实现

7.5.1 多因子模型基本思想

多因子模型是应用最广泛的一种选股模型，基本原理是采用一系列的因子作为选股标准，满足这些因子的股票则被买入，不满足的则被卖出。举一个简单的例子：如果有一批人参加马拉松，想要知道哪些人会跑到平均成绩之上，那只需在跑前做一个身体测试即可。那些健康指标靠前的运动员，获得超越平均成绩的可能性较大。多因子模型的原理与此类似，我们只要找到那些对企业的收益率最相关的因子即可。

各种多因子模型核心的区别第一是在因子的选取上，第二是在如何用多因子综合得到一个最终的判断。一般而言，多因子选股模型有两种判断方法，一是打分法，二是回归法。打分法就是根据各个因子的大小对股票进行打分，然后按照一定的权重加权得到一个总分，根据总分再对股票进行筛选。回归法就是用过去的股票的收益率对多因子进行回归，得到一个回归方程，然后再把最新的因子值代入回归方程得到一个对未来股票收益的预判，然后再以此为依据进行选股。

多因子选股模型的建立过程主要分为候选因子的选取、选股因子有效性的检验、有效但冗余因子的剔除、综合评分模型的建立和模型的评价及持续改进 5 个步骤。在这 5 个步骤中，回归方法可以用来辅助筛选因子、检验因子有效性、冗余因子的剔除，也可以直接用回归方法建立综合评分模型。

下面将以具体实例介绍如何用回归方法建立一个简单的多因子选股模型。

7.5.2 多因子模型的实现

现在以 5.1 节中得到的数据为基础（具体数据见本章的配套程序和数据）建立 2 个多因子选股模型，具体步骤如下：

（1）导入数据

```
clc, clear all, close all
s = dataset('xlsfile', 'SampleA1.xlsx');
```

（2）多元线性回归

当导入数据后，就可以先建立一个多元线性回归模型，具体实现过程和结果如下：

```
myFit = LinearModel.fit(s);
disp(myFit)
sx=s(:,1:10);
sy=s(:,11);
n=1:size(s,1);
sy1= predict(myFit,sx);
figure
```

```
plot(n,sy, 'ob', n, sy1,'*r')
xlabel('样本编号', 'fontsize',12)
ylabel('综合得分', 'fontsize',12)
title('多元线性回归模型', 'fontsize',12)
set(gca, 'linewidth',2)
```

该段程序执行后，得到的模型及模型中的参数如下：

```
Linear regression model:
eva ~ 1 + dv1 + dv2 + dv3 + dv4 + dv5 + dv6 + dv7 + dv8 + dv9 + dv10
Estimated Coefficients:
                  Estimate          SE            tStat          pValue
(Intercept)        0.13242       0.035478        3.7324       0.00019329
dv1               -0.092989      0.0039402     -23.6          7.1553e-113
dv2                0.0013282     0.0010889       1.2198       0.22264
dv3                6.4786e-05    0.00020447      0.31685      0.75138
dv4               -0.16674       0.06487        -2.5703       0.01021
dv5               -0.18008       0.022895       -7.8656       5.1261e-15
dv6               -0.50725       0.043686      -11.611        1.6693e-30
dv7               -3.1872        1.1358         -2.8062       0.0050462
dv8                0.033315      0.084957        0.39214      0.69498
dv9               -0.028369      0.093847       -0.30229      0.76245
dv10              -0.13413       0.010884      -12.324        4.6577e-34
R-squared: 0.819,  Adjusted R-Squared 0.818
F-statistic vs. constant model: 1.32e+03, p-value = 0
```

利用该模型对原始数据进行预测，得到的股票综合得分如图 7-7 所示。从图中可以看出，尽管这些数据存在一定的偏差，但三个簇的分层非常明显，说明模型在刻画历史数据方面具有较高的准确度。

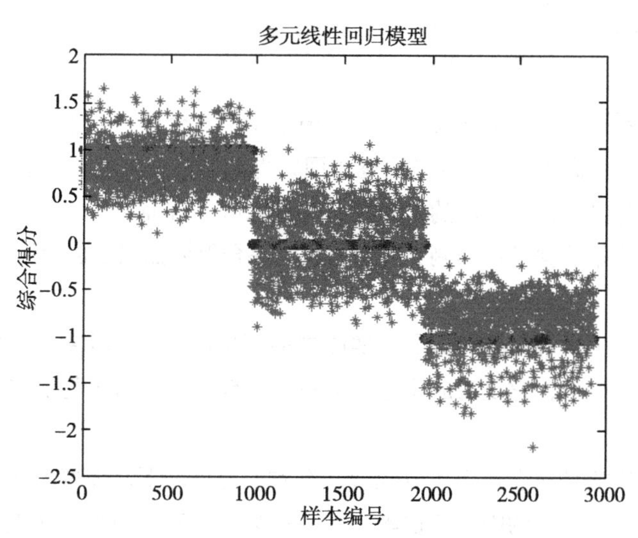

图 7-7 多元线性回归模型得到的综合得分与原始得分的比较图

（3）逐步回归

以上是对所有变量进行回归，也可以使用逐步回归进行因子筛选，并可以得到优选因子后的模型，具体实现过程如下：

```
myFit2 = LinearModel.stepwise(s);
disp(myFit2)
sy2= predict(myFit2,sx);
figure
plot(n,sy, 'ob', n, sy2,'*r')
xlabel('样本编号', 'fontsize',12)
ylabel('综合得分', 'fontsize',12)
title('逐步回归模型', 'fontsize',12)
set(gca, 'linewidth',2)
```

该段程序执行后，得到的模型及模型中的参数如下：

```
Linear regression model:
eva ~ 1 + dv7 + dv1*dv5 + dv1*dv10 + dv5*dv10 + dv6*dv10
Estimated Coefficients:
                    Estimate        SE           tStat          pValue
(Intercept)         0.032319      0.01043        3.0987         0.0019621
dv1                -0.099059      0.0037661    -26.303          4.6946e-137
dv5                -0.11262       0.023316      -4.8301         1.4345e-06
dv6                -0.56329       0.037063     -15.198          2.864e-50
dv7                -3.2959        1.0714         1.0714         0.0021155
dv10               -0.14693       0.010955     -13.412          7.5612e-40
dv1:dv5             0.018691      0.0053933      3.4656         0.00053673
dv1:dv10            0.010822      0.0019104      5.665          1.6127e-08
dv5:dv10           -0.1332        0.021543      -6.183          7.1632e-10
dv6:dv10            0.10062       0.027651       3.639          0.00027845
R-squared: 0.824,  Adjusted R-Squared 0.823
F-statistic vs. constant model: 1.52e+03, p-value = 0
```

从该模型可以看出，逐步回归模型得到的模型少了5个单一因子，多了5个组合因子，模型的决定系数反而提高了一些，这说明逐步回归得到的模型精度更高些，影响因子更少些，这对于分析模型本身是非常有帮助的，尤其是在剔除因子方面。

利用该模型对原始数据进行预测，得到的股票综合得分如图7-8所示，总体趋势和图7-7相似。

当然这个例子是一个最简单的例子，实战中的模型可能会比较复杂，比如沃尔评分法就是一个复杂的多因子模型，它是对股票进行分行业比较，算出每个行业得分高的组合，然后再组合成投资篮子。

由于量选股的方法是建立在市场有效或弱有效的前提之下，随着使用多因子选股模型的投资者数量的不断增加，有的因子会逐渐失效，而另一些新的因素可能被验证有效而加入到模型当中；另外，一些因子可能在过去的市场环境下比较有效，而随着市场风格的改变，这些因子可能短期内失效，而另外一些以前无效的因子会在当前市场环境下表现较好。

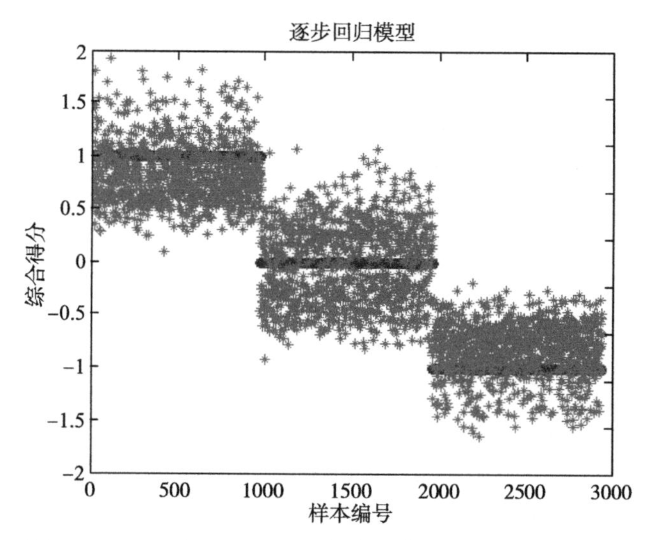

图 7-8 逐步回归模型得到的综合得分与原始得分的比较图

另外，计算综合评分的过程中，各因子得分的权重设计、交易成本考虑和风险控制等都存在进一步改进的空间。因此，在综合评分选股模型的使用过程中会对选用的因子、模型本身做持续的再评价和不断的改进以适应变化的市场环境。

多因子的模型的最重要两个方面：一个是有效因子，另外一个是因子的参数。例如，到底是采用 1 个月做调仓周期还是 3 个月做调仓周期。这些因子和参数的获取只能通过历史数据回测来获得。

7.6 小结

本章主要介绍数据挖掘中常用的几种回归方法。在使用回归方法时，首先可以判断自变量的个数，如果超过 2 个，则需要用到多元回归的方法，否则考虑用一元回归。然后判断是线性还是非线性，这对于一元回归是比较容易的，而对于多元，往往是将其他变量保持不变，将多元转化为一元再去判断是线性还是非线性。如果变量很多，而且复杂，则可以首先考虑多元线性回归，检验回归效果，也可以用逐步回归。总之，用回归方法比较灵活，可根据具体情景比较容易地找到合适的方法。

参考文献

[1] http://chinaqi.org/forum.php?mod=viewthread&tid=25.

第 8 章

分类方法

分类是一种重要的数据挖掘技术。分类的目的是根据数据集的特点构造一个分类函数或分类模型（也常常称作分类器），该模型能把未知类别的样本映射到给定的类别中。

分类方法是解决分类问题的方法，是数据挖掘、机器学习和模式识别中一个重要的研究领域。分类算法通过对已知类别训练集的分析，从中发现分类规则，以此预测新数据的类别。分类算法的应用非常广泛，包括银行中风险评估、客户类别分类、文本检索和搜索引擎分类、安全领域中的入侵检测以及软件项目中的应用等。本章将介绍分类的基本概念、常用分类方法的理论及应用实例。

8.1 分类方法概要

8.1.1 分类的概念

数据挖掘中分类的目的是学会一个分类函数或分类模型（也常常称作分类器），该模型能把数据库中的数据项映射到给定类别中的某一个。

分类可描述如下：输入数据，或称训练集（Training Set），是由一条条数据库记录（Record）组成的。每一条记录包含若干个属性（Attribute），组成一个特征向量。训练集的每条记录还有一个特定的类标签（Class Label）与之对应。该类标签是系统的输入，通常是以往的一些经验数据。一个具体样本的形式可为样本向量：（v1, v2,⋯,vn ; c），在这里 vi 表示字段值，c 表示类别。分类的目的是：分析输入数据，通过在训练集中的数据表现出来的特性，为每一个类找到一种准确的描述或者模型。由此生成的类描述用来对未来的测试数据进行分类。尽管这些未来的测试数据的类标签是未知的，我们仍可以由此预测这些新数据所属的类。注意是预测，而不能肯定，因为分类的准确率不能达到百分之百。我们也可以由此对数据中的每一个类有更好的理解。也就是说：我们获得了对这个类的知识。

所以分类（Classification）也可以定义为：

对现有的数据进行学习，得到一个目标函数或规则，把每个属性集 x 映射到一个预先定义的类标号 y。

目标函数或规则也称分类模型（Classification Model），分类模型有两个主要作用：一是描述性建模，即作为解释性的工具，用于区分不同类中的对象；二是预测性建模，即用于预测未知记录的类标号。

8.1.2 分类的原理

分类方法是一种根据输入数据集建立分类模型的系统方法，这些方法都是使用一种学习算法（Learning Algorithm）确定分类模型，使该模型能够很好地拟合输入数据中类标号和属性集之间的联系。学习算法得到的模型不仅要很好地拟合输入数据，还要能够正确地预测未知样本的类标号。因此，训练算法的主要目标就是建立具有很好泛化能力的模型，即建立能够准确地预测未知样本类标号的模型。

图 8-1 展示了解决分类问题的一般方法。首先，需要一个训练集，它由类标号已知的记录组成。使用训练集建立分类模型，该模型随后将运用于检验集（Test Set），检验集由类标号未知的记录组成。

通常分类学习所获得的模型可以表示为分类规则形式、决策树形式或数学公式形式。例如，给定一个顾客信用信息数据库，通过学习所获得的分类规则可用于识别顾客是否具有良好的信用等级或一般的信用等级。分类规则也可用于对今后未知所属类别的数据进行识别判断，同时也可以帮助用户更好地了解数据库中的内容。

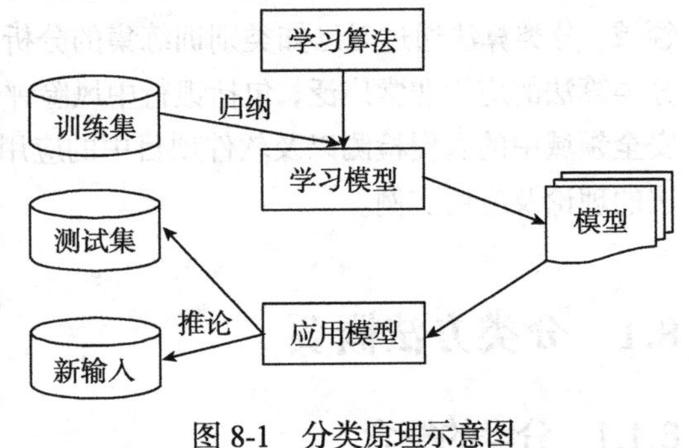

图 8-1 分类原理示意图

构造模型的过程一般分为训练和测试两个阶段。在构造模型之前，要求将数据集随机地分为训练数据集和测试数据集。在训练阶段，使用训练数据集，通过分析由属性描述的数据库元组来构造模型，假定每个元组属于一个预定义的类，由一个称作类标号属性的属性来确定。训练数据集中的单个元组也称作训练样本，一个具体样本的形式可为：（u1,u2,…,un;c）；其中 ui 表示属性值，c 表示类别。由于提供了每个训练样本的类标号，该阶段也称为有指导的学习，通常，模型用分类规则、判定树或数学公式的形式提供。在测试阶段，使用测试数据集来评估模型的分类准确率，如果认为模型的准确率可以接受，就可以用该模型对其他数据元组进行分类。一般来说，测试阶段的代价远远低于训练阶段。

为了提高分类的准确性、有效性和可伸缩性，在进行分类之前，通常要对数据进行预处理，包括：

1）数据清理。其目的是消除或减少数据噪声，处理空缺值。

2）相关性分析。由于数据集中的许多属性可能与分类任务不相关，若包含这些属性可能将减慢和误导学习过程。相关性分析的目的就是删除这些不相关或冗余的属性。

3）数据变换。数据可以概化到较高层概念。比如，连续值属性“收入”的数值可以概化为离散值：低，中，高。又比如，标称值属性“市”可概化到高层概念“省”。此外，数据也可以规范化，规范化将给定属性的值按比例缩放，落入较小的区间，比如[0,1]等。

8.1.3　常用的分类方法

分类的方法有多种，常用的分类方法主要有 7 种，如图 8-2 所示。在随后的内容中，将分类介绍这 7 种分类方法的基本原理及典型的应用案例。

8.2　K-近邻

8.2.1　K-近邻原理

K-近邻（K-Nearest Neighbor，KNN）算法是一种基于实例的分类方法，最初由 Cover 和 Hart 于 1968 年提出，是一种非参数的分类技术。

K-近邻分类方法通过计算每个训练样例到待分类样品的距离，取和待分类样品距离最近的 K 个训练样例，K 个样品中哪个类别的训练样例占多数，则待分类元组就属于哪个类别。使用最近邻确定类别的合理性可用下面的谚语来说明：“如果走像鸭子，叫像鸭子，看起来还像鸭子，那么它很可能就是一只鸭子”，如图 8-3 所示。最近邻分类器把每个样例看作 d 维空间上的一个数据点，其中 d 是属性个数。给定一个测试样例，我们可以计算该测试样例

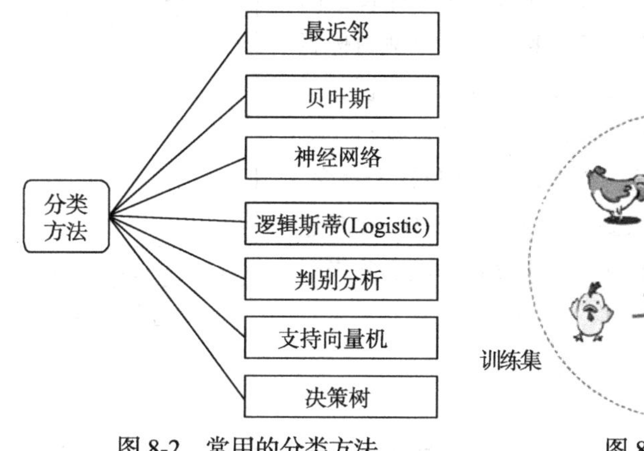

图 8-2　常用的分类方法

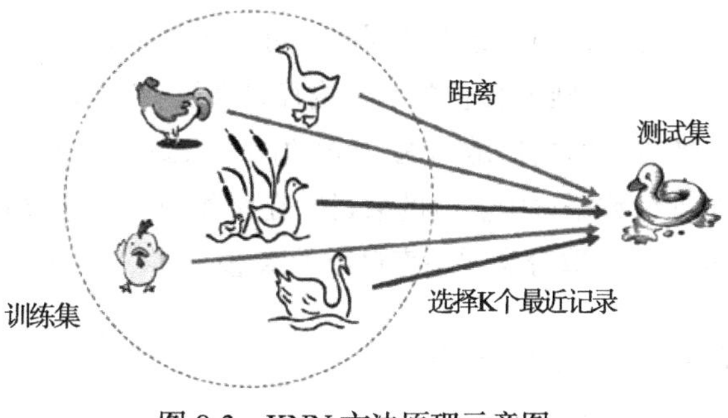

距离
测试集
训练集
选择K个最近记录

图 8-3　KNN 方法原理示意图

与训练集中其他数据点的距离（邻近度），给定样例z的K-最近邻是指找出和z距离最近的K个数据点。

图8-4给出了位于圆圈中心的数据点的1-最近邻、2-最近邻和3-最近邻。该数据点根据其近邻的类标号进行分类。如果数据点的近邻中含有多个类标号，则将该数据点指派到其最近邻的多数类。在图8-4a中，数据点的1-最近邻是一个负例，因此该点被指派到负类。如果最近邻是三个，如图8-4c所示，其中包括两个正例和一个负例，根据多数表决方案，该点被指派到正类。在最近邻中正例和负例个数相同的情况下（如图8-4b所示），可随机选择一个类标号来分类该点。

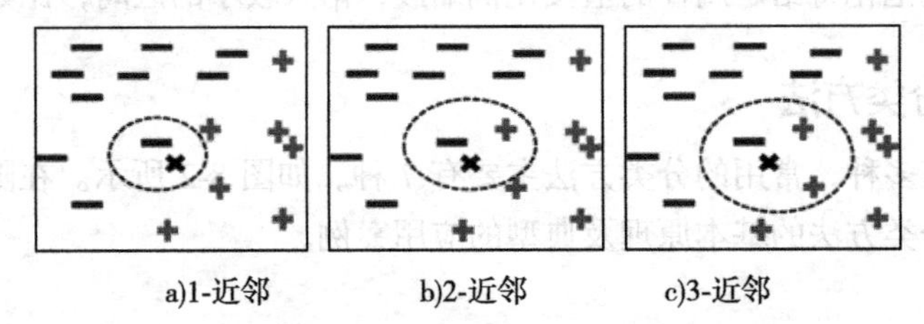

a)1-近邻　　b)2-近邻　　c)3-近邻

图8-4　一个实例的1-最近邻、2-最近邻和3-最近邻

KNN算法具体步骤如下：

步骤1：初始化距离为最大值。 步骤2：计算未知样本和每个训练样本的距离dist。 步骤3：得到目前K个最近邻样本中的最大距离maxdist。 步骤4：如果dist小于maxdist，则将该训练样本作为K-最近邻样本。 步骤5：重复步骤2～步骤4，直到未知样本和所有训练样本的距离都算完。 步骤6：统计K个最近邻样本中每个类别出现的次数。 步骤7：选择出现频率最大的类别作为未知样本的类别

根据KNN算法的原理和步骤可以看出，KNN算法对K值的依赖较高，所以K值的选择非常重要。如果K太小，预测目标容易产生变动性；相反，如果K太大，最近邻分类器可能会误分类测试样例，因为最近邻列表中可能包含远离其近邻的数据点（见图8-5）。推定K值的有益途径是通过有效参数的数目这个概念，有效参数的数目是和K值相关的，大致等于n/K，其中，n是这个训练数据集中实例的数目。在实践中往往通过若干次实验来确定K值，取分类误差率最小的K值。

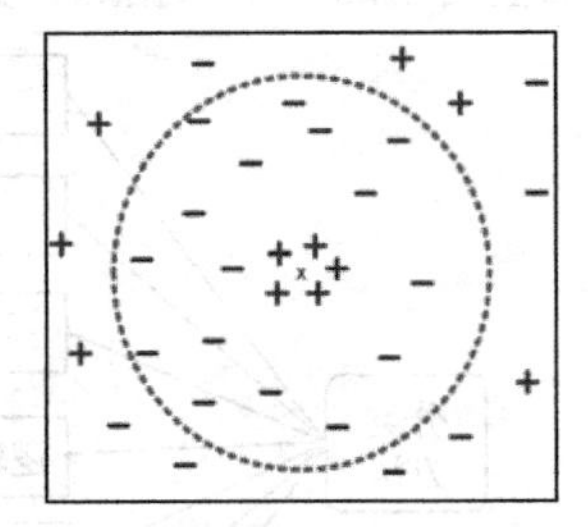

图8-5　K较大时的K-最近邻分类

8.2.2 K-近邻实例

首先先来介绍一下实例的背景：一家银行的工作人员通过电话调查客户是否会愿意

购买一种理财产品，并记录调查结果 y。另外银行有这些客户的一些资料 X，包括 16 个属性，如表 8-1 所示。现在希望建立一个分类器，来预测一个新客户是否愿意购买该产品。

表 8-1 银行客户资料的属性及意义

属性名称	属性意义及类型
Age	年龄，数值变量
Job	工作类型，分类变量
Marital	婚姻状况，分类变量
Education	学历情况，分类变量
Default	信用状况，分类变量
Balance	平均每年结余，数值变量
Housing	是否有房贷，分类变量
Loan	是否有个人贷款，分类变量
Contact	留下的通信方式，分类变量
Day	上次联系时期中日的数字，数值变量
Month	上次联系时期中月的类别，分类变量
Duration	上次联系持续时间（秒），数值变量
Campaign	本次调查该客户的电话受访次数，数值变量
Pdays	上次市场调查后到现在的天数，数值变量
Previous	本次调查前与该客户联系的次数，数值变量
Poutcome	之前市场调查的结果

现在我们就用 KNN 算法建立该问题的分类器，在 MATLAB 中具体的实现步骤和结果如下：

（1）准备环境

```
clc, clear all, close all
```

（2）导入数据及数据预处理

```
load bank.mat
% 将分类变量转换成分类数组
names = bank.Properties.VariableNames;
category = varfun(@iscellstr, bank, 'Output', 'uniform');
for i = find(category)
   bank.(names{i}) = categorical(bank.(names{i}));
end
% 跟踪分类变量
catPred = category(1:end-1);
% 设置默认随机数生成方式确保该脚本中的结果是可以重现的
rng('default');
% 数据探索----数据可视化
```

```
figure(1)
gscatter(bank.balance,bank.duration,bank.y,'kk','xo')
xlabel('年平均余额/万元', 'fontsize',12)
ylabel('上次接触时间/秒', 'fontsize',12)
title('数据可视化效果图', 'fontsize',12)
set(gca,'linewidth',2);
% 设置响应变量和预测变量
X = table2array(varfun(@double, bank(:,1:end-1))); % 预测变量
Y = bank.y;   % 响应变量
disp('数据中 Yes & No 的统计结果：')
tabulate(Y)
%将分类数组进一步转换成二进制数组以便于某些算法对分类变量的处理
XNum = [X(:,~catPred) dummyvar(X(:,catPred))];
YNum = double(Y)-1;
```

执行本节程序，会得到数据中 Yes 和 No 的统计结果：

Value	Count	Percent
No	888	88.80%
Yes	112	11.20%

同时还会得到数据的可视化结果，如图 8-6 所示。图 8-6 中显示的是两个变量（上次接触时间与年平均余额）的散点图，也可以说是这两个变量的相关性关系图，因为根据这些散点，能大致看出 Yes 和 No 的两类人群关于这两个变量的分布特征。

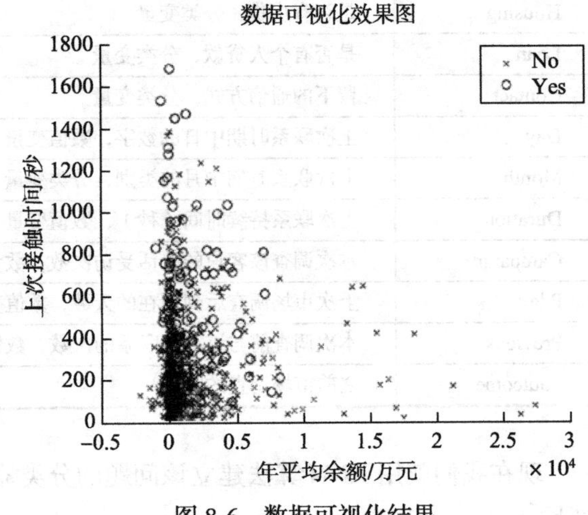

图 8-6 数据可视化结果

（3）设置交叉验证方式

随机选择 40%的样本作为测试样本。

```
cv = cvpartition(height(bank),'holdout',0.40);
% 训练集
Xtrain = X(training(cv),:);
Ytrain = Y(training(cv),:);
XtrainNum = XNum(training(cv),:);
YtrainNum = YNum(training(cv),:);
% 测试集
Xtest = X(test(cv),:);
Ytest = Y(test(cv),:);
XtestNum = XNum(test(cv),:);
YtestNum = YNum(test(cv),:);
disp('训练集：')
tabulate(Ytrain)
disp('测试集：')
```

```
tabulate(Ytest)
```

本节程序执行结果如下：

```
训练集:
Value    Count   Percent
no       528     88.00%
yes      72      12.00%
测试集:
Value    Count   Percent
no       360     90.00%
yes      40      10.00%
```

（4）训练 KNN 分类器

```
knn = ClassificationKNN.fit(Xtrain,Ytrain,'Distance','seuclidean',...
                           'NumNeighbors',5);
% 进行预测
[Y_knn, Yscore_knn] = knn.predict(Xtest);
Yscore_knn = Yscore_knn(:,2);
% 计算混淆矩阵
disp('最近邻方法分类结果: ')
C_knn = confusionmat(Ytest,Y_knn)
```

最近邻方法分类结果：

```
C_knn =
352    8
28     12
```

8.2.3 K-近邻特点

KNN 方法在类别决策时，只与极少量的相邻样本有关，因此，采用这种方法可以较好地避免样本的不平衡问题。另外，由于 KNN 方法主要是靠周围有限的邻近的样本，而不是靠判别类域的方法来确定所属类别，因此对于类域的交叉或重叠较多的待分样本集来说，KNN 方法较其他方法更为适合。

该方法的不足之处是计算量较大，因为对每一个待分类的样本都要计算它到全体已知样本的距离，才能求得它的 K 个最近邻点。针对该不足，主要有以下两类改进方法：

1）对于计算量大的问题目前常用的解决方法是事先对已知样本点进行剪辑，事先去除对分类作用不大的样本。这样可以挑选出对分类计算有效的样本，使样本总数合理地减少，以同时达到减少计算量，又减少存储量的双重效果。该算法比较适用于样本容量比较大的类域的自动分类，而那些样本容量较小的类域采用这种算法比较容易产生误分。

2）对样本进行组织与整理，分群分层，尽可能地将计算压缩在接近测试样本领域的小范围内，避免盲目地与训练样本集中的每个样本进行距离计算。

总的来说，该算法的适应性强，尤其适用于样本容量比较大的自动分类问题，而那些样本容量较小的分类问题采用这种算法比较容易产生误分。

8.3 贝叶斯分类

8.3.1 贝叶斯分类原理

贝叶斯分类是一类分类算法的总称，这类算法均以贝叶斯定理为基础，故统称为贝叶斯分类。

贝叶斯分类是一类利用概率统计知识进行分类的算法，其分类原理是贝叶斯定理。贝叶斯定理是由 18 世纪概率论和决策论的早期研究者 Thomas Bayes 发明的，故用其名字命名为贝叶斯定理。

贝叶斯定理（Bayes' theorem）是概率论中的一个结果，它与随机变量的条件概率以及边缘概率分布有关。在有些关于概率的解说中，贝叶斯定理能够告知我们如何利用新证据修改已有的看法。通常，事件 A 在事件 B（发生）的条件下的概率，与事件 B 在事件 A 的条件下的概率是不一样的；然而，这两者是有确定的关系，贝叶斯定理就是这种关系的陈述。

假设 X, Y 是一对随机变量，它们的联合概率 $P(X=x, Y=y)$ 是指 X 取值 x 且 Y 取值 y 的概率，条件概率是指一个随机变量在另一个随机变量取值已知的情况下取某一特定值的概率。例如，条件概率 $P(Y=y \mid X=x)$ 是指在变量 X 取值 x 的情况下，变量 Y 取值 y 的概率。X 和 Y 的联合概率和条件概率满足如下关系：

$$P(X,Y)=P(Y \mid X) \times P(X)=P(X \mid Y) \times P(Y)$$

对此式变形，可得到下面的公式，称为贝叶斯定理：

$$P(Y \mid X)=\frac{P(X \mid Y)P(Y)}{P(X)}$$

贝叶斯定理很有用，因为它允许我们用先验概率 $P(Y)$、条件概率 $P(X \mid Y)$ 和证据 $P(X)$ 来表示后验概率。而在贝叶斯分类器中，朴素贝叶斯最为常用，接下来将介绍朴素贝叶斯的原理。

8.3.2 朴素贝叶斯分类原理

朴素贝叶斯分类是一种十分简单的分类算法，称为“朴素”贝叶斯分类是因为这种方法的思想真的很朴素，朴素贝叶斯的思想基础是这样的：对于给出的待分类项，求解在此项出现的条件下各个类别出现的概率，哪个最大，就认为此待分类项属于哪个类别。通俗来说，例如，你在街上看到一个黑人，我问你这个黑人从哪里来，你十有八九猜非洲。为什么呢？因为黑人中非洲人的比率最高，当然人家也可能是美洲人或亚洲人，但在没有其他可用信息的情况下，我们会选择条件概率最大的类别，这就是朴素贝叶斯的思想基础。

朴素贝叶斯分类器以简单的结构和良好的性能受到人们的关注，是最优秀的分类器之一。朴素贝叶斯分类器建立在一个类条件独立性假设（朴素假设）基础之上：给定类节点（变量）后，各属性节点（变量）之间相互独立。根据朴素贝叶斯的类条件独立假设，则有：

$$P(X \mid Ci)=\prod_{k=1}^{m} P(X_K \mid Ci)$$

条件概率 $P(X_1|Ci)$, $P(X_2|Ci)$,…,$P(X_n|Ci)$可以从训练数据集求得。根据此方法，对一个未知类别的样本 X，可以先分别计算出 X 属于每一个类别 Ci 的概率 $P(X|Ci)P(Ci)$，然后选择其中概率最大的类别作为其类别。

朴素贝叶斯分类的正式步骤如下：

步骤 1：设 $x=\{a_1,a_2,\cdots,a_m\}$ 为一个待分类项，而每个 a 为 x 的一个特征属性。
步骤 2：有类别集合 $C=\{y_1,y_2,\cdots,y_n\}$ 。
步骤 3：计算 $P(y_1|x),P(y_2|x),\cdots,P(y_n|x)$ 。
步骤 4：如果 $P(y_k|x)=\max\{P(y_1|x),P(y_2|x),\cdots,P(y_n|x)\}$ ，则 $x\in y_k$ 。

那么现在的关键就是如何计算第 3 步中的各个条件概率，我们可以这么做：

1）找到一个已知分类的待分类项集合，这个集合叫作训练样本集。

2）统计得到在各类别下各个特征属性的条件概率估计。即：

$$P(a_1|y_1),P(a_2|y_1),\cdots,P(a_m|y_1);P(a_1|y_2),P(a_2|y_2),\cdots,$$
$$P(a_m|y_2);\cdots;P(a_1|y_n),P(a_2|y_n),\cdots,P(a_m|y_n)$$

3）如果各个特征属性是条件独立的，则根据贝叶斯定理有如下推导：

$$P(y_i|x)=\frac{P(x|y_i)P(y_i)}{P(x)}$$

因为分母对于所有类别为常数，因此只要将分子最大化即可，因为各特征属性是条件独立的，所以有：

$$P(x|y_i)P(y_i)=P(a_1|y_i)P(a_2|y_i)\cdots P(a_m|y_i)P(y_i)=P(y_i)\prod_{j=1}^{m}P(a_j|y_i)$$

根据上述分析，朴素贝叶斯分类的流程可以由图 8-7 表示（暂时不考虑验证）。

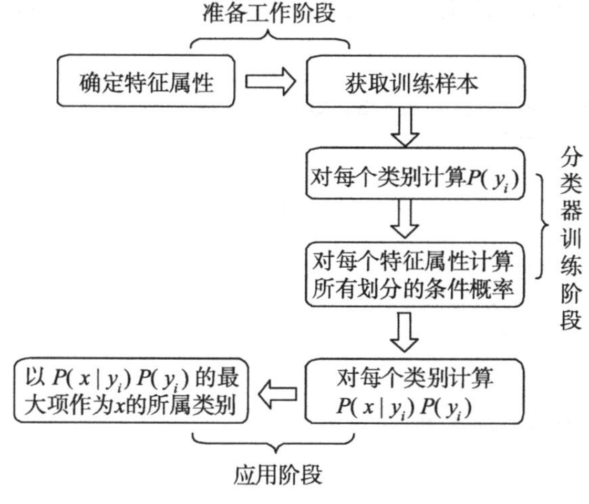

图 8-7 朴素贝叶斯算法分类流程图

可以看到，整个朴素贝叶斯分类分为三个阶段：

第一阶段：准备工作阶段。这个阶段的任务是为朴素贝叶斯分类做必要的准备，主要工作是根据具体情况确定特征属性，并对每个特征属性进行适当划分，然后由人工对一部分待分类项进行分类，形成训练样本集合。这一阶段的输入是所有待分类数据，输出是特征属性和训练样本。这一阶段是整个朴素贝叶斯分类中唯一需要人工完成的阶段，其质量对整个过程将有重要影响，分类器的质量在很大程度上由特征属性、特征属性划分及训练样本质量决定。

第二阶段：分类器训练阶段。这个阶段的任务就是生成分类器，主要工作是计算每个类别在训练样本中的出现频率及每个特征属性划分对每个类别的条件概率估计，并记录结果。其输入是特征属性和训练样本，输出是分类器。这一阶段是机械性阶段，根据前面讨论的公式可以由程序自动计算完成。

第三阶段：应用阶段。这个阶段的任务是使用分类器对待分类项进行分类，其输入是分类器和待分类项，输出是待分类项与类别的映射关系。这一阶段也是机械性阶段，由程序完成。

朴素贝叶斯算法成立的前提是各属性之间相互独立。当数据集满足这种独立性假设时，分类的准确度较高，否则可能较低。另外，该算法没有分类规则输出。

在许多场合，朴素贝叶斯（Naive Bayes，NB）分类可以与决策树和神经网络分类算法相媲美，该算法能运用到大型数据库中，且方法简单、分类准确率高、速度快。由于贝叶斯定理假设一个属性值对给定类的影响独立于其他的属性值，而此假设在实际情况中经常是不成立的，因此其分类准确率可能会下降。为此，出现了许多降低独立性假设的贝叶斯分类算法，如 TAN（Tree Augmented Bayes Network）算法、贝叶斯网络分类器（Bayesian Network Classifier，BNC）。

8.3.3 朴素贝叶斯分类实例

现在我们用朴素贝叶斯算法来训练 8.2.2 节中关于银行市场调查的分类器，具体实现代码和结果如下：

```
dist = repmat({'normal'},1,width(bank)-1);
dist(catPred) = {'mvmn'};
% 训练分类器
Nb = NaiveBayes.fit(Xtrain,Ytrain,'Distribution',dist);
% 进行预测
Y_Nb = Nb.predict(Xtest);
Yscore_Nb = Nb.posterior(Xtest);
Yscore_Nb = Yscore_Nb(:,2);
% 计算混淆矩阵
disp('贝叶斯方法分类结果：')
C_nb = confusionmat(Ytest,Y_Nb)
```

贝叶斯方法分类结果：

```
C_nb =
```

```
305    55
19     21
```

8.3.4 朴素贝叶斯特点

朴素贝叶斯分类器一般具有以下特点。

1）简单、高效、健壮。面对孤立的噪声点，朴素贝叶斯分类器是健壮的，因为在从数据中估计条件概率时，这些点被平均，另外朴素贝叶斯分类器也可以处理属性值遗漏问题。而面对无关属性，该分类器依然是健壮的，因为如果 Xi 是无关属性，那么 $P(Xi \mid Y)$ 几乎变成了均匀分布，Xi 的类条件概率不会对总的后验概率的计算产生影响。

2）相关属性可能会降低朴素贝叶斯分类器的性能，因为对这些属性，条件独立的假设已不成立。

8.4 神经网络

8.4.1 神经网络原理

神经网络是分类技术中重要方法之一。人工神经网络（Artificial Neural Network，ANN）是一种应用类似于大脑神经突触联接的结构进行信息处理的数学模型。在这种模型中，大量的节点（或称“神经元”，或“单元”）之间相互联接构成网络，即“神经网络”，以达到处理信息的目的。神经网络通常需要进行训练，训练的过程就是网络进行学习的过程。训练改变了网络节点的连接权的值使其具有分类的功能，经过训练的网络就可用于对象的识别。神经网络的优势在于：①可以任意精度逼近任意函数；②神经网络方法本身属于非线性模型，能够适应各种复杂的数据关系；③神经网络具备很强的学习能力，使它能比很多分类算法更好地适应数据空间的变化；④神经网络借鉴人脑的物理结构和机理，能够模拟人脑的某些功能，具备“智能”的特点。

人工神经网络（ANN）的研究是由试图模拟生物神经系统而激发的。人类的大脑主要由称为神经元（Neuron）的神经细胞组成，神经元通过叫作轴突（Axon）的纤维丝连在一起。当神经元受到刺激时，神经脉冲通过轴突从一个神经元传到另一个神经元。一个神经元通过树突（Dendrite）连接到其他神经元的轴突，树突是神经元细胞的延伸物。树突和轴突的连接点叫作神经键（Synapse）。神经学家发现，人的大脑通过在同一个脉冲反复刺激下改变神经元之间的神经键连接强度来进行学习。

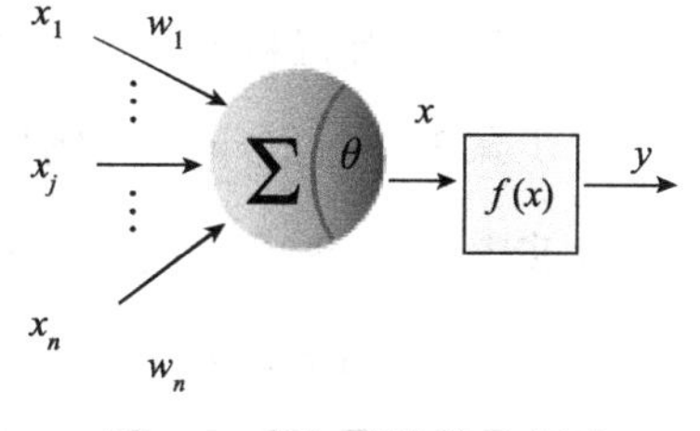

图 8-8 感知器结构示意图

类似于人脑的结构，ANN 由一组相互连接的节点和有向链构成。本节将分析一系列 ANN 模型，从介绍最简单的模型——感知器（Perceptron）开始，看看如何训练这种模型来解决分类问题。

图 8-8 展示了一个简单的神经网络结构——感知器。感知器包含两种节点：几个输入节

点，用来表示输入属性；一个输出节点，用来提供模型输出。神经网络结构中的节点通常叫作神经元或单元。在感知器中，每个输入节点都通过一个加权的链连接到输出节点。这个加权的链用来模拟神经元间神经键连接的强度。像生物神经系统一样，训练一个感知器模型就相当于不断调整链的权值，直到能拟合训练数据的输入输出关系为止。

感知器对输入加权求和，再减去偏置因子 t，然后考察结果的符号，得到输出值 $\hat{y}$。例如，在一个有三个输入节点的感知器中，各节点到输出节点的权值都等于 0.3，偏置因子 t=0.4，模型的输出计算公式如下：

$$\hat{y}=\begin{cases}1, & 0.3x_1+0.3x_2+0.3x_3-0.4>0\\ -1, & 0.3x_1+0.3x_2+0.3x_3-0.4<0\end{cases}$$

例如，如果 $x_1=1$，$x_2=1$，$x_3=0$，那么 $\hat{y}=+1$，因为 $0.3x_1+0.3x_2+0.3x_3-0.4$ 是正的。另外，如果 $x_1=0$，$x_2=1$，$x_3=0$，那么 $\hat{y}=-1$，因为加权和减去偏置因子值为负。

注意感知器的输入节点和输出节点之间的区别。输入节点简单地把接收到的值传送给输出链，而不作任何转换。输出节点则是一个数学装置，计算输入的加权和，减去偏置项，然后根据结果的符号产生输出。更具体地，感知器模型的输出可以用如下数学方式表示：

$$\hat{y}=\text{sign}(w_1x_1+w_2x_2+\cdots+w_nx_n-t)$$

其中，w_1，w_2，…，w_n 是输入链的权值，而 x_1，x_2，…，x_n 是输入属性值，sign 为符号函数，作为输出神经元的激活函数（Activation Function），当参数为正时输出+1，参数为负时输出−1。感知器模型可以写成下面更简洁的形式：

$$\hat{y}=\text{sign}\ (\boldsymbol{wx}-t)$$

其中，$\boldsymbol{w}$ 是权值向量，$\boldsymbol{x}$ 是输入向量。

在感知器模型的训练阶段，权值参数不断调整直到输出和训练样例的实际输出一致，感知器具体的学习算法如下：

步骤 1：令 $D=\{(x_i,y_i),\ \ i=1,2,\cdots,N\}$ 是训练样例集。
步骤 2：用随机值初始化权值向量 $\boldsymbol{w}^{(0)}$。
步骤 3：对每个训练样例 (x_i,y_i)，计算预测输出 $\hat{y}_i^{(k)}$。
步骤 4：对每个权值 w_j 更新权值 $w_j^{(k+1)}=w_j^{(k)}+\lambda(y_i-\hat{y}_i^{(k)})x_{ij}$。
步骤 5：重复步骤 3 和步骤 4 直至满足终止条件。

算法的主要计算是权值更新公式：

$$w_j^{(k+1)}=w_j^{(k)}+\lambda(y_i-\hat{y}_i^{(k)})x_{ij}$$

其中，$w^{(k)}$ 是第 k 次循环后第 i 个输入链上的权值，参数 λ 称为学习率（Learning Rate），x_{ij} 是训练样例 x_i 的第 j 个属性值。权值更新公式的理由是相当直观的。由权值更新公式可以看出，新权值 $w^{(k+1)}$ 是等于旧权值 $w^{(k)}$ 加上一个正比于预测误差 $(y-\hat{y})$ 的项。如果预测正确，那么权值保持不变。否则，按照如下方法更新。

- 如果 y=+1，$\hat{y}$=−1，那么预测误差 $(y-\hat{y})=2$。为了补偿这个误差，需要通过提高所有正输入链的权值、降低所有负输入链的权值来提高预测输出值。
- 如果 y=−1，$\hat{y}$=+1，那么预测误差 $(y-\hat{y})=-2$。为了补偿这个误差，我们需要通过降低所有正输入链的权值、提高所有负输入链的权值来减少预测输出值。

在权值更新公式中，对误差项影响最大的链需要的调整最大。然而，权值不能改变太大，因为仅仅对当前训练样例计算了误差项。否则，以前的循环中所作的调整就会失效，学习率 λ，其值在 0～1，可以用来控制每次循环时的调整量，如果 λ 接近 0，那么新权值主要受旧权值的影响：相反，如果 λ 接近 1，则新权值对当前循环中的调整量更加敏感。在某些情况下，可以使用一个自适应的 λ 值：λ 在前几次循环时值相对较大，而在接下来的循环中逐渐减小。

用于分类的常见神经网络模型包括：BP（Back Propagation）神经网络、RBF 网络、Hopfield 网络、自组织特征映射神经网络、学习矢量化神经网络。目前，神经网络分类算法研究较多地集中在以 BP 为代表的神经网络上。当前的神经网络仍普遍存在收敛速度慢、计算量大、训练时间长和不可解释等缺点。

8.4.2　神经网络实例

现在我们用神经网络方法来训练 8.2.2 节中关于银行市场调查的分类器，具体实现代码和结果如下：

```
hiddenLayerSize = 5;
net = patternnet(hiddenLayerSize);
% 设置训练集、验证集和测试集
net.divideParam.trainRatio = 70/100;
net.divideParam.valRatio = 15/100;
net.divideParam.testRatio = 15/100;
% 训练网络
net.trainParam.showWindow = false;
inputs = XtrainNum';
targets = YtrainNum';
[net,~] = train(net,inputs,targets);
% 用测试集数据进行预测
Yscore_nn = net(XtestNum')';
Y_nn = round(Yscore_nn);
% 计算混淆矩阵
disp('神经网络方法分类结果：')
C_nn = confusionmat(YtestNum,Y_nn)
```

神经网络方法分类结果：

```
C_nn =
348   12
26    14
```

8.4.3　神经网络特点

人工神经网络的一般特点概括如下：

1）至少含有一个隐藏层的多层神经网络是一种普适近似（Universal Approximator），即可以用来近似任何目标函数。由于 ANN 具有丰富的假设空间，因此对于给定的问题，选择合适的拓扑结构来防止模型的过分拟合是很重要的。

2）ANN 可以处理冗余特征，因为权值在训练过程中自动学习。冗余特征的权值非常小。

3）神经网络对训练数据中的噪声非常敏感。处理噪声问题的一种方法是使用确认集来确定模型的泛化误差，另一种方法是每次迭代把权值减少一个因子。

4）ANN 权值学习使用的梯度下降方法经常会收敛到局部极小值。避免局部极小值的方法是在权值更新公式中加上一个动量项（Momentum Term）。

5）训练 ANN 是一个很耗时的过程，特别是当隐藏节点数量很大时。然而，测试样例分类时非常快。

8.5 逻辑斯蒂

8.5.1 逻辑斯蒂原理

关于逻辑斯蒂的原理已经在 7.4 节进行了介绍，此处不再赘述。

8.5.2 逻辑斯蒂实例

现在我们用逻辑斯蒂算法来训练 8.2.2 节中关于银行市场调查的分类器，具体实现代码和结果如下：

```
glm = fitglm(Xtrain,YtrainNum,'linear', 'Distribution','binomial',...
   'link','logit','CategoricalVars',catPred, 'VarNames', names);
% 用测试集数据进行预测
Yscore_glm = glm.predict(Xtest);
Y_glm = round(Yscore_glm);
% 计算混淆矩阵
disp('Logistic 方法分类结果: ')
C_glm = confusionmat(YtestNum,Y_glm)
```

逻辑斯蒂方法分类结果：

```
C_glm =
345   15
20    20
```

8.5.3 逻辑斯蒂特点

逻辑斯蒂算法作为分类方法，其特点非常明显，具体为：

1）预测值域 0-1，适合二分类问题，还可以作为某种情况发生的概率，比如股票涨跌概率、信用评分中好坏人的概率等。

2）模型的值呈 S-形曲线，符合某种特殊问题的预测，比如流行病学对危险因素与疾病风险关系的预测。

3）不足之处是对数据和场景的适应能力有局限，不如神经网络和决策树的同样算法适应性那么强。

8.6　判别分析

8.6.1　判别分析原理

判别分析（Discriminant Analysis，DA）技术是由费舍（R. A. Fisher）于 1936 年提出的。它是根据观察或测量到的若干变量值判断研究对象如何分类的方法。具体地讲，就是已知一定数量案例的一个分组变量（Grouping Variable）和这些案例的一些特征变量，确定分组变量和特征变量之间的数量关系，建立判别函数（Discriminant Function），然后便可以利用这一数量关系对其他已知特征变量信息，但未知分组类型所属的案例进行判别分组。

判别分析技术曾经在许多领域得到成功的应用，例如医学实践中根据各种化验结果、疾病症状、体征判断患者患的是什么疾病；体育选材中根据运动员的体形、运动成绩、生理指标、心理素质指标、遗传因素判断是否选入运动队继续培养；还有动物、植物分类，儿童心理测验，地理区划的经济差异，决策行为预测等。

判别分析的基本条件是：分组变量的水平必须大于或等于 2，每组案例的规模必须至少在一个以上；各判别变量的测度水平必须在间距测度等级以上，即各判别变量的数据必须为等距或等比数据；各分组的案例在各判别变量的数值上能够体现差别。判别分析对判别变量有三个基本假设。其一是每一个判别变量不能是其他判别变量的线性组合。否则将无法估计判别函数，或者虽然能够求解但参数估计的标准误差很大，以致于参数估计统计性不显著。其二是各组案例的协方差矩阵相等。在此条件下，可以使用很简单的公式来计算判别函数和进行显著性检验。其三是各判别变量之间具有多元正态分布，即每个变量对于所有其他变量的固定值有正态分布。

沿用多元回归模型的称谓，在判别分析中称分组变量为因变量，而用以分组的其他特征变量称为判别变量（Discriminant Variable）或自变量。

判别分析的基本模型就是判别函数，它表示为分组变量与满足假设的条件的判别变量的线性函数关系，其数学形式为：

$$y = b_0 + b_1 x_1 + \cdots + b_k x_k$$

其中，y 是判别函数值，又简称为判别值（Discriminant Score）；x_i 为各判别变量；b_i 为相应的判别系数（Discriminant Coefficient or Weight），表示各判别变量对于判别函数值的影响，其中 b_0 是常数项。

判别模型对应的几何解释是，各判别变量代表了 k 维空间，每个案例按其判别变量值称为这 k 维空间中的一个点。如果各组案例就其判别变量值有明显不同，就意味着每一组将会在这一空间的某一部分形成明显分离的蜂集点群。我们可以计算此领域的中心以概括这个组的位置。中心的位置可以用这个组别中各案例在每个变量上的组平均值作为其坐标值。因为每个中心代表了所在组的基本位置，我们可以通过研究它们来取得对于这些分组之间差别的理解。这个线性函数应该能够在把 P 维空间中的所有点转化为一维数值之后，既能最大限度地缩小同类中各个样本点之间的差异，又能最大限度地扩大不同类别中各个样本点之间的差异，这样才可能获得较高的判别效率。在这里借用了一元方差分析的思想，即依据组间均方差与组内均方差之比最大的原则来进行判别。

8.6.2 判别分析实例

现在我们用判别分析方法来训练 8.2.2 节中关于银行市场调查的分类器，具体实现代码和结果如下：

```
da = ClassificationDiscriminant.fit(XtrainNum,Ytrain);
% 进行预测
[Y_da, Yscore_da] = da.predict(XtestNum);
Yscore_da = Yscore_da(:,2);
% 计算混淆矩阵
disp('判别方法分类结果：')
C_da = confusionmat(Ytest,Y_da)
```

判别方法分类结果：

```
C_da =
343    17
21     19
```

8.6.3 判别分析特点

判别分析的特点是根据已掌握的、历史上每个类别的若干样本的数据信息，总结出客观事物分类的规律性，建立判别公式和判别准则。当遇到新的样本点时，只要根据总结出来的判别公式和判别准则，就能判别该样本点所属的类别。判别分析按照判别的组数来区分，可以分为两组判别分析和多组判别分析。

8.7 支持向量机

SVM 法即支持向量机（Support Vector Machine，SVM）法，由 Vapnik 等人于 1995 年提出，具有相对优良的性能指标。该方法是建立在统计学习理论基础上的机器学习方法。通过学习算法，SVM 可以自动寻找出那些对分类有较好区分能力的支持向量，由此构造出的分类器可以最大化类与类的间隔，因而有较好的适应能力和较高的分准率。该方法只需要由各类域的边界样本的类别来决定最后的分类结果。

SVM 属于有监督（有导师）学习方法，即已知训练点的类别，求训练点和类别之间的对应关系，以便将训练集按照类别分开，或者是预测新的训练点所对应的类别。由于 SVM 在实例的学习中能够提供清晰直观的解释，所以其在文本分类、文字识别、图像分类、升序序列分类等方面的实际应用中，都呈现了非常好的性能。

8.7.1　支持向量机基本思想

SVM 构建了一个分割两类的超平面（这也可以扩展到多类问题）。在构建的过程中，SVM 算法试图使两类之间的分割达到最大化，如图 8-9 所示。

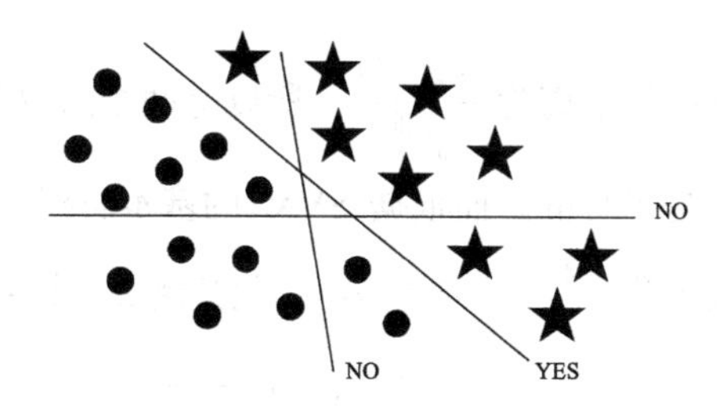

图 8-9　SVM 划分算法示意图

以一个很大的边缘分隔两个类可以使期望泛化误差最小化。“最小化泛化误差”的含义是：当对新的样本（数值未知的数据点）进行分类时，基于学习所得的分类器（超平面），使得我们（对其所属分类）预测错误的概率被最小化。直觉上，这样的一个分类器实现了两个分类之间的分离边缘最大化。图 8-9 解释了“最大化边缘”的概念。和分类器平面平行，分别穿过数据集中的一个或多个点的两个平面称为边界平面（Bounding Plane），这些边界平面的距离称为边缘（Margin），而“通过 SVM 学习”的含义是找到最大化这个边缘的超平面。落在边界平面上的（数据集中的）点称为支持向量（Support Vector）。这些点在这一理论中的作用至关重要，故称为“支持向量机”。支持向量机的基本思想简单总结起来，就是与分类器平行的两个平面，此两个平面能很好地分开两类不同的数据，且穿越两类数据区域集中的点，现在欲寻找最佳超几何分隔平面使之与两个平面间的距离最大，如此便能实现分类总误差最小。支持向量机是基于统计学模式识别理论之上的，其理论相对晦涩难懂一些，因此我们侧重用实例来引导和讲解。

8.7.2　支持向量机理论基础

支持向量机最初是在研究线性可分问题的过程中提出的，所以这里先来介绍线性 SVM 的基本原理。不失一般性，假设容量为 n 的训练样本集 $\{(\boldsymbol{x}_i, y_i),\ \ i=1,2,\cdots,n\}$ 由两个类别组成（粗体符号表示向量或矩阵，下同），若 $\boldsymbol{x}_i$ 属于第一类，则记为 $y_i=1$；若 $\boldsymbol{x}_i$ 属于第二类，

则记为 $y_i=-1$。

若存在分类超平面：

$$\boldsymbol{w}^{\mathrm{T}}\boldsymbol{x}+\boldsymbol{b}=0$$

能够将样本正确地划分成两类，即相同类别的样本都落在分类超平面的同一侧，则称该样本集是线性可分的，即满足：

$$\begin{cases}\boldsymbol{w}^{\mathrm{T}}\boldsymbol{x}_i+\boldsymbol{b}\geqslant 1, & y_i=1\\ \boldsymbol{w}^{\mathrm{T}}\boldsymbol{x}_i+\boldsymbol{b}\leqslant -1, & y_i=-1\end{cases}\tag{SVM-a}$$

此处，可知平面 $\boldsymbol{w}^{\mathrm{T}}\boldsymbol{x}_i+\boldsymbol{b}=1$ 和 $\boldsymbol{w}^{\mathrm{T}}\boldsymbol{x}_i+\boldsymbol{b}=-1$ 即为该分类问题中的边界超平面，这个问题可以回归到初中学过的线性规划问题。边界超平面 $\boldsymbol{w}^{\mathrm{T}}\boldsymbol{x}_i+\boldsymbol{b}=1$ 到原点的距离为 $\frac{|\boldsymbol{b}-1|}{\|\boldsymbol{w}\|}$；而边界超平面 $\boldsymbol{w}^{\mathrm{T}}\boldsymbol{x}_i+\boldsymbol{b}=-1$ 到原点的距离为 $\frac{|+\boldsymbol{b}+1|}{\|\boldsymbol{w}\|}$。所以这两个边界超平面的距离是 $\frac{2}{\|\boldsymbol{w}\|}$。同时注意，这两个边界超平面是平行的。而根据 SVM 的基本思想，最佳超平面应该使两个边界平面的距离最大化，即最大化 $\frac{2}{\|\boldsymbol{w}\|}$，也就是最小化其倒数，即：

$$\min:\frac{1}{2}\|\boldsymbol{w}\|=\frac{1}{2}\sqrt{\boldsymbol{w}^{\mathrm{T}}\boldsymbol{w}}$$

为了求解这个超平面的参数，可以以最小化上式为目标，而其要满足式 SVM-a 的表达式，而该式中的两个表达式，可以综合表达为：

$$y_i\left(\boldsymbol{w}^{\mathrm{T}}\boldsymbol{x}_i+\boldsymbol{b}\right)\geqslant 1$$

为此可以得到如下目标规划问题：

$$\min:\frac{1}{2}\|\boldsymbol{w}\|=\frac{1}{2}\sqrt{\boldsymbol{w}^{\mathrm{T}}\boldsymbol{w}}$$

$$\text{s. t. } y_i\left(\boldsymbol{w}^{\mathrm{T}}\boldsymbol{x}_i+\boldsymbol{b}\right)\geqslant 1,\quad i=1,2,\cdots,n$$

到这个形式以后，就可以很明显地看出来，它是一个凸优化问题，或者更具体地说，它是一个二次优化问题——目标函数是二次的，约束条件是线性的。这个问题可以用现成的 QP（Quadratic Programming）的优化包进行求解。虽然这个问题确实是一个标准 QP 问题，但是它也有它的特殊结构，通过拉格朗日变换到对偶变量（Dual Variable）的优化问题之后，可以找到一种更加有效的方法来进行求解，而且通常情况下这种方法比直接使用通用的 QP 优化包进行优化高效得多，而且便于推广。拉格朗日变化的作用，简单地说，就是通过给每一个约束条件加上一个 Lagrange multiplier（拉格朗日乘值）$\boldsymbol{\alpha}$，就可以将约束条件融合到目标函数里去（也就是说把条件融合到一个函数里，现在只用一个函数表达式便能清楚地表达出我们的问题）。该问题的拉格朗日表达式为：

$$L(\boldsymbol{w},\boldsymbol{b},\boldsymbol{\alpha})=\frac{1}{2}\|\boldsymbol{w}\|^2-\sum a_i\left[y_i\left(\boldsymbol{w}^{\mathrm{T}}\boldsymbol{x}_i+\boldsymbol{b}\right)-1\right]$$

其中，$a_i > 0$，$i = 1,2,\cdots,n$，为 Lagrange 系数。

然后依据拉格朗日对偶理论将其转化为对偶问题，即：

$$\begin{cases} \max : L(\boldsymbol{\alpha}) = \sum_{i=1}^{n} a_i - \frac{1}{2}\sum_{i=1}^{n}\sum_{i=1}^{n} a_i a_j y_i y_j \left(\boldsymbol{x}_i^{\mathrm{T}} \boldsymbol{x}_j\right) \\ \text{s.t.} \sum_{i=1}^{n} a_i y_i = 0, \quad a_i \geqslant 0 \end{cases}$$

这个问题可以用二次规划方法求解。设求解所得的最优解为 $a^* = [a_1^*, \ a_2^*, \ \cdots, \ a_n^*]^{\mathrm{T}}$，则可以得到最优的 w^* 和 b^* 为：

$$\begin{cases} \boldsymbol{w}^* = \sum_{i=1}^{n} a_i^* \boldsymbol{x}_i y_i \\ b^* = -\frac{1}{2}\boldsymbol{w}^*\left(\boldsymbol{x}_{\mathrm{r}} + \boldsymbol{x}_{\mathrm{s}}\right) \end{cases}$$

其中，$\boldsymbol{x}_{\mathrm{r}}$ 和 $\boldsymbol{x}_{\mathrm{s}}$ 为两个类别中任意的一对支持向量。

最终得到的最优分类函数为：

$$f(x) = \operatorname{sgn}\left[\sum_{i=1}^{n} a_i^* y_i (\boldsymbol{x}^{\mathrm{T}} \boldsymbol{x}_i) + b^*\right]$$

在输入空间中，如果数据不是线性可分的，支持向量机通过非线性映射 ϕ：$R^n \to F$ 将数据映射到某个其他点积空间（称为特征空间）F，然后在 F 中执行上述线性算法。这只需计算点积 $\phi(\boldsymbol{x})^{\mathrm{T}}\phi(\boldsymbol{x})$ 即可完成映射。在文献中，这一函数称为核函数（Kernel），用 $\boldsymbol{K}(\boldsymbol{x}, y) = \phi(\boldsymbol{x})^{\mathrm{T}}\phi(\boldsymbol{x})$ 表示。

支持向量机的理论有三个要点，即：

1）最大化间距；

2）核函数；

3）对偶理论。

对于线性 SVM，还有一种更便于理解和 MATLAB 编程的求解方法，即引入松弛变量，转化为纯线性规划问题。同时引入松弛变量后，SVM 更符合大部分的样本，因为对于大部分的情况，很难将所有的样本明显地分成两类，总有少数样本导致寻找不到最佳超平面的情况。为了加深大家对 SVM 的理解，这里也详细介绍一下该种 SVM 的解法。

一个典型的线性 SVM 模型可以表示为：

$$\begin{cases} \min : \frac{\|\boldsymbol{w}\|^2}{2} + v\sum_{i=1}^{n} \lambda_i \\ \text{s.t.} \begin{cases} y_i\left(\boldsymbol{w}^{\mathrm{T}} \boldsymbol{x}_i + \boldsymbol{b}\right) + \lambda_i \geqslant 1 \\ \lambda_i \geqslant 0 \end{cases}, \quad i = 1,2,\cdots,n \end{cases}$$

Mangasarian 证明该模型与下面模型的解几乎完全相同：

$$\begin{cases}\min : v\sum_{i=1}^{n}\lambda_i \\ \text{s.t.}\begin{cases}y_i\left(\boldsymbol{w}^{\mathrm{T}}\boldsymbol{x}_i+\boldsymbol{b}\right)+\lambda_i \geqslant 1 \\ \lambda_i \geqslant 0\end{cases}, \quad i=1,2,\cdots,n\end{cases}$$

这样，对于二分类的 SVM 问题就可以转化为非常便于求解的线性规划问题了。

8.7.3 支持向量机实例

现在我们用支持向量机方法来训练 8.2.2 节中关于银行市场调查的分类器，具体实现代码和结果如下：

```
opts = statset('MaxIter',45000);
% 训练分类器
svmStruct                                                                    =
svmtrain(Xtrain,Ytrain,'kernel_function','linear','kktviolationlevel',0.2,'opt-io
ns',opts);
% 进行预测
Y_svm = svmclassify(svmStruct,Xtest);
Yscore_svm = svmscore(svmStruct, Xtest);
Yscore_svm = (Yscore_svm - min(Yscore_svm))/range(Yscore_svm);
% 计算混淆矩阵
disp('SVM 方法分类结果：')
C_svm = confusionmat(Ytest,Y_svm)
```

SVM 方法分类结果：

```
C_svm =
276   84
9     31
```

8.7.4 支持向量机特点

SVM 具有许多很好的性质，因此它已经成为广泛使用的分类算法之一。下面简要总结一下 SVM 的一般特征。

1）SVM 学习问题可以表示为凸优化问题，因此可以利用已知的有效算法发现目标函数的全局最小值。而其他的分类方法（如基于规则的分类器和人工神经网络）都采用一种基于贪心学习的策略来搜索假设空间，这种方法一般只能获得局部最优解。

2）SVM 通过最大化决策边界的边缘来控制模型的能力。尽管如此，用户必须提供其他参数，如使用的核函数类型，为了引入松弛变量所需的代价函数 C 等，当然一些 SVM 工具都会有默认设置，一般选择默认的设置即可。

3）通过对数据中每个分类属性值引入一个亚变量，SVM 可以应用于分类数据。例如，如果婚姻状况有三个值（单身、已婚、离异），可以对每一个属性值引入一个二元变量。

8.8　决策树

8.8.1　决策树的基本概念

决策树（Decision Tree）又称为分类树（Classification Tree），决策树是最为广泛的归纳推理算法之一，处理类别型或连续型变量的分类预测问题，可以用图形和 if-then 的规则表示模型，可读性较高。决策树模型通过不断地划分数据，使依赖变量的差别最大，最终目的是将数据分类到不同的组织或不同的分枝，在依赖变量的值上建立最强的归类。

分类树的目标是针对类别型变量加以预测或解释反应结果，就具体本身而论，此模块分析技术与判别分析、区集分析、非线性估计所提供的功能是一样的。分类树的弹性，使其对数据具有更强的适应性，但并不意味许多传统方法就会被排除在外。实际应用上，当数据本身符合传统方法的理论条件与分配假说时，这些方法或许是较佳的，但是站在探索数据技术的角度或者当传统方法的设定条件不足时，分类树则更合适。

决策树是一种监督式的学习方法，产生一种类似流程图的树结构。决策树对数据进行处理是利用归纳算法产生分类规则和决策树，再对新数据进行预测分析。树的终端节点“叶子节点”（Leaf Node），表示分类结果的类别（Class），每个内部节点表示一个变量的测试，分枝（Branch）为测试输出，代表变量的一个可能数值。为达到分类目的，变量值在数据上测试，每一条路径代表一个分类规则。

决策树是用来处理分类问题，适用类别型的目标变量，目前也已扩展到可以处理连续型变量，如 CART 模型。但不同的决策树算法，对于数据类型有不同的需求和限制。

决策树在 Data Mining 领域应用非常广泛，尤其在分类问题上是很有效的方法。除具备图形化分析结果易于了解的优点外，决策树还具有以下优点：

1）决策树模型可以用图形或规则表示，而且这些规则容易解释和理解。容易使用，而且很有效。

2）可以处理连续型或类别型的变量。以最大信息增益选择分割变量，模型显示变量的相对重要性。

3）面对大的数据集也可以处理得很好，此外因为树的大小和数据库大小无关，因此计算量较小。当有很多变量被引入模型时，决策树仍然适应。

8.8.2　决策树的构建步骤

决策树构建的主要步骤有三个：第一是选择适当的算法训练样本构建决策树，第二是适当地修剪决策树，第三则是从决策树中萃取知识规则。

1. 决策树的分割

决策树是通过递归分割（Recursive Partitioning）建立而成，递归分割是一种把数据分割成不同小的部分的迭代过程。构建决策树的归纳算法如下：

1）将训练样本的原始数据放入决策树的树根。

2）将原始数据分成两组，一部分为训练组数据，另一部分为测试组资料。

3）使用训练样本来建立决策树，在每一个内部节点依据信息论（Information Theory）来评估选择哪一个属性继续做分割的依据，又称为节点分割（Splitting Node）。

4）使用测试数据来进行决策树修剪，修剪到决策树的每个分类都只有一个节点，以提升预测能力与速度。也就是经过节点分割后，判断这些内部节点是否为树叶节点，如果不是，则以新内部节点为分枝的树根来建立新的次分枝。

5）不断递归第 1 至第 4 步骤，一直到所有内部节点都是树叶节点为止。当决策树完成分类后，可将每个分枝的树叶节点萃取出知识规则。

如果有以下情况发生，决策树将停止分割：

1）该群数据的每一笔数据都已经归类到同一类别。

2）该群数据已经没有办法再找到新的属性来进行节点分割。

3）该群数据已经没有任何尚未处理的数据。

一般来说，决策树分类的正确性有赖于数据来源的多寡，若是透过庞大数据构建的决策树其预测和分类结果往往是符合期望的。

决策树学习主要利用信息论中的信息增益（Information Gain），寻找数据集中有最大信息量的变量，建立数据的一个节点，再根据变量的不同值建立树的分枝，每个分枝子集中重复建树的下层结果和分枝的过程，一直到完成建立整株决策树。决策树的每一条路径代表一个分类规则，与其他分类模型相比，决策树的最大优势在于模型图形化，让使用者容易了解，模型解释也非常简单而容易。

在树的每个节点上，使用信息增益选择测试的变量，信息增益是用来衡量给定变量区分训练样本的能力，选择最高信息增益或最大熵（Entropy）简化的变量，将之视为当前节点的分割变量，该变量促使需要分类的样本信息量最小，而且反映了最小随机性或不纯性（Impurity）（Han and Kamber，2001）。

若某一事件发生的概率是 p，令此事件发生后所得的信息量为 $I(p)$，若 $p=1$，则 $I(p)=0$，因为某一事件一定会发生，因此该事件发生不能提供任何信息。反之，如果某一事件发生的概率很小，不确定性愈大，则该事件发生带来的信息很多，因此 $I(p)$ 为递减函数，并定义 $I(p)=-\log(p)$。

给定数据集 S，假设类别变量 A 有 m 个不同的类别 $(c_1,\cdots,c_i,\cdots,c_m)$。利用变量 A 将数据集分为 m 个子集 $(s_1,s_2,\cdots,s_m)$，其中 s_i 表示在 S 中属于类别 c_i 的样本。在分类的过程中，对于每个样本，对应 m 种可能发生的概率为 $(p_1,\cdots,p_i,\cdots,p_m)$，记第 i 种结果的信息量为 $-\log(p_i)$，称为分类信息的熵。熵是测量一个随机变量不确定性的测量标准，可以用来测量训练数据集内纯度（Purity）的标准。熵的函数表示如下式：

$$I(s_1,s_2,\cdots,s_m)=-\sum_{i=1}^{m}p_i\log_2(p_i)$$

其中，p_i 是任意样本属于 c_i 的概率，对数函数以 2 为底，因为信息用二进制编码。

变量训练分类数据集的能力，可以利用信息增益来测量。算法计算每个变量的信息增益，具有最高信息增益的变量选为给定集合 S 的分割变量，产生一个节点，同时以该变量为标记，对每个变量值产生分枝，以此划分样本。

2. 决策树的剪枝

决策树学习可能遭遇模型过度配适（Overfitting）的问题，过度配适是指模型过度训练，导致模型记住的不是训练集的一般性，而是训练集的局部特性。模型过度配适，将导致模型预测能力不准确，一旦将训练后的模型运用到新数据，将导致错误预测。因此，完整的决策树构造过程，除了决策树的构建外，还应该包含树剪枝（Tree Pruning），解决和避免模型过度配适问题。

当决策树产生时，因为数据中的噪声或离群值，许多分枝反映的是训练资料中的异常情形，树剪枝就是在处理这些过度配适的问题。树剪枝通常使用统计测量值剪去最不可靠的分枝，可用的统计测量有卡方值或信息增益等，如此可以加速分类结果的产生，同时也可提高测试数据能够正确分类的能力。

树剪枝有两种方法：先剪枝（Prepruning）和后剪枝（Postpruning）。先剪枝是通过提前停止树的构造来对树剪枝，一旦停止分类，节点就成为树叶，该树叶可能持有子集样本中次数最高的类别。在构造决策树时，卡方值和信息增益等测量值可以用来评估分类的质量，如果在一个节点划分样本，将导致低于预先定义阈值的分裂，则给定子集的进一步划分将停止。选取适当的阈值是很困难的，较高的阈值可能导致过分简化的树，但是较低的阈值可能使得树的简化太少。后剪枝是由已经完全生长的树剪去分枝，通过删减节点的分枝剪掉树节点，最底下没有剪掉的节点成为树叶，并使用先前划分次数最多的类别作标记。对于树中每个非树叶节点，算法计算剪去该节点上的子树可能出现的期望错误率。再使用每个分枝的错误率，结合每个分枝观察的权重评估，计算不对该节点剪枝的期望错误率。如果剪去该节点导致较高的期望错误率，则保留该子树，否则剪去该子树。产生一组逐渐剪枝后的树，使用一个独立的测试集评估每棵树的准确率，就能得到具有最小期望错误率的决策树。也可以交叉使用先剪枝和后剪枝形成组合式，后剪枝所需的计算比先剪枝多，但通常产生较可靠的树（Han and Kamber，2001）。

3. 决策树算法

决策树的算法基本上是一种贪心算法，是由上至下的逐次搜索方式，渐次产生决策树模型结构。Quinlan 于 1979 年提出 ID3 算法，ID3 算法是著名的决策树归纳算法；算法 C4.5 和 C5.0 是 ID3 算法的修订版本。ID3 算法是以信息论为基础，企图最小化变量间比较的次数，其基本策略是选择具有最高信息增益的变量为分割变量（Splitting Variable），ID3 算法必须将所有变量转换为类别型变量。使用熵来量化信息，测量不确定性，如果所有数据属于同一类别，将不存在不确定性，此时的熵为 0。ID3 算法的基本步骤包含以下几点（Han and Kamber，2001）：

1）模型由代表训练样本开始，样本属于同一类别，则节点成为树叶，并使用该类别的标签。

2）如果样本不属于同一类别，算法使用信息增益选择将样本最佳分类的变量，该变量成为该节点的分割变量。对分割变量的每个已知值，产生一个分枝，并以此分割样本。

3）算法使用的过程，逐次形成每个分割的样本决策树。如果一个变量出现在一个节点上，就不必在后续分割时考虑该变数。

4）当给定节点的所有样本属于同一类别，或者没有剩余变量可用来进一步分割样本，此时分割的动作就可以停止，完成决策树的构建。

C4.5 算法是 ID3 算法的修订版，使用训练样本估计每个规则的准确率，如此可能导致对规则准确率的乐观估计，C4.5 使用一种悲观估计来补偿偏差，作为选择也可以使用一组独立于训练样本的测试样本来评估准确性。

C4.5 算法是先构建一棵完整的决策树，再针对每一个内部节点依使用者定义的错误预估率（Predicted Error Rate）来修剪决策树。信息增益愈大，表示经过变量分割后的不纯度愈小，降低了不确定性。ID3 算法就是依序寻找能得到最大信息增益的变量，并以此作为分隔变量。利用信息增益来选取分割变量，容易产生过度配适的问题，C4.5 算法采用 GainRatio 来加以改进方法，选取有最大 GainRatio 的分割变量作为准则，避免了 ID3 算法过度配适的问题。

C5.0 算法则是 C4.5 算法的修订版，适用于处理大数据集，在软件上的计算速度比较快，占用的内存资源较少。C5.0 算法的一个主要改进是采用 Boosting 方式提高模型准确率，又称为 Boosting Trees。除此之外，C5.0 算法允许设定错误分类的成本，依据不同的分类错误设定不同成本，所以 C5.0 算法可以不选择错误率最小的模型，而改选错误成本最小的模型。

CART 算法由 Friedman 等人提出，20 世纪 80 年代以来就开始发展，是基于树结构产生分类和回归模型的过程，是一种产生二元树的技术。CART 与 C4.5/C5.0 算法的最大相异之处是其在每一个节点上都是采用二分法，也就是一次只能够有两个子节点，C4.5/5.0 则在每一个节点上都可以产生不同数量的分枝。

CART 模型适用于目标变量为连续型和类别型的变量，如果目标变量是类别型变量，则可以使用分类树（Classification Tree），目标变量是连续型的，则可以采用回归树（Regression Tree）。CART 算法也是一种贪心算法，由上而下扩展树结构，再逐渐地修剪树结构。CART 树结构是由数据得来，并不是预先确定的，每一个节点都采用二择一的方式测试。和 ID3 算法一样，CART 模型使用熵作为选择最好分割变量的测量准则。如果树太大会导致过度配适，此时可以利用剪枝来解决此问题，然而树太小却能得到好的预测能力。CART 每次只使用一个变量建立树，因此它可以处理大量的变量。

8.8.3　决策树实例

现在我们用决策树算法来训练 8.2.2 节中关于银行市场调查的分类器，具体实现代码和结果如下：

```
t = ClassificationTree.fit(Xtrain,Ytrain,'CategoricalPredictors',catPred);
% 进行预测
Y_t = t.predict(Xtest);
% 计算混淆矩阵
disp('决策树方法分类结果：')
C_t = confusionmat(Ytest,Y_t)
```

决策树方法分类结果：

```
C_t =
326    34
19     21
```

8.8.4　决策树特点

决策树最为显著的优点在于，利用它来解释一个受训模型是非常容易的，而且算法将最为重要的判断因素都很好地安排在了靠近树根部位置。这意味着，决策树不仅对分类很有价值，而且对决策过程的解释也很有帮助。像贝叶斯分类器一样，可以通过观察内部结构来理解它的工作方式，同时这也有助于在分类过程之外进一步作出其他的决策。

因为决策树要寻找能够使信息增益达到最大化的分界线，因此它也可以接受数值型数据作为输入。能够同时处理分类数据和数值数据，对于许多问题的处理都是很有帮助的——这些问题往往是传统的统计方法（比如回归）所难以应对的。另外，决策树并不擅长对数值结果进行预测。一棵回归树可以将数据拆分成一系列具有最小方差的均值，但是如果数据非常复杂，则树就会变得非常庞大，以至于我们无法借此来做出准确的决策。

与贝叶斯决策树相比，决策树的主要优点是它能够很容易地处理变量之间的相互影响。一个用决策树构建的垃圾邮件过滤器可以很容易地判断出："onlie"和"pharmacy"在分开时并不代表垃圾信息，但当它们组合在一起时则为垃圾信息。

8.9　分类的评判

8.9.1　正确率

在介绍系列指标之前，先明确以下 4 个基本的定义：

1）True Positive（TP）：指模型预测为正（1）的，并且实际上也的确是正（1）的观察对象的数量。

2）True Negative（TN）：指模型预测为负（0）的，并且实际上也的确是负（0）的观察对象的数量。

3）False Positive（FP）：指模型预测为正（1）的，但是实际上是负（0）的观察对象的数量。

4）False Negative（FN）：指模型预测为负（0）的，但是实际上是正（1）的观察对象的数量。

上述4个基本定义可以用一个表格形式简单地体现，如表8-2所示。

表8-2 二类问题的混淆矩阵

实际的类 \ 预测的类	类1	类0
类1	TP	FN
类0	FP	TN

基于上面的4个基本定义，可以延伸出下列评价指标：

1）Accuracy（正确率）：模型总体的正确率，是指模型能正确预测、识别1和0的对象数量与预测对象总数的比值，公式如下：

$$\frac{TP+TN}{TP+FP+FN+TN}$$

2）Error rate（错误率）：模型总体的错误率，是指模型错误预测、错误识别1和0的观察对象的数量与预测对象总数的比值，即1减去正确率的差，公式如下：

$$1-\frac{TP+TN}{TP+FP+FN+TN}$$

3）Sensitivity（灵敏性）：又叫击中率或真正率，模型正确识别为正（1）的对象占全部观察对象中实际为正（1）的对象数量的比值，公式如下：

$$\frac{TP}{TP+FN}$$

4）Specificity（特效性）：又叫真负率，模型正确识别为负（0）的对象占全部观察对象中实际为负（0）的对象数量的比值，公式如下：

$$\frac{TN}{TN+FP}$$

5）Precision（精度）：模型正确识别为正（1）的对象占模型识别为正（1）的观察对象总数的比值，公式如下：

$$\frac{TP}{TP+FP}$$

6）False Positive Rate（错正率）：又叫假正率，模型错误地识别为正（1）的对象数量占实际为负（0）的对象数量的比值，即1减去真负率Specificity，公式如下：

$$\frac{FP}{TN+FP}$$

7）Negative Predictive Value（负元正确率）：模型正确识别为负（0）的对象数量占模型识别为负（0）的观察对象总数的比值，公式如下：

$$\frac{TN}{TN+FN}$$

8）False Discovery Rate（正元错误率）：模型错误识别为正（1）的对象数量占模型识别为正（1）的观察对象总数的比值，公式如下：

$$\frac{\mathrm{FP}}{\mathrm{TP}+\mathrm{FP}}$$

可以很容易地发现，正确率是灵敏性和特效性的函数：

$$\mathrm{Accuracy}=\mathrm{Sensitivity}\frac{(\mathrm{TP}+\mathrm{FN})}{(\mathrm{TP}+\mathrm{FP}+\mathrm{TN}+\mathrm{FN})}+\mathrm{Specificity}\frac{(\mathrm{TN}+\mathrm{FP})}{(\mathrm{TP}+\mathrm{FP}+\mathrm{TN}+\mathrm{FN})}$$

上述各种基本指标，从各个角度对模型的表现进行了评估，在实际业务应用场景中，可以有选择地采用其中的某些指标（不一定全部采用），关键要看具体的项目背景和业务场景，针对其侧重点来选择。

另外，上述各种基本指标看上去很容易让人混淆，尤其是与业务方讨论这些指标时更是如此，而且这些指标虽然从各个不同角度对模型效果进行了评价，但指标之间是彼此分散的，因此使用起来需要人为地进行整合。

现在再回到前面的案例，在这个案例中，如果我们关心的是真负率，那么我们就可以比较几个算法的真负率，从而选择比较合适的算法。在前面我们已经得到各模型的混淆矩阵，所以比较真负率也比较容易，具体的代码如下：

```
% 绘制各方法的真负率
figure;
bar(auc); set(gca,'YGrid', 'on','XTickLabel',methods);
xlabel('方法简称', 'fontsize',12);
ylabel('分类正确率', 'fontsize',12);
title('各方法分类正确率','fontsize',12);
set(gca,'linewidth',2);
```

图 8-10 为分类算法正确率评估图。

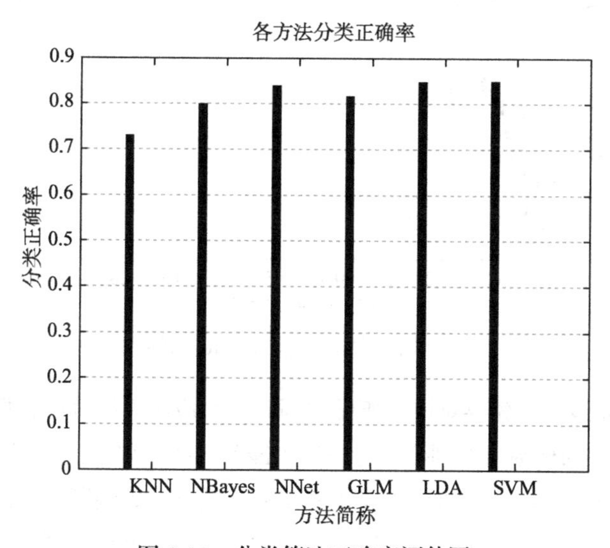

图 8-10 分类算法正确率评估图

8.9.2 ROC 曲线

ROC 曲线是一种有效比较（或对比）两个（或两个以上）二元分类模型（Binary Model）的可视工具，ROC（Receiver Operating Characteristic，接收者运行特征）曲线来源于信号检测理论，它显示了给定模型的灵敏性（Sensitivity）真正率与假正率（False Positive Rate）之间的比较评定。给定一个二元分类问题，我们通过对测试数据集的不同部分所显示的模型可以正确识别“1”实例的比例与模型将“0”实例错误地识别为“1”的比例进行分析，来进行不同模型的准确率的比较评定。真正率的增加是以假正率的增加为代价的，ROC 曲线下面的面积就是比较模型准确度的指标和依据。面积大的模型对应的模型准确度要高，也就是要择优应用的模型。面积越接近 0.5，对应模型的准确率就越低。

图 8-11 是两个分类模型所对应的 ROC 曲线图，其横轴是假正率，其纵轴是真正率，该图同时显示了一条对角线。ROC 曲线离对角线越近，模型的准确率就越低。从排序后的最高“正”概率的观察值开始，随着概率从高到低逐渐下降，相应的观察群体里真正的“正”群体则会逐渐减少，而假“正”真“负”的群体则会逐渐增多，ROC 曲线也从开始的陡峭变为逐渐水平。图中最上面的曲线所代表的神经网络模型（Neural）的准确率就要高于其下面的曲线所代表的逻辑回归模型（Reg）的准确率。

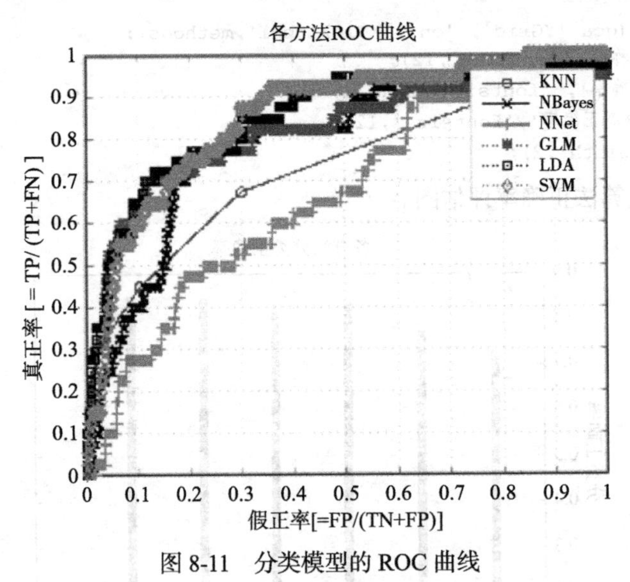

图 8-11 分类模型的 ROC 曲线

要绘制 ROC 曲线，首先要对模型所做的判断即对应的数据排序，把经过模型判断后的观察值预测为正（1）的概率从高到低进行排序（最前面的应该是模型判断最可能为“正”的观察值），ROC 曲线的纵轴（垂直轴）表示真正率（模型正确判断为正的数量占实际为正的数量的比值），ROC 曲线的横轴（水平轴）表示假正率（模型错误判断为正的数量占实际为负的数量的比值）。具体绘制时，要从左下角开始，在此真正率和假正率都为 0，按照刚才概率从高到低的顺序，依次针对每个观察值实际的“正”或“负”进行 ROC 图形的绘制，如果它是真正的“正”，则在 ROC 曲线上向上移动并绘制一个点；如果它是真正的“负”，则在 ROC 曲线上向右移动并绘制一个点。对于每个观察值都重复这个过程，（按照预测为“正”的概率从高到低的顺序来绘制），每次对实际为“正”的在 ROC 曲线上向上移动一个点，对实际为“负”的在 ROC 曲线上向右移动一个点。当然，很多数据挖掘软件包已经可以自动实现对 ROC 曲线的展示，所以更多的时候只是需要知道其中的原理，并且知道如何评价具体模型的 ROC 曲线即可。

绘制图 8-11 所示的 ROC 代码如下：

```
methods = {'KNN','NBayes','NNet', 'GLM',  'LDA', 'SVM'};
scores = [Yscore_knn, Yscore_Nb, Yscore_nn, Yscore_glm, Yscore_da,  Yscore_svm];
%绘制 ROC 曲线
Figure
auc= zeros(6); hCurve = zeros(1,6);
for ii=1:6;
  [rocx, rocy, ~, auc(ii)] = perfcurve(Ytest, scores(:,ii), 'yes');
  hCurve(ii,:) = plot(rocx, rocy, 'k','LineWidth',2); hold on;
end
legend(hCurve(:,1), methods)
set(gca,'linewidth',2);
grid on;
title('各方法 ROC 曲线', 'fontsize',12);
xlabel('假阳率 [ = FP/(TN+FP)]', 'fontsize',12);
ylabel('真阳率 [ = TP/(TP+FN)]', 'fontsize',12);
```

8.10 应用实例：分类选股法

8.10.1 案例背景

分类在量化投资中是一种非常实用的技术。以股票为例，根据股票的涨跌状态，可以将股票分成三类：涨、持平和跌。在选股时，我们的目标是选择有涨潜力的股票，而避免选择有跌风险的股票，所以我们更关注的是涨和跌两个类别的股票。基于这样的考虑，设想如果能将股票分为涨和跌两类股票，选择买入涨的股票，而卖出跌的股票，这将对投资股票是非常有利的。

根据股票的历史数据，我们可以计算得到股票的一些指标，并且根据股票的历史涨跌情况，我们可以定义出“涨”股票和“跌”股票。这些指标相当于输入，而其状态相当于输出，这样根据这些数据我们就可以训练一个分类器，再利用该分类器，就可以实现对近期或未来一段时间的股票进行预测。

训练分类器的训练样本已经放于 selected_tdata.xlsx 中，如表 8-3 所示，其中 SID 表示股票的编号，X1～X8 为 8 个指标，Y 则为股票的涨跌状态，或可理解为涨的概率。而预测样本放在 selected_fdata.xlsx 中，如表 8-4 所示（关于这些数据是怎样得到的，可以参照 4.1 节及 5.1 节）。根据上面学习的分类技术，只要选择一个分类方法，就可以利用表 8-3 的样本训练出该分类器，而再以表 8-4 的数据作为输入，就可以得到这些股票未来的状态预测。

表 8-3 股票分类训练样本

SID	X1	X2	X3	X4	X5	X6	X7	X8	Y
938	0	0.664186	0.568177	0.676557	0.807005	0.822039	0.159019	0.100741	1
955	0.369022	0.373625	0.444087	0.509025	0.594756	0.599438	0.287933	0.256512	1
957	1	1	1	1	0.841517	0.60381	0.549302	0.878456	1
957	0.719588	1	0.568177	0.676557	0.316724	0.630255	0.335306	0.631347	1
957	0.875241	1	0.568177	0.676557	0.620273	0.669086	0.453491	0.535071	1
973	0.7066	0.585696	1	1	0.681068	0.879814	0.353326	0.461259	1
977	0.093164	0.671944	0.302117	0.173961	0.237053	0.192934	0.128049	0.063319	1
1	0.203524	0.319353	0.361291	0.341493	0.073104	0.390368	0.456691	0.272403	−1
1	0.30148	0.336599	0.302117	0.173961	0.315328	0.452827	0.649412	0.502396	−1
1	0.331083	0.35282	0.302117	0.173961	0.755897	0.480425	0.778511	0.611119	−1
1	0.287717	0.298582	0.302117	0.173961	0.610018	0.368464	0.680474	0.606938	−1
1	0.362609	0.197105	0.361291	0.341493	0.185195	0.112184	0.680197	0.644573	−1
1	0.522551	0.229589	0.444087	0.509025	0.15945	0.181541	0.85895	0.751893	−1
1	0.465448	0.315421	0.361291	0.341493	0.214698	0.217401	0.85895	0.751893	−1
1	0.430687	0.373518	0.361291	0.341493	0.34743	0.389612	0.914562	0.804285	−1

表 8-4 股票分类预测样本

SID	X1	X2	X3	X4	X5	X6	X7	X8
1	0.370518	0.228827	0.417467	0.456905	0.65828	0.269891	0.61134	0.440261
2	0.410009	0.223225	0.302097	0.244671	0.521301	0.531944	0.553721	0.322291
4	0.773221	0.372947	1	1	0.930767	0.894786	0.7914	0.487435
5	0.437815	0.38571	0.590378	0.669138	0.553453	0.458256	0.539316	0.331551
6	0.104282	0.140815	0.417467	0.456905	0.60773	0.358791	0.246194	0.248542
7	0.811114	0.462535	0.590378	0.669138	0.891488	0.814734	0.7914	0.771868
8	0.30237	0.353455	0.417467	0.456905	0.33083	0	0.060928	0.183124
9	0.746101	0.553203	0.590378	0.669138	0.503008	0.57995	0.7914	0.658269
10	0.391251	0.53078	0.417467	0.456905	0.308306	0.47891	0.703464	0.706443

8.10.2 实现方法

对于该问题，以上方法基本都适应，此处作为一个实例不妨选择决策树作为股票的分类器，具体实现的代码如 P8-1 所示。

程序编号	P8–1	文件名称	ClassifyStock.m	说明	利用分类方法进行选股

```
%% 分类应用实例：分类选股法
%% 读入数据
clc, clear all, close all
stdata=xlsread('selected_tdata.xlsx');
sfdata=xlsread('selected_fdata.xlsx');
[rn, cn]=size(stdata);
X=stdata(:,2:(cn-1));
Y=stdata(:,cn);
X_f=sfdata(:,2:(cn-1));
%% 设置交叉验证方式：随机选择 50%的样本作为测试样本
cv = cvpartition(size(X,1),'holdout',0.50);
% 训练集
Xtrain = X(training(cv),:);
Ytrain = Y(training(cv),:);
% 测试集合
Xtest = X(test(cv),:);
Ytest = Y(test(cv),:);

%% 采用决策树训练并评估分类器
% 训练分类器
t = ClassificationTree.fit(Xtrain,Ytrain);
view(t,'Mode','graph')
% 进行预测
Y_t = t.predict(Xtest);
% 计算混淆矩阵
disp('决策树方法分类结果：')
C = confusionmat(Ytest,Y_t)
disp(['全部训练的正确率为:' num2str((C(1,1)+C(2,2))/sum(sum(C)))]);

%% 对新样本进行预测
Y_f = t.predict(X_f);
xlswrite('selected_fdata.xlsx', Y_f, 'sheet1',['J1:J' num2str(size(Y_f,1))]);
%% 说明：本程序采用决策树算法进行分类
```

程序的执行结果如下：

```
决策树方法分类结果:
C =
   39   12
    2   46
全部训练的正确率为:0.85859
```

打开表 selected_fdata.xlsx 之后，我们会发现样本最后多出了一列，这列正是分类器分类的结果，如表 8-5 所示。在实践中，就可以选择状态为 1 的股票买入，而卖出为–1 的股票，至少避免买入状态为–1 的股票。

表 8-5 分类结果

SID	X1	X2	X3	X4	X5	X6	X7	X8	Y
1	0.370518	0.228827	0.417467	0.456905	0.65828	0.269891	0.61134	0.440261	−1
2	0.410009	0.223225	0.302097	0.244671	0.521301	0.531944	0.553721	0.322291	−1
4	0.773221	0.372947	1	1	0.930767	0.894786	0.7914	0.487435	−1
5	0.437815	0.38571	0.590378	0.669138	0.553453	0.458256	0.539316	0.331551	−1
6	0.104282	0.140815	0.417467	0.456905	0.60773	0.358791	0.246194	0.248542	1
7	0.811114	0.462535	0.590378	0.669138	0.891488	0.814734	0.7914	0.771868	−1
8	0.30237	0.353455	0.417467	0.456905	0.33083	0	0.060928	0.183124	−1
9	0.746101	0.553203	0.590378	0.669138	0.503008	0.57995	0.7914	0.658269	−1
10	0.391251	0.53078	0.417467	0.456905	0.308306	0.47891	0.703464	0.706443	1
11	0.473001	0.456133	0.590378	0.669138	0.627999	0.390236	0.751598	0.456712	−1
12	0.349226	0.264748	0.417467	0.456905	0.60694	0.389798	0.389138	0.308621	1
14	0.540025	0.290403	0.417467	0.456905	0.748215	0.636681	0.6539	0.306566	−1
16	0.441066	0.740285	0.417467	0.456905	0.611679	0.436293	0.7914	0.552826	−1
17	0.01912	1	0.219643	0.032438	0.022912	0.154058	0.238753	0.709254	1
18	1	0.64289	1	1	0.868153	1	0.7914	0.945854	−1

在训练分类器后，程序可以显示该分类器的具体决策树结构图，如图 8-12 所示。通过该图，我们也可以看出，在这个问题中，哪些变量在哪些层次发生了作用，根据分类的依据，可以看出好股票的指标具有哪些特点，这对于股票的技术分析是非常有帮助的。

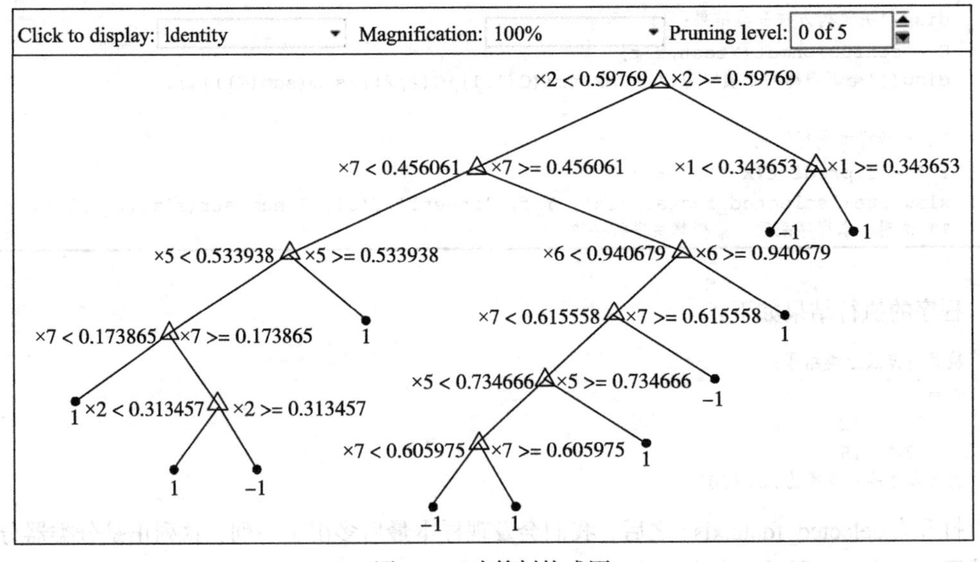

图 8-12 决策树构成图

利用决策树训练该分类器的缺点是，得到的结果不是连续的，这样对于同一类别的股票就不便进行排序了。如果要考虑排序，可以考虑多因子模型、神经网络模型，关于利用神经网络进行选股，可以参考第15章的内容。

8.11 延伸阅读：其他分类方法

（1）LB算法

LB（Large Bayes）算法是一种基于概率统计和关联规则的分类算法。在算法的训练阶段，利用挖掘关联规则的Apriori算法找出训练集中所有的频繁且有意义的项目集，存放在集合F中。对于一个未知类别的样本A，可以从F中找出包含在A中的最长的项目集来计算A属于各个类别的概率，并且选择其中概率最大的类别为其分类。LB算法的分类准确度比现有的其他分类算法的准确度好，但该算法仍有与贝叶斯算法相同的缺点。

（2）集成学习

实际应用的复杂性和数据的多样性往往使得单一的分类方法不够有效。因此，学者们对多种分类方法的融合即集成学习（Ensemble Learning）进行了广泛的研究。集成学习已成为国际机器学习界的研究热点，并被称为当前机器学习四个主要研究方向之一。

集成学习是一种机器学习范式，它试图通过连续调用单个的学习算法，获得不同的基学习器，然后根据规则组合这些学习器来解决同一个问题，可以显著地提高学习系统的泛化能力。组合多个基学习器主要采用（加权）投票的方法，常见的算法有装袋（Bagging）、提升/推进（Boosting）等。集成学习由于采用了投票平均的方法组合多个分类器，所以有可能减少单个分类器的误差，获得对问题空间模型更加准确的表示，从而提高分类器的分类准确度。

8.12 小结

分类是数据挖掘的重要方法之一，到目前为止，已有多种基于各种思想和理论基础的分类算法，算法的实际应用也已趋于成熟。但实践证明，没有一种分类算法对所有的数据类型都优于其他分类算法，每种相对较优的算法都有它具体的应用环境。以上简单介绍了各种主要的分类方法，应该说都有其各自不同的特点。

本章介绍的几种分类方法都是最为常用的分类方法，对于每种方法，可研究的内容也很多，也很复杂，这里介绍的都是最基础和最典型的应用，建议读者先了解这些方法的基本形式，随着应用的深入，再逐渐拓展自己感兴趣的方法。这里介绍的这些方法，虽然都是比较简单的形式，但在实践中却是最为实用的技术，在实践中不是方法越复杂越好，而是越简单、越稳定、越容易解释越好。比如SVM算法，虽然高次核函数可以大大提高训练数据的分类正确率，但对新数据的适用能力还没有线性SVM强。

在选择分类方法时除了考虑准确率，通常还要兼顾其他性能，比如：计算速度，包括构造模型以及使用模型进行分类的时间；强壮性，模型对噪声数据或空缺值数据正确预测的能力；可伸缩性，对于数据量很大的数据集，有效构造模型的能力；模型描述的简洁性和可解释性，模型描述愈简洁、愈容易理解，则愈受欢迎。

参考文献

[1] Jiawei Han 等. 数据挖掘概念与技术[M]. 范明，等译. 北京：北京机械工业出版社, 2012.

[2] http://blog.sina.com.cn/s/blog_660109150101ql1m.html.

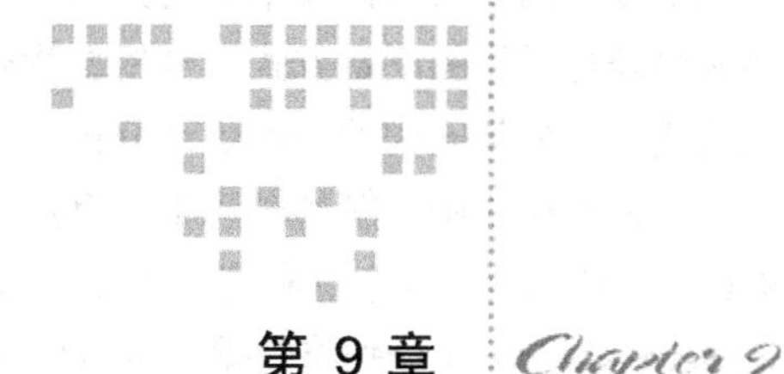

第 9 章 Chapter 9

聚类方法

在自然科学和社会科学中，存在着大量的聚类问题，其实聚类是一个人们日常生活的常见行为，所谓“物以类聚，人以群分”，其核心思想也是聚类。人们总是不断地改进下意识中的聚类模式来学习如何区分各个事物和人。通过聚类，人们能意识到密集和稀疏的区域，发现全局的分布模式，以及数据属性之间有趣的相互关系。

聚类起源于分类学，在古老的分类学中，人们主要依靠经验和专业知识来实现分类，很少利用数学工具进行定量的分类。随着人类科学技术的发展，对分类的要求越来越高，以致有时仅凭经验和专业知识难以确切地进行分类，于是人们逐渐地把数学工具引用到了分类学中，形成了数值分类学，之后又将多元分析的技术引入到数值分类学形成了聚类。在实践中，聚类往往为分类服务，即先通过聚类来判断事物的合适类别，然后再利用分类技术对新的样本进行分类。

聚类已经广泛地应用在许多应用中，包括模式识别、数据分析、图像处理以及市场研究。作为一个数据挖掘的功能，聚类能作为独立的工具来获得数据分布的情况，观察每个簇的特点，集中对特定的某些簇做进一步的分析，此外，聚类分析还可以作为其他算法的预处理步骤，简化计算量，提高分析效率。本章将介绍聚类的常用方法和典型的应用案例。

9.1　聚类方法概要

9.1.1　聚类的概念

将物理或抽象对象的集合分成由类似的对象组成的多个类或簇（Cluster）的过程被称为聚类（Clustering）。由聚类所生成的簇是一组数据对象的集合，这些对象与同一个簇中的对象相似度较高，与其他簇中的对象相似度较低。相似度是根据描述对象的属性值来度量的，距离是经常采用的度量方式。分析事物聚类的过程称为聚类分析又称群分析，它是研究（样品或指标）分类问题的一种统计分析方法。

在许多应用中，簇的概念都没有严格的定义。为了理解确定簇构造的困难性，可参考图9-1。该图显示了18个点和将它们划分成簇的3种不同方法。标记的形状指示簇的隶属关系。图9-1b和图9-1d分别将数据划分成两部分和六部分。然而，将2个较大的簇都划分成3个子簇可能是人的视觉系统造成的假象。此外，说这些点形成4个簇（如图9-1c所示）可能也不无道理。该图表明簇的定义是不精确的，而最好的定义依赖于数据的特性和期望的结果。另外，簇的形象表现在空间分布上也不是确定的，而是成各种不同的形状，在二维平面里就可以有各种不同的形状，如图9-2所示，在多维空间里，更是有更多的形状。所以簇的定义，也需要具体情况具体分析，但总的趋势是，同一个簇的样本在空间上是靠拢在一起的。

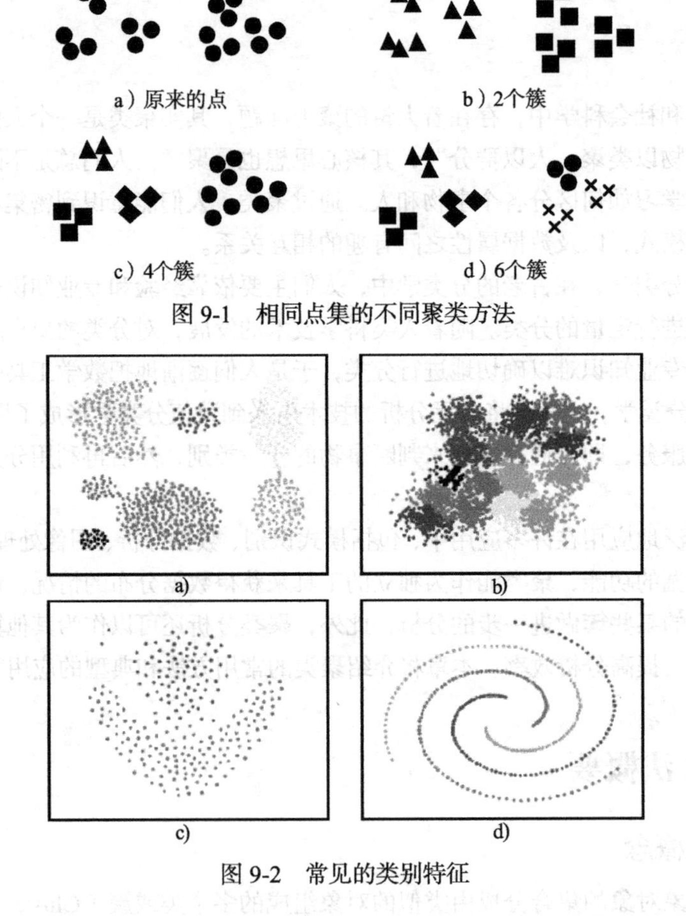

图9-1 相同点集的不同聚类方法

图9-2 常见的类别特征

聚类分析与其他将数据对象分组的技术相关。例如，聚类可以看作一种分类，它用类

（簇）标号创建对象的标记。然而，只能从数据导出这些标号。相比之下，分类是监督分类（Supervised Classification），即使用由类标号已知的对象开发的模型，对新的、无标记的对象赋予类标号。为此，有时称聚类分析为非监督分类（Unsupervised Classification）。

此外，尽管术语分割（Segmentation）和划分（Partitioning）有时也用作聚类的同义词，但是这些术语通常用来表示传统的聚类分析之外的方法。例如，术语划分通常用在与将图分成子图相关的技术，与聚类并无太大联系。分割通常指使用简单的技术将数据分组；例如，图像可以根据像素亮度或颜色分割，人可以根据他们的收入分组。尽管如此，图划分、图像分割和市场分割的许多工作都与聚类分析有关。

9.1.2　类的度量方法

既然要研究聚类，我们就有必要了解不同类的度量方法。纵然类的形式各有不同，但总的来说，常用的类的度量方法有两种，即距离和相似系数。距离用来度量样品之间的相似性，相似系数用来度量变量之间的相似性。

（1）距离

设 $X_1, X_2, \cdots, X_n$ 为取自 p 元总体的样本，记第 i 个样品 $X_i=(x_{i1}, x_{i2}, \cdots, x_{ip})(i=1,2,\cdots,n)$。聚类分析中常用的距离有以下几种：

① 闵可夫斯基（Minkowski）距离

第 i 个样品 X_i 和第 j 个样品 X_j 之间的闵可夫斯基距离（也称“明氏距离”）定义为：

$$d_{ij}(q)=\left[\sum_{k=1}^{p}\left|x_{ik}-x_{jk}\right|^{q}\right]^{1/q}, \quad i=1,2,\cdots,n; j=1,2,\cdots,n$$

其中，q 为正整数。

特别地，

当 $q=1$ 时，$d_{ij}(1)=\sum_{k=1}^{p}\left|x_{ik}-x_{jk}\right|$ 称为绝对值距离；

当 $q=2$ 时，$d_{ij}(2)=\left[\sum_{k=1}^{p}(x_{ik}-x_{jk})^{2}\right]^{1/2}$ 称为欧氏距离；

当 $q\to\infty$ 时，$d_{ij}(\infty)=\max\limits_{1\leqslant k\leqslant p}\left|x_{ik}-x_{jk}\right|$ 称为切比雪夫距离。

注意　当各变量的单位不同或测量值范围相差很大时，不应直接采用闵可夫斯基距离，应先对各变量的观测数据做标准化处理。

② 兰氏（Lance 和 Williams）距离

当 $x_{ik}>0(i=1,2,\cdots,n; j=1,2,\cdots,p)$ 时，定义第 i 个样品 X_i 和第 j 个样品 X_j 之间的兰氏距离为：

$$d_{ik}(L)=\sum_{k=1}^{p}\frac{\left|x_{ik}-x_{jk}\right|}{x_{ij}+x_{jk}},\quad i=1,2,\cdots,n;j=1,2,\cdots,n$$

兰氏距离与各变量的单位无关，它对大的异常值不敏感，故适用于高度偏斜的数据。

③ 马哈拉诺比斯（Mahalanobis）距离

第 i 个样品 X_i 和第 j 个样品 X_j 之间的马哈拉诺比斯距离（简称马氏距离）定义为：

$$d_{ij}^{*}=\left[\frac{1}{p^2}\sum_{k=1}^{p}\sum_{l=1}^{p}(x_{ik}-x_{jk})(x_{il}-x_{jl})r_{kl}\right]^{1/2},\quad i=1,2,\cdots,n;j=1,2,\cdots,n$$

其中，r_{kl}是变量 x_k 与变量 x_l 间的相关系数。

（2）相似系数

常用的相似系数又有两种度量方法：

① 夹角余弦

变量 x_i 与 x_j 的夹角余弦定义为：

$$C_{ij}(1)=\frac{\sum_{k=1}^{n}x_{ki}x_{kj}}{\left[\left(\sum_{k=1}^{n}x_{ki}^2\right)\left(\sum_{k=1}^{n}x_{kj}^2\right)\right]^{1/2}},\quad i=1,2,\cdots,p;j=1,2,\cdots,p$$

它是变量 x_i 的观测值向量 $(x_{1i},x_{2i},\cdots,x_{ni})'$ 和变量 x_j 的观测值向量 $(x_{1j},x_{2j},\cdots,x_{nj})'$ 间夹角的余弦。

② 相关系数

变量 x_i 与 x_j 的相关系数定义为：

$$C_{ij}(2)=\frac{\sum_{k=1}^{n}(x_{ki}-\overline{x}_i)(x_{kj}-\overline{x}_j)}{\sqrt{\left[\sum_{k=1}^{n}(x_{ki}-\overline{x}_i)^2\right]\left[\sum_{k=1}^{n}(x_{kj}-\overline{x}_j)^2\right]}},\quad i=1,2,\cdots,p;j=1,2,\cdots,p$$

其中，

$$\overline{x}_i=\frac{1}{n}\sum_{k=1}^{n}x_{ki},\overline{x}_j=\frac{1}{n}\sum_{k=1}^{n}{}_{kj},i=1,2,\cdots,p;j=1,2,\cdots,p$$

由相似系数还可定义变量间距离，如：

$$d_{ij}=1-C_{ij},\quad i=1,2,\cdots,p;j=1,2,\cdots,p$$

9.1.3 聚类方法的应用场景

聚类的用途很广，作为数据挖掘中的一类主要方法，其典型作用是挖掘数据中一些深层的信息，并概括出每一类的特点，或者把注意力放在某一个特定的类上以作进一步的分析。具体说来，聚类有以下几个方面的典型应用：

（1）客户细分

消费同一种类的商品或服务时，不同的客户有不同的消费特点，通过研究这些特点，企业可以制定出不同的营销组合，从而获取最大的消费者剩余，这就是客户细分的主要目的。常用的客户分类方法主要有三类：经验描述法，由决策者根据经验对客户进行类别划分；传统统计法，根据客户属性特征的简单统计来划分客户类别；非传统统计方法，即基于人工智能技术的非数值方法。聚类分析法兼有后两类方法的特点。

（2）销售片区划分

销售片区的确定和片区经理的任命在企业的市场营销中发挥着重要的作用。只有合理地将企业所拥有的子市场归成几个大的片区，才能更有效地制定符合片区特点的市场营销战略和策略，并任命合适的片区经理。聚类分析在这个过程中的应用可以通过一个例子来说明。某公司在全国有 20 个子市场，每个市场在人口数量、人均可支配收入、地区零售总额、该公司某种商品的销售量等变量上有不同的指标值。以上变量都是决定市场需求量的主要因素，把这些变量作为聚类变量，结合决策者的主观愿望和相关统计软件提供的客观标准，接下来就可以针对不同的片区制定合理的战略和策略，并任命合适的片区经理。

（3）聚类分析在市场机会研究中的应用

企业制定市场营销战略时，弄清在同一市场中哪些企业是直接竞争者，哪些是间接竞争者是非常关键的一个环节。要解决这个问题，企业首先可以通过市场调查，获取自己和所有主要竞争者在品牌方面的第一提及知名度、提示前知名度和提示后知名度的指标值，将它们作为聚类分析的变量，这样便可以将企业和竞争对手的产品或品牌归类。根据归类的结论，企业可以获得如下信息：企业的产品或品牌和哪些竞争对手形成了直接的竞争关系。通常，聚类以后属于同一类别的产品和品牌就是所分析企业的直接竞争对手。在制定战略时，可以更多地运用“红海战略”。在聚类以后，结合每一产品或品牌的多种不同属性的研究，可以发现哪些属性组合目前还没有融入产品或品牌中，从而寻找企业在市场中的机会，为企业制定合理的“蓝海战略”提供基础性的资料。

9.1.4　聚类方法分类

聚类问题的研究已经有很长的历史。迄今为止，为了解决各领域的聚类应用，已经提出的聚类算法有近百种。根据聚类原理，可将聚类算法分为以下几种：划分聚类、层次聚类、基于密度的聚类、基于网格的聚类和基于模型的聚类。

虽然聚类的方法很多，在实践中用的比较多的还是 K-means、层次聚类、神经网络聚类、模糊 C-均值聚类、高斯聚类这几种常用的方法，所以本章随后将重点介绍这几个方法。

9.2 K-means 方法

K-均值聚类算法是著名的划分聚类分割方法。划分方法的基本思想是：给定一个有 N 个元组或者记录的数据集，分裂法将构造 K 个分组，每一个分组就代表一个聚类，K<N。而且这 K 个分组满足下列条件：①每一个分组至少包含一个数据记录；②每一个数据记录属于且仅属于一个分组；对于给定的 K，算法首先给出一个初始的分组方法，以后通过反复迭代的方法改变分组，使得每一次改进之后的分组方案都较前一次好，而所谓好的标准就是：同一分组中的记录越近越好（已经收敛，反复迭代至组内数据几乎无差异），而不同分组中的记录越远越好。

9.2.1 K-means 原理和步骤

K-means 算法的工作原理：首先随机从数据集中选取 K 个点，每个点初始地代表每个簇的聚类中心，然后计算剩余各个样本到聚类中心的距离，将它赋给最近的簇，接着重新计算每一簇的平均值，整个过程不断重复，如果相邻两次调整没有明显变化，说明数据聚类形成的簇已经收敛。本算法的一个特点是在每次迭代中都要考察每个样本的分类是否正确。若不正确，就要调整，在全部样本调整完后，再修改聚类中心，进入下一次迭代。这个过程将不断重复直到满足某个终止条件，终止条件可以是以下任何一个：

1）没有对象被重新分配给不同的聚类。

2）聚类中心不再发生变化。

3）误差平方和局部最小。

算法步骤：

1）从 n 个数据对象中任意选择 k 个对象作为初始聚类中心；

2）循环 3）到 4）直到每个聚类不再发生变化为止；

3）根据每个聚类对象的均值（中心对象），计算每个对象与这些中心对象的距离；并根据最小距离重新对相应对象进行划分；

4）重新计算每个聚类的均值（中心对象），直到聚类中心不再变化。这种划分使得下式最小：

$$E=\sum_{j=1}^{k}\sum_{x_i\in\omega_j}\left\|x_i-m_j\right\|^2$$

K-means 算法是很典型的基于距离的聚类算法，采用距离作为相似性的评价指标，即认为两个对象的距离越近，其相似度就越大。该算法认为簇是由距离靠近的对象组成，因此把得到紧凑且独立的簇作为最终目标。

K-means 算法：

输入：聚类个数 k，以及包含 n 个数据对象的数据库。

输出：满足方差最小标准的 k 个聚类。

处理流程：

1）从n个数据对象中任意选择k个对象作为初始聚类中心；

2）根据每个聚类对象的均值（中心对象），计算每个对象与这些中心对象的距离；并根据最小距离重新对相应对象进行划分；

3）重新计算每个（有变化）聚类的均值（中心对象）；

4）循环2）到3）直到每个聚类不再发生变化为止。

K-means 算法接受输入量k；然后将n个数据对象划分为k个聚类以便使得所获得的聚类满足：同一聚类中的对象相似度较高；而不同聚类中的对象相似度较低。聚类相似度是利用各聚类中对象的均值所获得的一个“中心对象”（引力中心）来进行计算的。

K-means 算法的特点——采用两阶段反复循环过程算法，结束的条件是不再有数据元素被重新分配：

9.2.2 K-means 实例1：自主编程

现在以一个小实例为载体来学习如何用K-means 算法实现实际的分类问题。

已知有20个样本，每个样本有2个特征，数据分布如表9-1所示，试对这些数据进行分类。

表9-1 数据

X1	0	1	0	1	2	1	2	3	6	7
X2	0	0	1	1	1	2	2	2	6	6
X1	8	6	7	8	9	7	8	9	8	9
X2	6	7	7	7	7	8	8	8	9	9

针对该案例，根据以上理论编写如P9-1所示的MATLAB程序。

程序编号	P9–1	文件名称	kmeans_v1	说明	K–means 方法的 MATLAB 实现

```
%% K-means 方法的 MATLAB 实现
%% 数据准备和初始化
clc
clear
x=[0 0;1 0; 0 1; 1 1;2 1;1 2; 2 2;3 2; 6 6; 7 6; 8 6; 6 7; 7 7; 8 7; 9 7 ; 7 8;
8 8; 9 8; 8 9 ; 9 9];
z=zeros(2,2);
z1=zeros(2,2);
z=x(1:2, 1:2);
%% 寻找聚类中心
while 1
    count=zeros(2,1);
    allsum=zeros(2,2);
    for i=1:20 % 对每一个样本i，计算到2个聚类中心的距离
        temp1=sqrt((z(1,1)-x(i,1)).^2+(z(1,2)-x(i,2)).^2);
        temp2=sqrt((z(2,1)-x(i,1)).^2+(z(2,2)-x(i,2)).^2);
        if(temp1<temp2)
            count(1)=count(1)+1;
            allsum(1,1)=allsum(1,1)+x(i,1);
            allsum(1,2)=allsum(1,2)+x(i,2);
        else
            count(2)=count(2)+1;
```

```
            allsum(2,1)=allsum(2,1)+x(i,1);
            allsum(2,2)=allsum(2,2)+x(i,2);
        end
    end
    z1(1,1)=allsum(1,1)/count(1);
    z1(1,2)=allsum(1,2)/count(1);
    z1(2,1)=allsum(2,1)/count(2);
    z1(2,2)=allsum(2,2)/count(2);
    if(z==z1)
        break;
    else
        z=z1;
    end
end
%% 结果显示
disp(z1);% 输出聚类中心
plot( x(:,1), x(:,2),'k*',...
    'LineWidth',2,...
    'MarkerSize',10,...
    'MarkerEdgeColor','k',...
    'MarkerFaceColor',[0.5,0.5,0.5])
hold on
plot(z1(:,1),z1(:,2),'ko',...
    'LineWidth',2,...
    'MarkerSize',10,...
    'MarkerEdgeColor','k',...
    'MarkerFaceColor',[0.5,0.5,0.5])
set(gca,'linewidth',2) ;
xlabel('特征 x1','fontsize',12);
ylabel('特征 x2', 'fontsize',12);
title('K-means 分类图','fontsize',12);
```

运行程序，可很快得到程序的结果，如图 9-3 所示。从图中可以看出，聚类的效果是非常显著的。

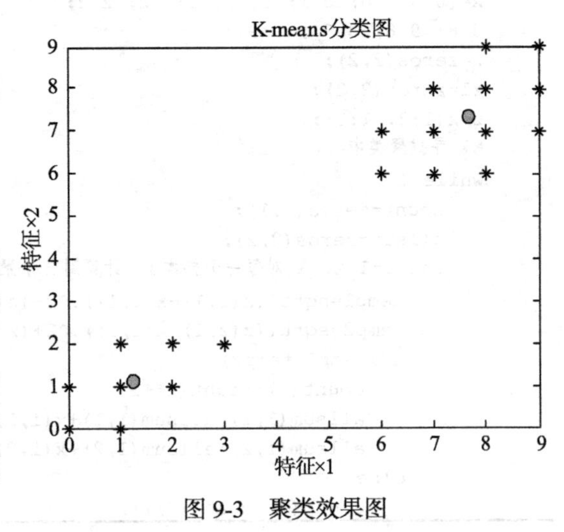

图 9-3 聚类效果图

9.2.3 K-means 实例 2：集成函数

以上实例中，根据 K-means 算法的步骤通过自主编程就可以实现对问题的聚类，这对加深算法的理解非常有帮助。在实际中，我们也可以使用更集成的方法直接使用 K-means 方法。在以下实例中，将介绍如何使用 MATLAB 自带的 k-means 函数来实现高效使用该方法。

现在来介绍一下实例的背景：一家投资公司希望对债券进行合适的分类，可不知道分成几类合适。已经知道这些债券的一些基本属性，如表9-2所示，以及这些债券的目前评级。所以希望先通过聚类来确定分成几类合适。

表9-2 银行客户资料的属性及意义

属性名称	属性意义及类型
Type	债券的类型，分类变量
Name	发行债券的公司名称，字符变量
Price	债券的价格，数值型变量
Coupon	票面利率，数值变量
Maturity	到期日，符号日期
YTM	到期收益率，数值变量
CurrentYield	当前收益收率，数值变量
Rating	评级结果，分类变量
Callable	是否随时可偿还，分类变量

现在我们就用K-means算法来对这些债券样本进行聚类，在MATLAB中具体的实现步骤和结果如下：

（1）导入数据和预处理数据

```
clc, clear all, close all
loadBondData
settle = floor(date);
%数据预处理
bondData.MaturityN = datenum(bondData.Maturity, 'dd-mmm-yyyy');
bondData.SettleN = settle * ones(height(bondData),1);
% 筛选数据
corp = bondData(bondData.MaturityN > settle &...
          bondData.Type == 'Corp'&...
          bondData.Rating >= 'CC'&...
          bondData.YTM< 30 &...
          bondData.YTM >= 0, :);
% 设置随机数生成方式保证结果可重现
rng('default');
```

（2）探索数据

```
Figure
gscatter(corp.Coupon,corp.YTM,corp.Rating)
set(gca,'linewidth',2);
xlabel('票面利率')
ylabel('到期收益率')
% 选择聚类变量
corp.RatingNum = double(corp.Rating);
bonds = corp{:,{'Coupon','YTM','CurrentYield','RatingNum'}};
```

```
% 设置类别数量
numClust = 3;
% 设置用于可视化聚类效果的变量
VX=[corp.Coupon, double(corp.Rating), corp.YTM];
```

本节代码产生了如图 9-4 所示的数据分布图，通过该图可以看出债券评级结果与指标变量之间的大致关系，即到期收益率越大，票面利率越大，债券为评委 CC 或 CCC 级别的可能性越高。

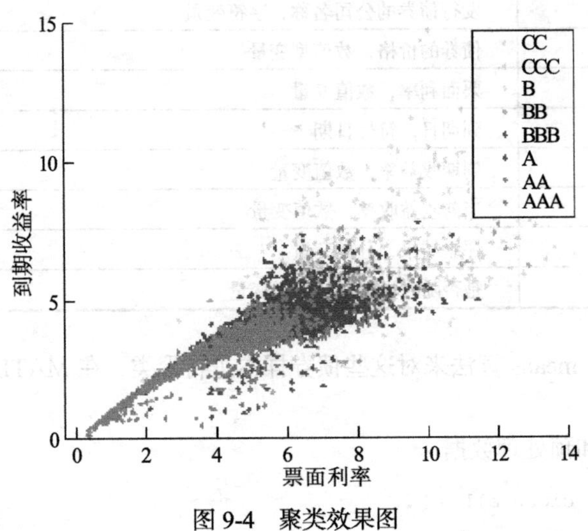

图 9-4　聚类效果图

（3）K-means 聚类

```
dist_k = 'cosine';
kidx = kmeans(bonds, numClust, 'distance', dist_k);

%绘制聚类效果图
Figure
F1 = plot3(VX(kidx==1,1), VX(kidx==1,2),VX(kidx==1,3),'r*', ...
         VX(kidx==2,1), VX(kidx==2,2),VX(kidx==2,3), 'bo', ...
         VX(kidx==3,1), VX(kidx==3,2),VX(kidx==3,3), 'kd');
set(gca,'linewidth',2);
grid on;
set(F1,'linewidth',2, 'MarkerSize',8);
xlabel('票面利率','fontsize',12);
ylabel('评级得分','fontsize',12);
ylabel('到期收益率','fontsize',12);
title('Kmeans 方法聚类结果')

% 评估各类别的相关程度
dist_metric_k = pdist(bonds,dist_k);
dd_k = squareform(dist_metric_k);
[~,idx] = sort(kidx);
```

```
dd_k = dd_k(idx,idx);
figure
imagesc(dd_k)
set(gca,'linewidth',2);
xlabel('数据点','fontsize',12)
ylabel('数据点', 'fontsize',12)
title('k-Means 聚类结果相关程度图', 'fontsize',12)
ylabel(colorbar,['距离矩阵:', dist_k])
axis square
```

本节代码具体执行了 K-means 方法聚类，并将结果以聚类效果图（图 9-5）和簇间相似度矩阵（图 9-6）的形式表现了出来。

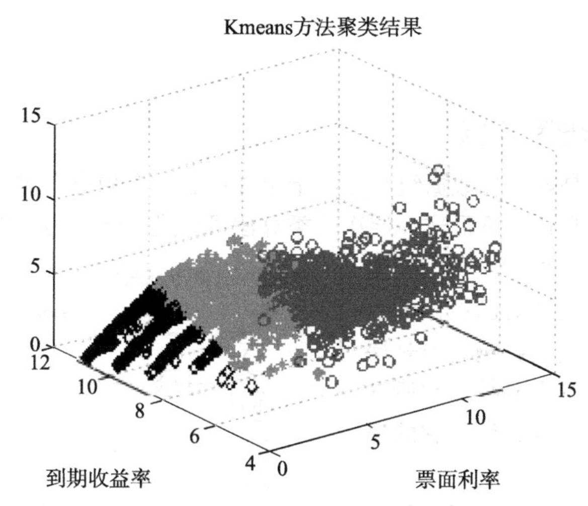

图 9-5　K-means 方法聚类效果图

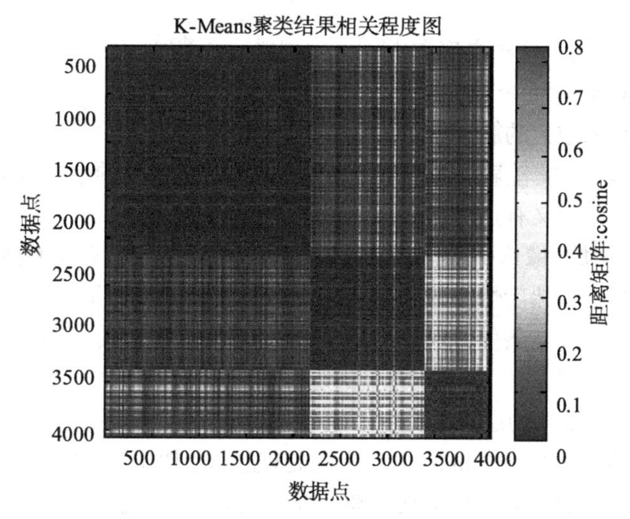

图 9-6　K-means 方法聚类结果簇间的相似度矩阵

9.2.4 K-means特点

1）在K-means算法中K是事先给定的，这个K值的选定是非常难以估计的。

2）在 K-means 算法中，首先需要根据初始聚类中心来确定一个初始划分，然后对初始划分进行优化。

3）K-means算法需要不断地进行样本分类调整，不断地计算调整后的新的聚类中心，因此当数据量非常大时，算法的时间开销是非常大的。

4）K-means 算法对一些离散点和初始 K 值敏感，不同的距离初始值对同样的数据样本可能得到不同的结果。

9.3 层次聚类

9.3.1 层次聚类原理和步骤

层次聚类算法，是通过将数据组织为若干组并形成一个相应的树来进行聚类的。根据层次是自底向上还是自顶向下形成，层次聚类算法可以进一步分为凝聚的聚类算法和分裂的聚类算法，如图 9-7 所示。一个完全层次聚类的质量由于无法对已经做的合并或分解进行调整而受到影响。但是层次聚类算法没有使用准则函数，它所含的对数据结构的假设更少，所以它的通用性更强。

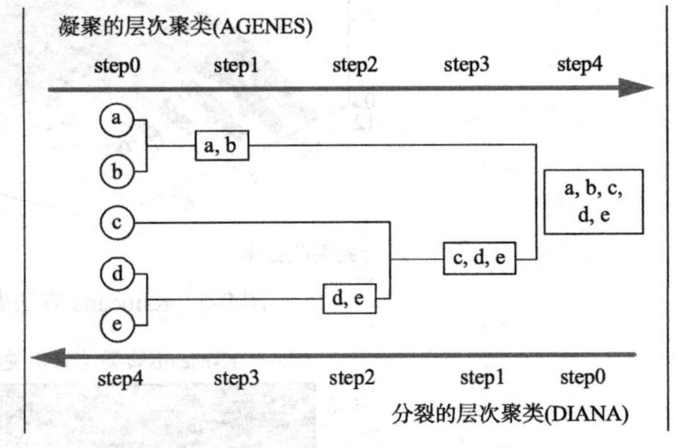

图 9-7 凝聚的层次聚类和分裂的层次聚类处理过程

在实际应用中一般有两种层次聚类方法：

1）凝聚的层次聚类：这种自底向上的策略首先将每个对象作为一个簇，然后合并这些原子簇为越来越大的簇，直到所有的对象都在一个簇中，或者某个终结条件被达到要求。大部分的层次聚类方法都属于一类，它们在簇间的相似度的定义有点不一样。

2）分裂的层次聚类：像这样的自顶向下的策略与凝聚的层次聚类有些不一样，它首先将所有对象放在一个簇中，然后慢慢地细分为越来越小的簇，直到每个对象自行形成一簇，或者直到满足其他的一个终结条件，例如满足了某个期望的簇数目，又或者两个最近的簇之间的距离达到了某一个阈值。

图 9-7 描述了一个凝聚的层次聚类方法 AGENES 和一个分裂的层次聚类方法 DIANA 在一个包括五个对象的数据的集合{a,b,c,d,e}上的处理过程。初始时，AGENES 将每个样本点自为一簇，之后这样的簇依照某一种准则逐渐合并，例如，例如簇 C1 中的某个样本点和簇 C2 中的一个样本点相隔的距离是所有不同类簇的样本点间欧几里得距离最近的，则认为簇 C1

和簇 C2 是相似可合并的。这就是一类单链接的方法，即每一个簇能够被簇中其他所有的对象所代表，两簇之间的相似度是由这里的两个不同簇中的距离最相近的数据点对的相似度来定义的。聚类的合并进程往复地进行直到其他的对象合并形成了一个簇。而 DIANA 方法的运行过程中，初始时 DIANA 将所有样本点归为同一类簇，然后根据某种准则进行逐渐分裂，例如类簇 C 中两个样本点 A 和 B 之间的距离是类簇 C 中所有样本点间距离最远的一对，那么样本点 A 和 B 将分裂成两个簇 C1 和 C2，并且先前类簇 C 中其他样本点根据与 A 和 B 之间的距离，分别纳入到簇 C1 和 C2 中。例如，类簇 C 中样本点 O 与样本点 A 的欧几里得距离为 2，与样本点 B 的欧几里得距离为 4，因为 Distance(A,O)<Distance(B,O)，那么 O 将纳入到类簇 C1 中。

其中，AGENES 算法的核心步骤是：

输入：K：目标类簇数；D：样本点集合；

输出：K 个类簇集合。

方法：

1）将 D 中每个样本点当作其类簇；

2）repeat；

3）找到分属两个不同类簇，且距离最近的样本点对；

4）将两个类簇合并；

5）util 类簇数=K。

而 DIANA 算法的核心步骤是：

输入：K：目标类簇数；D：样本点集合；

输出：K 个类簇集合。

方法：

1）将 D 中所有样本点归并成类簇；

2）repeat；

3）在同类簇中找到距离最远的样本点对；

4）以该样本点对为代表，将原类簇中的样本点重新分属到新类簇；

5）util 类簇数=K。

9.3.2 层次聚类实例

现在用层次聚类方法来对 9.2.3 节的企业债券进行聚类，具体实现代码和结果如下：

```
dist_h = 'spearman';
link = 'weighted';
hidx = clusterdata(bonds, 'maxclust', numClust, 'distance' , dist_h, 'linkage', link);

%绘制聚类效果图
Figure
F2 = plot3(VX(hidx==1,1), VX(hidx==1,2),VX(hidx==1,3),'r*', ...
```

```
            VX(hidx==2,1), VX(hidx==2,2),VX(hidx==2,3), 'bo', ...
            VX(hidx==3,1), VX(hidx==3,2),VX(hidx==3,3), 'kd');
set(gca,'linewidth',2);
grid on
set(F2,'linewidth',2, 'MarkerSize',8);
set(gca,'linewidth',2);
xlabel('票面利率','fontsize',12);
ylabel('评级得分','fontsize',12);
ylabel('到期收益率','fontsize',12);
title('层次聚类方法聚类结果')

% 评估各类别的相关程度
dist_metric_h = pdist(bonds,dist_h);
dd_h = squareform(dist_metric_h);
[~,idx] = sort(hidx);
dd_h = dd_h(idx,idx);
figure
imagesc(dd_h)
set(gca,'linewidth',2);
xlabel('数据点', 'fontsize',12)
ylabel('数据点', 'fontsize',12)
title('层次聚类结果相关程度图')
ylabel(colorbar,['距离矩阵:', dist_h])
axis square

% 计算同型相关系数
Z = inkage(dist_metric_h,link);
cpcc = cophenet(Z,dist_metric_h);
disp('同表象相关系数: ')
disp(cpcc)

% 层次结构图
set(0,'RecursionLimit',5000)
figure
dendrogram(Z)
set(gca,'linewidth',2);
set(0,'RecursionLimit',500)
xlabel('数据点', 'fontsize',12)
ylabel ('距离', 'fontsize',12)
title(['CPCC: ' sprintf('%0.4f',cpcc)])
```

本节程序执行结果如下:

```
同表象相关系数:
0.8903
```

此处得到的是利用 cophenet 函数得到的描述聚类树信息与原始数据距离之间相关性的同表象相关系数，这个值越大越好。

本节代码具体执行了层次聚类方法聚类，并产生了聚类效果图（如图 9-8 所示）、簇间相似程度图（如图 9-9 所示）和簇的层次结构图（如图 9-10 所示）。

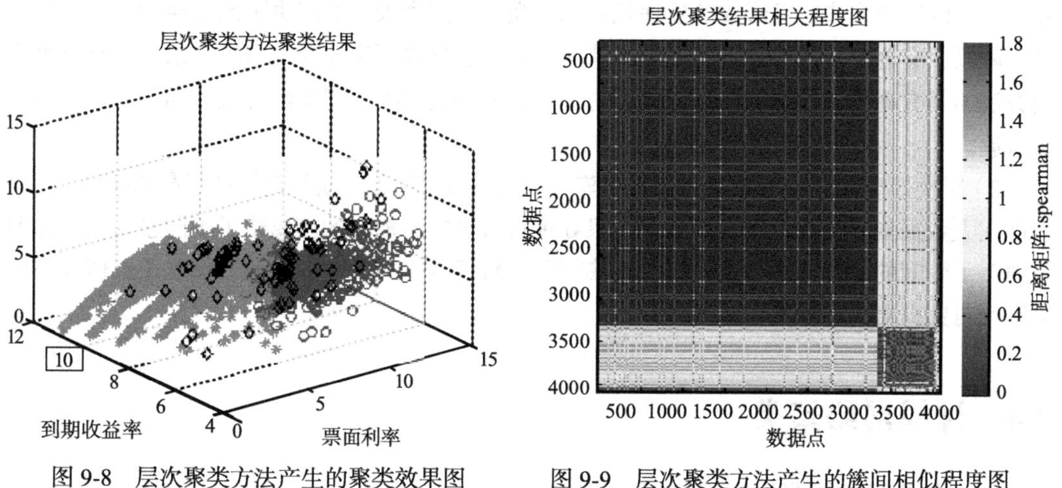

图 9-8　层次聚类方法产生的聚类效果图　　图 9-9　层次聚类方法产生的簇间相似程度图

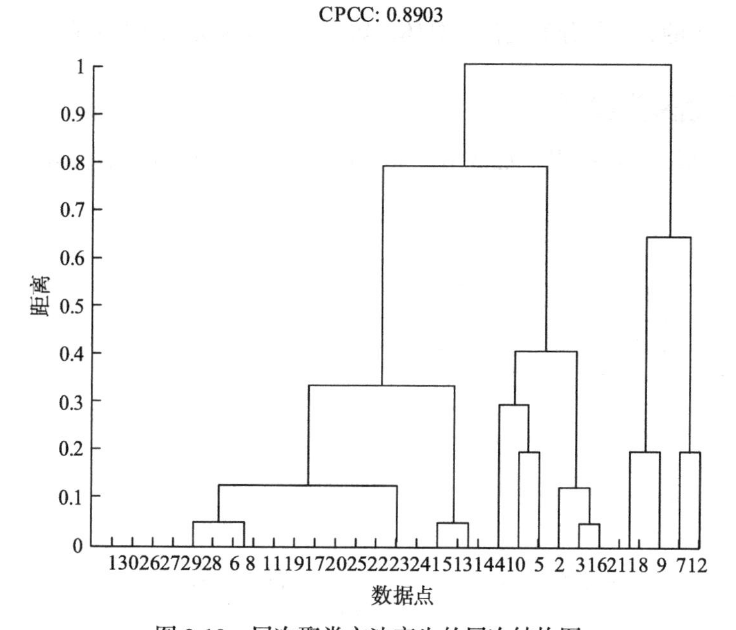

图 9-10　层次聚类方法产生的层次结构图

9.3.3　层次聚类特点

1）在凝聚的层次聚类方法和分裂的层次聚类的所有方法中，都需要用户提供所希望得到的聚类的单个数量和阈值作为聚类分析的终止条件，但是对于复杂的数据来说这个是很难事先判定的。尽管层次聚类的方法实现很简单，但是偶尔会遇见合并或分裂点的抉择的困难。

这样的抉择是特别关键的，因为只要其中的两个对象被合并或者分裂，接下来的处理将只能在新生成的簇中完成。已形成的处理就不能被撤销，两个聚类之间也不能交换对象。如果在某个阶段没有选择合并或分裂的决策，就非常可能会导致不高质量的聚类结果。而且这种聚类方法不具有特别好的可伸缩性，因为它们合并或分裂的决策需要经过检测和估算大量的对象或簇。

2）层次聚类算法由于要使用距离矩阵，所以它的时间和空间复杂性都很高 $O(n^2)$，几乎不能在大数据集上使用。层次聚类算法只处理符合某静态模型的簇忽略了不同簇间的信息而且忽略了簇间的互连性（互连性指的是簇间距离较近数据对的多少）和近似度（近似度指的是簇间对数据对的相似度）。

9.4 神经网络聚类

9.4.1 神经网络聚类原理和步骤

神经网络聚类的原理与分类相似，具体内容可以参考 8.4.1 节的内容。

9.4.2 神经网络聚类实例

现在用神经网络方法来训练 9.2.3 节中关于银行市场调查的分类器，具体实现代码和结果如下：

```
%设置网络
dimension1 = 3;
dimension2 = 1;
net = selforgmap([dimension1 dimension2]);
net.trainParam.showWindow = 0;
%训练网络
[net,tr] = train(net,bonds');
nidx = net(bonds');
nidx = vec2ind(nidx)';
%绘制聚类效果图
Figure
F3 = plot3(VX(nidx==1,1), VX(nidx==1,2),VX(nidx==1,3),'r*', ...
        VX(nidx==2,1), VX(nidx==2,2),VX(nidx==2,3), 'bo', ...
        VX(nidx==3,1), VX(nidx==3,2),VX(nidx==3,3), 'kd');
set(gca,'linewidth',2);
grid on
set(F3,'linewidth',2, 'MarkerSize',8);
xlabel('票面利率','fontsize',12);
ylabel('评级得分','fontsize',12);
ylabel('到期收益率','fontsize',12);
title('神经网络方法聚类结果')
```

如图 9-11 所示为神经网络聚类方法产生的聚类效果图。

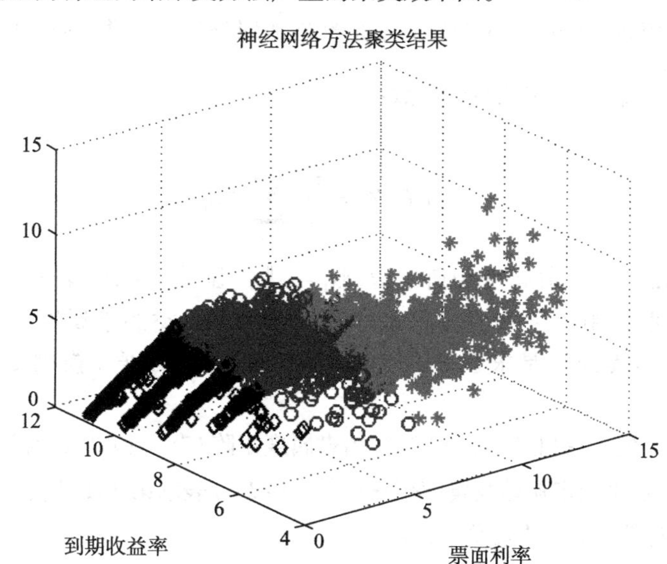

图 9-11　神经网络聚类方法产生的聚类效果图

9.4.3　神经网络聚类特点

神经网络在聚类方面表现的特征与分类相似，对数据适应性强，对噪声数据敏感。需要注意的是，神经网络的输入具有连续性，但聚类结果往往是分类数据类型，所以对于神经网络的输出结果通常要按照区间进行转换。

9.5　模糊 C-均值方法

9.5.1　FCM 原理和步骤

模糊 C-均值聚类算法（FCM）是用隶属度确定每个数据点属于某个聚类的程度的一种聚类算法。1973 年，Bezdek 提出了该算法，作为早期硬 C-均值聚类（HCM）方法的一种改进。

给定样本观测数据矩阵：

$$X=\begin{bmatrix} x_1 \\ x_2 \\ \vdots \\ x_n \end{bmatrix}=\begin{bmatrix} x_{11} & x_{12} & \cdots & x_{1p} \\ x_{21} & x_{22} & \cdots & x_{2p} \\ \vdots & \vdots & & \vdots \\ x_{n1} & x_{n2} & \cdots & x_{np} \end{bmatrix}$$

其中，X 的每一行为一个样品（或观测），每一列为一个变量的 n 个观测值，也就是说 X 是由 n 个样品（$x_1,x_2,\cdots,x_n$）的 p 个变量的观测值构成的矩阵。模糊聚类就是将 n 个样品划

分为 c 类 $(2\leqslant c\leqslant n)$，记 $V=(v_1,v_2,\cdots,v_c)$ 为 c 个类的聚类中心，其中 $v_i=(\upsilon_{i1},\upsilon_{i2},\cdots,\upsilon_{ip})$ $(i=1,2,\cdots,c)$。在模糊划分中，每个样品不是严格地划分为某一类，而是以一定的隶属度，这里 $0\leqslant u_{ik}\leqslant 1,\sum_{i=1}^{i}u_{ik}=1$。定义目标函数：

$$J(U,V)=\sum_{k=1}^{n}\sum_{i=1}^{c}u_{ik}^{in}d_{ik}^{2}$$

其中，$U=(u_{ik})_{c\times n}$ 为隶属度矩阵，$d_{ik}\|x_k-v_i\|$。显然 $J(U,V)$ 表示了各类中样品到聚类中心的加权平方距离之和，权重是样品 x_k 属于第 i 类的隶属度的 m 次方。模糊C–均值聚类法的聚类准则是求 U,V，使得 $J(U,V)$ 取得最小值。模糊 C–均值聚类法的具体步骤如下：

1）确定类的个数 c，幂指数 $m>1$ 和初始隶属度矩阵 $U^{(0)}=(u_{ik}^{(0)})$，通常的做法是取[0,1]上的均匀分布随机数来确定初始隶属度矩阵 $U^{(0)}$。令 $l=1$ 表示第 1 步迭代。

2）通过下式计算第 l 步的聚类中心 $V^{(l)}$：

$$v_i^{(l)}=\frac{\sum_{k=1}^{n}(u_{ik}^{(l-1)m}x_k)}{\sum_{k=1}^{n}(u_{ik}^{(l-1)})^m},\quad i=1,2,\cdots,c$$

3）修正隶属度矩阵 $U^{(l)}$，计算目标函数值 $J^{(l)}$。

$$u_{ik}^{(l)}=\frac{1}{\sum_{j=1}^{c}\left(\frac{d_{ik}^{(l)}}{d_{jk}^{(l)}}\right)^{\frac{2}{m-1}}},\quad i=1,2,\cdots,c;k=1,2,\cdots,n$$

$$J^{(l)}(U^{(l)},V^{(l)})=\sum_{k=1}^{n}\sum_{i=1}^{c}(u_{ik}^{(l)})^m(d_{ik}^{(l)})^2$$

其中，$d_{ik}^{(l)}=\left\|x_k-v_i^{(l)}\right\|$。

4）对给定的隶属度终止容限 $\varepsilon_u>0$（或目标函数终止容限 $\varepsilon_J>0$，或最大迭代步长 $L_{\max}$），当 $\max\left\{\left|u_{ik}^{(l)}-u_{ik}^{(l-1)}\right|\right\}<\varepsilon_u$（或当 $l>1,\left|J^{(l)}-J^{(l-1)}\right|<\varepsilon_J$ 或 $l\geqslant L_{\max}$）时，停止迭代，否则 $l=l+1$，然后转 2)。

经过以上步骤的迭代之后，可以求得最终的隶属度矩阵 U 和聚类中心 V，使得目标函数 $J(U,V)$ 的值达到最小。根据最终的隶属度矩阵 U 中元素的取值可以确定所有样品的归属，当 $u_{jk}=\max\limits_{1\leqslant i\leqslant c}\{u_{ik}\}$ 时，可将样品 x_k 归为第 j 类。

9.5.2 FCM 应用实例

现在用 FCM 方法来对 9.2.3 节的企业债券进行聚类，具体实现代码和结果如下：

```
options = nan(4,1);
options(4) = 0;
[centres,U] = fcm(bonds,numClust, options);
[~, fidx] = max(U);
fidx = fidx';
% 绘制聚类效果图
Figure
F4 = plot3(VX(fidx==1,1), VX(fidx==1,2),VX(fidx==1,3),'r*', ...
         VX(fidx==2,1), VX(fidx==2,2),VX(fidx==2,3), 'bo', ...
         VX(fidx==3,1), VX(fidx==3,2),VX(fidx==3,3), 'kd');
set(gca,'linewidth',2);
gridon
set(F4,'linewidth',2, 'MarkerSize',8);
xlabel('票面利率','fontsize',12);
ylabel('评级得分','fontsize',12);
ylabel('到期收益率','fontsize',12);
title('模糊 C-Means 方法聚类结果')
```

图 9-12 所示为模糊 C-Means 聚类方法产生的聚类效果。

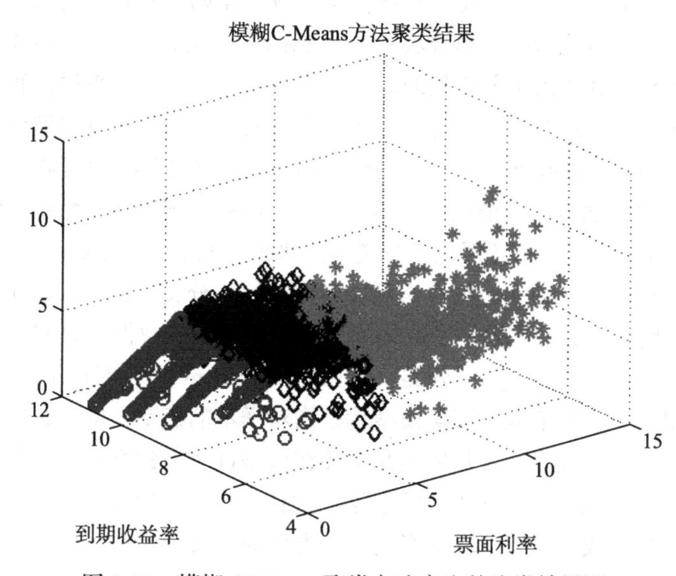

图 9-12 模糊 C-Means 聚类方法产生的聚类效果图

9.5.3 FCM 算法特点

FCM 算法用隶属度确定每个样本属于某个聚类的程度。它与 K-means 算法和中心点算法等相比，计算量可大大减少，因为它省去了多重迭代的反复计算过程，效率将大大提高。同时，模糊聚类分析可根据数据库中的相关数据计算形成模糊相似矩阵，形成相似矩阵之后，直接对相似矩阵进行处理即可，无须多次反复扫描数据库。根据实验要求动态设定 *m* 值，以满足不同类型数据挖掘任务的需要，适于高维度的数据处理，具有较好的伸缩性，便于找出异常点。但 *m* 值根据经验或者实验得来，具有不确定性，可能影响实验结果。并且，由于梯度法的搜索方向总是沿着能量减小的方向，使得算法存在易陷入局部极小值和对初始化敏感的缺点。为克服上述缺点，可在 FCM 算法中引入全局寻优法来摆脱 FCM 聚类运算时可能陷入的局部极小点，优化聚类效果。

9.6 高斯混合聚类方法

9.6.1 高斯混合聚类原理和步骤

聚类的方法有很多种，K-means 要数最简单的一种聚类方法了，其大致思想就是把数据分为多个堆，每个堆就是一类。每个堆都有一个聚类中心（学习的结果就是获得这 k 个聚类中心），这个中心就是这个类中所有数据的均值，而这个堆中所有的点到该类的聚类中心都小于到其他类的聚类中心（分类的过程就是将未知数据对这 k 个聚类中心进行比较的过程，离谁近就是谁）。其实 K-means 算得上最直观、最方便理解的一种聚类方式，原则就是把最像的数据分在一起，而“像”这个定义由我们来完成，比如说欧式距离的最小等。本节我们要介绍的是另外一种比较流行的聚类方法——GMM（Gaussian Mixture Model）。

GMM 和 K-means 其实是十分相似的，区别仅仅在于对 GMM 来说，我们引入了概率。说到这里，我想先补充一点东西。统计学习的模型有两种，一种是概率模型，一种是非概率模型。所谓概率模型，就是指我们要学习的模型的形式是 $P(Y|X)$，这样在分类的过程中，我们通过未知数据 X 可以获得 Y 取值的一个概率分布，也就是训练后模型得到的输出不是一个具体的值，而是一系列值的概率（对应于分类问题来说，就是对应于各个不同的类的概率），然后我们可以选取概率最大的那个类作为判决对象（算软分类，Soft Assignment）。而非概率模型，就是指我们学习的模型是一个决策函数 $Y=f(X)$，输入数据 X 是多少就可以投影得到唯一的一个 Y，就是判决结果（算硬分类，Hard Assignment）。回到 GMM，学习的过程就是训练出几个概率分布，所谓混合高斯模型就是指对样本的概率密度分布进行估计，而估计的模型是几个高斯模型加权之和（具体是几个要在模型训练前建立好）。每个高斯模型就代表了一个类（一个 Cluster）。对样本中的数据分别在几个高斯模型上投影，就会分别得到在各个类上的概率。然后我们可以选取概率最大的类作为判决结果。

得到概率有什么好处呢？我们知道人很聪明，就是在于我们会用各种不同的模型对观察到的事物和现象做判决和分析。当你在路上发现一条狗时，光看外形很难判断，可能像邻居家的狗，又更像女朋友家的狗，所以从外形上看，用软分类的方法，是女朋友家的狗的概率是 51%，是邻居家的狗的概率是 49%，属于一个易混淆的区域内，这时你可以再用其他办法进行区分到底是谁家的狗。而如果是硬分类，你所判断的就是女朋友家的狗，没有“多像”这个概念，所以不方便多模型的融合。

从中心极限定理的角度上看，把混合模型假设为高斯的是比较合理的，当然也可以根据实际数据定义成任何分布的 Mixture Model，不过定义为高斯的在计算上有一些方便之处。另外，理论上可以通过增加 Model 的个数，用 GMM 近似任何概率分布。

混合高斯模型的定义为：

$$p(x)=\sum_{k=1}^{K}\pi_k p(x\mid k)$$

其中，K 为模型的个数，π_k 为第 k 个高斯的权重，$p(x|k)$ 则为第 k 个高斯的概率密度函数，其均值为 μ_k，方差为 σ_k。我们对此概率密度的估计就是要求 π_k、μ_k 和 σ_k 各个变量的值。当求出 $p(x|k)$ 的表达式后，求和式的结果就分别代表样本 x 属于各个类的概率。

在做参数估计时，常采用的方法是最大似然法。最大似然法就是使样本点在估计的概率密度函数上的概率值最大。由于概率值一般都很小，N 很大时这个联乘的结果非常小，容易造成浮点数下溢。所以我们通常取 log，将目标改写成：

$$\max\sum_{i=1}^{N}\log p(x_i)$$

也就是最大化 log-likely hood function，完整形式则为：

$$\max\sum_{i=1}^{N}\log\left(\sum_{k=1}^{K}\pi_k N\left(x_i\mid\mu_k,\sigma_k\right)\right)$$

一般用来做参数估计时，我们都是通过对待求变量进行求导来求极值，在上式中，log 函数中又有求和，若你想用求导的方法进行计算方程组将会非常复杂，所以我们不好考虑用该方法求解（没有闭合解）。可以采用的求解方法是 EM 算法——将求解分为两步：第一步是假设我们知道各个高斯模型的参数（可以初始化一个，或者基于上一步迭代结果），去估计每个高斯模型的权值；第二步是基于估计的权值，回过头再去确定高斯模型的参数。重复这两个步骤，直到波动很小，近似达到极值（注意这里是个极值而不是最值，EM 算法会陷入局部最优）。具体表达如下：

1）对于第 i 个样本 x_i 来说，它由第 k 个 Model 生成的概率为：

$$\varpi_i(k)=\frac{\pi_k N\left(x_i\mid\mu_k,\sigma_k\right)}{\sum_{j=1}^{K}\pi_j N\left(x_i\mid\mu_j,\sigma_j\right)}$$

在这一步，我们假设高斯模型的参数和是已知的（由上一步迭代而来或由初始值决定）。

2）得到每个点的 $\varpi_i(k)$ 后，我们可以这样考虑，对样本 X_i 来说，它的 $\varpi_i(k)x_i$ 的值是由第 k 个高斯模型产生的。换句话说，第 k 个高斯模型产生了 $\varpi_i(k)x_i(i=1,\cdots,N)$ 这些数据。这样在估计第 k 个高斯模型的参数时，我们就用 $\varpi_i(k)x_i(i=1,\cdots,N)$ 这些数据去做参数估计。和前面提到的一样采用最大似然方法去估计：

$$\mu_k=\frac{1}{N}\sum_{i=1}^{N}\varpi_i(k)x_i$$

$$\sigma_k = \frac{1}{N_k}\sum_{i=1}^{N}\varpi_i(k)(x_i-\mu_k)(x_i-\mu_k)^{\mathrm{T}}$$

$$N_k = \sum_{i=1}^{N}\varpi_i(k)$$

3）重复上述两步骤直到算法收敛（理论上可以证明这个算法是收敛的）。

9.6.2 高斯混合聚类实例

现在用高斯混合聚类方法来对 9.2.3 节的企业债券进行聚类，具体实现代码和结果如下：

```
gmobj = gmdistribution.fit(bonds,numClust);
gidx = cluster(gmobj,bonds);
%绘制聚类效果图
Figure
F5 = plot3(VX(fidx==1,1), VX(fidx==1,2),VX(fidx==1,3),'r*', ...
         VX(fidx==2,1), VX(fidx==2,2),VX(fidx==2,3), 'bo', ...
         VX(fidx==3,1), VX(fidx==3,2),VX(fidx==3,3), 'kd');
set(gca,'linewidth',2);
gridon
set(F5,'linewidth',2, 'MarkerSize',8);
xlabel('票面利率','fontsize',12);
ylabel('评级得分','fontsize',12);
ylabel('到期收益率','fontsize',12);
title('高斯混合方法聚类结果')
```

如图 9-13 所示为高斯混合聚类方法产生的聚类效果图。

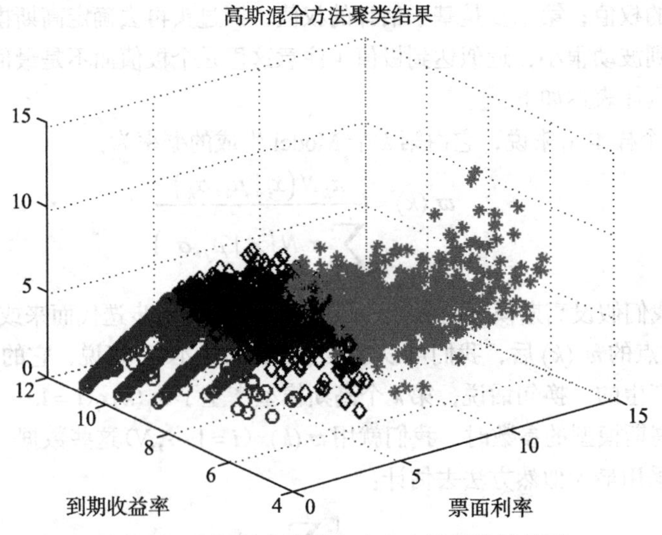

图 9-13 高斯混合聚类方法产生的聚类效果图

9.6.3 高斯混合聚类特点

GMM 的优点是投影后样本点不是得到一个确定的分类标记，而是得到每个类的概率，这是一个重要信息。GMM 每一步迭代的计算量比较大，大于 K-means。GMM 的求解办法基于 EM 算法，因此有可能陷入局部极值，这和初始值的选取十分相关。GMM 不仅可以用在聚类上，也可以用在概率密度估计上。

9.7 类别数的确定方法

9.7.1 原理

在聚类过程中类的个数如何来确定才合适呢？这是一个十分困难的问题，人们至今仍未找到令人满意的方法。但是这个问题又是不可回避的。下面我们介绍两种比较常用的方法。

（1）阈值法

阈值法是最简单且有效的方法，其要点就是通过观测聚类图，给出一个合适的阈值 T，要求类与类之间的距离不要超过 T 值。比如，在图 9-14 所示的层次聚类图中，如果取阈值 T=6，则聚为 2 类，如果取阈值 T=3，则聚为 4 类。在实际的聚类中，我们一方面希望类之间有明显的区分，同时希望类别的数量越大越好。所以对于此图显示的聚类分析，该问题聚成 4 类是比较合适的。

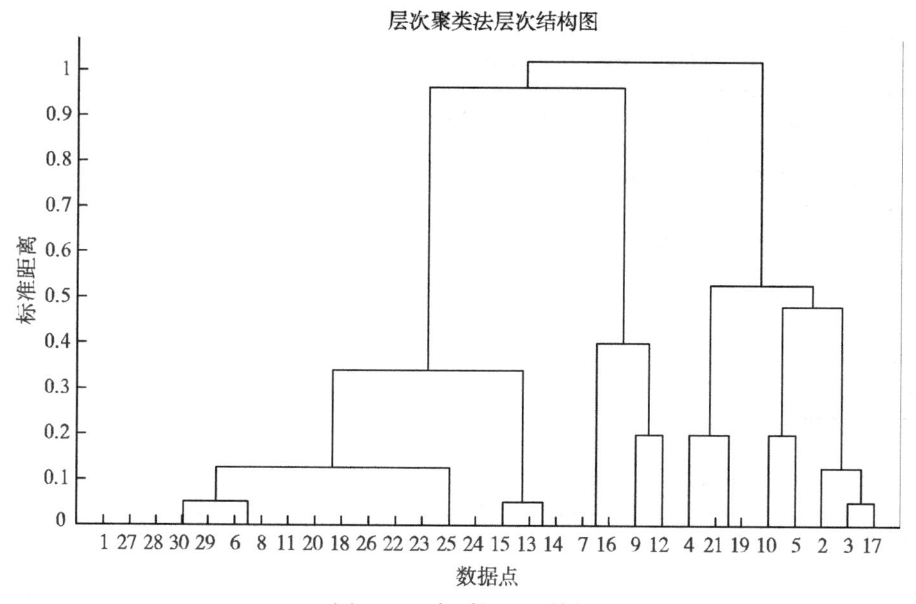

图 9-14 类别的层级结构图

（2）轮廓图法

轮廓图法是一种相对更智能确定聚类类别的方法。轮廓图可由 MATLAB 中的 silhouette

函数来绘制，该函数可以用来根据 cluster、clusterdata、kmeans 的聚类结果绘制轮廓图，从图上可以看每个点的分类是否合理。轮廓图上第 i 点的轮廓值定义为：

$$S(i)=\frac{\min(b)-a}{\max[a,\min(b)]}, i=1,\cdots,n$$

其中，a 是第 i 个点与同类其他点的平均距离。b 是向量，其元素表示第 i 个点与不同类的类内各点的平均距离。

$S(i)$的取值范围是[-1,1]，此值越大，说明该点的分类越合理。特别当 $S(i)<0$ 时说明该点分类不合理。

在 MATLAB 中，silhouette 函数有以下几种用法：

s = silhouette(X,clust) %此命令只返回轮廓值，不画轮廓图；

[s,h] = silhouette(X,clust)；

[...] = silhouette(X,clust,metric)；

[...] = silhouette(X,clust,distfun,p1,p2,...)。

9.7.2 实例

以下将以 9.2.2 节中的实例，利用 K-means 方法和轮廓图法确定最佳的聚类类别数，具体代码如下：

```
Figure
for i=2:4
    kidx = kmeans(bonds,i,'distance',dist_k);
    subplot(3,1,i-1)
    [~,F6] = silhouette(bonds,kidx,dist_k);
    xlabel('轮廓值','fontsize',12);
    ylabel('类别数','fontsize',12);
    set(gca,'linewidth',2);
    title([num2str(i) '类对应的轮廓值图 ' ])
    snapnow
end

% 计算平均轮廓值
numC = 15;
silh_m = nan(numC,1);
for i=1:numC
    kidx = kmeans(bonds,i,'distance',dist_k,'MaxIter',500);
    silh = silhouette(bonds,kidx,dist_k);
    silh_m(i) = mean(silh);
end

%绘制各类别数对应的平均轮廓值图
Figure
F7 = plot(1:numC,silh_m,'o-');
set(gca,'linewidth',2);
```

```
set(F7, 'linewidth',2, 'MarkerSize',8);
xlabel('类别数', 'fontsize',12)
ylabel('平均轮廓值','fontsize',12)
title('平均轮廓值vs.类别数')
```

本节程序执行后得到两张图，第一幅图如图 9-15 所示，此图中分别显示当类别为 2,3,4 时的轮廓图。第二幅图如图 9-16 所示，此图得到各类别数对应的平均轮廓值，根据聚类的原则，由此图可以确定，类别数取 4 较合适。

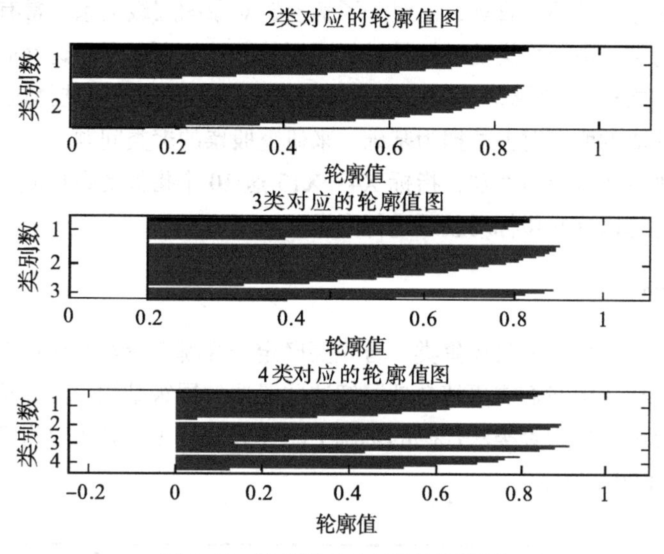

图 9-15 类别为 2,3,4 时的轮廓图

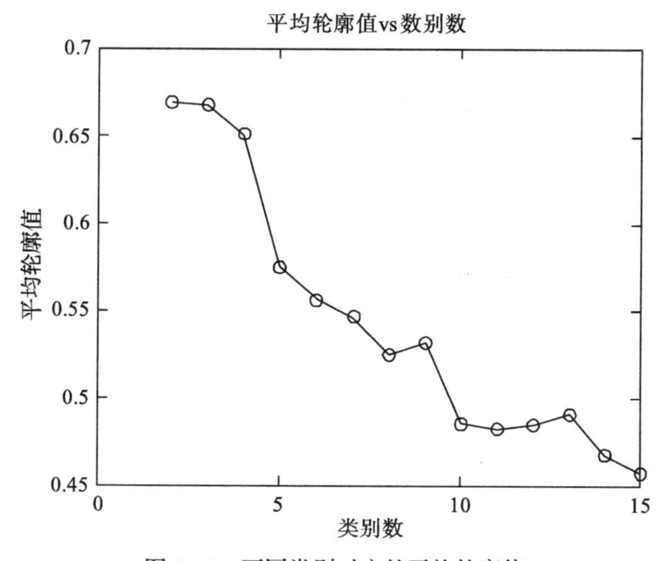

图 9-16 不同类别对应的平均轮廓值

9.8 应用实例：股票聚类分池

9.8.1 聚类目标和数据描述

聚类在量化投资中的主要作用是对投资的对象进行聚类，然后根据聚类的结果评估每个类别的盈利能力，然后选择盈利强的类别的对象进行投资。以股票为例，可以通过聚类方法，对股票进行分池，对于买入的股票，只从盈利能力最强的池子中选择。所以聚类在实际的量化投资中，虽然不像分类那么直观，但对于了解投资对象的层级关系非常有帮助。

依然以股票为例，由于聚类的目标是进行股票的分池，所以通常选择周期相对较长的指标作为股票的聚类指标，股票基本面的指标基本都是这类指标，所以选择这类指标比较合适。现在就以第 4 章获取的股票财务数据为基础，来研究股票的聚类问题。

对财务数据进行质量分析发现，指标 X4～X13 这 10 个指标的数据质量相对较好，且有明确意义，所以打算以这些指标对股票进行聚类。

9.8.2 实现过程

现在来看如何实现股票的具体聚类。首先要确定选择哪个聚类算法最合适，当然以上介绍的几个算法都可以，但我们想更清楚地了解这些股票的层级结构，所以选择层次分析法比较合适。在以上介绍的层次聚类法代码的基础上略作修改，很快就可以得到实现股票聚类的代码，具体代码如 P9-2 所示。

程序编号	P9-2	文件名称	stockClustering.m	说明	股票聚类

```
%% 股票聚类
%% 读取数据
clc, clear all, close all
X0 = xlsread('StockFinance.xlsx','Sheet1','E2:N4735');

%% 数据归一化
[rn,cn]=size(X0);
X=zeros(rn,cn);
  for k=1:cn
      %基于均值方差的离群点数据归一化
      xm=mean(X0(:,k));
      xs=std(X0(:,k));
      for j=1:rn
          if X0(j,k)>xm+2*xs
          X(j,k)=1;
          elseif X0(j,k)<xm-2*xs
          X(j,k)=0;
          else
          X(j,k)=(X0(j,k)-(xm-2*xs))/(4*xs);
          end
```

```
    end
  end
xlswrite('norm_data.xlsx', X);

%% 层次聚类
numClust = 3;
dist_h = 'spearman';
link = 'weighted';
hidx = clusterdata(X, 'maxclust', numClust, 'distance' , dist_h, 'linkage', link);

%绘制聚类效果图
figure
F2 = plot3(X(hidx==1,1), X(hidx==1,2),X(hidx==1,3),'r*', ...
         X(hidx==2,1), X(hidx==2,2),X(hidx==2,3), 'bo', ...
         X(hidx==3,1), X(hidx==3,2),X(hidx==3,3), 'kd');
set(gca,'linewidth',2);
grid on
set(F2,'linewidth',2, 'MarkerSize',8);
set(gca,'linewidth',2);
xlabel('每股收益','fontsize',12);
ylabel('每股净资产','fontsize',12);
zlabel('净资产收益率','fontsize',12);
title('层次聚类方法聚类结果')

% 评估各类别的相关程度
dist_metric_h = pdist(X,dist_h);
dd_h = squareform(dist_metric_h);
[~,idx] = sort(hidx);
dd_h = dd_h(idx,idx);
figure
imagesc(dd_h)
set(gca,'linewidth',2);
xlabel('数据点', 'fontsize',12)
ylabel('数据点', 'fontsize',12)
title('层次聚类结果相关程度图')
ylabel(colorbar,['距离矩阵:', dist_h])
axis square

% 计算同型相关系数
Z = linkage(dist_metric_h,link);
cpcc = cophenet(Z,dist_metric_h);
disp('同表象相关系数: ')
disp(cpcc)

% 层次结构图
set(0,'RecursionLimit',5000)
figure
dendrogram(Z)
set(gca,'linewidth',2);
```

```
set(0,'RecursionLimit',500)
xlabel('数据点', 'fontsize',12)
ylabel ('距离', 'fontsize',12)
title(['CPCC: ' sprintf('%0.4f',cpcc)])
```

9.8.3 结果及分析

代码执行后，会产生聚类效果图（如图 9-17 所示）、簇间相似程度图（如图 9-18 所示）和簇的层次结构图（如图 9-19 所示）。

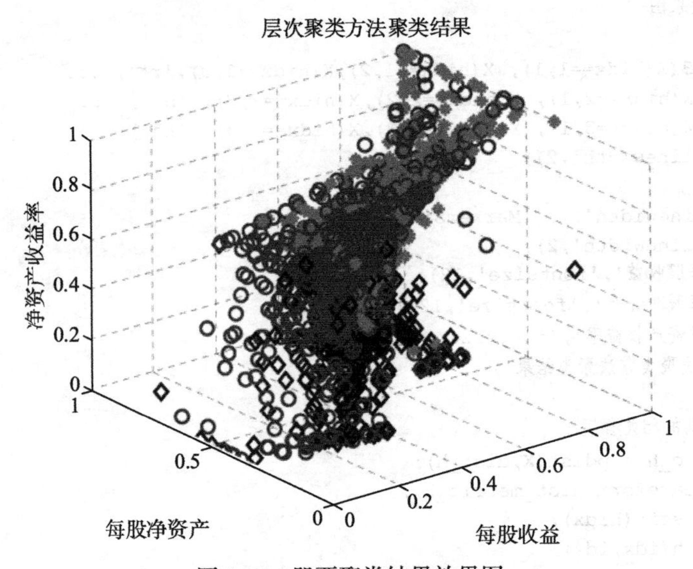

图 9-17 股票聚类结果效果图

图 9-17 是聚成 3 个类的效果图，从图中可以看出每个指标对聚类是有显著影响的，因为各个类在每个指标的维度上有显著的分层。但通过图 9-18 又可以看出，聚成三类的效果并不是很好，因为三个类别的轮廓不是很清晰，不如图 9-9 那样清晰、直观。这也说明对股票聚类是有一定难度的，这也比较符合实际情况，假如我们可以对所有股票进行很好的聚类，那么通过量化技术就非常容易盈利，但现实中尽管量化技术能够增强盈利的概率，但还要等待机会，等待相对短暂的套利机会。其实数据挖掘在很大程度上是挖掘那短暂的投资机会。

从图 9-19 的层级结构图可以看出，聚成 3 类的距离跨度比较小，效果不是很理想。从聚类的原则上看，结合层次结构图，该问题的距离阈值取为 0.8 比较好，此时类别数为 11 类。

通常聚类之后，会评估各类股票的盈利能力，然后对盈利能力最强的那类股票进行分析，最好遵照到这类股票的共性，这对建立进一步的量化投资模型非常有帮助，同时聚类的直接应用是确定股票分池准则的结果，在每次投资前，要确保买入的股票都是属于盈利能力最强的那类。

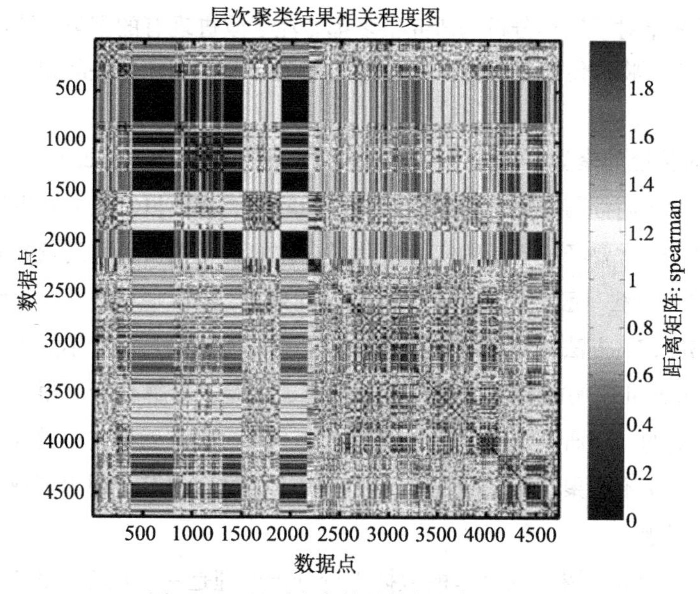

图 9-18　股票聚类结果簇间相似程度图

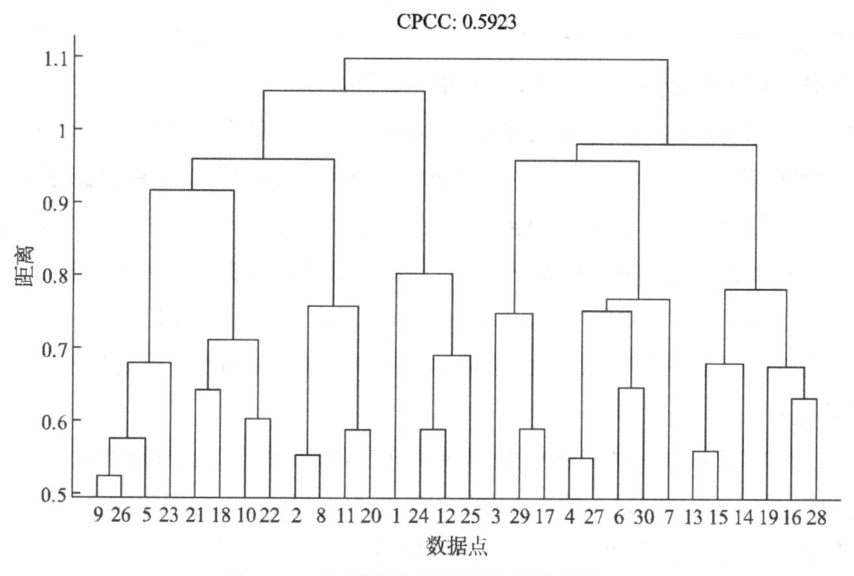

图 9-19　股票聚类结果簇的层次结构图

9.9　延伸阅读

9.9.1　目前聚类分析研究的主要内容

对聚类进行研究是数据挖掘中的一个热门方向，由于以上所介绍的聚类方法都存在着某些缺点，因此近些年对于聚类分析的研究很多都专注于改进现有的聚类方法或者是提出一种新的聚类方法。以下将对传统聚类方法中存在的问题以及人们在这些问题上所做的努力做一个简单的总结：

1）从以上对传统的聚类分析方法所做的总结来看，不管是 K-means 方法，还是 CURE 方法，在进行聚类之前都需要用户事先确定要得到的聚类的数目。然而在现实数据中，聚类的数目是未知的，通常要经过不断的实验来获得合适的聚类数目，得到较好的聚类结果。

2）传统的聚类方法一般都是适合于某种情况的聚类，没有一种方法能够满足各种情况下的聚类，比如 BIRCH 方法对于球状簇有很好的聚类性能，但是对于不规则的聚类，则不能很好的工作；K-medoids 方法不太受孤立点的影响，但是其计算代价又很大。因此如何解决这个问题成为当前的一个研究热点，有学者提出将不同的聚类思想进行融合以形成新的聚类算法，从而综合利用不同聚类算法的优点，在一次聚类过程中综合利用多种聚类方法，能够有效地缓解这个问题。

3）随着信息时代的到来，对大量的数据进行分析处理是一个很庞大的工作，这就关系到一个计算效率的问题。有文献提出了一种基于最小生成树的聚类算法，该算法通过逐渐丢弃最长的边来实现聚类结果，当某条边的长度超过了某个阈值，那么更长边就不需要计算而直接丢弃，这样就极大地提高了计算效率，降低了计算成本。

4）处理大规模数据和高维数据的能力有待于提高。目前许多聚类方法处理小规模数据和低维数据时性能比较好，但是当数据规模增大，维度升高时，性能就会急剧下降，比如 K-medoids 方法处理小规模数据时性能很好，但是随着数据量增多，效率就逐渐下降，而现实生活中的数据大部分又都属于规模比较大、维度比较高的数据集。有文献提出了一种在高维空间挖掘映射聚类的方法 PCKA（Projected Clustering based on the K-means Algorithm），它从多个维度中选择属性相关的维度，去除不相关的维度，沿着相关维度进行聚类，以此对高维数据进行聚类。

5）目前的许多算法都只是理论上的，经常处于某种假设之下，比如聚类能很好地被分离，没有突出的孤立点等，但是现实数据通常是很复杂的，噪声很大，因此如何有效地消除噪声的影响，提高处理现实数据的能力还有待进一步的提高。

9.9.2　SOM 智能聚类算法

SOM 是一种基于神经网络观点的聚类和数据可视化技术。尽管 SOM 源于神经网络，但它更容易表示成一种基于原型的聚类的变形，与其他基于质心的聚类一样，SOM 的目标是发现质心的集合，并将数据集中的每个对象指派到提供该对象最佳近似的质心。用神经网络的术语，每一质心都与一个神经元相关联。与增量 K 均值一样，每次处理一个数据对象并更新质心。与K均值不同，SOM赋予质心地形序，也更新附近的质心。此外，SOM不记录对象的当前簇录属情况：并不像K均值，如果对象转移簇，并不明确地更新簇质心。当然，旧的簇质心可能是新的簇质心的近邻，这样它可能因此而更新。继续处理点，直到达到某个预先确定的界限，或者质心变化不大为止。SOM最终的输出是一个隐式定义的质心的集合。每个簇由最靠近某个特定质心的点组成。

SOM算法的显著特征是它赋予质心（神经元）一种地形（空间）组织。SOM使用的质心具有预先确定的地形序关系，这是不同于其他基于原型的聚类的根本差别。在训练的过程中，SOM使用每个数据点更新最近的质心和在地形序下邻近的质心。以这种方式，对于任意给定的数据集，SOM产生一个有序的质心集合。换言之，在SOM网格中互相靠近的质心比远离的质心更加密切相关。由于这种约束，可以认为二维点SOM质心在一个尽可能好地拟合 n 维数据的二维曲面上。SOM质心也可以看作关于数据点的非线性回归的结果。SOM算法的步骤：①初始化质心；②选择下一个对象；③确定该对象最近的质心；④更新该质心和附近的质心，即在一个邻域内的质心；⑤重复②～④直到质心改变不多或超过某个阈值；⑥指派每个对象到最近的质心。

初始化：有多种方法：①对每个分量，从数据中观测到的值域随机地选择质心的分量值。尽管该方法可行，但不一定是最好的，特别是对于快速收敛。②从数据中随机地选择初始质心。选择对象：由于算法可能需要许多步才收敛，每个数据对象可能使用多次，特别是对象较少时。然而如果对象较多，则并非需要使用每个对象。

优点：它将相邻关系强加在簇质心上，所以，互为邻居的簇之间比非邻居的簇之间更相关。这种联系有利于聚类结果的解释和可视化。缺点：①用户必选选择参数、邻域函数、网格类型和质心个数。②一个SOM簇通常并不对应单个自然簇，可能有自然簇的合并和分裂。例如，像其他基于原型的聚类技术一样，当自然簇的大小、形状和密度不同时，SOM倾向于分裂或合并它们。③SOM缺乏具体的目标函数，这可能使比较不同的SOM聚类的结果是困难的。④SOM不保证收敛，尽管实际中它通常收敛。

9.10　小结

本章主要介绍了几个常用的聚类方法和这些方法的应用案例。对于聚类问题，首先要确定聚类方法的适应场景，一般情况下聚类主要是为分类服务，主要是评估分成几类比较合适，另外聚类对于研究问题的层级结构非常有帮助，也是最有效的方法。

对于聚类方法的选择，通常要考虑以下几个原则（评判聚类好坏的标准）：①能够适用于大数据量；②能应付不同的数据类型；③能够发现不同类型的聚类；④使对专业知识的要求降到最低；⑤能应付脏数据；⑥对于数据不同的顺序不敏感；⑦能应付很多类型的数据；⑧模型可解释、可使用。

但纵观这些方法，其中的K-means和层次聚类两种方法的适应性最强，也应用最广泛。所以在不确定该用哪种聚类方法时，可以先用这两种方法，先用层次聚类方法大致确定问题的层级关系，再用K-means方法直接进行聚类，或者结合轮廓图方法直接运用K-means方法进行聚类。

参考文献

[1] http://blog.sina.com.cn/s/blog_6002b97001014nja.html.
[2] Clustering by fast search and find of density peak. Alex Rodriguez, Alessandro Laio.

第 10 章 Chapter 10

预测方法

预测是适应社会经济的发展和管理的需要而产生、发展起来的。预测作为一种社会实践活动，已有几千年的历史。预测真正成为一门自成体系的独立的学科仅仅是近几十年的事情。特别是第二次世界大战以后，由于科学技术和世界经济取得了前所未有的快速发展，社会经济现象的不确定因素显著增加，诸如政治危机、经济危机、能源危机、恐怖活动等。所有这些不确定因素增加了人们从心理上了解和掌握未来的必要性和迫切性。人们日益意识到科学预测的重要性，这也就成为预测学科进一步发展的推动力。

从预测学来看，它是阐述预测方法的一门学科和理论，预测方法是采用科学的判断和计量方法，对未来事件的可能变化情况作出事先推测的一种技术。预测方法要求根据社会经济现象的历史和现实，综合多方面的信息，运用定性和定量相结合的分析方法，用来揭示客观事物的发展变化的规律，并指出事物之间的联系、未来发展的途径和结果等。

预测的方法有很多，前面介绍的回归方法、分类方法都可以用来进行和预测，但预测方法中又有一些比较特殊的方法，比如灰色预测和马尔科夫预测等。所以本章将介绍关于预测的理论、方法及应用案例。

10.1 预测方法概要

10.1.1 预测的概念

预测是指根据客观事物的发展趋势和变化规律对特定对象的未来发展趋势或状态作出科学的推断与判断，即预测就是根据过去和现在估计未来。

预测的基本要素包括：预测者、预测对象、信息、预测方法和技术以及预测结果。这些基本要素之间的相互关系构成了预测科学的基本结构。此基本结构是如何运动、变化和发展的，应遵循什么样的程序才能得到科学的预测结果，这就是预测的基本程序。

10.1.2 预测的基本原理

1. 系统性原理

系统性原理是指预测必须以系统的观点为指导，采用系统分析的方法实现预测的系统目标。具体有以下要求：

1）通过对预测对象的系统分析，确定影响其变化的变量及其关系，建立符合实际的逻辑模型与数学模型。

2）通过对预测对象的系统分析，系统地提出预测问题，确定预测的目标体系。

3）通过对预测对象的系统分析，正确地选择预测方法，并通过各种预测方法的综合运用，使预测尽可能地符合实际。

4）通过对预测对象的系统分析、按照预测对象的特点组织预测工作，并对预测方案进行验证和跟踪研究，为经验决策的实施进行及时的反馈。

2. 连贯性原理

连贯性原理是指事物的发展是按一定规律进行的，在其发展过程中，这种规律贯彻始终，不应受到破坏，它的未来发展与其过去和现在的发展没有本质的不同。即研究对象的过去和现在，依据其惯性，预测其未来状态。应注意以下几个问题：

1）连贯性的形成需要有足够长的历史，且历史发展数据所显示的变动趋势具有规律性。

2）对预测对象演变规律作用的客观条件必须保持在适度的变动范围之内，否则该规律的作用将随条件变化而中断，导致连贯性失效。

3. 类推原理

类推原理是指通过寻找并分析类似事物相似规律，根据已知的某事物的发展变化特征，推断具有近似特性的预测对象的未来状态。具体要求为：

事物变动具有某种结构，且可用数学方法加以模拟，根据所测定的模型类比现在，预测未来。两事物之间的发展变化应具有类似性，否则就不能类推。

4. 相关性原理

相关性原理是指所研究预测对象与其相关事物间的相关性，利用相关事物性来推断预测对象的未来状况。

按照先导事件与预测事件的关系表现，相关性可分为同步相关与异步相关两类。例如，冷饮食品的销售与气候的变化、服装的销售与季节的变化为同步相关；基本建设投资额与经济发展速度、利息率的高低与房地产业的兴衰为异步相关。

5. 概率推断原理

概率推断原理是指当被推断的结果能以较大的概率出现时，则认为该结果成立。在预测中，可以先采用概率统计方法求出随机事件出现各种状态的概率，然后根据概率推断原理去推测对象的未来状态。

10.1.3 预测的准确度评价及影响因素

预测的精度是指预测模型拟合的好坏程度，即由预测模型所产生的模拟值与历史实际值拟合程度的优劣。

在讨论模型的精度时，通常对整个样本外的区间进行预测，然后将其实际值比较，把它们的差异用某种方法加总。常用均方误差（MSE）、绝对平均误差（MAE）和相对平均误差（MAPE）的绝对值来度量，其公式如下：

$$\mathrm{MSE}=\frac{1}{N}\sum_{i=1}^{N}(y_i-\hat{y}_i)^2$$

$$\mathrm{MAE}=\frac{1}{N}\sum_{i=1}^{N}\left|y_i-\hat{y}_i\right|$$

$$\mathrm{MAPE}=\frac{1}{N}\sum_{i=1}^{N}\left|\frac{y_i-\hat{y}_i}{y_i}\right|$$

一般来说，均方误差（MSE）比绝对平均误差（MAE）或相对平均误差绝对值能更好地衡量预测的精确度。

预测不可避免地会产生预测误差。在预测过程中，有许多因素都可能对预测准确度产生影响，主要的因素有：

（1）影响预测对象的偶然因素

影响预测对象发展变化的因素有起决定作用的必然因素，反映预测对象的发展变化规律，这是事先可以测定的；还有事先不能测定的突然发生的偶然因素，比如自然灾害、政治事件、政策转变等，就是这些偶然因素使预测值产生随机的波动，甚至使预测值产生发展方向或速度上的变化，形成预测误差。这种偶然因素是影响预测准确度的主要因素。

（2）资料的限制

预测就是根据过去和现在的资料来了解预测对象的特征和规律。如果缺乏资料或资料不完整、不系统、不准确，就无法正确判断影响预测对象的主要因素，无法正确地建立预测模型求预测值以及修正预测值，就不能得到准确的预测结果。因此应尽量搜集与预测对象有关的各种资料，保证资料齐全、准确，努力减少由于资料原因而引起的预测误差。

（3）方法不恰当

在整个预测过程中，会涉及各种各样的方法。例如，收集资料的方法、处理和分析资料的方法、预测的方法、建立模型的方法、评价模型的方法、修正预测结果的方法等。由于所用的方法不同，其预测值、误差也就不同。在预测前，要对将采用的方法的原理、特性、假设前提、适用范围与运用条件进行充分了解，根据预测对象的要求，选择出恰当的方法。

（4）预测者的分析判断能力

在预测过程中，寻求预测对象的规律、分析影响预测对象的主要因素、预见随机因素的影响、资料的取舍与整理、选择预测方法、评价预测模型，分析预测结果、修正预测值及预测模型等，都取决于预测者的分析判断能力。分析判断正确与否，直接影响到预测的准确度，因此预测者必须对所要预测的领域有足够的了解，对预测理论和方法要熟练掌握，并能综合考虑各方面的因素，对预测的各环节、步骤周密分析，有准确的判断能力。这是对减少预测误差，提高预测准确度起决定性作用的因素。

能把握、处理好以上几个影响预测准确度的因素，就能大大提高预测的准确度。

10.1.4 常用的预测方法

预测方法有许多，可以分为定性预测方法和定量预测方法，如图 10-1 所示。

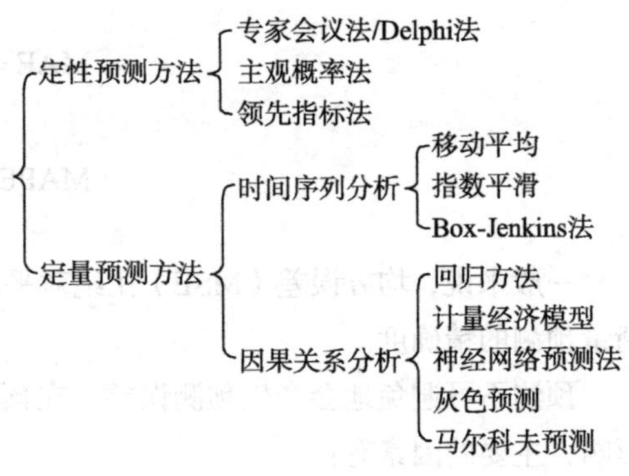

图 10-1 预测方法分类图

定性预测方法是指预测者根据历史与现实的观察资料，依赖个人或集体的经验与智慧，对未来的发展状态和变化趋势作出判断的预测方法。定性预测的优点在于：注重于事物发展在性质方面的预测，具有较大的灵活性，易于充分发挥人的主观能动作用，且简单迅速，省时省费用。定性预测的缺点是：易受主观因素的影响，比较注重于人的经验和主观判断能力，从而易受人的知识、经验和能力的多少或大小的束缚和限制，尤其是缺乏对事物发展作数量上的精确描述。

定量预测方法是依据调查研究所得的数据资料，运用统计方法和数学模型，近似地揭示预测对象及其影响因素的数量变动关系，建立对应的预测模型，据此对预测目标作出定量测算的预测方法。通常有时间序列分析预测法和因果关系分析预测法。定量预测的优点是：注重于事物发展在数量方面的分析，重视对事物发展变化的程度作数量上的描述，更多地依据历史统计资料，较少受主观因素的影响。定量预测的缺点是：比较机械，不易处理有较大波动的资料，更难于应对事物预测的变化。

从数据挖掘角度，我们用的方法显然是属于定量分析方法。定量方法里又分为时间序列分析和因果关系分析两类方法，关于时间序列我们将在第 12 章集中介绍。而在因果关系分析方法中，回归方法和神经网络方法已在第 7 章和 8.4 节中介绍过，计量经济模型是依据模型进行预测，这里不再探讨，所以本章随后将重点介绍灰色预测和马尔科夫预测这两种方法。

10.2 灰色预测

10.2.1 灰色预测原理

灰色系统理论认为：系统的行为现象尽管是朦胧的，数据是复杂的，但它毕竟是有序的，是有整体功能的。在建立灰色预测模型之前，需先对原始时间序列进行数据处理，经过数据预处理后的数据序列称为生成列。对原始数据进行预处理，不是寻求它的统计规律和概率分布，而是将杂乱无章的原始数据列，通过一定的方法处理，变成有规律的时间序列数据，即以数找数的规律，再建立动态模型。灰色系统常用的数据处理方式有累加和累减两种，通常用累加方法。

灰色预测通过鉴别系统因素之间发展趋势的相异程度，并对原始数据进行生成处理来寻找系统变动的规律，生成有较强规律性的数据序列，然后建立相应的微分方程模型，从而预测事物未来的发展趋势。灰色预测的数据是通过生成数据的模型所得到的预测值的逆处理结果。灰色预测是以灰色模型为基础，在诸多的灰色模型中，以灰色系统中单序列一阶线性微分方程模型 GM(1,1) 模型最为常用。下面简要地介绍一下 GM(1,1) 模型。

设有原始数据列 $x^{(0)}=(x^{(0)}(1),x^{(0)}(2),\cdots,x^{(0)}(n))$ ，n 为数据个数，则可以根据以下步骤来建立 GM(1,1) 模型：

步骤 1：原始数据累加以便弱化随机序列的波动性和随机性，得到新数据序列：

$$x^{(1)}=(x^{(1)}(1),x^{(1)}(2),\cdots,x^{(1)}(n))$$

其中，$x^{(1)}(t)$ 中各数据表示对应前几项数据的累加，即：

$$x^{(1)}(t)=\sum_{k=1}^{t}x^{(0)}(k)\ ,\quad t=1,2,3,\cdots,n$$

步骤 2：对 $x^{(1)}(t)$ 建立 $x^{(1)}(t)$ 的一阶线性微分方程，即：

$$\frac{\mathrm{d}x^{(1)}}{\mathrm{d}t}+ax^{(1)}=u$$

其中，a ,u 为待定系数，分别称为发展系数和灰色作用量，a 的有效区间是（$-2, 2$）。记 a ,u 构成的矩阵为 $\hat{a}=\begin{bmatrix}a\\u\end{bmatrix}$，只要求出参数 a ,u ，就能求出 $x^{(1)}(t)$ ，进而求出 $x^{(0)}$ 的未来预测值。

步骤 3：对累加生成数据作均值生成 B 与常数项向量 Y_n，即：

$$B=\begin{bmatrix}0.5(x^{(1)}(1)+x^{(1)}(2))\\0.5(x^{(1)}(2)+x^{(1)}(3))\\0.5(x^{(1)}(n-1)+x^{(1)}(n))\end{bmatrix}$$

$$Y_n=(x^{(0)}(2),x^{(0)}(3),\cdots,x^{(0)}(n))^{\mathrm{T}}$$

步骤 4：用最小二乘法求解灰参数 $\hat{a}$ ，即：

$$\hat{a}=\begin{bmatrix}a\\u\end{bmatrix}=(B^{\mathrm{T}}B)^{-1}B^{\mathrm{T}}Y_n$$

步骤 5：将灰参数$\hat{a}$代入$\dfrac{\mathrm{d}x^{(1)}}{\mathrm{d}t}+ax^{(1)}=u$，并求解之可得：

$$\hat{x}^{(1)}(t+1)=\left(x^{(0)}(1)-\frac{u}{a}\right)\mathrm{e}^{-at}+\frac{u}{a}$$

由于$\hat{a}$是通过最小二乘法求出的近似值，所以$\hat{x}^{(1)}(t+1)$函数表达式是一个近似表达式，为了与原序列$x^{(1)}(t+1)$区分开来故记为$\hat{x}^{(1)}(t+1)$。

步骤 6：对函数表达式$\hat{x}^{(1)}(t+1)$及$\hat{x}^{(1)}(t)$进行离散并将二者作差以便还原$x^{(0)}$原序列，得到近似数据序列$\hat{x}^{(0)}(t+1)$如下：

$$\hat{x}^{(0)}(t+1)=\hat{x}^{(1)}(t+1)-\hat{x}^{(1)}(t)$$

步骤 7：对建立的灰色模型进行检验，步骤如下：

1）计算$x^{(0)}$与$\hat{x}^{(0)}(t)$之间的残差$e^{(0)}(t)$和相对误差$q(x)$：

$$e^{(0)}(t)=x^{(0)}-\hat{x}^{(0)}(t)$$

$$q(x)=e^{(0)}(t)/x^{(0)}(t)$$

2）求原始数据$x^{(0)}$的均值以及方差s_1；

3）求$e^{(0)}(t)$的平均值$\bar{q}$以及残差的方差s_2；

4）计算方差比$C=\dfrac{s_2}{s_1}$；

5）求误差概率$P=P\{|e(t)|<0.6745s_1\}$；

6）根据灰色模型精度检验表（如表 10-1 所示）评估模型精度等级。

表 10-1 灰色模型精度检验对照表

等级	相对误差 q	方差比 C	小误差概率 p
Ⅰ级	<0.01	<0.35	>0.95
Ⅱ级	<0.05	<0.50	<0.80
Ⅲ级	<0.10	<0.65	<0.70
Ⅳ级	>0.20	>0.80	<0.60

在实际应用过程中，检验模型精度的方法并不唯一。可以利用上述方法进行模型的检验，也可以根据$q(x)$的误差百分比并结合预测数据与实际数据之间的测试结果酌情认定模型是否合理。

步骤 8：利用模型进行预测，即：

$$\hat{x}^{(0)}=\Big[\underbrace{\hat{x}^{(0)}(1),\hat{x}^{(0)}(2),\cdots,\hat{x}^{(0)}(n)}_{\text{原数列的模拟}},\underbrace{\hat{x}^{(0)}(n+1),\cdots,\hat{x}^{(0)}(n+m)}_{\text{未来数列的预测}}\Big]$$

10.2.2 灰色预测的实例

灰色预测中有很多关于矩阵的运算，这可是 MATLAB 的特长，所以用 MATLAB 是实现灰色预测过程的首选。用 MATLAB 编写灰色预测程序时，可以完全按照预测模型的求解步骤，即：

步骤 1：对原始数据进行累加；

步骤 2：构造累加矩阵 B 与常数向量；

步骤 3：求解灰参数；

步骤 4：将参数带入预测模型进行数据预测。

下面以一个公司收入预测问题来介绍灰色预测的 MATLAB 实现过程。

已知某公司 1999～2008 年的利润为（单位：元/年）：

[89677,99215,109655,120333,135823,159878,182321,209407,246619,300670]，现在要预测该公司未来几年的利润情况。

具体的 MATLAB 程序如 P10-1。

程序编号	P10–1	文件名称	Main1001.m	说明	灰色预测公司的利润

```
Clear
syms a b;
c=[a b]';
A=[89677,99215,109655,120333,135823,159878,182321,209407,246619,300670];
B=cumsum(A);  % 原始数据累加
n=length(A);
for i=1:(n-1)
   C(i)=(B(i)+B(i+1))/2;  % 生成累加矩阵
end
% 计算待定参数的值
D=A;D(1)=[];
D=D';
E=[-C;ones(1,n-1)];
c=inv(E*E')*E*D;
c=c';
a=c(1);b=c(2);
% 预测后续数据
F=[];F(1)=A(1);
for i=2:(n+10)
   F(i)=(A(1)-b/a)/exp(a*(i-1))+b/a ;
end
G=[];G(1)=A(1);
for i=2:(n+10)
   G(i)=F(i)-F(i-1); %得到预测出来的数据
end
t1=1999:2008;
t2=1999:2018;
```

```
G
plot(t1,A,'o',t2,G)  %原始数据与预测数据的比较
```

运行该程序，得到的预测数据如下：

```
G =
  1.0e+006 *
  Columns 1 through 14
    0.0897    0.0893    0.1034    0.1196    0.1385    0.1602    0.1854    0.2146
    0.2483    0.2873    0.3325    0.3847    0.4452    0.5152
  Columns 15 through 20
    0.5962    0.6899    0.7984    0.9239    1.0691    1.2371
```

该程序还显示了预测数据与原始数据的比较图，如图 10-2 所示。

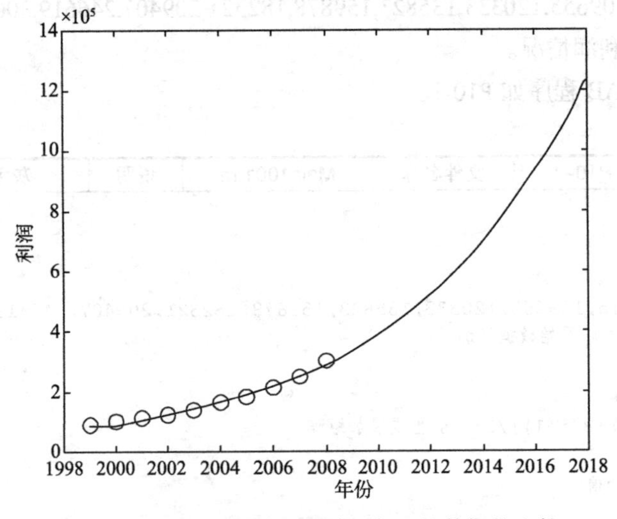

图 10-2 某公司利润预测数据与原始数据的比较

灰色预测程序说明：

1）先熟悉程序中各条命令的功能，以加深对灰色预测理论的理解。

2）在实际使用时，可以直接套用该段程序，把原数据和时间序列数据替换即可。

3）模型的误差检验可以灵活处理，以上给出的是预测数据与原始数据的比较图，读者也可以对预测数据进行其他方式的精度检验。

10.3 马尔科夫预测

10.3.1 马尔科夫预测原理

马尔科夫过程，因安德烈·马尔科夫而得名。马尔科夫过程是具有马尔科夫性质的离散

随机过程。我们都知道，事物总是随着时间而发展的，因此事物与时间之间有一定的变换关系。在一般情况下，人们要了解事物未来的发展状态，不但要看到事物现在的状态，还要看到事物过去的状态。安德烈·马尔科夫认为，还存在另外一种情况，人们要了解事物未来的发展状态，只需知道事物现在的状态，而与事物以前的状态毫无关系。马尔科夫过程的理论在近代物理、生物学、管理科学、经济、信息处理以及数字计算方法等方面都有重要应用。在此过程中，在给定当前信息或知识时，过去对于预测未来是无关的。

马尔科夫过程的发展经历了长时间的改进、更新与延伸，众多相关著作的发表与问世为马尔科夫分析方法的建立以及其在管理、生活、经济领域的应用奠定了理论基础。具体来看主要有以下几个重要的历史阶段。1907 年前后，安德烈·马尔科夫研究过一系列有特定相依性的随机变量，后人称之为马尔科夫链。1923 年维纳给出了布朗运动的数学定义（后人也称数学上的布朗运动为维纳过程），这种过程至今仍是重要的研究对象。虽然如此，随机过程一般理论的研究通常认为开始于 20 世纪 30 年代。1931 年，柯尔莫哥洛夫发表了《概率论的解析方法》；三年后，辛钦发表了《平稳过程的相关理论》。这两篇重要论文为马尔科夫过程与平稳过程奠定了理论基础。稍后，莱维出版了关于布朗运动与可加过程的两本书，其中蕴含着丰富的概率思想。1953 年，J.L.杜布的名著《随机过程论》问世，其中系统且严格地叙述了随机过程的基本理论。1951 年伊藤清建立了关于布朗运动的随机微分方程的理论，为研究马尔科夫过程开辟了新的道路；近年来由于鞅论的进展，人们讨论了关于半鞅的随机微分方程；而流形上的随机微分方程的理论，正方兴未艾。60 年代，法国学派基于马尔科夫过程和位势理论中的一些思想与结果，在相当大的程度上发展了随机过程的一般理论，包括截口定理与过程的投影理论等。

下面来介绍一下马尔科夫的定义：

设 $\{X_t, t \in T\}$ 为随机过程，若对任意正整数 n 及 $t_1 < t_2 < \cdots < t_n$，有：

$$P\left\{X_{t_1} = x_1, \cdots, X_{t_{n-1}} = x_{n-1}\right\} > 0$$

且条件分布：

$$P\left\{X_{t_n} \leqslant x_n \middle| X_{t_1} = x_1, \cdots, X_{t_{n-1}} = x_{n-1}\right\} = P\left\{X_{t_n} \leqslant x_n \middle| X_{t_{n-1}} = x_{n-1}\right\}$$

则称 $\{X_t, t \in T\}$ 为马尔科夫过程。

10.3.2　马尔科夫过程的特性

马尔科夫过程因为其独有的特性，使得在分析过去与未来关联性不强的事件中变得很简单，易于理解。可以说，马尔科夫过程的特性是马尔科夫理论的核心，也是其运作的基本规则。马尔科夫过程具有以下几个特征：

（1）马尔科夫性

预测 X_{n+1} 时刻的状态仅与随机变量当前的状态 X_n 有关，与前期状态无关，n+1 时刻的状态的条件概率只依存当前时刻 n 的状态。

（2）遍历性和平稳性

设齐次马尔科夫链$\{X_n, n \geqslant 1\}$的状态空间为$E=(a_1,a_2,\cdots,a_N)$，若对所有的i，j属于E，存在不依赖i的常数π_j，为其转移概率$P_{ij}^{(n)}$在n趋于∞的极限，即：

$$\lim_{n\to\infty} P_{ij}^{(n)} = \pi_j, i, j \in E$$

其相应的转移矩阵有：

$$P_{ij}^{(n)} = \begin{bmatrix} p_{11} & p_{12} & \cdots & p_{1n} \\ p_{21} & p_{22} & \cdots & p_{2n} \\ \cdots & \cdots & \cdots & \cdots \\ p_{n1} & p_{n2} & \cdots & p_{nn} \end{bmatrix} \xrightarrow{n\to\infty} \begin{bmatrix} \pi_1 & \pi_2 & \cdots & \pi_n \\ \pi_1 & \pi_2 & \cdots & \pi_n \\ \cdots & \cdots & \cdots & \cdots \\ \pi_1 & \pi_2 & \cdots & \pi_n \end{bmatrix}$$

则称齐次马尔科夫链具有遍历性，并称π_j为状态j的稳态概率。

齐次马尔科夫链的平稳分布的严格数学定义：设$\{X_n, n \geqslant 1\}$是一个齐次马尔科夫链，若存在实数集合$\{r_j, j \in E\}$，满足：

1）$r_j \geqslant 0, j \in E$；

2）$\sum_{j\in E} r_j = 1$；

3）$r_j = \sum_{i\in E} r_i P_{ij}, j \in E$。

则称$\{X_n, n \geqslant 1\}$为平稳齐次马尔科夫链，$\{r_j, j \in E\}$是该过程的一个平稳分布。

10.3.3 马尔科夫预测实例

现代市场信息复杂多变，一个企业在激烈的市场竞争环境下要生存和发展就必须对其产品进行市场预测，从而减少企业参与市场竞争的盲目性，提高科学性。然而，市场对某产品的需求受多种因素的影响，其特性是它在市场流通领域中所处的状态。这些状态的出现是一个随机现象，具有随机性。为此，利用随机过程理论的马尔科夫（Markov）模型来分析产品在市场上的状态分布，进行市场预测，从而科学地组织生产，减少盲目性，以提高企业的市场竞争力和其产品的市场占有率。

现在我们要预测A、B、C三个厂家生产的某种抗病毒药在未来的市场占有情况：

第一步，进行市场调查。主要调查以下两件事：

1）目前的市场占有情况。若购买该药的总共1000家对象（购买力相当的医院、药店等）中，买A、B、C三药厂的各有400家、300家、300家，那么A、B、C三药厂目前的市场占有份额分别为：40%、30%、30%，称（0.4, 0.3, 0.3）为目前市场的占有分布或称初始分布。

2）查清使用对象的流动情况。流动情况的调查可通过发放信息调查表来了解顾客以往的资料或将来的购买意向，也可从下一时期的订货单得出，如表 10-2 所示。

表 10-2　顾客订货情况表

		下季度订货情况			
		A	B	C	合计
来自	A	160	120	120	400
	B	180	90	30	300
	C	180	30	90	300
	合计	520	240	240	1000

第二步，建立数学模型。

假定在未来的时期内，顾客相同间隔时间的流动情况不因时期的不同而发生变化，以季度为模型的步长（即转移一步所需的时间），那么根据表（10-2），我们可以得到模型的转移概率矩阵：

$$P=\begin{bmatrix} p_{11} & p_{12} & p_{13} \\ p_{21} & p_{22} & p_{23} \\ p_{31} & p_{32} & p_{33} \end{bmatrix}=\begin{bmatrix} \frac{160}{400} & \frac{120}{400} & \frac{120}{400} \\ \frac{180}{300} & \frac{90}{300} & \frac{30}{300} \\ \frac{180}{300} & \frac{30}{300} & \frac{90}{300} \end{bmatrix}=\begin{bmatrix} 0.4 & 0.3 & 0.3 \\ 0.6 & 0.3 & 0.1 \\ 0.6 & 0.1 & 0.3 \end{bmatrix}$$

矩阵中的第一行（0.4, 0.3, 0.3）表示目前是 A 厂的顾客下季度有 40%仍买 A 厂的药，转为买 B 厂和 C 厂的各有 30%。同样，第二行、第三行分别表示目前是 B 厂和 C 厂的顾客下季度的流向。

由 P 我们可以计算任意的 k 步转移矩阵，如三步转移矩阵：

$$P^{(3)}=P^3=\begin{bmatrix} 0.4 & 0.3 & 0.3 \\ 0.6 & 0.3 & 0.1 \\ 0.6 & 0.1 & 0.3 \end{bmatrix}^3=\begin{bmatrix} 0.496 & 0.252 & 0.252 \\ 0.504 & 0.252 & 0.244 \\ 0.504 & 0.244 & 0.252 \end{bmatrix}$$

从这个矩阵的各行可知三个季度以后各厂家顾客的流动情况。如从第二行（0.504, 0.252, 0.244）知，B 厂的顾客三个季度后有 50.4%转向买 A 厂的药，25.2%仍买 B 厂的，24.4%转向买 C 厂的药。

在考虑市场占有率过程中影响占有率的大量随机性因素后，可以认为这一过程充满着控制、反馈、反复，这与马尔科夫链的过渡类状态有着相似之处，因此可将市场占有率问题认为是一个随机性马尔科夫过程，即从一个时刻 t 到下一个时刻的状态变化是随机的。在群体数目较大或扩散时间 t 的单位选取较大时，我们假定群体数目的变化在时间上是连续的，可以建立一个随机过程模型研究。

根据有关数据统计，依据随机变量市场占有率数据，对[0, ∞]进行适当划分，计算

得转移概率 P_{ij}，通过 $P_{ij}=P\left(X_1=j \mid X_0=i\right)$，可以得到 $P=\left(P_{ij}, i, j \in E\right)$，然后计算 $P(m)=\left(P_{ij}^{(m)}, i, j \in E\right)$。由此可构建市场占有率预测模型，即 **m** 阶的马尔科夫链{L_m:n≥0}的转移矩阵：

$$P^{(m)}=\begin{bmatrix} p_{11} & p_{12} & \cdots & p_{1N} \\ p_{21} & p_{22} & \cdots & p_{2N} \\ \vdots & \vdots & \cdots & \vdots \\ p_{N1} & p_{N2} & \cdots & p_{NN} \end{bmatrix}^m = p^m$$

得到 **m** 阶的转移概率，就可以得到 **m** 个周期后的市场占有率的转移矩阵。

假设初始市场占有率为 $S^{(0)}=(P_1^{(0)}, P_2^{(0)}, \cdots, P_N^{(0)})$，则有 **m** 个周期之后的市场占有率为 $S^{(m)}=S^{(0)} \cdot P^m = S^{(m-1)} \cdot P$。

即得：

$$S^{(m)}=S^{(m-1)}P=S^{(0)}P^m=(p_1^{(0)}, p_2^{(0)}, \cdots, p_n^{(0)})\begin{bmatrix} p_{11} & p_{12} & \cdots & p_{1n} \\ p_{21} & p_{22} & \cdots & p_{2n} \\ \vdots & \vdots & \cdots & \vdots \\ p_{n1} & p_{n2} & \cdots & p_{nn} \end{bmatrix}^m$$

如果继续逐步求市场占有率，会发现，当 **m** 大到一定的程度，$S^{(m)}$将不会有多少改变，即有稳定的市场占有率，设其稳定值为：

$S=(p_1, p_2, \cdots, p_n)$，且满足 $p_1+p_2+\cdots+p_n=1$。

如果市场的顾客流动趋向长期稳定下去，则经过一段时期以后的市场占有率将会出现稳定的平衡状态，即顾客的流动不会影响市场的占有率，而且这种占有率与初始分布无关。按照实际意义，我们可以近似地看待最终的市场占有率，得出计算式：

$$\begin{cases} S=SP \\ \sum_{i=0}^{n} P_k = 1 \end{cases}$$

一般 N 个状态后的稳定市场占有率（稳态概率）$S=(p_1, p_2, \cdots, p_N)$ 可通过解方程组

$$\begin{cases} (p_1, p_2, \cdots, p_n)=(p_1, p_2, \cdots, p_n)\begin{bmatrix} p_{11} & p_{12} & \cdots & p_{1n} \\ p_{21} & p_{22} & \cdots & p_{2n} \\ \vdots & \vdots & \cdots & \vdots \\ p_{n1} & p_{n2} & \cdots & p_{nn} \end{bmatrix} \\ \sum_{k=1}^{n} p_k = 1 \end{cases}$$

求得最终稳态时的市场占有率 P。

设 $S^{(k)}=(p_1^{(k)}, p_2^{(k)}, p_3^{(k)})$ 表示预测对象 **k** 季度以后的市场占有率，初始分布则为

$S^{(0)}=(p_1^{(0)},p_2^{(0)},p_3^{(0)})$，市场占有率的预测模型为：

$$S^{(k)}=S^{(0)}\cdot P^k=S^{(k-1)}\cdot P$$

现在，由第一步，我们有 $S^{(0)}=(0.4,\ 0.3,\ 0.3)$，由此，我们可预测任意时期 A、B、C 三厂家的市场占有率。三个季度以后的预测值为：

$$S^{(3)}=(p_1^{(3)},p_2^{(3)},p_3^{(3)})=S^{(0)}\cdot P^3=(0.4\quad 0.3\quad 0.3)\begin{bmatrix}0.496 & 0.252 & 0.252\\ 0.504 & 0.252 & 0.244\\ 0.504 & 0.244 & 0.252\end{bmatrix}$$

$$=(0.5008\quad 0.2496\quad 0.2496)$$

大致上，A 厂占有一半的市场，B 厂、C 厂各占四分之一。依次类推下去可以求得以后任一个季度的市场占有率，最终达到一个稳定的市场占有率。

当市场出现平衡状态时，可得方程如下：

$$(p_1,p_2,p_3)=(p_1,p_2,p_3)\begin{bmatrix}0.4 & 0.3 & 0.3\\ 0.6 & 0.3 & 0.1\\ 0.6 & 0.1 & 0.3\end{bmatrix}$$

由此得：

$$\begin{cases}p_1=0.4p_1+0.6p_2+0.6p_3\\ p_2=0.3p_1+0.3p_2+0.1p_3\\ p_3=0.3p_1+0.1p_2+0.3p_3\end{cases}$$

经整理，并加上条件 $p_1+p_2+p_3=1$，得：

$$\begin{cases}-0.6p_1+0.6p_2+0.6p_3=0\\ 0.3p_1-0.7p_2+0.1p_3=0\\ 0.3p_1+0.1p_2-0.7p_3=0\\ p_1+p_2+p_3=1\end{cases}$$

上方程组是三个变量四个方程的方程组，在前三个方程中只有两个是独立的，任意删去一个，从剩下的三个方程中，可求出唯一解：

$p_1=0.5$， $p_2=0.25$， $p_3=0.25$

这就是 A、B、C 三厂的最终市场占有率。

马尔科夫分析法是研究随机事件变化趋势的一种方法。市场商品供应的变化也经常受到各种不确定因素的影响而带有随机性，若其无“后效性”，则用马尔科夫分析法对其未来发展趋势进行市场趋势分析，提高市场占有率的策略预测市场占有率是供决策参考的，企业要根据预测结果采取各种措施争取顾客。

马尔科夫过程是一种重要的随机过程，它假定系统可以分成若干类别或者状态，研究对象在不同的状态之间随机游动。如果研究对象随时间的变化是离散的，称之为马尔科夫链。

马尔科夫链是一种基本模型，这种模型主要联系空间的分类、状态转移概率矩阵、状态空间的分解、平稳分布等。

10.4 应用实例：大盘走势预测

现在我们就来尝试用马尔科夫过程来预测股票价格走势。首先我们要来明确用马尔科夫过程来预测股票走势是否合适。我国股市的95%由中小散户组成，受外部信息的影响较大，而且可以假定以上外部信息是随机的，因此股价变化的前后联系性不强。此外，自1997年以来我国沪市符合弱有效假定，当前股票走势反映了部分历史信息。所以股票的走势情况符合马尔科夫的适应条件，也就是说可以用马尔科夫过程来预测股市的未来走势。

10.4.1 数据的选取及模型的建立

现选取2012年11月6日至2013年1月4日的A股指数数据作为研究对象，共41个样本，如表10-3所示。

表10-3 A股指数数据

日期	指数	日期	指数
2012年11月6日	2205.43	2012年11月29日	2127.57
2012年11月7日	2205.17	2012年11月30日	2124.78
2012年11月8日	2169.23	2012年12月1日	2158.91
2012年11月9日	2166.64	2012年12月2日	2181.98
2012年11月12日	2177.38	2012年12月3日	2172.48
2012年11月13日	2144.47	2012年12月4日	2180.92
2012年11月14日	2152.37	2012年12月5日	2158.57
2012年11月15日	2125.99	2012年12月6日	2252.13
2012年11月16日	2109.69	2012年12月7日	2262.30
2012年11月17日	2112.02	2012年12月8日	2264.50
2012年11月18日	2103.54	2012年12月9日	2264.25
2012年11月19日	2125.96	2012年12月10日	2270.67
2012年11月20日	2110.54	2012年12月11日	2254.83
2012年11月21日	2122.92	2012年12月12日	2260.84
2012年11月22日	2112.52	2012年12月13日	2318.10
2012年11月23日	2084.98	2012年12月14日	2323.70
2012年11月24日	2066.51	2012年12月15日	2309.74
2012年11月25日	2055.99	2012年12月16日	2338.32
2012年11月26日	2073.24	2012年12月17日	2376.04
2012年11月27日	2051.96	2013年1月4日	2384.19
2012年11月28日	2068.08		

现在对表 10-3 的数据进行简单的处理，根据表中相邻两天的数据计算股价的增长率，也就是$(P_n - P_{n-1}) / P_{n-1}$，我们可以将每天的股票价格分为上升、持平或者是下降，如果增长超过 1%记为上升，跌超过 1%，则记为下降，其他情况记为持平。这样，我们通过 41 天的股价资料可以求出 40 个相邻区间的增长率数据，也就是 40 个股票价格的变动状态，如表 10-4 所示。

表 10-4 股价变动状态

2012 年 11 月 7 日	持平	2012 年 11 月 29 日	上升
2012 年 11 月 8 日	下降	2012 年 11 月 30 日	持平
2012 年 11 月 9 日	持平	2012 年 12 月 1 日	上升
2012 年 11 月 12 日	持平	2012 年 12 月 2 日	上升
2012 年 11 月 13 日	下降	2012 年 12 月 3 日	持平
2012 年 11 月 14 日	持平	2012 年 12 月 4 日	持平
2012 年 11 月 15 日	下降	2012 年 12 月 5 日	下降
2012 年 11 月 16 日	持平	2012 年 12 月 6 日	上升
2012 年 11 月 17 日	持平	2012 年 12 月 7 日	持平
2012 年 11 月 18 日	持平	2012 年 12 月 8 日	持平
2012 年 11 月 19 日	上升	2012 年 12 月 9 日	持平
2012 年 11 月 20 日	持平	2012 年 12 月 10 日	持平
2012 年 11 月 21 日	持平	2012 年 12 月 11 日	持平
2012 年 11 月 22 日	持平	2012 年 12 月 12 日	持平
2012 年 11 月 23 日	下降	2012 年 12 月 13 日	上升
2012 年 11 月 24 日	持平	2012 年 12 月 14 日	持平
2012 年 11 月 25 日	持平	2012 年 12 月 15 日	持平
2012 年 11 月 26 日	持平	2012 年 12 月 16 日	上升
2012 年 11 月 27 日	下降	2012 年 12 月 17 日	上升
2012 年 11 月 28 日	持平	2013 年 1 月 4 日	持平

10.4.2 预测过程

1. 建立价格波动状态转移矩阵

在转移矩阵中 1 代表“上升”，2 代表“持平”，3 代表“下降”，比如 z13 表示的就是如果前一天为上涨状态那在今天股价下降的概率，从而得出状态转移矩阵：

$$P = \begin{bmatrix} z_{11} & z_{12} & z_{13} \\ z_{21} & z_{22} & z_{23} \\ z_{31} & z_{32} & z_{33} \end{bmatrix} = \begin{bmatrix} \frac{2}{8} & \frac{6}{8} & 0 \\ \frac{5}{26} & \frac{15}{26} & \frac{6}{26} \\ \frac{1}{6} & \frac{5}{6} & 0 \end{bmatrix} = \begin{bmatrix} 0.25 & 0.75 & 0 \\ 0.1923 & 0.5769 & 0.2308 \\ 0.1667 & 0.8333 & 0 \end{bmatrix}$$

2. **马尔科夫过程的平稳分布与稳态条件下的解**

若马尔科夫过程满足$\begin{cases}\pi_i = \sum\limits_{i \in I} \pi_i p_{ij} \\ \sum\limits_{j \in I} \pi_j = 1, \pi_j \geqslant 0\end{cases}$，则称概率分布$\{\pi_j, j \in I\}$为马尔科夫链的平稳分布。

因此我们通过求马尔科夫过程在稳态条件下的解以得到我国A股指数在未来变化的稳定概率。根据方程组：

$$\begin{cases} z_1 = 0.25z_1 + 0.1923z_2 + 0.1667z_3 \\ z_2 = 0.75z_1 + 0.5769z_2 + 0.8333z_3 \\ z_3 = 0.2308z_2 \\ z_1 + z_2 + z_3 = 1 \end{cases}$$

我们求得马尔科夫过程稳态条件下的解为：z_1=5.88%；z_2=76.47%；z_3=17.65%。

10.4.3 预测结果与分析

通过对马尔科夫过程稳态的求解，我们得出的结论是我国 A 股股价在 2013 年未来的变化趋势中，有 5.88%的概率 A 股股价增长会高于 1%，同时有 76.47%的概率股价会在–1%～1%小范围徘徊，还会有 17.65%的概率股价会下跌 1%以上。

不仅如此，考虑到目前我国经济增速放缓的现状，以及在后金融危机时代贸易出口的困境，我觉得上述结论还是比较准确的。2012 年我国沪市指数在历史较低点徘徊，所以我个人认为未来下跌的空间并不是很大，此外由于经济增长乏力，导致大部分投资者看空未来经济，这会直接反映在未来股票市场的价格上，因此在 2013 年预计 A 股指数不会有太大的涨幅。

根据这个预测结果，我们就可以制定未来的投资策略，即股价处于较低点时买入，并做好长期持有的准备。虽然未来一年内的涨幅不会很高，但却是价值投资的好机会，并且投资的安全性也会得到很好的保障。

10.5 小结

本章介绍了预测的基本理论和方法，重点介绍了灰色预测和马尔科夫预测两种预测方法。

灰色预测是灰色系统理论的重要组成部分，它利用连续的灰色微分模型，对系统的发展变化进行全面的观察分析，并做出长期预测。灰色系统理论认为，灰色系统的行为现象尽管是朦胧的，数据是杂乱的，但毕竟是有序的，是有整体功能的，因而对变化过程可作科学地预测。在灰色理论中，用来发掘这些规律的适当方式是数据生成，将杂乱的原始数据整理成规律性较强的生成数列，再通过一系列运算，就可以建立灰色理论中一阶单变量微分方程的模型即 GM(1,1)模型，该模型是灰色系统中最简单的情况，也是适应性最好的模型，所以在实际应用中，如果需要用到灰色预测方法，可以首先考虑这种既简单又有效的方法。

马尔科夫方法是研究随机事件变化趋势的一种方法，它假定系统可以分成若干类别或者状态，研究对象在不同的状态之间随机游动。如果研究对象随时间的变化是离散的，称之为马尔科夫链。马尔科夫链是一种基本模型，这种模型主要联系空间的分类、状态转移概率矩阵、状态空间的分解、平稳分布等。所以马尔科夫方法适合于带有状态转移特征的预测。

不同的预测方法具有不同的预测能力，适用于不同的情况，同一种情况也可以运用不同的预测方法。因此选择合适的预测方法是很有必要的。选择预测方法的原则是：

1）根据预测目标的要求选择预测方法。

2）根据预测对象资料的特征和规律选择预测方法。例如，从预测对象的历史数据所反映的规律是直线趋势，则选用直线趋势的预测方法，统计资料齐全用定量预测法，否则用定性预测法。

3）根据预测结果的准确程度选择预测方法。预测误差越小，预测准确程度越高越好。有的预测方法对预测现象的发展趋势比较准确，有的预测方法预测现象发展变化的转折点比较准确。

4）从经济、时间与适用性的角度选择预测方法。有时希望所选择的预测方法花费少，不占用很多时间，而且是适用的，不需要进行大量运算或运用复杂的数学公式。

当然，选择预测方法时，对上述几个原则要综合考虑，有时还要根据实际情况，对这几个原则的重视程度不一样。例如，对不重要的项目作短期预测，应强调节省费用、预测快，对准确度不作高要求来选择预测方法。而对于重要的预测项目，则要强调预测准确度要高，宁肯多花钱，多用些时间，用复杂的数学公式，从而选择合适的预测方法。

参考文献

[1] 冯文权. 经济预测与决策技术[M]. 成都：电子科技大学出版社, 1989.
[2] 韦丁源. 股市大盘指数的马尔科夫链预测法[J]. 广西广播大学学报, 2008(3).
[3] 郭存芝, 梁健. 股市走势预测的随机分析方法研究[J]. 南开经济研究, 2000(6).
[4] 魏巍贤, 周晓明. 中国股票市场波动的非线性 GARCH 预测模型[J]. 经济研究, 1999(5).
[5] 俞乔. 市场有效、周期异常与股价波动[J]. 经济研究, 1994(9).

第 11 章 Chapter 11

诊断方法

离群点诊断方法，简称诊断方法，是数据挖掘领域中的一项重要的挖掘技术，其目标是发现数据集中行为异常的少量的数据对象，这些数据对象被称为离群点或孤立点（Outlier）。离群点通常在数据预处理过程中被认为是噪声或异常而清理。许多挖掘算法（比如聚类方法）也都试图降低离群点的影响，甚至完全排除它们。然而由于离群点既有可能是噪声信息也有可能是有用信息，随意删除离群数据可能导致有用信息的丢失，所以通过离群点诊断发现和利用在离群点中的有用信息具有非常重要的意义。

事实上，在某些应用领域中研究离群点的异常行为更能发现隐藏在数据集中有价值的知识。例如，飞机性能统计数据中的一个离群点可能是飞机发动机的一个设计缺陷，地理图像上的一个离群点可能标志着一个危险对象（如埋藏生化武器），网络系统中的一个离群点还可能是对某个恶意入侵的精确定位。离群点挖掘还可应用于信用卡欺诈、金融审计、网络监控、电子商务、故障检测、恶劣天气预报、医药研究、客户异常行为检测和职业运动员成绩分析等。

本章将对离群点诊断常用的方法进行介绍，并给出各种算法的优缺点的比较和算法复杂度分析，最后结合相关算法给出离群点挖掘的一些应用实例。

11.1　离群点诊断概要

11.1.1　离群点诊断的定义

离群点诊断或称离群点挖掘可以描述为：给出 n 个数据点或对象的集合，以及预期的离群点的数目 k，发现与剩余的数据相比是显著差异的、异常的或不一致的前 k 个对象。因此，离群点诊断可以看作是在给定的数据集合中定义离群点，并找到一个有效的方法来挖掘出这样的离群点。

离群点是指数值中，远离数值的一般水平的极端大值和极端小值。因此，也称之为歧异值，有时也称其为野值。

形成离群点的主要原因有：首先可能是采样中的误差，如记录的偏误，工作人员出现笔误，计算错误等，都有可能产生极端大值或者极端小值。其次可能是被研究现象本身由于受各种偶然非正常的因素影响而引起的。例如，在人口死亡序列中，由于某年发生了地震，使该年度死亡人数剧增、形成离群点；在股票价格序列中，由于受某项政策出台或某种谣传的刺激，都会出现极增、极减现象，变现为离群点。

不论是何种原因引起的离群点对以后的分析都会造成一定的影响。从造成分析的困难来看，统计分析人员不希望序列中出现离群点，离群点会直接影响模型的拟合精度，甚至会得到一些虚伪的信息。因此，离群点往往被分析人员看作是一个“坏值”。但是，从获得信息来看，离群点提供了很重要的信息，它不仅提示我们认真检查采样中是否存在差错，在进行分析前，认真确认，而且当确认离群点是由于系统受外部突发因素刺激而引起的时候，它会提供相关的系统稳定性、灵敏性等重要信息。

11.1.2 离群点诊断的作用

离群点挖掘在实际生活中的典型应用包括金融欺诈、网络入侵检测和气象预测等。

（1）基于离群点检测的网络入侵检测（详细请参考文献[10]）

入侵检测是网络信息安全的核心之一，通常采用的检查技术有误用检测和异常检测。误用检测是根据已知入侵攻击的信息来建立入侵攻击知识库，通过将所有的入侵行为和手段与已知的入侵行为和手段进行匹配确定是否为一个入侵行为。而异常检测是把正常行为的轨迹特征存储到数据库，然后将用户当前行为轨迹特征与正常行为的轨迹特征进行比较，如果发现行为明显偏离轨迹特征，则说明是一个入侵行为。在实际应用中，只有将这两种检查技术结合起来才能有效地检测网络入侵。

离群点挖掘主要用于网络入侵的异常检测。在异常检测中，离群点意味着网络入侵和攻击，离群点挖掘的主要任务是在网络数据流和主机数据流中挖掘出与一般数据模式有较大偏离的数据模式用于更新已经建立的知识规则库。参考文献[11]提出一种基于离群点检测的核聚类入侵检测方法。通过重新定义特征空间中数据点到聚集簇之间的距离来生成聚类，并根据正常类的比例来确定异常数据类别，最后再用于真实数据的检测。

目前离群点检测技术已经融入到现代入侵检测系统中，安全系统需要能够探测到系统的微小变化和新种类威胁，异常检测成为系统安全的必须要素。

（2）离群点检测在金融活动中的应用

金融机构在洗钱活动中处于极其重要的地位，基于离群点检测算法的思路，要判别一个金融账户交易行为是否正常，应从两个角度上判断：一是纵向上，与自身以往历史行为模式比较；二是横向上，与其他账户之间作比较分析，从而发现此账户是否存在洗钱活动。在横向上，可以采取先聚类分析然后用离群点探测的方法。在纵向上，判断账户的即时交易行为是否符合其一贯的交易模式。从中国的银行采集真实的金融业务记录，使用粗糙集比较法进行离群点挖掘，有 65%的检测准确率[12]。

类似地，离群点检测还可用于信用卡欺诈检测。现实生活中，经常会发生信用卡被盗的情形。由于盗窃信用卡的人的购买行为可能不同于信用卡持有者，信用卡欺诈探测发现的离群点可能预示着欺诈行为，及时地发现这种欺诈行为既有助于警方跟踪调查迅速破案又能使信用卡持有者尽可能地避免更大的经济损失。此外，将离群点检测技术用于计算机审计也能比较有效地检查一些舞弊、违背规律与规定的行为。

（3）基于离群点检测的异常客户行为分析

客户行为分析是客户关系管理的重要研究内容之一，它是将客户购买信息按不同购买行为特征分成若干类别，对具有某一类行为特征的用户，分析其基本信息，并找出客户行为和客户基本特征两者之间的若干潜在关系。客户行为分析一般按照整体行为分析和群体行为分析。由于实际销售分析中大量的利润来自少部分的客户，所以分析这部分客户群体非常重要。另外，在客户分类中的一种极端情况就是每个类的客户只有一个，即一对一营销。一对一营销是指了解每一个客户并与之建立起长期合作的关系。

客户异常行为分析就是从客户购买记录中，利用离群点检测方法对客户购买行为进行检测，找出其异常变化点，分析产生异常变化的原因，并采取相应的营销策略。在零售业中，异常消费的检测就可用离群点检测方法，其主要思想是通过提取零售业销售商收集的客户原始数据，计算数据集中 n 个对象两两之间的距离，形成距离矩阵 R，然后累计矩阵 R 中每个对象与其他对象之间的距离 p，并求出其平均值 $\overline{p}$。若每个 p 大于距离平均值 $\overline{p}$ 的两倍，则认为此点为离群点，所有满足此条件的集合即为离群点集。研究结果表明，离群点检测方法不仅能够发现零售业数据库中客户购买行为的波动情况，而且可以进行消费者购买行为离群点检测，从而为零售业进行客户管理提供有效的营销依据。

11.1.3　离群点诊断方法分类

目前，人们已经提出了大量关于离群点挖掘的算法。这些算法大致上可以分为以下几类：基于统计学或模型的方法、基于距离或邻近度的方法、基于密度的方法和基于聚类的方法，这些方法一般称为经典的离群点挖掘方法。近年来，有不少学者从关联规则、模糊集和人工智能等其他方面出发提出了一些新的离群点挖掘算法，比较典型的有基于关联的方法、基于模糊集的方法、基于人工神经网络的方法、基于遗传算法或克隆选择的方法等。

11.2 基于统计的离群点诊断

11.2.1 理论基础

最早的离群点挖掘算法大多是基于统计学原理或分布模型实现的，通常可以分为基于分布的方法和基于深度的方法两类。一般地，讨论基于统计的离群点挖掘主要指的是基于分布的方法。

基于统计的离群点诊断的基本思想是基于这样的事实：符合正态分布的对象（值）出现在分布尾部的机会很小。例如，对象落在距均值3个标准差的区域以外的概率仅有0.0027。更一般地，如果 x 是属性值，则 $|x| \geqslant c$ 的概率随 c 的增加而迅速减小。设 $\alpha = p\ (|x| \geqslant c)$，表11-1显示当分布为N(0,1)时 c 的某些样本值和对应的 α 值。从表11-1可以看出，离群值超过4个标准差的值出现的可能性是万分之一。

表 11-1 落在标准差的中心区域以外的概率

c	1	1.5	2	2.5	3	3.5	4
N(0,1)的 α	0.3173	0.1336	0.0455	0.0124	0.0027	0.0005	0.0001

为了更清晰地表现基于统计的离群点诊断原理，可以绘制如图11-1所示的离群点分布带示意图。该图在实践中具有重要的意义，对于观测样本 x，我们可以这样理解该图：

1）如果此点在上、下警告线之间区域内，则数据处于正常状态；

2）如果此点超出上、下警告线，但仍在上、下控制线之间的区域内，提示质量开始变劣，可能存在“离群”倾向；

3）若此点落在上、下控制线之外，表示数据已经“离群”，这些点即被诊断出的离群点。

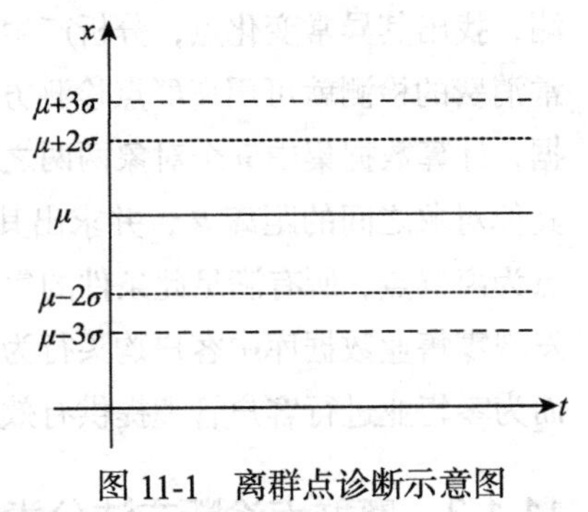

图 11-1 离群点诊断示意图

如果（正常对象的）一个感兴趣的属性的分布是具有均值 μ 和标准差 σ 的正态分布，则可以通过变换 $z=(x-\mu)/\sigma$ 转换为标准正态分布N(0,1)，通常 μ 和 σ 是未知的，可以通过样本均值和样本标准差来估计。实践中，当观测值很多时，这种估计的效果很好；另外，由概率统计中的大数定律可知，在大样本的情况下可以用正态分布近似其他分布。

基于统计的方法需要使用标准统计分布（如标准正态分布）来拟合数据点，然后根据概率分布模型采用不一致性检验来确立离群点。所以基于统计的离群点诊断方法要求事先知道数据集的统计分布、分布参数（如均值和方差）、预期的离群点数目和离群点类型等。

基于分布的方法的优缺点都很明显。其优点主要是易于理解，实现起来也比较方便，并且对数据分布满足某种概率分布的数值型单维数据集较为有效。但在多数情况下数据分布是未知的，也就很难建立某种确定的概率分布模型。同时，在实际中往往要求在多维空间中发现离群点，而绝大多统计检验是针对单个属性的。因此，当没有特定的检验时，基于分布的方法不能确保发现所有的异常，或者观测到的分布不能恰当地被任何标准的分布来拟合[1]。

Grubbs 导出了统计量 $g=|x_i-\overline{x}|/s$ 的分布。取显著水平 α，可以得到临界值 g_0，使得：

$$P(|x_i-\overline{x}|\geqslant g_0 s)=\alpha$$

其中，$\overline{x}=\frac{1}{n}\sum_{i=1}^{n}x_i$，$s=\sqrt{\frac{1}{n-1}\sum_{i=1}^{n}(x_i-\overline{x})^2}$。

若某一个测量数据 x_i 满足下式时，则认为数据为异常数据而把它剔除：

$$|x_i-\overline{x}|\geqslant g_0 s$$

g_0 可以通过查询专门的 g_0 表得到。

如果一次可以判断两个或两个以上的数据是异常数据，只将其中使得 $|x_i-x|$ 最大的数据剔除。然后，重新计算 $\overline{x}$、s 和 g_0，再一次迭代寻找异常数据。如此进行，直到找不出离群点为止。

具体算法如下：

1）求出样本均值 $\overline{x}$ 和样本标准差 s。根据给定的显著水平 α 和样本容量 n，查表求出 g_0。

2）计算 $|x_i-\overline{x}|$，$i=1,2,\cdots,n$。找出 x_k，使得：

$$|x_k-\overline{x}|=\max_{1\leqslant i\leqslant n}|x_i-\overline{x}|$$

3）若有 $|x_k-\overline{x}|\leqslant g_0 s$，则认为数据中无异常数据；否则认为 x_k 是异常数据，将之从数据中剔除。

重复步骤 1~3，直到数据中无异常数据为止。

在实践中，对于临界值 g_0，从严格的角度，可以通过查表给出具体的值，但通常的做法就是直接给出，比如取 1、2 或 3，甚至小数，具体取多大的值，取决于数据的量及对离群点诊断的严格程度。

11.2.2 应用实例

【例 11-1】例如，我们设儿童上学的具体年龄总体服从正态分布，所给的数据集是某地区随机选取的开始上学的 20 名儿童的年龄。具体的年龄数据如下：

年龄={6,7,6,8,9,10,8,11,7,9,12,7,11,8,13,7,8,14,9,12}

根据统计方法诊断离群点的步骤，可以编写出 P11-1 的程序，这样当数据变多后，也很容易用该程序进行离群点诊断。

程序编号	P11-1	文件名称	Sta_outlier_e1.m	说明	基于统计方法的离群点诊断

```
%% 基于统计方法的离群点诊断实例
%% 数据准备
clc, clear all, close all
x = [6,7,6,8,9,10,8,11,7,9,12,7,11,8,13,7,8,14,9,12];
u = mean(x);
a = std(x);
tolerance = 2;
bound = tolerance * a;
N = size(x,2);
Id = 1:N;
Upper_Bound = (u + bound)*ones(1,N);
Lower_Bound = (u - bound)*ones(1,N);

%% 绘制上下限
figure;
plot(Id, x, 'bO');
hold on;
plot(Id, Upper_Bound, '-r','linewidth',2);
hold on
plot(Id, Lower_Bound,'-r','linewidth',2);
hold on
plot(Id, u*ones(1,N),'--k','linewidth',2);
xlabel('编号','fontsize', 12);
ylabel('年龄', 'fontsize',12)
set(gca, 'linewidth',2)
title('基于统计方法的离群点诊断','fontsize',12)

%% 识别并显示离群点
Outlier_id1 = x < (u - bound);
Outlier_id2 = x > (u + bound);
Outlier_id = Outlier_id1 | Outlier_id2;
hold on
plot(Id(Outlier_id), x(Outlier_id), 'r*','linewidth',2);
disp(['离群点为: ',num2str(x(Outlier_id))])
```

程序运行的结果如下：

离群点为：14

同时程序还产生如图 11-2 所示的数据及离群点分布图，从图中可以看出数据样本距离均值的程度、上线限和被诊断出的离群点。

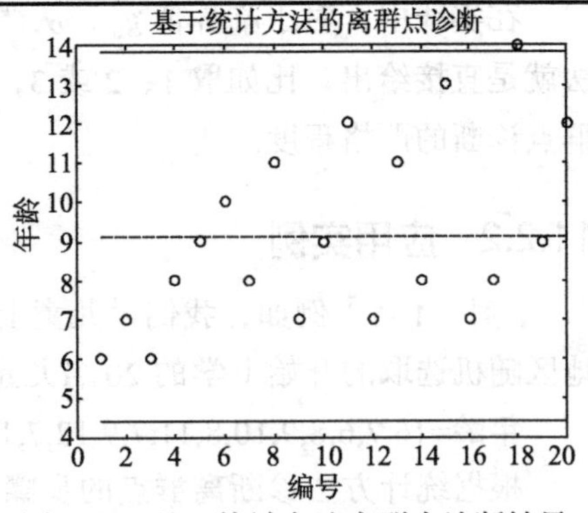

图 11-2 基于统计方法离群点诊断结果

11.2.3 优点与缺点

离群点诊断的统计学方法具有坚实的基础，建立在标准的统计学技术（如分布参数的估计）之上。当存在充分的数据和所用的检验类型时，诊断离群点非常有效。对于单个属性，存在各种统计离群点诊断。对于多元数据，很难同时对多维数据使用基于统计的离群点诊断方法，通常还需要按照单个变量的方法进行诊断。

11.3　基于距离的离群点诊断

11.3.1　理论基础

基于距离的离群点检测方法，其基本思想是如果某个对象远离大部分其他对象，那么该对象是离群的。这样做的好处是，确定数据集的有意义的邻近性度量比确定它的统计分布更容易，综合了基于分布的思想，克服了基于分布方法的主要缺陷。

基于距离的离群点诊断方法根据某个距离函数计算数据对象之间的距离，最早是由 Knorr 和 Ng 提出来。他们给出了基于距离的离群点的定义：如果数据集合 S 中对象至少有 p 部分和对象 o 的距离大于 d，则对象 o 是一个带参数 p 和 d 的基于距离的（DB）离群点，即 $DB(p,d)$ [1]。

基于距离方法的两种不同策略：

第一种策略是采用给定邻域半径，依据点的邻域中包含的对象多少来判定离群点。如果一个点的邻域内包含的对象少于整个数据集的一定比例则标识它为离群点，也就是将没有足够邻居的对象看成是基于距离的离群点。

第二种策略是利用 k-最近邻距离的大小来判定离群。使用 k-最近邻的距离度量一个对象是否远离大部分点，一个对象的离群程度由到它的 k-最近邻的距离给定。这种方法对 k 的取值比较敏感。k 太小（例如 1），则少量的邻近离群点可能导致较低的离群程度。k 太大，则点数少于 k 的簇中所有的对象可能都成了离群点。

定义：点 x 的离群因子定义为：

$$\mathrm{OF1}(x,k)=\frac{\sum_{y\in N(x,k)}\mathrm{distance}(x,y)}{|N(x,k)|}$$

这里，$N(x,k)$ 是不包含 x 的 k-最近邻的集合，其数学表示为：

$N(x,k)=\{y\mid \mathrm{distance}(x,y)\leqslant k-\mathrm{distance}(x), y\neq x\}$，$|N(x,k)|$，是该集合的大小。

输入：数据集 D；最近邻个数 k；

输出：离群点对象列表。

1）for all 对象 x do。

2）确定 x 的 k-最近邻集合 N(x,k)。

3）确定 x 的离群因子 OF1(x,k)。

4）end for。

5）对 OF1(x,k)降序排列，确定离群因子大的若干对象。

6）return。

应注意：x 的 k-最近邻的集合包含的对象数可能超过 k。

11.3.2 应用实例

【例 11-2】 在图 11-3 所示的二维数据集中（具体坐标如表 11-2 所示），当 k=2 时，P1、P2 哪个点可能具有更高的离群点？（使用欧式距离）

对 P1 点进行分析：k=2；最近邻的点为 P3(5,7)、P2(5,2)，distance(P1,P2)与 distance(P1,P3) 分别为 6.08、1.41，平均距离为：

$$\mathrm{OF1(P1},k) = \frac{\mathrm{distance}(P1,P2)+\mathrm{distance}(P1,P3)}{2} = \frac{6.08+1.41}{2} = 3.745$$

对 P2 点进行分析：k=2；最近邻的点为 P3、P4，同理有：

$$\mathrm{OF1(P2},k) = \frac{\mathrm{distance}(P2,P3)+\mathrm{distance}(P2,P4)}{2} = \frac{5+2}{2} = 3.5$$

因为 OF1(P1,k)> OF1(P2,k)，因此，P1 点更有可能是离群点。

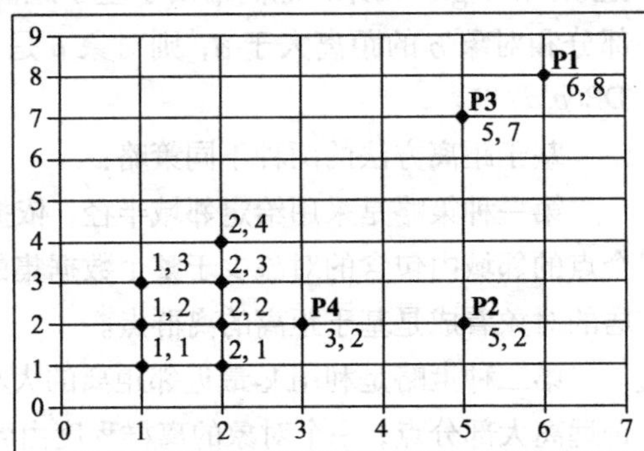

图 11-3 点的坐标位置

表 11-2 点的坐标参数

点编号	X 坐标	Y 坐标
1	1	2
2	1	3
3	1	1
4	2	1
5	2	2
6	2	3
7	6	8
8	2	4
9	3	2
10	5	7
11	5	2

11.3.3 优点与缺点

综上所述，基于距离的方法也有比较明显的优缺点。其优点有以下几方面[5]：

1）不必对数据集的相关信息（数据服从哪种统计分布模型、数据类型特点等）足够了解，只要给出距离的度量并对数据进行预处理后，就可以找出数据集中的离群点。并且避免了大量的计算，而大量的计算正是使观察到的数据分布适合某个标准分布及选择不一致性检验所需要的。

2）在理论上可以处理任意维任意类型的数据，克服了基于统计的方法只能较好地处理某种概率分布的数值型单变量数据集的缺陷。

基于距离的方法的缺点主要是当数据集规模异常大时，计算复杂度很高。其次是检测结果对参数 k 的选择较敏感，对于不同参数结果有很大的不稳定性，而且在高维数据中应用比较困难。最后是对挖掘出的离群点不能区分强离群点和弱离群点[4]。

11.4 基于密度的离群点挖掘

11.4.1 理论基础

当数据集含有多种分布或数据集由不同密度子集混合而成时，数据是否离群不仅仅取决于它与周围数据的距离大小，而且与邻域内的密度状况有关。这时就可以考虑用基于密度的离群点诊断方法。

基于密度的方法就是探测局部密度，通过不同的密度估计策略来检测离群点。所谓密度是指任一点和 p 点距离小于给定半径 R 的邻域空间数据点的个数。Breuning 用局部离群因子（LOF）来表示点的孤立程度，离群点就是具有较高 LOF 值的数据对象。也就是说，数据是否是离群点不仅仅取决于它与周围数据的距离大小，而且与邻域内的密度状况有关。

基于密度的离群点检测与基于邻近度的离群点检测密切相关，因为密度通常用邻近度定义。一种常用的定义密度的方法是，定义密度为到 k 个最近邻的平均距离的倒数。如果该距离小，则密度高，反之亦然。某个对象的局部邻域密度定义为：

$$\text{density}(x,k)=\left(\frac{\sum_{y\in N(x,k)}\text{distance}(x,y)}{|N(x,k)|}\right)^{-1}$$

还有一个描述对象密度的方法为相对密度，其定义为：

$$\text{relative density}(x,k)=\frac{\sum_{y\in N(x,k)}\text{density}(y,k)/|N(x,k)|}{\text{density}(x,k)}$$

其中，$N(x,k)$ 是不包含 x 的 k-最近邻的集合，$|N(x,k)|$ 是该集合的大小，y 是一个最近邻。

基于相对密度的离群点检测方法通过比较对象的密度与它邻域中对象的平均密度来检测离群点。簇内靠近核心点的对象的相对密度接近于 1，而处于簇的边缘或是簇的外面的对象的相对较大。定义相对密度为离群因子：

$$\text{LOF}(x,k)=\text{relative density}(x,k)$$

具体的基于密度的离群点诊断步骤如下：

1）{k 是最近邻个数}。

2）for all 对象 x do。

3）确定 x 的 k-最近邻 N(x,k)。

4）使用 x 的最近邻（即 N(x,k)中的对象），确定 x 的密度 density(x,k)。

5）end for。

6）for all 对象 x do。

7）确定 x 的相对密度 relative density(x,k)，并赋值给 LOF(x,k)。

8）end for。

9）对 LOF(x,k)降序排列，确定离群点得分高的若干对象。

基于密度的离群点挖掘最显著的特点是给出了对象是离群点程度的定量度量，并且即使数据具有不同密度的区域也能够很好地处理。因此，LOF 能够探测到所有形式的离群点，包括那些不能被基于统计的、距离的和偏离的方法探测到的离群点。基于密度的方法也有缺点，与基于距离的方法类似，当数据集规模异常大时计算复杂度会很高。参考文献[8]还指出 LOF 这种基于局部密度的离群点检测算法忽视了基于簇的离群点的存在。

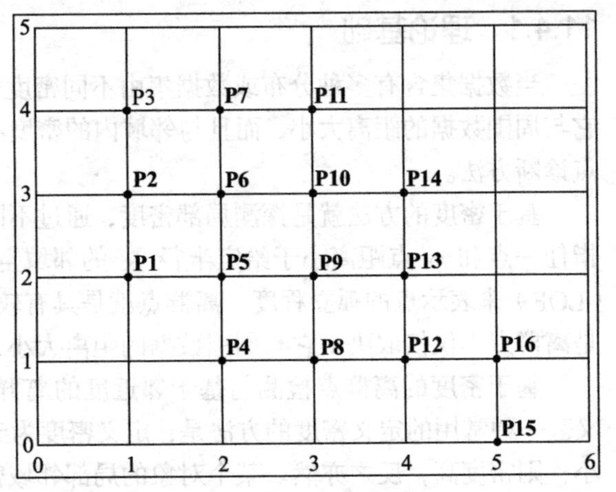

图 11-4 点分布图

11.4.2 应用实例

【例 11-3】给定二维数据集，表 11-3 给出了点的坐标，可视化的图形如图 11-4 所示。对象间的距离采用曼哈顿（Manhattan）距离计算。

1）取 k=2，计算点 P4、P15 的局部邻域密度 density(x,k)及相对密度 relative density (x,k)，哪个点更可能是离群点？

2）取 k=2，按照基于距离的离群点检测，P4、P15 哪个点更可能是离群点？

表 11-3 点的坐标参数值

	P1	P2	P3	P4	P5	P6	P7	P8	P9	P10	P11	P12	P13	P14	P15	P16
x	1	1	1	2	2	2	2	3	3	3	3	4	4	4	5	5
y	2	3	4	1	2	3	4	1	2	3	4	1	2	3	0	1

对于该问题，按照上面的方法计算诊断离群点的过程如下：

1）对于 P4，k-最近邻邻域包含两个对象：

$N(P4,k)=\{P5,P8\}$

$$\text{density(P4},k)=\left(\frac{\sum_{y\in N(P4,k)}\text{distance(P4},y)}{|N(P4,k)|}\right)^{-1}=\left(\frac{1+1}{2}\right)^{-1}=1$$

$N(P5,k)=\{P1,P5,P6,P9\}$

$$\text{density(P5},k)=\left(\frac{\sum_{y\in N(P5,k)}\text{distance(P5},y)}{|N(P5,k)|}\right)^{-1}=\left(\frac{4}{4}\right)^{-1}=1$$

$N(P8,k)=\{P4,P9,P12\}$

$$\text{density(P8},k)=\left(\frac{\sum_{y\in N(P8,k)}\text{distance(P8},y)}{|N(P8,k)|}\right)^{-1}=\left(\frac{3}{3}\right)^{-1}=1$$

$$\mathrm{LOF}(P4)=\text{relative density}(P4,k)=\frac{(1+1)/2}{1}=1$$

对于 P15，k-最近邻邻域包含两个对象：

$N(P15,k)=\{P12,P16\}$

$$\text{density}(\mathrm{P}15,k)=\left(\frac{\sum_{y\in N(P15,k)}\text{distance}(\mathrm{P}15,y)}{|N(P15,k)|}\right)^{-1}=\left(\frac{2+1}{2}\right)^{-1}=\frac{2}{3}$$

P12、P16 的密度均为 1：

$$\mathrm{LOF}(P15)=\text{relative density}(P15,k)=\frac{(1+1)/2}{2/3}=1.5$$

所以，相对点 P4，点 P15 更可能是离群点。

2）对于 k=2：

P4 的 k-最近邻邻域为 $N(P4,k)=\{P5,P8\}$，k-最近邻距离均值为 1。

P15 的 k-最近邻邻域为 $N(P15,k)=\{P12,P16\}$，k-最近邻距离均值为 1.5。

经过比较可以看出，点 P15 的离群程度要高。

11.4.3 优点与缺点

基于相对密度的离群点检测给出了对象是离群点程度的定量度量，并且即使数据具有不同密度的区域也能够很好地处理。与基于距离的方法一样，这些方法必然具有 $O(m^2)$时间复杂度（其中 m 是对象个数），虽然对于低维数据，使用专门的数据结构可以将它降低到 $O(m\log m)$。参数选择也是困难的，虽然标准 LOF 算法通过观察不同的 k 值，然后取最大离群点得分来处理该问题。然而，仍然需要选择这些值的上下界。

11.5 基于聚类的离群点挖掘

11.5.1 理论基础

聚类分析是用来发现数据集中强相关的对象组，而离群点诊断是发现不与其他对象组强相关的对象。因此，离群点诊断和聚类是两个相对立的过程。如果聚类的结果中，某个簇的点比较少，且中心距离其他簇又比较远，则该簇中的点是离群点的可能性就比较大，所以从这个角度将聚类方法用于离群点诊断也是很自然的想法。

在前面的章节，我们已经了解了相关聚类方法，比如 K-means、层次聚类等方法。它们都有一定的异常处理能力，但主要目标是产生聚类，即寻找性质相同或相近的记录并归为一类，这不同于离群点挖掘的目的和意义。

利用聚类方法诊断离群点的一种系统的方法是，首先聚类所有的对象，然后评估对象属于簇（Cluster）的程度。对于基于原形的聚类，可以用对象到它的簇中心的距离来度量对象属于簇的程度。更一般地，对于基于目标函数的聚类技术，可以使用该目标函数来评估对象属于任意簇的程度。参考文献[2]给出了基于聚类的离群点的定义：如果一个对象不强属于任何簇，则称该对象是属于聚类的离群点。

定义：假设据集 D 被聚类算法划分为 k 个簇 $C=\{C_1,C_2,\cdots,C_k\}$，对象 p 的离群因子（Outlier Factor）OF3(p)定义为 p 与所有簇间距离的加权平均值：

$$\mathrm{OF3}(p)=\sum_{j=1}^{k}\frac{|C_j|}{|D|}\cdot d(p,C_j)$$

基于该定义，进行基于聚类的离群点诊断步骤过程如下：

第一步，对数据集 D 进行采用一趟聚类算法进行聚类，得到聚类结果 $C=\{C_1,C_2,\cdots,C_k\}$。

第二步，计算数据集 D 中所有对象 p 的离群因子 OF3(p)，及其平均值 Ave_OF 和标准差 Dev_OF，满足条件 $\mathrm{OF3}(p)\geqslant \mathrm{Ave\_OF}+\beta\cdot\mathrm{Dev\_OF}(1\leqslant\beta\leqslant 2)$ 的对象判定为离群点，这里 β 为设定的阈值。

基于聚类的离群点挖掘的时间和空间复杂度都是线性或接近线性的，因此算法具有高效的性能。但另一方面，产生的离群点集合它们的得分可能非常依赖所用的簇的个数和数据中离群点的存在性。由于每种聚类算法只适合特定的数据类型，而簇的质量对该算法产生的离群点的质量影响非常大，因此实际应用中应当谨慎地选择聚类算法。

11.5.2 应用实例

对于图 11-5 所示的二维数据集，比较点 P1(6,8)、C2(5,2)，哪个更有可能成为离群点。假设数据集经过聚类后得到的聚类结果为 C={C_1,C_2,C_3}，图中圆圈标注，三个簇的质心分别为：C_1(5.5,7.5)、C_2(5,2)、C_3(1.75,2.25)，试计算所有对象的离群因子。

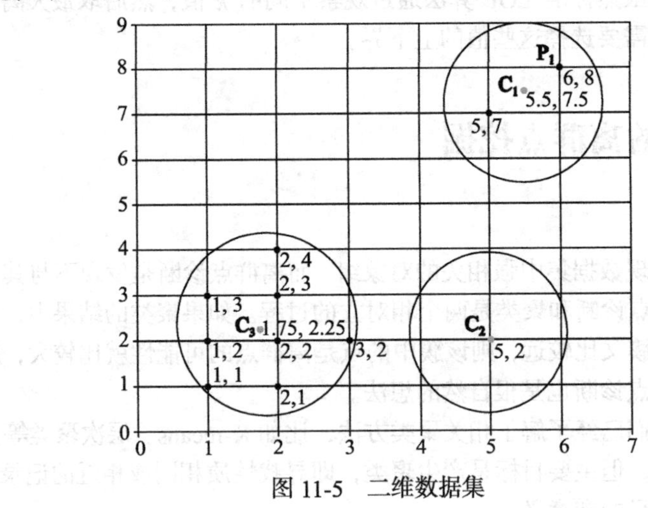

图 11-5 二维数据集

根据定义，对于 P1 有：

$$\mathrm{OF3}(p_1)=\sum_{j=1}^{k}\frac{|C_j|}{|D|}\cdot d(p_1,C_j)=\frac{8}{11}\sqrt{(6-1.75)^2+(8-2.25)^2}+\frac{1}{11}\sqrt{(6-5)^2+(8-2)^2}+\frac{3}{11}\sqrt{(6-5.5)^2+(8-7.5)^2}=5.9$$

对于 P2 有：

$$\mathrm{OF3}(p_2)=\sum_{j=1}^{k}\frac{|C_j|}{|D|}\cdot d(p_2,C_j)=\frac{8}{11}\sqrt{(5-1.75)^2+(2-2.25)^2}+\frac{1}{11}\sqrt{(5-5)^2+(2-2)^2}+\frac{3}{11}\sqrt{(5-5.5)^2+(2-7.5)^2}=3.4$$

可见，点 P1 较 P2 更可能成为离群点。

同理可求得所有对象的离群因子，结果如表 11-4 所示。

进一步求得所有点的离群因子平均值 Ave_OF=2.95，标准差 Dev_OF=1.3。

假设 $\beta=1$，则阈值：

$$E=\text{Ave\_OF}+\beta*\text{Dev\_OF}=2.95+1.3=4.25$$

离群因子大于 4.25 的对象可视为离群点，P1 与 P2 都是离群点，但相对而言，P1 更有可能成为离群点。

表 11-4　点坐标及离群因子

x	y	OF3
1	2	2.2
1	3	2.3
1	1	2.9
2	1	2.6
2	2	1.7
2	3	1.9
6	8	5.9
2	4	2.5
3	2	2.2
5	7	4.8
5	2	3.4

11.5.3　优点与缺点

有些聚类技术（如 k 均值）的时间和空间复杂度是线性或接近线性的，因而基于这种算法的离群点检测技术可能是高度有效的。此外，在聚类过程中，是对所有样本进行聚类，因此可能同时发现簇和离群点。缺点方面，产生的离群点集和它们的得分可能非常依赖所用的簇的个数。

11.6　应用实例：离群点诊断股票买卖择时

离群点诊断技术的主要目的是发现异常，而这种异常在股票投资方面却比较有用，因为绝大多数的操作机会发生在异常处。比如某天股票的成交量突然放大，这时股票要么大涨，要么大跌，如图 11-6 所示，这时就要考虑进行买入或卖出操作。

图 11-6 即为对一支股票的成交量进行离群点诊断而得到的结果，图中虚线上面的点就是发现的异常点，所用的诊断技术为基于统计的技术，具体代码如 P11-2 所示。在实践中，当发现离群点后还要进一步判断是买入机会还是卖出机会，这时的判断更直接，也更有意义。

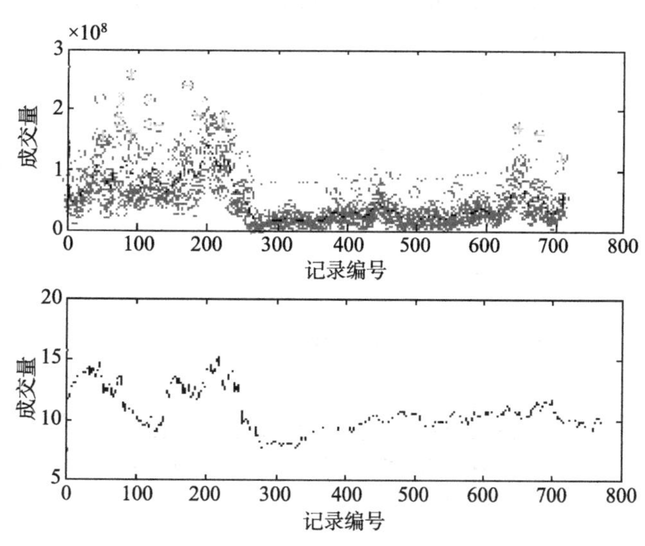

图 11-6　基于离群点诊断技术进行量化择时示意图

程序编号	P11-2	文件名称	selectTime.m	说明	离群点诊断量化择时

```
%% 基于统计方法的离群点诊断实例
%% 数据准备
%% 基于异常检测技术的量化择时实例
clc, clear all, close all
%% 导入数据
V = xlsread('sz000001.xls','Sheet1','F1:F758');
C = xlsread('sz000001.xls','Sheet1','E1:E758');

%% 可视化原始数据
N = size(V,1);
T = (1:N)';
plot(T, V, 'ro');
xlabel('记录编号','fontsize',12);
ylabel('成交量', 'fontsize',12);
set(gca,'linewidth',2);
%% 预计预处理：删除成交量为 0 的数据
id = V > 0;
V1 = V(id);
C1 = C(id);
%% 通过平滑法寻找基线
N1 = size(V1,1);
T1 = (1:N1)';
y1 = smooth(V1,20);
figure
subplot(2,1,1)
plot(T1, V1, 'ro',  T1, y1);
xlabel('记录编号','fontsize',12);
ylabel('成交量', 'fontsize',12);
set(gca,'linewidth',2);

%% 判断离群点
a = std(V1);
y2 = y1 + 1.5*a;
ou_id = V1>y2;
ou = V1(ou_id);
hold on
plot(T1, y2, ':r')
hold on
plot(T1(ou_id), ou, 'g*')
subplot(2,1,2)
plot(T1, C1)
xlabel('记录编号','fontsize',12);
ylabel('成交量', 'fontsize',12);
set(gca,'linewidth',2);
```

11.7 延伸阅读：新兴的离群点挖掘方法

11.7.1 基于关联的离群点挖掘[7]

经典的离群点挖掘算法往往都只能适用于连续属性的数据集，而不适用于离散属性的数据集。这是因为很难对离散属性数据进行求和、求距离等数字运算。因此，He 等人提出了基于关联的方法，通过发现频繁项集来检测离群点。其基本思想是：由关联规则算法发现的频繁模式反映了数据集中的普遍模式，而不包含频繁模式或只包含极少频繁模式的数据其实就是离群点。也就是说，频繁模式不会包含在作为离群点的数据中。他定义了一种利用频繁模式度量离群点偏差程度的频繁模式离群点因子（FPOF）：

$$\text{FPOF}(t)=\frac{\sum x\subseteq \text{support}}{\text{FPS}(D,\text{minisupport})}$$

其中，t 表示数据集 D 的一个对象，FPS(D,minisupport)表示 D 中满足最小支持度的频繁模式集，并通过对频繁项集的挖掘和比较给出了检测离群点的新算法 FindFPOF。

基于关联的方法能对离散属性的数据集进行离群点挖掘，与经典的挖掘算法相比这是其最大的优点，但该算法也存在两个明显的缺点：

1）当离散的属性数据量较小时，算法的准确度明显降低。

2）频繁模式的挖掘是非常耗时的工作，频繁模式的保存也需要大量的存储空间。

11.7.2 基于粗糙集的离群点挖掘

基于粗糙集的离群点挖掘算法对离群点的判断是吸取基于密度的离群点挖掘算法的思想，采用一个值作为离群点元素的孤立程度的度量值，不再直接利用二分法判断离群点。参考文献[7]给出了基于粗糙集的离群点的定义：

任意集合 $X\subseteq U$ 和 U 上的一个等价关系集合 $R=\{r_1,r_2,\cdots,r_m\}$。令 F 为集合 X 上关于 R 的所有极小异常集的集合。对任意对象 $o\in\bigcup_{f\in F}f$，如果 $\text{ED\_Object}(o)\geqslant\mu$，则对象 o 称为 X 关于 R 的离群点。其中，$\text{ED\_Object}(o)$ 为异常度，μ 为参考阈值。

基于粗糙集的方法采用两步策略检测离群点。首先，在给出的数据集 X 中找出极小异常集。然后，在极小异常集中检测出 X 的离群点。因此，基于粗糙集的方法只需要判断极小异常集中的点是否为离群点。

基于粗糙集的方法仅能适用于离散属性数据集，对连续属性数据集需要进行离散化处理。这是由于粗糙集理论本身的限制，此外参考阈值的选取需要靠经验给出，也是一个有待解决的问题。

11.7.3 基于人工神经网络的离群点挖掘

应用计算智能进行离群点挖掘检测已经成为近年来离群点挖掘的研究热点之一。比较典型的人工智能方法有基于神经网络的方法、基于遗传算法的方法和基于克隆选择的方法等。关于人工智能方法的各种具体算法不再详述。

比较典型的人工神经网络的方法是由 Williams 等提出的 RNN 神经网络离群点挖掘算法。通过使用通用的统计数据集（一般较小）和专用的数据挖掘数据集（较大，并且通常都是现实的数据集）作为数据源，对 RNN 方法和经典的离群点挖掘算法进行比较，发现 RNN 对大的数据集和小的数据集都非常适应，但当使用包含放射状的离群点（Radial Outlier）时，性能下降。

人工神经网络能够用于离群点的挖掘，该算法的主要缺陷是事先需要用不含离群点的训练样本对网络进行训练，然后再用训练好的神经网络对离群点进行检测，并且对挖掘出的离群点的意义也难以解释。此外，由于神经网络泛化能力的限制，针对一种运用实践而训练的网络智能用于该类实践数据，并且迭代次数是人为控制的，这对训练效果有很大的影响，在运行效率上和准确率上要有所折衷。

11.8 小结

本章介绍了目前离群点诊断的几种常见的方法，一方面了解了各种算法的基本思想和原理，同时通过对其优缺点、适用范围进行分析，认识到各种挖掘算法在实际问题中应该有选择的应用。另一方面，通过给出离群点诊断的典型应用，加深了对离群点挖掘的理解，并且随着人们对各种算法的不断研究，离群点诊断技术在将来一定会得到更广泛的应用。

参考文献

[1] Pangning Tan 等. 数据挖掘导论［M］. 范明等译. 北京：人民邮电出版社, 2014.

[2] Jiawei Han 等. 数据挖掘概念与技术［M］. 范明等译. 北京：北京机械工业出版社, 2012.

[3] 焦李成, 刘芳等. 智能数据挖掘与知识发现［M］. 西安：西安电子科技大学出版社, 2006.

[4] 韩秋明, 李微等. 数据挖掘技术应用实例［M］. 北京：机械工业出版社, 2009.

[5] 杨永铭等. 离群点挖掘算法研究［J］. 计算机与数学工程, 2008.

[6] 鄢团军等. 离群点检测算法与应用［J］. 三峡大学学报, 2009.2.

[7] 范洁. 数据挖掘中离群点检测算法的研究［J］. 中南大学(优秀硕士学位论文), 2009.

[8] 段炼等. 基于簇的离群点检测［J］. 微电子学与计算机, 2008.3.

[9] 刘曼玲等. 基于粗糙集的离群点检测算法［J］. 微计算机信息, 2009.

[10] 许德祖. 离群点挖掘在入侵检测中的应用［J］. 研究网络安全技术与应用, 2009.12.

[11] 罗敏等. 基于离群点检测的入侵检测方法研究［J］. 计算机工程与应用, 2007.

[12] Tang Jun. A Peer Dataset Comparison Outlier Detection Model Applied to Financial Surveillance. Hong Kong: In the 18th International Conference on Pattern Recognition, 2006.

第 12 章 Chapter 12

时间序列方法

数据挖掘的基础是数据，在大数据的众多数据类型中有一类特殊的数据，这类数据具有一定的序列特征，其中最常见的是时序数据，比如统计年鉴中的各月平均气温、某公司的各月财务数据、股票的价格等。由于这类数据具有特殊的特征，在对这类数据进行挖掘时，方法也会有所不同，分析或挖掘这个数据的方法称之为时间序列方法。本章将介绍时间序列的相关方法。

12.1 时间序列基本概念

12.1.1 时间序列的定义

所谓时间序列就是按照一定的时间间隔排列的一组数据，其时间间隔可以是任意的时间单位，如小时、日、周、月等。这一组数据可以表示各种各样的含义，如经济领域中每年的产值、国民收入、商品在市场上的销量、股票数据的变化情况等；社会领域中某一地区的人口数、医院患者人数、铁路客流量等，自然领域的太阳黑子数、月降水量、河流流量等，这些数据都形成了一个时间序列。人们希望通过对这些时间序列的分析，从中发现和揭示现象的发展变化规律，或从动态的角度描述某一现象和其他现象之间的内在数量关系及其变化规律，从而尽可能多地从中提取出所需要的准确信息，并将这些知识和信息用于预测，以掌握和控制未来行为。我们研究时间序列，通常也是希望根据历史数据预测未来的数据。对于时间序列的预测，由于很难确定它与其他因变量的关系，或收集因变量的数据非常困难，这时我们就不能采用回归分析方法进行预测，而是使用时间序列分析方法来进行预测。

采用时间序列分析进行预测时需要用到一系列的模型，这种模型统称为时间序列模型。在使用这种时间序列模型时，总是假定某一种数据变化模式或某一种组合模式总是会重复发生的。因此需要首先识别出这种模式，然后采用外推的方式进行预测。采用时间序列模型时，显然其关键在于辨识数据的变化模式（样式）；同时，决策者所采取的行动对这个时间序列的影响是很小的，因此这种方法主要用来对一些环境因素，或不受决策者控制的因素进行预测，如宏观经济情况、就业水平、某些产品的需求量。

这种方法的主要优点是数据很容易得到，而且容易被决策者所理解，计算相对简单。当然对于高级时间序列分析法，其计算也是非常复杂的。此外，时间序列分析法常常用于中短期预测，因为在相对短的时间内，数据变化的模式不会特别显著。

时间序列分析的主要用途如下：①系统描述，根据对系统进行观测得到的时间序列数据，用曲线拟合方法对系统进行客观的描述；②系统分析，当观测值取自两个以上变量时，可用一个时间序列中的变化去说明另一个时间序列中的变化，从而深入了解给定时间序列产生的机理；③预测未来，一般用 ARMA 模型拟合时间序列，预测该时间序列未来值；④决策和控制，根据时间序列模型可调整输入变量使系统发展过程保持在目标值上，即预测到过程要偏离目标时便可进行必要的控制。

12.1.2 时间序列的组成因素

时间序列的变化受许多因素的影响，有些起着长期的、决定性的作用，使其呈现出某种趋势和一定的规律性；有些则起着短期的、非决定性的作用，使其呈现出某种不规则性。在分析时间序列的变动规律时，事实上不可能对每个影响因素都一一划分开来，分别去做精确分析。但我们能将众多影响因素，按照对现象变化影响的类型，划分成若干时间序列的构成因素，然后对这几类构成要素分别进行分析，以揭示时间序列的变动规律性。影响时间序列的构成因素可归纳为以下四种：

1）趋势性（Trend），指现象随时间推移朝着一定方向呈现出持续渐进地上升、下降或平稳的变化或移动。这一变化通常是许多长期因素的结果。

2）周期性（Cyclic），指时间序列表现为循环于趋势线上方和下方的点序列并持续一段时间以上的有规则变动。这种因素具有周期性的变动，比如高速通货膨胀时期后面紧接的温和通货膨胀时期将会使许多时间序列表现为交替地出现于一条总体递增趋势线的上下方。

3）季节性变化（Seasonal Variation），指现象受季节性影响，按一固定周期呈现出的周期波动变化。尽管我们通常将一个时间序列中的季节变化认为是以 1 年为期的，但是季节因素还可以被用于表示时间长度小于 1 年的有规则重复形态。比如，每日交通量数据表现出为期 1 天的“季节性”变化，即高峰期到达高峰水平，而一天的其他时期车流量较小，从午夜到次日清晨最小。

4）不规则变化（Irregular Movement），指现象受偶然因素的影响而呈现出的不规则波动。这种因素包括实际时间序列值与考虑了趋势性、周期性、季节性变动的估计值之间的偏差，它用于解释时间序列的随机变动。不规则因素是由短期的未被预测到的以及不重复发现的那些影响时间序列的因素引起的。

时间序列一般是以上几种变化形式的叠加或组合出现（如图 12-1 所示）。

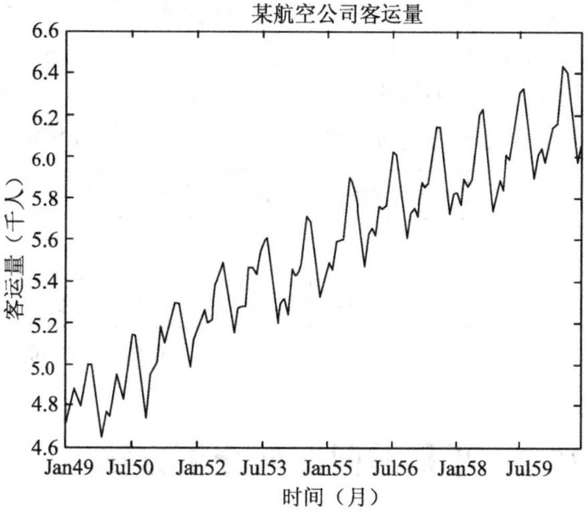

图 12-1　几种时间序列的叠加形式

12.1.3　时间序列的分类

根据不同的标准，时间序列有不同的分类方法，常用的标准及分类方法如下：

1）按所研究对象的多少来分，有一元时间序列和多元时间序列。如某种商品的销售量数列，即为一元时间序列；如果所研究对象不仅仅是一个数列，而是多个变量，如按年、月顺序排序的气温、气压、雨量数据等，每个时刻对应着多个变量，则这种序列为多元时间序列。

2）按时间的连续性可将时间序列分为离散时间序列和连续时间序列两种。如果某一序列中的每一个序列值所对应的时间参数为间断点，则该序列就是一个离散时间序列；如果某一序列中的每个序列值所对应的时间参数为连续函数，则该序列就是一个连续时间序列。

3）按序列的统计特性分，有平稳时间序列和非平稳时间序列两类。所谓时间序列的平稳性，是指时间序列的统计规律不会随着时间的推移而发生变化。平稳序列的时序图直观上应该显示出该序列始终在一个常数值附近随机波动，而且波动的范围有界、无明显趋势及无周期特征。相对地，时间序列的非平稳性，是指时间序列的统计规律随着时间的推移而发生变化。

4）按序列的分布规律分，有高斯型（Guassian）和非高斯型时间序列（Non-Guassian）两类。

12.1.4　时间序列分析方法

时间序列分析是一种广泛应用的数据分析方法，它研究的是代表某一现象的一串随时间变化而又相关联的数字系列（动态数据），从而描述和探索该现象随时间发展变化的规律性。时间序列的分析利用的手段可以是直观简便的数据图法、指标法、模型法等。而模型法相对来说更具体也更深入，能更本质地了解数据的内在结构和复杂特征，以达到控制与预测的目的。总的来说，时间序列分析方法包括以下两类：

1）确定性时序分析：它是暂时过滤掉随机性因素（如季节因素、趋势变动）进行确定性分析的方法，其基本思想是用一个确定的时间函数 $y=f(t)$ 来拟合时间序列，不同的变化采取不同的函数形式来描述，不同变化的叠加采用不同的函数叠加来描述。具体可分为趋势预测法（最小二乘）、平滑预测法、分解分析法等。

2）随机性时序分析：其基本思想是通过分析不同时刻变量的相关关系，揭示其相关结构，利用这种相关结构建立自回归、滑动平均、自回归滑动平均混合模型来对时间序列进行预测。

无论采用哪种方法，时间序列的一般分析流程基本固定，如图 12-2 所示。

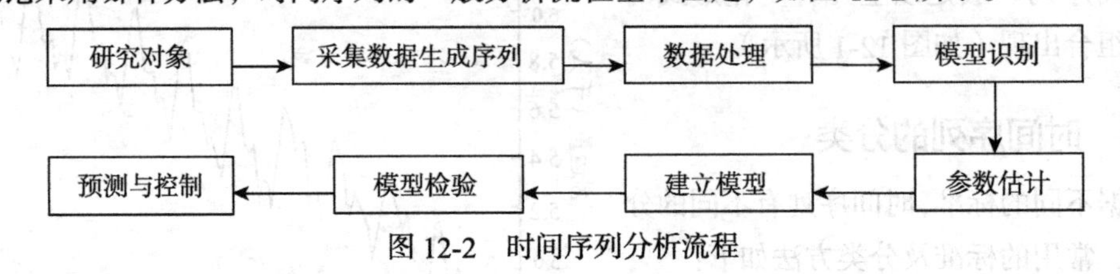

图 12-2　时间序列分析流程

12.2　平稳时间序列分析方法

我们知道时间序列的变动是长期趋势变动、季节变动、循环变动、不规则变动的耦合或叠加。在确定性时间序列分析中通过移动平均、指数平滑、最小二乘法等方法来体现出社会经济现象的长期趋势及带季节因子的长期趋势，预测未来的发展趋势。

12.2.1　移动平均法

（1）一次移动平均法

一次移动平均法指收集一组观察值，计算这组观察值的均值，并利用这一均值作为下一期的预测值的预测方法。其模型为：

$$M_t^{(1)}=\frac{X_t+X_{t-1}+\cdots+X_{t-N+1}}{N}$$

$$\hat{X}_{t+1}=M_t^{(1)}$$

其中，X_t 为 t 期的实际值；N 为所选数据个数；$\hat{X}_{t+1}$ 为下一期 $(t+1)$ 的预测值。

（2）二次移动平均法

二次移动平均法的线性模型为：

$$\hat{X}_{t+T}=a_t+b_tT$$

$$M_t^{(1)}=\frac{X_t+X_{t-1}+\cdots+X_{t-N+1}}{N}$$

$$M_t^{(2)}=\frac{M_t^{(1)}+M_{t-1}^{(1)}+\cdots+M_{t-N+1}^{(1)}}{N}$$

$$a_t=2M_t^{(1)}-M_t^{(2)}$$

$$b_t=\frac{2(M_t^{(1)}-M_t^{(2)})}{N-1}$$

其中，X_t 为 t 期的实际值；$\hat{X}_{t+T}$ 为 $t+T$ 期的预测值；t 为当前的时期数；T 为由 t 至预测期的时期数。

采用移动平均法进行预测，用来求平均数的时期数 N 的选择非常重要，这也是移动平均的难点。因为 N 取值的大小对所计算的平均数的影响较大。当 N=1 时，移动平均预测值为原数据的序列值。当 N=全部数据的个数时，移动平均值等于全部数据的算术平均值。显然，N 值越小，表明对近期观测值预测的作用越重视，预测值对数据变化的反应速度也越快，但预测的修匀程度较低，估计值的精度也可能降低。反之，N 值越大，预测值的修匀程度越高，但对数据变化的反应速度较慢。

不存在一个确定时期 N 值的规则。一般 N 在 3~200 之间，视序列长度和预测目标情况而定。一般对水平型数据，N 值的选取较为随意；一般情况下，如果考虑到历史上序列中含有大量随机成分，或者序列的基本发展趋势变化不大，则 N 应取大一点。对于具有趋势性或阶跃性特点的数据，为提高预测值对数据变化的反应速度，减少预测误差，N 值取较小一些，以使移动平均值更能反映目前的发展变化趋势。

一般 N 的取值为 2~15，具体取值要看实际情况。

12.2.2　指数平滑法

（1）一次指数平滑法

一次指数平滑法的基本模型为：

$$S_t^{(1)} = aX_t + (1-\alpha)S_{t-1}^{(1)}$$

或

$$S_t^{(1)} = aX_t + \alpha(1-\alpha)X_{t-1} + \cdots + \alpha(1-\alpha)^{t-1}X_1 + (1-\alpha)^t S_0^{(1)}$$

下一期的预测值为：

$$\hat{X}_{t+1} = S_t^{(1)}$$

其中，$X_0, X_1, \cdots, X_n$ 为时间序列观测值；$S_0^{(1)}, S_1^{(1)}, \cdots, S_n^{(1)}$ 为观测值的指数平滑值；α 为平滑系数 $(0<\alpha<1)$。

一次指数平滑法比较简单，但必须设法找到最佳的 α 值，以使均方差最小，这需要通过反复试验确定。

（2）二次指数平滑法

二次指数平滑法的线性模型为：

$$\hat{X}_{t+T} = a_t + b_t T$$

$$a_t = 2S_t^{(1)} - S_t^2$$

$$b_t = \frac{\alpha}{1-\alpha}(S_t^1 - S_t^2)$$

$$S_t^{(1)} = \alpha X_t + (1-\alpha)S_{t-1}^{(1)}$$

$$S_t^{(2)} = \alpha S_t^{(1)} + (1-\alpha)S_{t-1}^{(2)}$$

其中，$S_t^{(1)}$、$S_t^{(2)}$分别是一次指数平滑值和二次指数平滑值；X_t为t期的实际值；$\hat{X}_{t+T}$为$t+T$期的预测值；α为平滑系数（$0<\alpha<1$）。

12.3 季节指数预测法

季节指数法是指变量在一年内以（季）月的循环为周期特征，通过计算季节指数达到预测目的的一种方法。其操作过程如下：首先分析判断时间序列数据是否呈现季节性波动。一般将3~5年的资料按（季）月展开，绘制历史曲线图，观察其在一年内有无周期性波动来作判断。在下面的讨论中，设时间序列数据为$X_1, X_2, \cdots, X_{4n}$，n为年数，每年取4个季度。

12.3.1 季节性水平模型

如果时间序列没有明显的趋势变动，而主要受季节变化和不规则变动影响时，可用季节性水平模型进行预测。预测模型的方法为：

1）计算历年同季的平均数。

$$\begin{cases} r_1 = \dfrac{1}{n}(X_1 + X_5 + \cdots + X_{4n-3}) \\ r_2 = \dfrac{1}{n}(X_2 + X_6 + \cdots + X_{4n-2}) \\ r_3 = \dfrac{1}{n}(X_3 + X_7 + \cdots + X_{4n-1}) \\ r_4 = \dfrac{1}{n}(X_4 + X_8 + \cdots + X_{4n}) \end{cases}$$

2）计算全季总平均数。

$$y = \frac{1}{4n}\sum_{i=1}^{4n} X_i$$

3）计算各季的季节指数。历年同季的平均数与全时期的季平均数之比，即：

$$\alpha_i = \frac{r_i}{y}, i = 1,2,3,4$$

若各季的季节指数之和不为4，季节指数需要调整为：

$$F_i = \frac{4}{\sum \alpha_i}\alpha_i, i = 1,2,3,4$$

4）利用季节指数法进行预测：

$$\hat{X}_t = X_i \frac{\alpha_t}{\alpha_i}$$

其中，$\hat{X}_t$为第t季的预测值；α_t为第t季的季节指数；X_i为第i季的实际值；α_i为第i季的季节指数。

12.3.2　季节性趋势模型

当时间序列既有季节性变动又有趋势性变动时，先建立季节性趋势预测模型，在此基础上求得季节指数，再建立预测模型。其过程如下：

1）计算历年同季平均数 r。

2）建立趋势预测模型求趋势值 $\hat{X}_t$，直接用原始数据时间序列建立线性回归模型即可。

3）计算出趋势值后，再计算出历年同季的平均值 R。

4）计算趋势季节指数 k，用同季平均数与趋势值同季平均数之比来计算。

5）对趋势季节指数进行修正。

6）求预测值。将预测值的趋势只乘以该期的趋势季节指数，即预测模型为：

$$\hat{X}_t^1 = k\hat{X}_y$$

12.4　时间序列模型

12.4.1　ARMA 模型

ARMA 模型的全称是自回归移动平均（Auto Regression Moving Average）模型，它是目前最常用的拟合平稳时间序列的模型。ARMA 模型又可细分为 AR 模型、MA 模型和 ARMA 模型三大类：

1）AR(p)（p 阶自回归模型）：

$$X_t = \delta + \phi_1 X_{t-1} + \phi_2 X_{t-2} + \cdots + \phi_p X_{t-p} + u_t$$

其中，u_t 是白噪声序列，δ 是常数（表示序列数据没有 0 均值化）。

2）MA(q)（q 阶移动平均模型）：

$$X_t = \mu + u_t + \theta_1 u_{t-1} + \theta_2 u_{t-2} + \cdots + \theta_q u_{t-q}$$

其中，$\{u_t\}$是白噪声过程，MA(q)是由 u_t 本身和 q 个 u_t 的滞后项加权平均构造出来的，因此它是平稳的。

3）ARMA(p,q)（自回归移动平均过程）：

$$X_t = \phi_1 X_{t-1} + \phi_2 X_{t-2} + \cdots + \phi_p X_{t-p} + \delta + u_t + \theta_1 u_{t-1} + \theta_2 u_{t-2} + \cdots + \theta_q u_{t-q}$$

其中的参数含义同 AR、MA 模型，ARMA 模型相当于 AR 模型和 MA 模型的叠加。

12.4.2　ARIMA 模型

ARIMA 模型全称为差分自回归移动平均模型（Autoregressive Integrated Moving Average Model），是由博克思（Box）和詹金斯（Jenkins）于 70 年代初提出的一著名时间序列预测方法，所以又称为 Box-Jenkins 模型、博克思-詹金斯法。ARIMA 模型是 ARMA 模型的拓展，可以表示为 ARIMA(p,d,q)，其中 AR 是自回归，p 为自回归项；MA 为移动平均，q 为移动平均项数，d 为时间序列成为平稳时所做的差分次数。所谓 ARIMA 模型，是指将非平稳时间序列转化为平稳时间序列，然后将因变量仅对它的滞后值以及随机误差项的现值和滞后值进行回归所建立的模型。ARIMA 模型根据原序列是否平稳以及回归中所含部分的不同，包括移动平均过程（MA）、自回归过程（AR）、自回归移动平均过程（ARMA）以及 ARIMA 过程。

ARIMA 模型的基本思想是：将预测对象随时间推移而形成的数据序列视为一个随机序列，用一定的数学模型来近似描述这个序列。这个模型一旦被识别后就可以从时间序列的过去值及现在值来预测未来值。

由于 ARIMA 模型是 ARMA 模型的拓展，ARIMA 包含 ARMA 模型的三种形式，即 AR、MA、ARMA 模型，另外一种经差分的 ARMA 模型形式，即：

$$\Delta X_t = X_t - X_{t-1} = X_t - LX_t = (1-L)X_t$$

$$\Delta^2 X_t = \Delta X_t - \Delta X_{t-1} = (1-L)X_t - (1-L)X_{t-1} = (1-L)^2 X_t$$

$$\Delta^d X_t = (1-L)^d X_t$$

对于 d 阶单整序列 $X_t \sim \mathrm{I}(d)$，令：

$$w_t = \Delta^d X_t = (1-L)^d X_t$$

则 w_t 是平稳序列，于是可对 w_t 建立 ARMA(p,q)模型，所得到的模型称为 $X_t \sim$ARIMA(p,d,q) 模型，故 ARIMA(p,d,q)模型可以表示为：

$$w_t = \phi_1 w_{t-1} + \phi_2 w_{t-2} + \cdots + \phi_p w_{t-p} + \delta + u_t + \theta_1 u_{t-1} + \theta_2 u_{t-2} + \cdots + \theta_q u_{t-q}$$

12.4.3 ARCH 模型

ARCH 模型（Autoregressive Conditional Heteroskedasticity Model）的全称为“自回归条件异方差模型”，由罗伯特·恩格尔在 1982 年发表在《计量经济学》杂志（*Econometrica*）的一篇论文中首次提出。ARCH 模型解决了时间序列的波动性（Volatility）问题，这个模型是获得 2003 年诺贝尔经济学奖的计量经济学成果之一。目前该模型已被认为是最集中地反映了方差的变化特点，从而广泛地应用于经济领域的时间序列分析。

ARCH 模型的定义：若一个平稳随机变量 X_t 可以表示为 AR(p)形式，其随机误差项的方差可用误差项平方的 q 阶分布滞后模型描述，即：

$$X_t = \beta_0 + \beta_1 X_{t-1} + \beta_2 X_{t-2} + \cdots + \beta_{p1} X_{t-p} + u_t \tag{a}$$

$$u_t^2 = a_0 + a_1 u_{t-1}^2 + a_2 u_{t-2}^2 + \cdots + a_q u_{t-q}^2 \tag{b}$$

则称 u_t 服从 q 阶的 ARCH 过程，记作 $u_t \sim$ ARCH(q)。其中式(a)称作均值方程，式(b)称作 ARCH 方程。

ARCH 模型经常以回归的方式来描述，也就是我们经常看到的 ARCH 模型的另一种描述方式：

$$\begin{cases} X_t = c + \rho_1 X_{t-1} + \rho_2 X_{t-2} + \cdots + \rho_m X_{t-m} + \varepsilon_t \\ \varepsilon_t = \sqrt{h_t} v_t \\ h_t = \alpha_0 + \sum_{i=1}^{q} \alpha_i \varepsilon_{t-i}^2 \end{cases} \tag{c}$$

其中，v_t 独立同分布，式(c)和上面一种的描述是等价的，但式(c)的操作性更强。

12.4.4 GARCH 模型

GARCH 模型称为广义 ARCH 模型，是 ARCH 模型的拓展，由 Bollerslev（1986）发展起来的。GARCH(*p*,*q*)模型可表示为：

$$\begin{cases} X_t = c + \rho_1 X_{t-1} + \rho_2 X_{t-2} + \cdots + \rho_m X_{t-m} + \varepsilon_t \\ \varepsilon_t = \sqrt{h_t} v_t \\ h_t = \alpha_0 + \sum_{i=1}^{q} \alpha_i \varepsilon_{t-i}^2 + \sum_{i=1}^{p} \beta_i h_{t-i} \end{cases} \tag{d}$$

GARCH 模型实际上就是在 ARCH 模型的基础上，增加了考虑了异方差函数的 *p* 阶自相关性而形成的，它可以有效拟合具有长期记忆的异方差函数，显然 ARCH 模型是 GARCH 模型的一个特例，ARCH(*q*)模型实际上就是 *p*=0 时的 GARCH(*p*,*q*)模型。

12.5 应用实例：基于时间序列的股票预测

有些股票的价格波动具有很好的周期性，这时就可以考虑用时间序列方法进行股票的预测。下面将以具体的实例来说明如何利用以上介绍的时间序列方法进行股票价格走势的预测：

1）读取股票数据：

```
clc, clear all, close all
Y=xlsread('sdata','Sheet1','E1:E227');
N = length(Y);
```

2）原始数据可视化：

```
figure(1)
plot(Y); xlim([1,N])
set(gca,'XTick',[1:18:N])
title('原始股票价格')
ylabel('元')
```

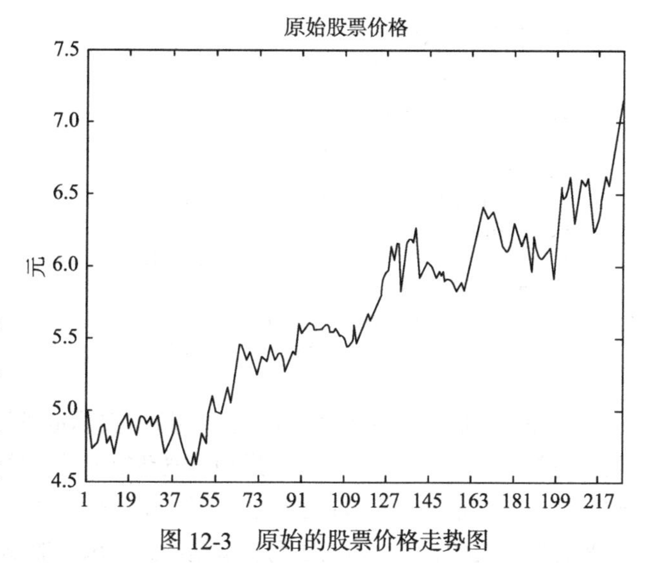

图 12-3　原始的股票价格走势图

程序执行后，会得到如图 12-3 所示的股票价格走势图，从图中可以看出，股票的价格有些规律，即周期性上升，为此可以考虑用时间序列来建立股票走势的模型。

3）建立 ARIMA 模型：

由于 ARIMA 模型具有较强的适应性，可以尝试用该模型建立该股票的时间序列模型，具体代码如下：

```
model = arima('Constant',0,'D',1,'Seasonality',12,...
              'MALags',1,'SMALags',12)
Y0 = Y(1:13);
[fit,VarCov] = estimate(model,Y(14:end),'Y0',Y0);
```

代码执行后，得到以下ARIMA模型参数：

```
model =
    ARIMA(0,1,1) Model Seasonally Integrated with Seasonal MA(12):
    Distribution: Name = 'Gaussian'
               P: 13
               D: 1
               Q: 13
        Constant: 0
              AR: {}
             SAR: {}
              MA: {NaN} at Lags [1]
             SMA: {NaN} at Lags [12]
     Seasonality: 12
        Variance: NaN
    ARIMA(0,1,1) Model Seasonally Integrated with Seasonal MA(12):
    Conditional Probability Distribution: Gaussian
                                  Standard          t
     Parameter       Value          Error        Statistic
     Constant          0            Fixed          Fixed
       MA{1}       0.0654479     0.0706347       0.926568
      SMA{12}       -0.78655     0.0370049       -21.2553
     Variance     0.00972519    0.000703112       13.8316
```

4）评估预测效果：

```
Y1 = Y(1:100);
Y2 = Y(101:end);
Yf1 = forecast(fit,100,'Y0',Y1);
figure(2)
plot(1:N,Y,'b','LineWidth',2)
hold on
plot(101:200,Yf1,'k--','LineWidth',1.5)
xlim([0,200])
title('Prediction Error')
legend('Observed','Forecast','Location','NorthWest')
hold off
```

程序运行后，产生如图12-4所示的股票实际走势与预测走势的比较图。从图中可以看出，两者总的趋势是一致的，但波动周期、波动幅度差异较大。这说明时间序列能在一定程度上反映股价的走势情况，但同时也说明，现实中股价的变化情况具有较强的无序、随机的特征。这也是比较客观的，因为时间序列模型是经过抽象后形成的比较完美的模型，而现实世界的股价则是完全自由的，用完美、固定的模型只能刻画现实数据的部分特征。

5）预测未来股票趋势：

```
[Yf,YMSE] = forecast(fit,60,'Y0',Y);
upper = Yf + 1.96*sqrt(YMSE);
lower = Yf - 1.96*sqrt(YMSE);
figure(3)
plot(Y,'b')
hold on
h1 = plot(N+1:N+60,Yf,'r','LineWidth',2);
h2 = plot(N+1:N+60,upper,'k--','LineWidth',1.5);
plot(N+1:N+60,lower,'k--','LineWidth',1.5)
xlim([0,N+60])
title('95%置信区间')
legend([h1,h2],'Forecast','95% Interval','Location','NorthWest')
hold off
```

这里得到的是用已经训练的模型对未来股价预测后的结果，如图 12-5 所示，同时还得到股价 95%的置信波动区间，这说明了股价的可能波动范围。从图中可以看出，预测时间越长，波动范围越大，这也说明预测时间越长，结果越不准，所以在用时间序列预测时，尽量不要将预测时间设置得太长，原则上预测时间不宜超过时间序列数据对应时间的 10%，也就是向后推延的时间不超过历史时间的 10%。

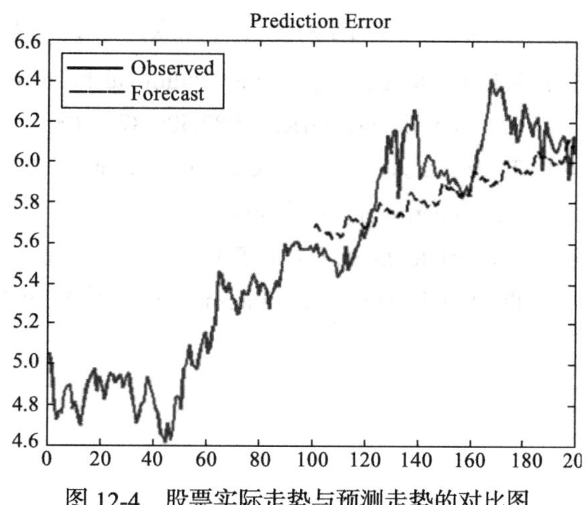

图 12-4 股票实际走势与预测走势的对比图

从该案例我们也可以体会到，股价数据随机性较强、噪声偏多，时间序列方法可在一定程度上反映股价的走势，对投资具有一定的指导意义。同时也说明，影响股价的因素很多，各种各样非市场的因素往往左右着股价的整个走势，这在一个成熟市场是不应该出现的，从而充分说明了我国股市还存在一些弊端。对广大投资者而言，要努力提高自身素质，减少对股票的盲目侥幸认识，培养应有的投资意识；对股市的研究人员，应该敞开门路，积极吸收西方发达国家成熟股市的先进经验和理论，运用于我国股票市场，以起到理论带动实践发展的作用。

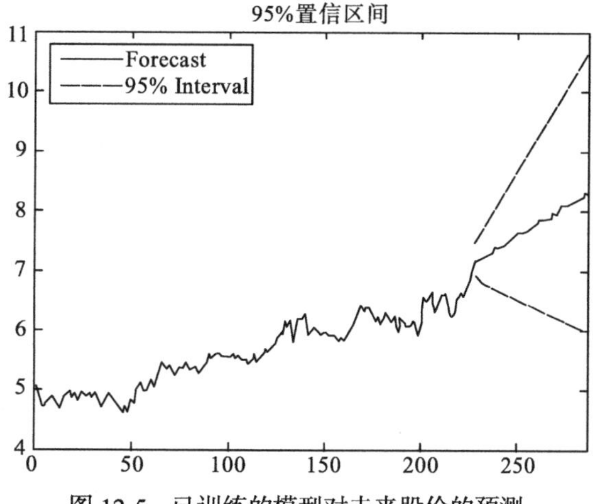

图 12-5 已训练的模型对未来股价的预测

12.6 小结

时间序列分析方法是一类用于挖掘、分析时序数据的方法。对于时序分析，首先需要判断时序的类型。对于平稳时间序列则可以用移动平均、指数平滑等方法；如果带有明显的季节特征，则可以用季节指数预测法。对于非平稳时间序列，则需要借助经典的模型进行分析，典型的就是 ARIMA 和 GARCH 两类模型。

参考文献

[1] 高铁梅. 计量经济分析方法与建模［M］. 北京：清华大学出版社, 2006.

[2] 王燕. 应用时间序列分析(第三版) ［M］. 北京：中国人民大学出版社, 2012.

[3] R.F. Engle.Autoregressive conditional heteroscedasticity with estimates of the variance of UK inflation. Econometrica, 1982,50:987-1008.

[4] T. Bollerslev. A Generalized Autoregressive Conditional Heteroskedasticity. Journal of Econometrics,1986,31:307-327.

[5] R.F. Engle, D.M. Lilien, R.P. Robins. Estimating time varying risk premia in the term structure: the ARCH-M model.Econometrica,1987,55:391-407.

第 13 章 Chapter 13

智能优化方法

20 世纪 70 年代以来，随着仿生学、遗传学和人工智能科学的发展，形成了一系列新的优化算法——智能优化算法。智能优化算法是通过模拟某一自然现象或过程而建立起来的，它们具有适于高度并行、自组织、自学习与自适应等特征，为解决复杂问题提供了一种新的途径。它们不需要构造精确的数学方法，不需要进行繁杂的搜索，通过简单的信息传播和演变方法来得到问题的最优解。

近年来，随着人工智能应用领域的不断拓广，传统的基于符号处理机制的人工智能方法在知识表示、处理模式信息及解决组合爆炸等方面所碰到的问题已变得越来越突出，这些困难甚至使某些学者对强人工智能提出了强烈批判，对人工智能的可能性提出了质疑。众所周知，在人工智能领域中，有不少问题需要在复杂而庞大的搜索空间中寻找最优解或准优解。像货朗担问题和规划问题等组合优化问题就是典型的例子。在求解此类问题时，若不能利用问题的固有知识来缩小搜索空间则会产生搜索的组合爆炸。因此，研究能在搜索过程中自动获得和积累有关搜索空间的知识，并能自适应地控制搜索过程，从而得到最优解或准有解的通用搜索算法一直是令人瞩目的课题。智能优化算法就是在这种背景下产生并经实践证明特别有效的算法。

传统的智能优化算法包括进化算法、粒子群算法、禁忌搜索、分散搜索、模拟退火、人工模拟系统、蚁群算法、遗传算法、人工神经网络技术等。随着智能优化算法的发展出现了一些新的算法，如萤火虫算法，随着遇到事物的复杂性显现出混合智能优化算法的优势。这些算法在农业、电子科技行业、计算机应用中有很大的作用。近年来，这些算法在运筹学、管理科学中也有重要的应用。另外，从近几年发表的论文可以看出典型的智能优化算法在解决传统难题方面的优势及其广泛的应用。智能优化算法在交通、物流、人工神经网络优化、生产调度、电力系统优化及电子科技行业的重要作用及应用。

13.1 智能优化方法概要

13.1.1 智能优化方法的概念

智能优化算法又称为现代启发式算法，是一种具有全局优化性能、通用性强，且适合于并行处理的算法。这种算法一般具有严密的理论依据，而不是单纯凭借专家经验，理论上可以在一定的时间内找到最优解或近似最优解。

13.1.2 常用的智能优化方法

目前，在工业界和科研领域，常用的智能优化算法主要有以下几个：

（1）遗传算法

遗传算法是一类借鉴生物界的进化规律（适者生存，优胜劣汰遗传机制）演化而来的随机化搜索方法。它是由美国的 J.Holland 教授于 1975 年首先提出，其主要特点是直接对结构对象进行操作，不存在求导和函数连续性的限定；具有内在的隐并行性和更好的全局寻优能力；采用概率化的寻优方法，能自动获取和指导优化的搜索空间，自适应地调整搜索方向，不需要确定的规则。遗传算法的这些性质，已被人们广泛地应用于组合优化、机器学习、信号处理、自适应控制和人工生命等领域。它是现代有关智能计算中的关键技术之一。

（2）模拟退火算法

模拟退火算法（Simulated Annealing，SA）最早由 Kirkpatrick 等应用于组合优化领域，它是基于 Mente-Carlo 迭代求解策略的一种随机寻优算法，其出发点是基于物理中固体物质的退火过程与一般组合优化问题之间的相似性。模拟退火算法从某一较高初温出发，伴随温度参数的不断下降,结合概率突跳特性在解空间中随机寻找目标函数的全局最优解，即在局部最优解能概率性地跳出并最终趋于全局最优。模拟退火算法是一种通用的优化算法，理论上算法具有概率的全局优化性能，目前已在工程中得到了广泛应用，诸如 VLSI、生产调度、控制工程、机器学习、神经网络、信号处理等领域。

（3）粒子群算法

粒子群优化算法（Particle Swarm Optimization，PSO）又翻译为粒子群算法、微粒群算法或微粒群优化算法，是通过模拟鸟群觅食行为而发展起来的一种基于群体协作的随机搜索算法。通常认为它是群集智能（Swarm Intelligence，SI）的一种。它可以被纳入多主体优化系统（Multiagent Optimization System，MAOS），是由 Eberhart 博士和 Kennedy 博士发明的。

PSO 模拟鸟群的捕食行为。一群鸟在随机搜索食物，在这个区域里只有一块食物。所有的鸟都不知道食物在哪里。但是它们知道当前的位置离食物还有多远。那么找到食物的最优策略是什么呢？最简单有效的方法就是搜寻目前离食物最近的鸟的周围区域。PSO 从这种模型中得到启示并用于解决优化问题。PSO 中，每个优化问题的解都是搜索空间中的一只鸟。我们称之为“粒子”。所有的粒子都有一个由被优化的函数决定的适应值（Fitness Value），每个粒子还有一个速度决定它们飞翔的方向和距离。然后粒子们就追随当前的最优粒子在解空间中搜索。PSO 初始化为一群随机粒子（随机解），然后通过迭代找到最优解，在每一次迭代中，粒子通过跟踪两个“极值”来更新自己。第一个就是粒子本身所找到的最优解，这个解叫作个体极值 pBest，另一个极值是整个种群目前找到的最优解，这个极值是全局极值 gBest。另外也可以不用整个种群而只是用其中一部分最优粒子的邻居，那么在所有邻居中的极值就是局部极值。

（4）蚁群算法

蚁群算法（Ant Colony Optimization，ACO），又称蚂蚁算法，是一种用来在图中寻找优化路径的概率型算法。它由 Marco Dorigo 于 1992 年在他的博士论文中提出，其灵感来源于蚂蚁在寻找食物过程中发现路径的行为。目前，ACO 算法已被广泛应用于组合优化问题中，在图着色问题、车间流问题、车辆调度问题、机器人路径规划问题、路由算法设计等领域均取得了良好的效果。也有研究者尝试将 ACO 算法应用于连续问题的优化中。由于 ACO 算法具有广泛的实用价值，成为群智能领域第一个取得成功的实例，曾一度成为群智能的代名词，相应理论研究及改进算法近年来层出不穷。

（5）禁忌搜索算法

禁忌搜索算法（Tabu Search 或 Taboo Search，简称 TS 算法）是一种全局性邻域搜索算法，模拟人类具有记忆功能的寻优特征。它通过局部邻域搜索机制和相应的禁忌准则来避免迂回搜索，并通过破禁水平来释放一些被禁忌的优良状态，进而保证多样化的有效探索，以最终实现全局优化。禁忌搜索（Tabu Search 或 Taboo Search，简称 TS）的思想最早由 Fred Glover（美国工程院院士，科罗拉多大学教授）提出，它是对局部领域搜索的一种扩展，是一种全局逐步寻优算法，是对人类智力过程的一种模拟。TS 算法通过引入一个灵活的存储结构和相应的禁忌准则来避免迂回搜索，并通过藐视准则来赦免一些被禁忌的优良状态，进而保证多样化的有效探索以最终实现全局优化。相对于模拟退火和遗传算法，TS 是又一种搜索特点不同的 meta-heuristic 算法。迄今为止，TS 算法在组合优化、生产调度、机器学习、电路设计和神经网络等领域取得了很大的成功，近年来又在函数全局优化方面得到较多的研究，并大有发展的趋势。本章将主要介绍禁忌搜索的优化流程、原理、算法收敛理论与实现技术等内容。

在以上各方法中，遗传算法和模拟退火算法的使用频率最高，且 MATLAB 的全局优化工具箱中，有这两个算法的函数库，使用比较方便，所以本章在以下的篇幅中也会重点介绍这两个算法。

13.2 遗传算法

13.2.1 遗传算法的原理

遗传算法（Genetic Algorithms，GA）是一种基于自然选择和基因遗传学原理，借鉴了生物进化优胜劣汰的自然选择机理和生物界繁衍进化的基因重组、突变的遗传机制的全局自适应概率搜索算法。

遗传算法是从一组随机产生的初始解（种群）开始，这个种群由经过基因编码的一定数量的个体组成，每个个体实际上是染色体带有特征的实体。染色体作为遗传物质的主要载体，其内部表现（即基因型）是某种基因组合，它决定了个体的外部表现。因此，从一开始就需要实现从表现型到基因型的映射，即编码工作。初始种群产生后，按照优胜劣汰的原理，逐代演化产生出越来越好的近似解。在每一代，根据问题域中个体的适应度大小选择个体，并借助于自然遗传学的遗传算子进行组合交叉和变异，产生出代表新的解集的种群。这个过程将导致种群像自然进化一样，后代种群比前代更加适应环境，末代种群中的最优个体经过解码，可以作为问题近似最优解。

计算开始时，将实际问题的变量进行编码形成染色体，随机产生一定数目的个体，即种群，并计算每个个体的适应值，然后通过终止条件判断该初始解是否是最优解，若是则停止计算输出结果，若不是则通过遗传算子操作产生新的一代种群，回到计算群体中每个个体的适应值的部分，然后转到终止条件判断。这一过程循环执行，直到满足优化准则，最终产生问题的最优解。图 13-1 给出了遗传算法的基本过程。

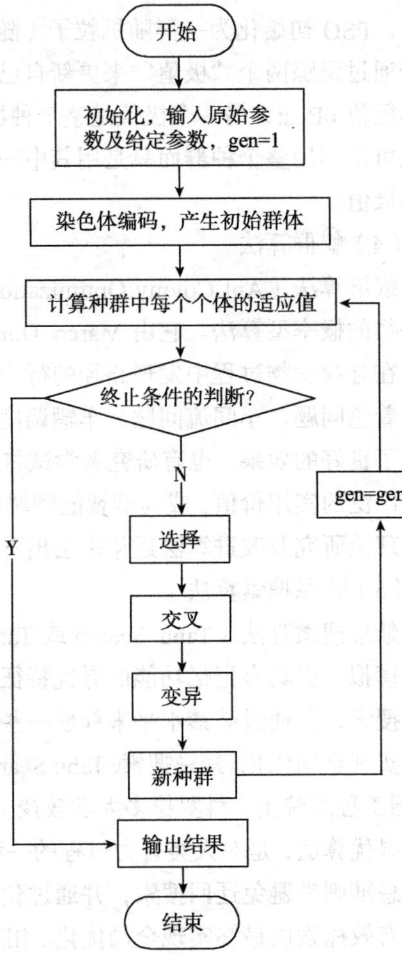

图 13-1 简单遗传算法的基本过程

13.2.2 遗传算法的步骤

1. 初始参数

种群规模 n：种群数目影响遗传算法的有效性。种群数目太小，不能提供足够的采样点；种群规模太大，会增加计算量，使收敛时间增长。一般种群数目在 20~160 之间比较合适。

交叉概率 p_c：p_c 控制着交换操作的频率，p_c 太大，会使高适应值的结构很快被破坏掉，p_c 太小会使搜索停滞不前，一般 p_c 取 0.5~1.0。

变异概率 p_m ： p_m 是增大种群多样性的第二个因素， p_m 太小，不会产生新的基因块， p_m 太大，会使遗传算法变成随机搜索，一般 p_m 取 0.001~0.1。

进化代数 t：表示遗传算法运行结束的一个条件。一般的取值范围为 100~1000。当个体编码较长时，进化代数要取小一些，否则会影响算法的运行效率。进化代数的选取，还可以采用某种判定准则，准则成立时，即停止。

2. 染色体编码

利用遗传算法进行问题求解时，必须在目标问题实际表示与染色体位串结构之间建立一个联系。对于给定的优化问题，由种群个体的表现型集合所组成的空间称为问题空间，由种群基因型个体所组成的空间称为编码空间。由问题空间向编码空间的映射称作编码，而由编码空间向问题空间的映射称为解码。

按照遗传算法的模式定理，De Jong 进一步提出了较为客观明确的编码评估准则，称之为编码原理。具体可以概括为两条规则：

1）有意义积木块编码规则：编码应当易于生成与所求问题相关的且具有低阶、短定义长度模式的编码方案。

2）最小字符集编码规则：编码应使用能使问题得到自然表示或描述的具有最小编码字符集的编码方案。

常用的编码方式有两种：二进制编码和浮点数（实数）编码。

二进制编码方法是遗传算法中最常用的一种编码方法，它将问题空间的参数用字符集 $\{1,0\}$ 构成染色体位串，符合最小字符集原则，便于用模式定理分析，但存在映射误差。

采用二进制编码，将决策变量编码为二进制，编码串长 m_i 取决于需要的精度。例如，x_i 的值域为 $[a_i,b_i]$，而需要的精度是小数点后 5 位，这要求将 x_i 的值域至少分为 $(b_i-a_i)\times10^6$ 份。设 x_i 所需要的字串长为 m_i，则有：

$$2^{m_i-1}<(b_i-a_i)\times10^6<2^{m_i}$$

那么二进制编码的编码精度为 $\delta=\dfrac{b_i-a_i}{2^{m_i}-1}$，将 x_i 由二进制转为十进制可按下式计算：

$$x_i=a_i+\text{decimal}(\text{substring}_i)\times\delta$$

其中，$\text{decimal}(\text{substring}_i)$ 表示变量 x_i 的子串 substring_i 的十进制值。染色体编码的总串长 $m=\sum_{i=1}^{N}m_i$ 。

若没有规定计算精度，那么可采用定长二进制编码，即 m_i 可以自己确定。

二进制编码方式的编码、解码简单易行，使得遗传算法的交叉、变异等操作实现方便。但是，当连续函数离散化时，它存在映射误差。再者，当优化问题所求的精度越高，如果必须保证解的精度，则使得个体的二进制编码串很长，从而导致搜索空间急剧扩大，计算量也会增加，计算时间也相应延长。

浮点数（实数）编码方法能够解决二进制编码的这些缺点。该方法中个体的每个基因都要用参数所给定区间范围内的某一浮点数来表示，而个体的编码长度则等于其决策变量的总数。遗传算法中交叉、变异等操作所产生的新个体的基因值也必须保证在参数指定区间范围内。当个体的基因值是由多个基因组成时，交叉操作必须在两个基因之间的分界字节处进行，而不是在某一基因内的中间字节分隔处进行。

3. 适应度函数

适应度函数是用来衡量个体优劣，度量个体适应度的函数。适应度函数值越大的个体越好，反之，适应值越小的个体越差。在遗传算法中根据适应值对个体进行选择，以保证适应性能好的个体有更多的机会繁殖后代，使优良特性得以遗传。一般而言，适应度函数是由目标函数变换而成的。由于在遗传算法中根据适应度排序的情况来计算选择概率，这就要求适应度函数计算出的函数值（适应度）不能小于零。因此，在某些情况下，将目标函数转换成最大化问题形式而且函数值非负的适应度函数是必要的，并且在任何情况下总是希望越大越好，但是许多实际问题中，目标函数有正有负，所以经常用到从目标函数到适应度函数的变换。

考虑如下一般的数学规划问题：

$$\begin{aligned} &\min\ f(x) \\ &\text{s.t.}\ \ g(x)=0 \\ &h_{\min} \leqslant h(x) \leqslant h_{\max} \end{aligned}$$

变换方法一：

1）对于最小化问题，建立适应度函数 $F(x)$ 和目标函数 $f(x)$ 的映射关系：

$$F(x)=\begin{cases} C_{\max}-f(x) & f(x)<C_{\max} \\ 0 & f(x)\geqslant C_{\max} \end{cases}$$

其中，$C_{\max}$ 既可以是特定的输入值，也可以选取到目前为止所得到的目标函数 $f(x)$ 的最大值。

2）对于最大化问题，一般采用下述方法：

$$F(x)=\begin{cases} f(x)-C_{\min} & f(x)>C_{\min} \\ 0 & f(x)\leqslant C_{\min} \end{cases}$$

其中，$C_{\min}$ 既可以是特定的输入值，也可以选取到目前为止所得到的目标函数 $f(x)$ 的最小值。

变换方法二：

1）对于最小化问题，建立适应度函数 $f(x)$ 和目标函数 $f(x)$ 的映射关系：

$$F(x)=\frac{1}{1+c+f(x)} \quad c\geqslant 0, c+f(x)\geqslant 0$$

2）对于最大化问题，一般采用下述方法：

$$F(x)=\frac{1}{1+c-f(x)} \quad c \geqslant 0, c-f(x) \geqslant 0$$

其中，c 为目标函数界限的保守估计值。

4. 约束条件的处理

在遗传算法中必须对约束条件进行处理，但目前尚无处理各种约束条件的一般方法，根据具体问题可选择下列三种方法，罚函数法、搜索空间限定法和可行解变换法。

（1）罚函数法

罚函数的基本思想是对在解空间中无对应可行解的个体计划其适应度时，处以一个罚函数，从而降低该个体的适应度，使该个体被选遗传到下一代群体中的概率减小。可以用下式对个体的适应度进行调整：

$$F'(x)=\begin{cases} F(x) & x \in U \\ F(x)-P(x) & x \notin U \end{cases}$$

其中，$F(x)$ 为原适应度函数，$F'(x)$ 为调整后的新的适应度函数，$P(x)$ 为罚函数，U 为约束条件组成的集合。

如何确定合理的罚函数是该处理方法难点之所在，在考虑罚函数时，既要度量解对约束条件不满足的程度，又要考虑计算效率。

（2）搜索空间限定法

搜索空间限定法的基本思想是对遗传算法的搜索空间的大小加以限制，使得搜索空间中表示一个个体的点与解空间中表示一个可行解的点有一一对应的关系。对一些比较简单的约束条件通过适当编码使搜索空间与解空间一一对应，限定搜索空间能够提高遗传算法的效率。在使用搜索空间限定法时必须保证交叉、变异之后的解个体在解空间中有对应解。

（3）可行解变换法

可行解变换法的基本思想是：在由个体基因型到个体表现型的变换中，增加使其满足约束条件的处理过程，其寻找个体基因型与个体表现型的多对一变换关系，扩大了搜索空间，使进化过程中所产生的个体总能通过这个变换而转化成解空间中满足约束条件的一个可行解。可行解变换法对个体的编码方式、交叉运算、变异运算等无特殊要求，但运行效果下降。

5. 遗传算子

遗传算法中包含了 3 个模拟生物基因遗传操作的遗传算子：选择（复制）、交叉（重组）和变异（突变）。遗传算法利用遗传算子产生新一代群体来实现群体进化，算子的设计是遗传策略的主要组成部分，也是调整和控制进化过程的基本工具。

（1）选择操作

遗传算法中的选择操作就是用来确定如何从父代群体中按某种方法选取哪些个体遗传到下一代群体中的一种遗传运算。遗传算法使用选择（复制）算子来对群体中的个体进行优胜劣汰操作：适应度较高的个体被遗传到下一代群体中的概率较大；适应度较低的个体被遗传到下一代群体中的概率较小。选择操作建立在对个体适应度进行评价的基础之上。选择操作的主要目的是避免基因缺失、提高全局收敛性和计算效率。常用的选择方法有轮盘赌法、排序选择法、两两竞争法。

①轮盘赌法

简单的选择方法为轮盘赌法：通常以第 i 个个体入选种群的概率以及群体规模的上限来确定其生存与淘汰，这种方法称为轮盘赌法。轮盘赌法是一种正比选择策略，能够根据与适应函数值成正比的概率选出新的种群。轮盘赌法由以下五步构成：

1）计算各染色体 v_k 的适应值 $F(v_k)$；

2）计算种群中所有染色体的适应值的和：

$$\text{Fall}=\sum_{k=1}^{n}F(v_k)$$

3）计算各染色体 v_k 的选择概率 p_k：

$$p_k=\frac{\text{eval}(v_k)}{\text{Fall}},k=1,2,\cdots,n$$

4）计算各染色体 v_k 的累计概率 q_k：

$$q_k=\sum_{j=1}^{k}p_j,k=1,2,\cdots,n$$

5）在 $[0,1]$ 区间内产生一个均匀分布的伪随机数 r，若 $r\leqslant q_1$，则选择第一个染色体 v_1；否则，选择第 k 个染色体，使得 $q_{k-1}<r\leqslant q_k$ 成立。

②排序选择法

排序选择法的主要思想是：对群体中的所有个体按其适应度大小进行排序，基于这个排序来分配各个个体被选中的概率。排序选择方法的具体操作过程是：

1）对群体中的所有个体按其适应度大小进行降序排序。

2）根据具体求解问题，设计一个概率分配表，将各个概率值按上述排列次序分配给各个个体。

3）以各个个体所分配到的概率值作为其能够被遗传到下一代的概率，基于这些概率值用轮盘赌法来产生下一代群体。

③两两竞争法

两两竞争法的基本做法是：在选择时先随机地在种群中选择 k 个个体进行锦标赛式的比较，从中选出适应值最好的个体进入下一代，复用这种方法直到下一代个体数为种群规模时为止。这种方法也使得适应值好的个体在下一代具有较大的“生存”机会，同时它只能使用适应值的相对值作为选择的标准，而与适应值的数值大小不成直接比例，所以，它能较好地避免超级个体的影响，在一定程度上避免过早收敛现象和停滞现象。

（2）交叉操作

在遗传算法中，交叉操作是起核心作用的遗传操作，它是生成新个体的主要方式。交叉操作的基本思想是通过对两个个体之间进行某部分基因的互换来实现产生新个体的目的。常用的交叉算子有：单点交叉算子、两点交叉算子和多点交叉算子、均匀交叉算子和算术交叉算子等。

①单点交叉算子

交叉过程分两个步骤：首先对配对库中的个体进行随机配对；其次，在配对个体中随机设定交叉位置，配对个体彼此交换部分信息，单点交叉过程如图 13-2 所示。

个体A	1001 ∣ 111	⟶	1001000	新个体A'
个体B	0011 ∣ 000	⟶	0011111	新个体B'
	交叉点			

图 13-2　单点交叉示意图

②两点交叉算子

具体操作是随机设定两个交叉点，互换两个父代在这两点间的基因串，分别生成两个新个体。

③多点交叉算子

多点交叉的思想源于控制个体特定行为的染色体表示信息的部分无须包含于邻近的子串中，多点交叉的破坏性可以促进解空间的搜索，而不是促进过早的收敛。

④均匀交叉算子

均匀交叉是指通过设定屏蔽字来决定新个体的基因继承两个个体中哪个个体的对应基因，当屏蔽字中的位为 0 时，新个体 A' 继承旧个体 A 中对应的基因，当屏蔽字位为 1 时，新个体 A' 继承旧个体 B 中对应的基因，由此可生成一个完整的新个体 A'，同理可生成新个体 B'，整个过程如图 13-3 所示。

旧个体A	001111
旧个体B	111100
屏蔽字	010101
新个体A'	011110
新个体B'	101101

图 13-3　均匀交叉示意图

（3）变异操作

变异操作是指将个体染色体编码串中的某些基因座的基因值用该基因座的其他等位基因来替代，从而形成一个新的个体。变异运算是产生新个体的辅助方法，它和选择、交叉算子结合在一起，保证了遗传算法的有效性，使遗传算法具有局部的随机搜索能力，提高了遗传算法的搜索效率；同时使遗传算法保持种群的多样性，以防止出现早熟收敛。在变异操作中，为了保证个体变异后不会与其父体产生太大的差异，保证种群发展的稳定性，变异率不能取太大，如果变异率大于 0.5，遗传算法就变为随机搜索，遗传算法的一些重要的数学特性和搜索能力也就不存在了。变异算子的设计包括确定变异点的位置和进行基因值替换。变异操作的方法有基本位变异、均匀变异、边界变异、非均匀变异等。

①基本位变异

基本位变异操作是指对个体编码串中以变异概率 p_m 随机指定的某一位或某几位基因作变异运算，所以其发挥的作用比较慢，作用的效果也不明显。基本位变异算子的具体执行过程是：

1）对个体的每一个基因座，依变异概率 p_m 指定其为变异点。

2）对每一个指定的变异点，对其基因值做取反运算或用其他等位基因值来代替，从而产生出一个新个体。

②均匀变异

均匀变异操作是指分别用符合某一范围内均匀分布的随机数，以某一较小的概率来替换个体编码串中各个基因座上的原有基因值。均匀变异的具体操作过程是：

1）依次指定个体编码串中的每个基因座为变异点。

2）对每一个变异点，以变异概率 p_m 从对应基因的取值范围内取一随机数来替代原有基因值。

假设有一个个体为 $v_k=[v_1v_2\cdots v_k\cdots v_m]$，若 v_k 为变异点，其取值范围为 $[v_{k,\min},v_{k,\max}]$，在该点对个体 v_k 进行均匀变异操作后，可得到一个新的个体：$v_k=[v_1v_2\cdots v'_k\cdots v_m]$，其中变异点的新基因值是：

$$v'_k=v_{k,\min}+r\times(v_{k,\max}-v_{k,\min})$$

其中，r 为 $[0,1]$ 范围内符合均匀概率分布的一个随机数。均匀变异操作特别适合应用于遗传算法的初期运行阶段，它使得搜索点可以在整个搜索空间内自由地移动，从而可以增加群体的多样性。

（4）倒位操作

所谓倒位操作是指颠倒个体编码串中随机指定的两个基因座之间的基因排列顺序，从而形成一个新的染色体。倒位操作的具体过程是：

1) 在个体编码串中随机指定两个基因座作为倒位点；

2) 以倒位概率颠倒这两个倒位点之间的基因排列顺序。

6. 搜索终止条件

遗传算法的终止条件有以下两个，满足任何一个条件搜索就结束。

1）遗传操作中连续多次前后两代群体中最优个体的适应度相差在某个任意小的正数 ε 所确定的范围内，即满足：

$$0<\left|F_{\text{new}}-F_{\text{old}}\right|<\varepsilon$$

其中，F_{new} 为新产生的群体中最优个体的适应度；F_{old} 为前代群体中最优个体的适应度。

2）达到遗传操作的最大进化代数 t。

13.2.3 遗传算法实例

现在我们想要求解一个决策变量为 $X1$ 和 $X2$ 的优化问题：

min *f*(*x*) = 100 * (*x*1^2–*x*2) ^2 + (1 – *x*1)^2；

X 满足以下两个非线性约束条件和限制条件：

*x*1**x*2 + *x*1 – *x*2 + 1.5 <=0,

10 – *x*1**x*2 <=0,

0 <= *x*1 <= 1

0 <= *x*2 <= 13

现在我们就尝试用遗传算法来求解这个优化问题。首先，用 MATLAB 编写一个命名为

simple_fitness.m 的函数，代码如下：

```
function y = simple_fitness(x)
y = 100 * (x(1)^2 - x(2)) ^2 + (1 - x(1))^2;
```

MATLAB 中可用 ga 这个函数来求解遗传算法问题，ga 函数中假设目标函数中的输入变量的个数与决策变量的个数一致，其返回值为对某组输入按照目标函数的形式进行计算而得到的数值。

对于约束条件，同样可以创建一个命名为 simple_constraint.m 的函数来表示，其代码如下：

```
function [c, ceq] = simple_constraint(x)
c = [1.5 + x(1)*x(2) + x(1) - x(2);
-x(1)*x(2) + 10];
ceq = [];
```

这些约束条件也是假设输入的变量个数等于所有决策变量的个数，然后计算所有约束函数中不等式两边的值，并返回给向量 c 和 ceq。

为了尽量减小遗传算法的搜索空间，所以尽量给每个决策变量指定它们各自的定义域，在 ga 函数中，是通过设置它们的上下限来实现，也就是 LB 和 UB。

通过前面的设置，现在我们就可以直接调用 ga 函数来实现用遗传算法对以上优化问题的求解，代码如下：

```
Objective Function = @simple_fitness;
nvars = 2;    % Number of variables
LB = [0 0];   % Lower bound
UB = [1 13];  % Upper bound
ConstraintFunction = @simple_constraint;
[x,fval] = ga(ObjectiveFunction,nvars,[],[],[],[],LB,UB, ConstraintFunction)
```

执行以上函数可以得到以下结果：

```
x =
    0.8122   12.3122
fval =
   1.3578e+04
```

13.2.4 遗传算法的特点

（1）遗传算法的优点

遗传算法具有十分强的鲁棒性，比起传统优化方法，遗传算法有如下优点：

1）遗传算法以控制变量的编码作为运算对象。传统的优化算法往往直接利用控制变量的实际值的本身来进行优化运算，但遗传算法不是直接以控制变量的值，而是以控制变量的特定形式的编码为运算对象。这种对控制变量的编码处理方式，可以模仿自然界中生物的遗传和进化等机理，也使得我们可以方便地处理各种变量和应用遗传操作算子。

2）遗传算法具有内在的本质并行性。它的并行性表现在两个方面，一是遗传算法的外在并行性，最简单的方式是让多台计算机各自进行独立种群的演化计算，最后选择最优个体。可以说，遗传算法适合在目前所有的并行机或分布式系统上进行并行计算处理。二是遗传算法的内在并行性，由于遗传算法采用种群的方式组织搜索，因而可同时搜索解空间内的多个区域，并相互交流信息。这样就使得搜索效率更高，也避免了使搜索过程陷入局部最优解。

3）遗传算法直接以目标函数值作为搜索信息。在简单遗传算法中，基本上不用搜索空间的知识和其他辅助信息，而仅用目标函数即适应度函数来评估个体解的优劣，且适应度函数不受连续可微的约束，对该函数和控制变量的约束极少。对适应度函数唯一的要求就是对于输入能够计算出可比较的输出。

4）遗传算法是采用概率的变迁规则来指导它的搜索方向，其搜索过程朝着搜索空间的更优化的解区域移动，它的方向性使得它的效率远远高于一般的随机算法。遗传算法在解空间内进行充分的搜索，但不是盲目的穷举或试探，因为选择操作以适应度为依据，因此它的搜索性能往往优于其他优化算法。

5）原理简单，操作方便，占用内存少，适用于计算机进行大规模计算，尤其适合处理传统搜索方法难以解决的大规模、非线性组合复杂优化问题。

6）由于遗传基因串码的不连续性，所以遗传算法处理非连续混合整数规划时有其独特的优越性，而且使得遗传算法对某些病态结构问题具有很好的处理能力。

7）遗传算法同其他算法有较好的兼容性。如可以用其他的算法求初始解；在每一代种群，可以用其他的方法求解下一代新种群。

（2）遗传算法的缺点

但是，遗传算法也存在一些缺点。

1）遗传算法是一类随机搜索型算法，而非确定性迭代过程描述，这种方式必然会导致较低的计算效率。

2）对简单遗传算法的数值试验表明，算法经常出现过早收敛现象。

3）遗传和变异的完全随机性虽然保证了进化的搜索功能，但是这种随机变化也使得好的优良个体的性态被过早破坏，降低了各代的平均适应值。

13.3 模拟退火算法

模拟退火是所谓三大非经典算法之一，它脱胎于自然界的物理过程，奇妙地与优化问题挂上了钩。本节介绍了模拟退火算法的基本思想，给出了两个简单的例子，最后简单介绍了改进的模拟退火程序包 ASA 的情况。

13.3.1 模拟退火算法的原理

工程中许多实际优化问题的目标函数都是非凸的，存在许多局部最优解，特别是随着优化问题规模的增大，局部最优解的数目将会迅速增加。因此，有效地求出一般非凸目标函数的全局最优解至今仍是一个难题。求解全局优化问题的方法可分为两类，一类是确定性方法，另一类是随机性方法。确定性算法适用于求解具有一些特殊特征的问题，而梯度法和一般的随机搜索方法则沿着目标函数下降方向搜索，因此常常陷入局部而非全局最优值。

模拟退火算法（Simulated Annealing，SA）是一种通用概率算法，用来在一个大的搜寻空间内寻找问题的最优解。早在 1953 年，Metropolis 等就提出了模拟退火的思想，1983 年 Kirkpatrick 等将 SA 引入组合优化领域，由于其具有能有效解决 NP 难题、避免陷入局部最优、对初值没有强依赖关系等特点，已经在 VLS、生产调度、控制工程、机器学习、神经网络、图像处理等领域获得了广泛的应用[2]。

现代的模拟退火算法形成于 20 世纪 80 年代初，其思想源于固体的退火过程，即将固体加热至足够高的温度，再缓慢冷却；升温时，固体内部粒子随温度升高变为无序状，内能增大，而缓慢冷却粒子又逐渐趋于有序，从理论上讲，如果冷却过程足够缓慢，那么冷却中任一温度时固体都能达到热平衡，而冷却到低温时将达到这一低温下的内能最小状态。物理退火过程和模拟退火算法的类比关系如图 13-4 所示。

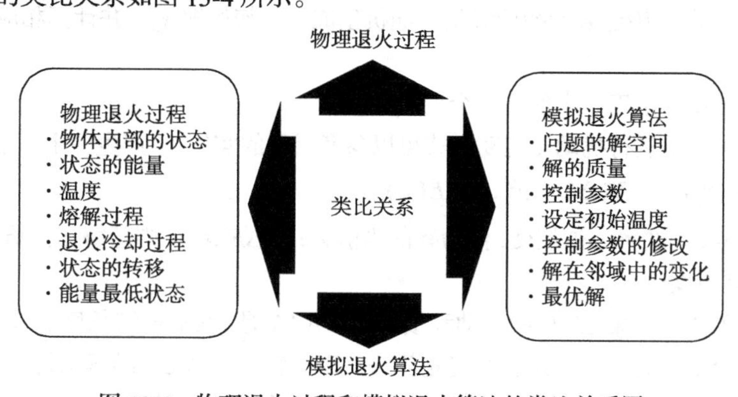

图 13-4 物理退火过程和模拟退火算法的类比关系图

在这一过程中，任一恒定温度都能达到热平衡是个重要步骤，这一点可以用 Monte Carlo 算法模拟，不过其需要大量采样，工作量很大。但因为物理系统总是趋向于能量最低，而分子热运动则趋向于破坏这种低能量的状态，故而只需着重取贡献比较大的状态即可达到比较好的效果[2]，因而 1953 年 Metropolis 提出了这样一个重要性采样的方法，即设从当前状态 i 生成新状态 j，若新状态的内能小于状态 i 的内能（$E_j < E_i$），则接受新状态 j 作为新的当前状态；否则，以概率 $\exp\left[\frac{-(E_j - E_i)}{k \times t}\right]$ 接受状态 j，其中 k 为 Boltzmann 常数，这就是通常所说的 Metropolis 准则。

1953 年，Kirkpatrick 把模拟退火思想与组合最优化的相似点进行类比，将模拟退火应用到了组合最优化问题中。在把模拟退火算法应用于最优化问题时，一般可以将温度 T 当作控制参数，目标函数值 f 视为内能 E，而固体在某温度 T 时的一个状态对应一个解 x_i。然后算法试图随着控制参数 T 的降低，使目标函数值 f（内能 E）也逐渐降低，直至趋于全局最小值（退火中低温时的最低能量状态），就像固体退火过程一样。

13.3.2 模拟退火算法的步骤

1. 符号说明

退火过程由一组初始参数，即冷却进度表（Cooling Schedule）控制，它的核心是尽量使系统达到准平衡，以使算法在有限的时间内逼近最优解。冷却进度表包括[1]：

1）控制参数的初值 T_0：冷却开始的温度；

2）控制参数 T 的衰减函数：因计算机能够处理的都是离散数据，因此需要把连续的降温过程离散化成降温过程中的一系列温度点，衰减函数即计算这一系列温度的表达式；

3）控制参数 T 的终值 T_f（停止准则）；

4）Markov 链的长度 Lk：任一温度 T 的迭代次数。

2. 算法基本步骤

1）令 $T=T_0$，即开始退火的初始温度，随机生成一个初始解 x_0，并计算相应的目标函数值 $E(x_0)$；

2）令 T 等于冷却进度表中的下一个值 T_i；

3）根据当前解 x_i 进行扰动（扰动方式可以参考后面的实例），产生一个新解 x_j，计算相应的目标函数值 $E(x_j)$，得到 $\Delta E=E(x_j)-E(x_i)$；

4）若 $\Delta E<0$，则新解 x_j 被接受，作为新的当前解；若 $\Delta E>0$，则新解 x_j 按概率 $\exp(-\Delta E/T_i)$ 接受，T_i 为当前温度；

5）在温度 T_i 下，重复 Lk 次的扰动和接受过程（Lk 是 Markov 链长度），即步骤 3）、4）；

6）判断是否 T 已到达 T_f，是，则终止算法，否，转到步骤 2）继续执行。

算法实质分两层循环，在任一温度随机扰动产生新解，并计算目标函数值的变化，决定是否被接受。由于算法初始温度比较高，这样，使 E 增大的新解在初始时也可能被接受，因而能跳出局部极小值，然后通过缓慢地降低温度，算法就最终可能收敛到全局最优解。还有一点要说明的是，虽然在低温时接受函数已经非常小了，但仍不排除有接受更差的解的可能，因此一般都会把退火过程中碰到的最好的可行解（历史最优解）也记录下来，与终止算法前最后一个被接受解一并输出。

3. 算法说明

为了更好地实现模拟退火算法，在个人的经验之外，还需要注意以下一些方面。

（1）状态表达

上面我们已经提到过，SA 算法中优化问题的一个解模拟了（或说可以想象为）退火过程中固体内部的一种粒子分布情况。这里状态表达即指：实际问题的解（即状态）如何以一种合适的数学形式被表达出来，它应当适用于 SA 的求解，又能充分表达实际问题，这需要仔细地设计。可以参考遗传算法和禁忌搜索中编码的相关内容。常见的表达方式有：背包问题和指派问题的 0-1 编码，TSP 问题和调度问题的自然数编码，还有用于连续函数优化的实数编码等[1,2]。

（2）新解的产生

新解产生机制的基本要求是能够尽量遍及解空间的各个区域，这样，在某一恒定温度不断产生新解时，就可能跳出当前区域以搜索其他区域，这是模拟退火算法能够进行广域搜索的一个重要条件。

（3）收敛的一般性条件

收敛到全局最优的一般性条件是：

1）初始温度足够高；

2）热平衡时间足够长；

3）终止温度足够低；

4）降温过程足够缓慢。

但上述条件在应用中很难同时满足。

（4）参数的选择

①控制参数 T 的初值 T_0

求解全局优化问题的随机搜索算法一般都采用大范围的粗略搜索与局部的精细搜索相结合的搜索策略。只有在初始的大范围搜索阶段找到全局最优解所在的区域，才能逐渐缩小搜索的范围，最终求出全局最优解。模拟退火算法是通过控制参数 T 的初值 T_0 和其衰减变化过程来实现大范围的粗略搜索与局部的精细搜索。一般来说，只有足够大的 T_0 才能满足算法要求（但对不同的问题“足够大”的含义也不同，有的可能 T_0=100 就可以，有的则要 1010）。在问题规模较大时，过小的 T_0 往往导致算法难以跳出局部陷阱而达不到全局最优。但为了减少计算量，T_0 不宜取得过大，而应与其他参数折衷选取。

②控制参数 T 的衰减函数

衰减函数可以有多种形式，一个常用的衰减函数是：

$$T_{k+1} = \alpha \cdot T_k, \quad k = 0,1,2\cdots$$

其中，α 是一个常数，可以取 0.5 ~ 0.99，它的取值决定了降温的过程。小的衰减量可能导致算法进程迭代次数的增加，从而使算法进程接受更多的变换，访问更多的邻域，搜索更大范围的解空间，返回更好的最终解。同时由于在 T_k 值上已经达到准平衡，则在 T_{k+1} 时只需少量的变换就可达到准平衡。这样就可选取较短长度的 Markov 链来减少算法时间。

③Markov 链长度

Markov 链长度的选取原则是：在控制参数 T 的衰减函数已选定的前提下，Lk 应能使在控制参数 T 的每一取值上达到准平衡。从经验上说，对简单的情况可以令 Lk=100n，n 为问题规模。

（5）算法停止准则

对 Metropolis 准则中的接受函数 $\exp\left[\dfrac{-(E_j - E_i)}{k \times t}\right]$ 分析可知，在 T 比较大的高温情况下，指

数上的分母比较大，而这是一个负指数，所以整个接受函数可能会趋于 1，即比当前解 x_i 更差的新解 x_j 也可能被接受，因此就有可能跳出局部极小而进行广域搜索，去搜索解空间的其他区域；而随着冷却的进行，T 减小到一个比较小的值时，接受函数分母小了，整体也小了，即难于接受比当前解更差的解，也就是不太容易跳出当前的区域。如果在高温时，已经进行了充分的广域搜索，找到了可能存在最好解的区域，而在低温再进行足够的局部搜索，则可能最终找到全局最优。

因此，一般 T_f 应设为一个足够小的正数，比如 0.01 ~ 5，但这只是一个粗糙的经验，更精细的设置及其他的终止准则可以查阅参考文献[1,2]。

13.3.3 模拟退火算法实例

这里用经典的旅行商问题来说明如何用 MATLAB 来实现模拟退火算法的应用。旅行商问题（Traveling Salesman Problem，TSP）代表一类组合优化问题，在物流配送、计算机网络、电子地图、交通疏导、电气布线等方面都有重要的工程和理论价值，引起了许多学者的关注。TSP 简单描述为：一名商人要到 n 个不同的城市去推销商品，每 2 个城市 i 和 j 之间的距离为 d_{ij}，如何选择一条路径使得商人每个城市走一遍后回到起点，所走的路径最短。

TSP 是典型的组合优化问题，并且是一个 NP 难题。TSP 描述起来很简单，早期的研究者使用精确算法求解该问题，常用的方法包括：分枝定界法、线性规划法和动态规划法等，但可能的路径总数随城市数目 n 是呈指数型增长的，所以当城市数目在 100 个以上时一般很难精确地求出其全局最优解。随着人工智能的发展，出现了许多独立于问题的智能优化算法，如蚁群算法、遗传算法、模拟退火、禁忌搜索、神经网络、粒子群优化算法、免疫算法等，通过模拟或解释某些自然现象或过程而得以发展。模拟退火算法具有高效、鲁棒、通用、灵活的优点。将模拟退火算法引入 TSP 求解，可以避免在求解过程中陷入 TSP 的局部最优。

算法设计步骤如下：

（1）TSP 问题的解空间和初始解

TSP 的解空间 S 是遍访每个城市恰好一次的所有回路，是所有城市排列的集合。TSP 问题的解空间 S 可表示为 $\{1,2,\cdots,n\}$ 的所有排列的集合，即：

$$S=\{(c_1,c_2,\cdots,c_n)\mid(c_1,c_2,\cdots,c_n)\text{为}\{1,2,\cdots,n\}\text{的排列}\}$$

其中每一个排列 s_i 表示遍访 n 个城市的一个路径，$c_i=j$ 表示第 i 次访问城市 j。模拟退火算法的最优解和初始状态没有强的依赖关系，故初始解为随机函数生成一个 $\{1,2,\cdots,n\}$ 的随机排列作为 S_0。

（2）目标函数

TSP 问题的目标函数即为访问所有城市的路径总长度，也可称为代价函数：

$$C(c_1,c_2,\cdots,c_n)=\sum_{i=1}^{n+1}d(c_i,c_{i+1})+d(c_1,c_n)$$

现在 TSP 问题的求解就是通过模拟退火算法求出目标函数 $C(c_1,c_2,\cdots,c_n)$ 的最小值，相应地，$S=(c_1^*,c_2^*,\cdots,c_n^*)$ 即为 TSP 问题的最优解。

（3）新解产生

新解的产生对问题的求解非常重要。新解可通过分别或者交替使用以下两种方法来产生：

两交换法：任选序号 u 、v（设 $u<v<n$），交换 u 和 v 之间的访问顺序。

三交换法：任选序号 u 、v（设 $u<v<n$）和 w（设 $u\leqslant v<w$），将 u 和 v 之间的路径插到 w 之后访问。

（4）目标函数差

计算变换前的解和变换后目标函数的差值：

$$\Delta C'=C(s'_i)-C(s_i)$$

（5）Metropolis 接受准则

以新解与当前解的目标函数差定义接受概率，即：

$$P=\begin{cases}1,\Delta C'<0\\ \exp(-\Delta C'/T),\Delta C'>0\end{cases}$$

TSPLIB（http://www.iwr.uni-heidelberg.de/groups/comopt/software/TSPLIB95/）是一组各类 TSP 问题的实例集合。这里以 TSPLIB 的 berlin52 为例进行求解，berlin52 有 52 座城市，其坐标数据如表 13-1 所示（也可以从上面 TSPLIB 的网站下载）。

表 13-1 坐标数据

城市编号	X 坐标	Y 坐标	城市编号	X 坐标	Y 坐标	城市编号	X 坐标	Y 坐标
1	565	575	19	510	875	37	770	610
2	25	185	20	560	365	38	795	645
3	345	750	21	300	465	39	720	635
4	945	685	22	520	585	40	760	650
5	845	655	23	480	415	41	475	960
6	880	660	24	835	625	42	95	260
7	25	230	25	975	580	43	875	920
8	525	1000	26	1215	245	44	700	500
9	580	1175	27	1320	315	45	555	815
10	650	1130	28	1250	400	46	830	485
11	1605	620	29	660	180	47	1170	65
12	1220	580	30	410	250	48	830	610
13	1465	200	31	420	555	49	605	625
14	1530	5	32	575	665	50	595	360
15	845	680	33	1150	1160	51	1340	725
16	725	370	34	700	580	52	1740	245
17	145	665	35	685	595			
18	415	635	36	685	610			

用于求解的 MATLAB 脚本文件如 P13-1 所示。

程序编号	P13-1	文件名称	main1301.m	说明	TSP 模拟退火算法程序

```
clear
    clc
    a = 0.99;   % 温度衰减函数的参数
    t0 = 97; tf = 3; t = t0;
    Markov_length = 10000;       % Markov 链长度
    coordinates = [
1    565.0   575.0; 2      25.0    185.0; 3      345.0     750.0;
4    945.0   685.0; 5     845.0    655.0; 6      880.0     660.0;
7     25.0   230.0; 8     525.0   1000.0; 9      580.0    1175.0;
10   650.0  1130.0; 11   1605.0    620.0; 12    1220.0     580.0;
13  1465.0   200.0; 14   1530.0      5.0; 15     845.0     680.0;
16   725.0   370.0; 17    145.0    665.0; 18     415.0     635.0;
19   510.0   875.0; 20    560.0    365.0; 21     300.0     465.0;
22   520.0   585.0; 23    480.0    415.0; 24     835.0     625.0;
25   975.0   580.0; 26   1215.0    245.0; 27    1320.0     315.0;
28  1250.0   400.0; 29    660.0    180.0; 30     410.0     250.0;
31   420.0   555.0; 32    575.0    665.0; 33    1150.0    1160.0;
34   700.0   580.0; 35    685.0    595.0; 36     685.0     610.0;
37   770.0   610.0; 38    795.0    645.0; 39     720.0     635.0;
40   760.0   650.0; 41    475.0    960.0; 42      95.0     260.0;
43   875.0   920.0; 44    700.0    500.0; 45     555.0     815.0;
46   830.0   485.0; 47   1170.0     65.0; 48     830.0     610.0;
49   605.0   625.0; 50    595.0    360.0; 51    1340.0     725.0;
52  1740.0   245.0;
];
    coordinates(:,1) = [];
    amount = size(coordinates,1);        % 城市的数目
    % 通过向量化的方法计算距离矩阵
    dist_matrix = zeros(amount, amount);
    coor_x_tmp1 = coordinates(:,1) * ones(1,amount);
    coor_x_tmp2 = coor_x_tmp1';
    coor_y_tmp1 = coordinates(:,2) * ones(1,amount);
    coor_y_tmp2 = coor_y_tmp1';
    dist_matrix = sqrt((coor_x_tmp1-coor_x_tmp2).^2 + ...
(coor_y_tmp1-coor_y_tmp2).^2);

    sol_new = 1:amount;          % 产生初始解
% sol_new 是每次产生的新解; sol_current 是当前解; sol_best 是冷却中的最好解;
    E_current = inf;E_best = inf;     % E_current 是当前解对应的回路距离;
% E_new 是新解的回路距离;
% E_best 是最优解的
    sol_current = sol_new; sol_best = sol_new;
    p = 1;

    while t>=tf
        for r=1:Markov_length            % Markov 链长度
                % 产生随机扰动
```

```
if (rand < 0.5)         % 随机决定是进行两交换还是三交换
        % 两交换
        ind1 = 0; ind2 = 0;
        while (ind1 == ind2)
                ind1 = ceil(rand.*amount);
                ind2 = ceil(rand.*amount);
        end
        tmp1 = sol_new(ind1);
        sol_new(ind1) = sol_new(ind2);
        sol_new(ind2) = tmp1;
else
        % 三交换
        ind1 = 0; ind2 = 0; ind3 = 0;
        while (ind1 == ind2) || (ind1 == ind3) ...
                || (ind2 == ind3) || (abs(ind1-ind2) == 1)
                ind1 = ceil(rand.*amount);
                ind2 = ceil(rand.*amount);
                ind3 = ceil(rand.*amount);
        end
        tmp1 = ind1;tmp2 = ind2;tmp3 = ind3;
        % 确保 ind1 < ind2 < ind3
        if (ind1 < ind2) && (ind2 < ind3)
                ;
        elseif (ind1 < ind3) && (ind3 < ind2)
                ind2 = tmp3;ind3 = tmp2;
        elseif (ind2 < ind1) && (ind1 < ind3)
                ind1 = tmp2;ind2 = tmp1;
        elseif (ind2 < ind3) && (ind3 < ind1)
                ind1 = tmp2;ind2 = tmp3; ind3 = tmp1;
        elseif (ind3 < ind1) && (ind1 < ind2)
                ind1 = tmp3;ind2 = tmp1; ind3 = tmp2;
        elseif (ind3 < ind2) && (ind2 < ind1)
                ind1 = tmp3;ind2 = tmp2; ind3 = tmp1;
        end

        tmplist1 = sol_new((ind1+1):(ind2-1));
        sol_new((ind1+1):(ind1+ind3-ind2+1)) = ...
                sol_new((ind2):(ind3));
        sol_new((ind1+ind3-ind2+2):ind3) = ...
                tmplist1;
end

%检查是否满足约束

% 计算目标函数值(即内能)
E_new = 0;
for i = 1 : (amount-1)
        E_new = E_new + ...
                dist_matrix(sol_new(i),sol_new(i+1));
end
```

```
                % 再算上从最后一个城市到第一个城市的距离
                E_new = E_new + ...
                        dist_matrix(sol_new(amount),sol_new(1));

                if E_new < E_current
                        E_current = E_new;
                        sol_current = sol_new;
                        if E_new < E_best
% 把冷却过程中最好的解保存下来
                                E_best = E_new;
                                sol_best = sol_new;
                        end
                else
                        % 若新解的目标函数值小于当前解的,
                        % 则仅以一定概率接受新解
                        if rand < exp(-(E_new-E_current)./t)
                                E_current = E_new;
                                sol_current = sol_new;
                        else
                                sol_new = sol_current;
                        end
                end
        end
        t=t.*a;       %控制参数 t(温度)减少为原来的 a 倍
end

disp('最优解为：')
disp(sol_best)
disp('最短距离：')
disp(E_best)
```

多执行几次上面的脚本文件，以减少因为其中的随机数可能带来的影响，得到的最好结果如下：

```
最优解为:
 Columns 1 through 17
  17  21  42   7   2  30  23  20  50  29  16  46  44  34  35  36  39
  Columns 18 through 34
  40  37  38  48  24   5  15   6   4  25  12  28  27  26  47  13  14
  Columns 35 through 51
  52  11  51  33  43  10   9   8  41  19  45  32  49   1  22  31  18
  Column 52
  3
最短距离:
7.5444e+003
```

以上是根据模拟退火算法的原理，用 MATLAB 编写的求解 TSP 问题的一个实例。当然，MATLAB 的全局优化工具箱中本身就有遗传算法的函数 simulannealbnd，直接调用该函数求解优化问题会更方便些。

该函数的用法有以下几种：

x = simulannealbnd(fun,x0);

x = simulannealbnd(fun,x0,lb,ub) ；

x = simulannealbnd(fun,x0,lb,ub,options) ；

x = simulannealbnd(problem) ；

[x,fval] = simulannealbnd(...);

[x,fval,exitflag] = simulannealbnd(...);

[x,fval,exitflag,output] = simulannealbnd(fun,...)。

我们可以根据具体问题的需要，选择其中的一种用法，这样就可以直接调用模拟算法求解器对问题进行求解，具体用法和 ga 基本一致，这里就不再举例说明。

13.3.4 模拟退火算法的特点

模拟退火算法有以下特点：

1）高效性。与局部搜索算法相比，模拟退火算法可望在较短时间里求得更优近似解。模拟退火算法允许任意选取初始解和随机数序列，又能得出较优近似解，因此应用算法求解优化问题的前期工作量大大减少。

2）健壮性（Robust）。在可能影响模拟退火算法实验性能的诸因素中，问题规模 n 的影响最为显著；n 的增大导致搜索范围的绝对增大，会使 CPU 时间增加；而对于解空间而言，搜索范围又因 n 的增大而相对减小，将引起解质量的下降，但 SAA 的解和 CPU 时间均随 n 增大而趋于稳定，且不受初始解和随机数序列的影响。SAA 不会因问题的不同而蜕变。

3）通用性和灵活性：模拟退火算法能应用于多种优化问题，为一个问题编制的程序可以有效地用于其他问题。SAA 的解质与 CPU 时间呈反向关系，针对不同的实例以及不同的解质要求，适当调整冷却进度表的参数值可使算法执行获得最佳的“解质—时间”关系。

由于模拟退火算法的这几个特性，该算法可以广泛地应用于各种领域。但模拟退火算法也存在一些不足：

1）返回一个高质近似解的时间花费较多，当问题规模不可避免地增大时，难于承受的运行时间将使算法丧失可行性。因此，必须探求改进算法实验性能、提高算法执行效率的可行途径。目前的主要解决方法：一是选择适当的邻域结构和随机数序列以提高解质并缩减运行时间，但这需要大量试验；二是改变算法进程的各种变异方法，如有记忆的 SAA（记取算法进程中的最优近似解）、回火退火法（在解质不能改进时使控制参数值增大以跳离“陷阱”）、加温退火法（先升温后退火）等。

2）模拟退火算法（SA）的控制参数对算法性能有一定的影响，至今还没有一个适合各种问题的参数选择方法，只能依赖于问题进行确定。对于这些参数的选择还需要进一步研究，确定适合优化问题的参数选择范围。

3）模拟退火算法的应用虽然非常广泛，但它的理论还不够完善，故而阻碍了其发展，因此有必要深入其理论研究。

13.4 延伸阅读：其他智能方法

13.4.1 粒子群算法

PSO算法最早是由美国电气工程师Eberhart和社会心理学家Kennedy在1995年基于群鸟觅食提出来的[2]。群鸟觅食其实是一个最佳决策的过程（如图13-5所示），与人类决策的过程相似。Boyd和Recharson探索了人类的决策过程，并提出了个体学习和文化传递的概念。根据他们的研究成果，人们在决策过程中常常会综合两种重要的信息：第一是他们自己的经验，即他们根据以前自己的尝试和经历，已经积累了一定的经验，知道怎样的状态会比较好。第二是其他人的经验，即从周围人的行为获取知识，从中知道哪些选择是正面的，哪些选择是消极的。

图13-5 鸟类觅食场景

同样的道理，群鸟在觅食的过程中，每只鸟的初始状态处于随机位置，且飞翔的方向也是随机的。每只鸟都不知道食物在哪里，但是随着时间的推移，这些初始处于随机位置的鸟类通过群内相互学习、信息共享和个体不断积累自身寻觅食物的经验，自组织积聚成一个群落，并逐渐朝唯一的目标——食物前进。每只鸟能够通过一定经验和信息估计目前所处的位置对于能寻找到食物有多大的价值，即多大的适应值；每只鸟能够记住自己所找到的最好位置，称之为“局部最优”（Pbest）。此外，还能记住群鸟中所有个体所能找到的最好位置，称为“全局最优”（Gbest），整个鸟群的觅食中心都趋向全局最优移动，这在生物学上称之为“同步效应”。通过鸟群觅食的位置不断移动即不断迭代，可以使鸟群朝食物步步进逼[3]。

在群鸟觅食模型中，每个个体可以看成一个粒子，则鸟群可以看成一个粒子群。假设在一个D维的目标搜索空间中，有m个粒子组成一个群体，其中第i个粒子($i=1,2,3,\cdots,m$)位置表示为$X_i=(x_i^1,x_i^2,x_i^3,\cdots,x_i^D)$，即第$i$个粒子在$D$维搜索空间中的位置是$X_i$，换言之，每个粒子的位置就是一个潜在解，将$X_i$代入目标函数就可以计算出其适应值，根据适应值的大小衡量其优劣。粒子个体经历过的最好位置记为$P_i=(p_i^1,p_i^2,\cdots,p_i^D)$，整个群体所有粒子经历过的最好位置记为$P_g=(p_g^1,p_g^2,\cdots,p_g^D)$。粒子$i$的速度记为$V_i=(v_i^1,v_i^2,\cdots,v_i^D)$。

粒子群算法采用下列公式对粒子所在的位置不断更新（单位时间1）：

$$v_i^d=\omega v_i^d+c_1r_1(p_i^d-x_i^d)+c_2r_2(p_g^d-x_i^d)$$

$$x_i^d=x_i^d+\alpha v_i^d$$

其中，i=1,2,3,$\cdots$,m，d=1,2,3,$\cdots$,D，ω是非负数，称为惯性因子；加速常数c_1和c_2是非负

常数；r_1 和 r_2 是[0,1]范围内变换的随机数；α 称为约束因子，目的是控制速度的权重[4]。

此外，$v_i^d \in \left[-v_{\max}^d, v_{\max}^d\right]$，即粒子 i 的飞翔速度 V_i 被一个最大速度 $V_{\max}=(v_{\max}^1, v_{\max}^2, \cdots, v_{\max}^D)$ 所限制。如果当前时刻粒子在某维的速度 v_i^d 更新后超过该维的最大飞翔速度 $v_{\max}^d$，则当前时刻该维的速度被限制在 $v_{\max}^d$，$V_{\max}$ 为常数，可以根据不同的优化问题设定。

迭代终止条件根据具体问题设定，一般达到预订最大迭代次数或粒子群目前为止搜索到的最优位置满足目标函数的最小容许误差。

13.4.2　蚁群算法

蚁群算法的基本原理来源于自然界蚂蚁觅食的最短路径原理，根据昆虫学家的观察，发现自然界的蚂蚁虽然视觉不发达，但它可以在没有任何提示的情况下找到从食物源到巢穴的最短路径，并且能在环境发生变化（如原有路径上有了障碍物）后，自适应地搜索新的最佳路径。蚂蚁是如何做到这一点的呢？

原来，蚂蚁在寻找食物源时，能在其走过的路径上释放一种蚂蚁特有的分泌物——信息激素——也可称为信息素，使得一定范围内的其他蚂蚁能够察觉到并由此影响它们以后的行为。当一些路径上通过的蚂蚁越来越多时，其留下的信息素也越来越多，以致信息素强度增大（当然，随时间的推移会逐渐减弱），所以蚂蚁选择该路径的概率也越高，从而更增加了该路径的信息素强度，这种选择过程被称之为蚂蚁的自催化行为。由于其原理是一种正反馈机制，因此，也可将蚂蚁王国理解为所谓的增强型学习系统[1]。

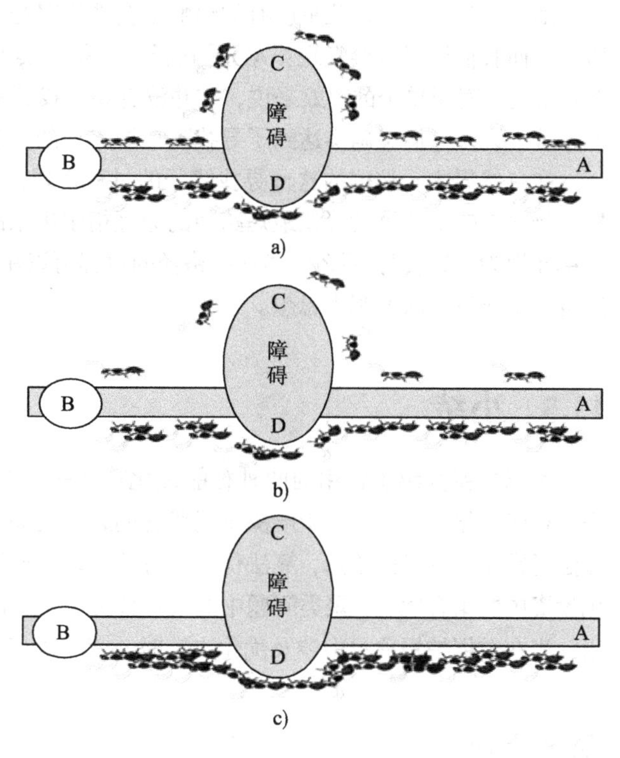

图 13-6　蚁群觅食原理

这里我们可以用一个图来说明蚂蚁觅食的最短路径选择原理，如图 13-6 所示。如图 13-6a 所示，假设 A 点是蚂蚁的巢穴，而 B 点是食物，A、B 两点间还有一个障碍物，那么此时从 A 点到 B 点的蚂蚁就必须决定应该往左还是往右走，而从 B 点到 A 点的蚂蚁也必须决定选择走哪条路径。这种决定会受到各条路径上以往蚂蚁留下的信息素浓度（即残留信息素浓度）的影响。如果往右走的路径上的信息素浓度比较大，那么右边的路径被蚂蚁选中的可能性也就大一些。但对于第一批探路的蚂蚁而言，因为没有信息素的影响或影响比较小，所以它们选择向左或者向右的可能性是一样的，正如图 13-6a 所示的那样。

随着觅食过程的进行，各条道路上信息素的强度开始出现变化，有的线路强，有的线路弱。现以从A点到B点的蚂蚁为例进行说明（对于从B点到A点的蚂蚁而言，过程也基本是一样的）随后过程的变化。由于路径ADB比路径ACB要短，因此选择ADB路径的第一只蚂蚁要比选择ACB路径的第一只蚂蚁早到达B点。此时，从B点向A点看，路径BDA上的信息素浓度要比路径BCA上的信息素浓度大。因此从下一时刻开始，从B点到A点的蚂蚁，它们选择BDA路径的可能性要比选择BCA路径的可能性就大些，从而使BDA路线上的信息素进一步增强，于是依赖信息素强度选择路径的蚂蚁逐渐偏向于选择路径ADB，如图13-6b所示。

随着时间的推移，几乎所有的蚂蚁都会选择路径ADB（或BDA）搬运食物，如图13-6c所示，而我们同时也会发现：ADB路径也正是事实上的最短路径。这种蚁群寻径的原理可简单理解为：对于单个的蚂蚁来说，它并没有要寻找到最短路径的主观上的故意；但对于整个蚁群系统来说，它们又确实达到了寻找到最短路径的客观上的效果。

在自然界中，蚁群的这种寻找路径的过程表现为一种正反馈的过程，"蚁群算法"就是模拟生物学上蚂蚁群觅食寻找最短路径的原理衍生出来的。例如，我们把只具备了简单功能的工作单元视为"蚂蚁"，那么上述寻找路径的过程可以用于解释蚁群算法中人工蚁群的寻优过程，这也就是蚁群算法的基本思想。

13.5 小结

本章主要介绍了常用的两种智能优化算法——遗传算法和模拟退火算法的原理、实现过程。智能优化算法主要用于解决全局优化问题，比如组合优化。在数据挖掘项目中，智能优化算法通常用于变量的筛选，算法优化。另外一些数据挖掘项目本身就会涉及优化问题，比如量化投资中的组合优化，聚类问题中的最佳聚类类别。这些优化方法在数据挖掘中主要起辅助作用，当在数据挖掘项目中涉及优化决策时，就可以考虑启用这些方法。

参考文献

[1] 王薇, 曾光明, 何理. 用模拟退火算法估计水质模型参数[J]. 水利学报, 2004，11(6)：61-67.
[2] 卢开澄. 组合数学——算法与分析[M]. 北京：清华大学出版社, 1983.
[3] 高尚. 模拟退火算法中的退火策略研究[J]. 航空计算技术, 第32卷第4期, 2002.
[4] 王向红. 模拟退火算法在营养配餐优选系统中的研究与应用[D]. 中国优秀硕士学位论文全文数据库, 2011.
[5] 庞峰. 模拟退火算法的原理及算法在优化问题上的应用[D]. 中国优秀硕士学位论文全文数据库, 2006.
[6] 蒋龙聪, 刘江. 模拟退火算法及其改进[J]. 工程地球物理学报, 第4卷第2期, 2007.

第三篇

项 目 篇

- 第 14 章　数据挖掘在银行信用评分中的应用
- 第 15 章　数据挖掘在量化选股中的应用
- 第 16 章　数据挖掘在工业故障诊断中的应用
- 第 17 章　数据挖掘技术在矿业工程中的应用
- 第 18 章　数据挖掘技术在生命科学中的应用
- 第 19 章　数据挖掘在社会科学研究中的应用

经过基础篇和技术篇的学习，读者对数据挖掘常用的概念和技术已基本掌握。本篇将介绍数据挖掘在几个典型行业的项目案例，这样一方面可以加深对数据挖掘技术的掌握，另一方面更可以全面感受数据挖掘项目的实施过程，增加项目经验，拓展数据挖掘技术应用的视野。

本篇将介绍的项目来自银行、证券、机械、矿业、生命科学和社会科学等行业和学科，已基本覆盖数据挖掘技术应用的主流行业，通过这些项目的研学读者也可以了解各行业数据挖掘技术的应用领域和应用情况，培养对行业的敏感度。

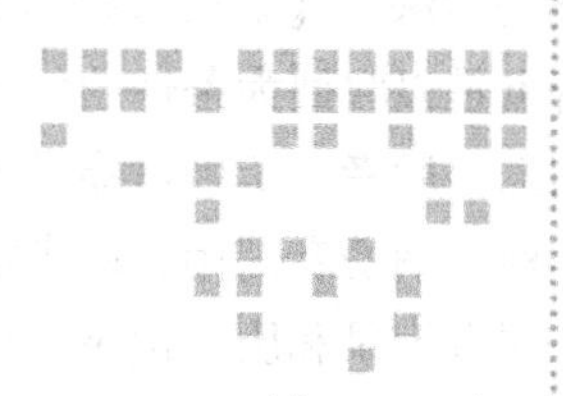

第 14 章 Chapter 14

数据挖掘在银行信用评分中的应用

数据挖掘在银行业的重要应用之一是风险管理，如信用评分。信用评分的目的是通过构建信用评分模型，评估贷款人或信用卡申请人的风险等级，从而为银行放贷、信用审批等业务提供决策支持。巴三（巴塞尔协议的第三版）出来后，银行业更是加强了风险管理。巴三着眼于通过设定关于资本充足率、压力测试、市场流动性风险考量等方面的标准，从而应对在 2008 年前后的次贷危机中显现出来的金融体系的监管不足。同时，由于银行业的数据源在所有行业中也处于领先位置，具有完善丰富的数据库。所以在这样的背景下，依据数据挖掘方法实现银行客户信用评分，降低银行风险，对银行业来说就是一件可行而又有意义的事情。

本章将介绍如何应用数据挖掘技术，对银行的个人客户进行信用评分，同时也会简要介绍中小企业的信用评级。

14.1 什么是信用评分

14.1.1 信用评分的概念

要理解个人信用评分就要理解和其相关的几个基本概念，分别为信用、个人信用和个人信用评分。

信用是长时间积累的信任和诚信度。它有多方面的解释，在不同的地方有不同的含义。《牛津法律大辞典》的解释是："信用（Credit），指在得到或提供货物或服务后并不立即而是允诺在将来付给报酬的做法。”《货币银行学》对信用的解释是：“信用这个范畴是指借贷行为。这种经济行为的特点是以收回为条件的付出，或以归还为义务的取得；而且贷者之所以贷出，是因为有权取得利息，后者之所以可能借入，是因为承担了支付利息的义务。”

个人信用也称为消费者信用，是建立在信用基础上的涉及个人的信用总和，是指社会或银行根据某一公民现有记录和历史记录，预测其将来的还款能力和还款意愿，根据预测结果给予相应的信赖和评价，使该公民在经济活动中可以不用立即付款就可以得到资金、商品和服务等。个人信用是整个社会信用的基础。市场主体是由个体组成的，市场交易中所有的经济活动与个人信用息息相关。一旦个人行为失之约束，就会发生个人失信行为，进而出现集体失信。因此，个人信用体系建设具有极其重要的意义。个人信用不仅是一个国家市场伦理和道德文化建设的基础，更是一个国家经济发展的巨大资源。开拓并利用这种资源，能有效推动消费，优化资源配置，促进经济发展。市场经济越发展，个人信用所发挥的功能越重要，个人信用体系的完善与否已成为市场经济是否成熟的显著标志之一。

个人信用评分是一种统计或定量方法，用于预测贷款申请者或现存借款人将来发生违约或拖欠的概率。简单的说，就是将贷款客户区分为“好”客户和“坏”客户。个人信用评分的目的是帮助信用提供者量化和管理包含在提供信用中的金融风险，以便于他们能够更好地而且更为客观地做出借贷决策。个人信用评分可归纳为：银行或其他金融机构利用所获得的关于被评估个人的信息，进行风险预测的一种方法和技术，它是把数学和统计模式用于个人信贷发放决策，对个人履行各种承诺的能力和信誉程度进行全面评价，确定信用等级的一种方法。通常，它通过对个人经济还款能力的综合评判和以往信用记录的量化分析，来预测未来有关信用事件发生的可能性。

得到信用评分后，在实践中，为了方便对客户进行分类，有时还会根据客户的信用得分对客户进行分级，即所谓的信用评级。参照国际惯例，一般将授信对象的信用等级划分为 AAA、AA、A、BBB、BB、B、CCC、CC、C 共 9 个等级。当然，各家银行或机构的划分标准也会有所不同，表 14-1 即为一种信用得分与信用等级转化的方法。

表 14-1 信用等级和信用度的关系表

评级得分	信用等级	信用度	说明
90~100	AAA	特优	客户信用很好，整体业务稳固发展，经营状况和财务状况良好，资产负债结构合理，经营过程中现金流量较为充足，偿债能力强，授信风险较小
85~89	AA	优	
80~84	A	良	
70~79	BBB	较好	客户信用较好，现金周转和资产负债状况可为债务偿还提供保证，授信有一定风险，需落实有效的担保规避授信风险
65~69	BB	尚可	
60~64	B	一般	
50~59	CCC	较差	客户信用较差，整体经营状况和财务状况不佳，授信风险较大，应采取措施改善债务人的偿债能力和偿还意愿，以确保银行债权的安全
45~49	CC	差	
40~44	C	很差	

14.1.2　信用评分的意义

个人消费信贷的蓬勃发展以及消费信贷业务风险与回报相对应的客观规律，使商业银行等授信机构在追逐巨额利润的同时，不得不面对巨大的潜在不良贷款风险，从而信用风险管理逐渐成为商业银行个人消费信贷管理的一个核心领域。商业银行需要客观、全面、准确地评估消费者的还款能力和还款意愿，以避免、控制、减少坏账损失。信用评分模型技术的发展和应用，就是应个人消费信贷金融机构风险管理的需要而诞生的，然后才逐步应用到市场营销管理、收益管理等领域。

因而，研究信用风险的特点，借鉴国外先进经验，建立符合我国国情的量度信用风险的信用风险评估体系，客观、全面、准确地评估消费者的还款能力和还款意愿，识别信贷申请人的个人信用风险，是银行定量地对各项业务实施有效的风险管理的措施，也是提高经营水平的最基本的要求；对于完善我国商业银行的信用风险管理手段，促进个人信贷的快速增长以及推动我国征信体系的全面建设具有重要的现实意义和理论价值。

在现代社会的信用经济下，个人信用不仅仅是获得财富的间接保证，有时更是创造财富的直接源泉。客观的个人信用评估在市场经济的发展过程中起到非常重要的作用。从国家的角度来说，客观的个人信用评估有利于发展消费信贷、扩大内需；从金融机构的角度来说，客观的信用评估有利于改善银行的资产结构，降低金融风险；从投资方的角度来说，客观的信用评估，有利于扩大投资规模，为个人创业提供机会；从消费者的角度来说，客观的个人信用评估可以提高我们的生活质量，同时个人信用评估也降低了整个社会的信息搜集成本。因此个人信用评估作为市场经济社会监督力量的主力军，其对经济的影响是不言而喻的。市场经济从某种意义上讲就是信用经济。开展个人信用评估具有重要的理论价值和实际意义。

14.1.3　个人信用评分的影响因素

个人信用评分体系是根据收集到的客户过去的和现在的信用相关资料来预测客户未来的还款能力或还款意愿的一种模型。它与很多因素有关，不同的资信机构有不同的指标体系，一般这些指标主要针对客户和债项进行，同时指标可以逐级进行分解，从而使指标越来越清晰，也更具有可执行性，这些指标与评分对象的拓扑结构如图 14-1 所示。

依据图 14-1 提供的方法论，各行根据自己的偏好和具体情况，就可以建立自己的指标体系。当然现在使用的指标体系很多，但对个人信用评分来说，主要还是包含五大类指标，即个人基本情况、个人工作情况、个人经济情况、与金融机构关系情况以及历史信用记录。各大类的具体指标含义如下：

1）个人基本情况：考察个人基本情况的指标包括年龄、现址居住年限、文化程度、婚姻状况、健康状况等。

2）个人工作情况：考察个人工作情况的指标包括职业或单位、职位或职称、现岗位工作年限、单位和行业发展现状及前景等。

3）个人经济情况：个人经济情况指标是对个人信用水平影响最大的指标。个人经济情况指标包括个人月平均收入、配偶月平均收入、债务收入比、不动产情况、金融资产情况等。

4）与金融机构关系情况：与金融机构关系情况指标包括信用卡使用情况、银行账户情况和对银行业务贡献等。

5）历史信用记录：历史信用记录指标包括个人贷款或信用卡记录年限、个人贷款违约及信用卡恶意透支情况、公安、司法不良记录以及其他不良信用记录等。

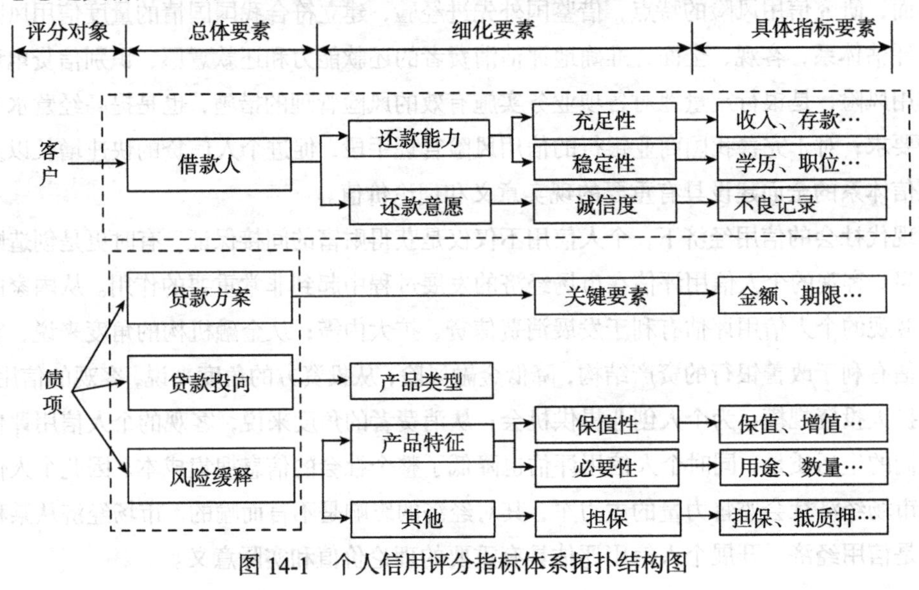

图 14-1 个人信用评分指标体系拓扑结构图

14.1.4 信用评分的方法

个人信用评分虽然在国内刚刚起步，但是在国外已经发展了很长时间，在发达国家已经形成了很多实用的评分方法。这些方法总的来说，分成两大类（如图 14-2 所示）：

一是依据专家经验形成的专家打分卡，也称为评分卡，该方法相对传统，特点是容易理解，可操作性强，适应范围广，缺点是人为的参与度较大，具有一定的主观性，效率低。

二是数据挖掘方法，即利用大量的历史数据，训练评分模型，再利用模型进行自动化评分。该方法的特点是基于数据，效率高，比较适合于数据基础好、客户多的银行或机构。基于数据挖掘的方法中，由于

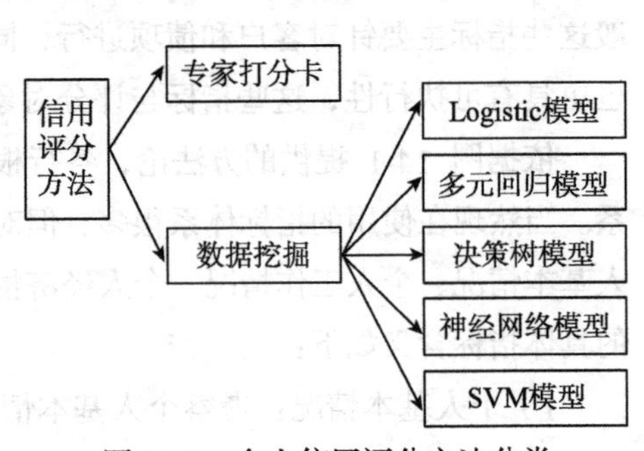

图 14-2 个人信用评分方法分类

数据特征和需求不同，采用的模型也会有所不同，常用的模型有 Logistic、多元回归、决策树、神经网络、SVM 等模型，但最常用的是 Logistic 模型。

14.2　DM 法信用评分实施过程

本节将以某银行对某类个人客户用数据挖掘方法（DM 法）进行信用评分的案例来介绍 DM 法信用评分的实施过程。

14.2.1　数据的准备

根据该行对这类客户的评分指标体系，从个人信贷数据仓库中选择了 20 个变量，经对这些变量进行数据质量分析后，最后选择了 11 个变量，如表 14-2 所示。

表 14-2　个人评分因子表

序号	指标	变量	变量类型
1	年龄	age	分类变量
2	婚姻	marital	分类变量
3	收入	income	分类变量
4	住房	house	分类变量
5	从业行业	field	分类变量
6	资产	property	分类变量
7	债务	debt	分类变量
8	工作	job	分类变量
9	信用	credit	分类变量
10	社会关系	relation	分类变量
11	好坏人	class	分类变量

为方便描述，从所得的数据宽表中，随机抽样 500 条记录作为示例数据，这样就得到了本案例的原始数据。

为了便于用 MATLAB 进行数据处理和实施随后的数据挖掘过程，需要先将数据读取到 MATLAB 中，代码如下：

```
clc, clear all, close all
temp0= xlsread('customer_data_V3.xlsx','Sheet1','B2:L541');
X0=temp0(:,1:10);
Y0=temp0(:,11);
```

14.2.2　数据预处理

由于各指标的权重不同，为了能更客观地反映各变量对评分结果的影响，这里对指标变量进行了归一化处理，代码如下：

```
[srn1, scn1]=size(X0);
X1=zeros(srn1, scn1);
for i=1:scn1
    for j=1:srn1
  X1(j,i)=(X0(j,i)-min(X0(:,i)))/(max(X0(:,i))-min(X0(:,i)));
End
End
nor_result=[X1,Y0];
xlswrite('customer_data_V4.xlsx', nor_result, 'sheet1',['B2:L'num2str(srn1+
1)]);
```

14.2.3 Logistic 模型

由于好坏人是个二分类问题，Logistic 模型就比较合适，所以先用此模型的形式训练分类模型，并对分类结果进行评估，代码如下：

```
n=size(Y0,1);
for i=1:n
    if Y0(i)==0
        Y1(i,1)=0.25;
Else
        Y1(i,1)=0.75;
End
End
XC=ones(size(X1,1),1); % 构建常数项系数
X=[XC, X1];
Y=log(Y1./(1-Y1));
b=regress(Y,X)
% 计算结果
vn=size(b,1);
for i=1:n
    LR0=b(1)+sum(X1(i,:).*b(2:vn,1)');
    LR1=exp(LR0)/(1+exp(LR0));
    if LR1<=0.5
       LR(i,1)=0;
Else
       LR(i,1)=1;
End
End
%  评估结果
tt=0; tw=0; ft=0; fw=0;
for i=1:n
    if Y0(i,1)==1
        if LR(i,1)==1
            tt=tt+1;
        else
            tw=tw+1;
        end
    else
       if LR(i,1)==0
            ft=ft+1;
        else
            fw=fw+1;
        end
    end
end
 ER=[tt, tw; fw, ft]
C_LR = confusionmat(Y0,LR)
```

运行结果如下：

```
b =
   -4.5479
    0.3085
    0.6287
    0.0964
    0.2327
    0.4067
    1.9793
    1.0384
    0.4831
    0.9446
    0.5917
ER =
   195    44
    33   228
C_LR =
   195    44
    33   228
```

Logistic 模型的正确率：

```
ans =
    0.8460
```

上面得到的是 Logistic 模型中，各变量的系数、模型的分类评判矩阵和正确率。

14.2.4　神经网络模型

```
p_net=X1';
t_net=Y0';

%BP 网络训练
net = feedforwardnet(20);
net=train(net,p_net,t_net);

%模型的应用
NR0 = sim(net,p_net);
for j=1:n
    if NR0(j)>=0.5
        NR(j,1)=1;
Else
        NR(j,1)=0;
End
End
C_NR = confusionmat(Y0,NR)
```

运行结果为：

```
C_NR =
   202    37
    44   217
```

神经网络模型的正确率：

```
ans =
    0.8380
```

此节得到的是神经网络模型的分类评判矩阵及正确率。从正确率上看，两个模型的正确率差异不大，但 Logistic 模型具有解析式，容易理解，所以业界一般选择该模型来进行对客户的信用评分。

14.3 AHP 信用评分方法

14.3.1 AHP 法简介

层次分析法（Analytic Hierarchy Process，AHP）是美国运筹学家萨蒂（T. L. Saaty）等人于 20 世纪 70 年代初提出的一种决策方法，它是将半定性、半定量问题转化为定量问题的有效途径，它将各种因素层次化，并逐层比较多种关联因素，为分析和预测事物的发展提供可比较的定量依据，它特别适用于那些难于完全用定量进行分析的复杂问题。因此在资源分配、选优排序、政策分析、冲突求解以及决策预报等领域得到了广泛的应用。

AHP 的本质是根据人们对事物的认知特征，将感性认识进行定量化的过程。人们在分析多个因素时，大脑很难同时梳理那么多的信息，而层次分析法的优势就是通过对因素归纳、分层，并逐层分析和量化事物，以达到对复杂事物的更准确认识，从而帮助决策。

14.3.2 AHP 法信用评分实例

AHP 法在信用评分中，主要的作用是根据专家打分情况计算各指标的权重。

由于 AHP 法的理论基础，很多书中都已经进行了详细的描述，这里我们重点关注如何用 MATLAB 来实现层次分析法的过程。而在层次分析法中，需要 MATLAB 的地方主要就是将评判矩阵转化为因素的权重矩阵。为此，我们这里只介绍如何用 MATLAB 来实现这一转化。

将评判矩阵转化为权重矩阵，通常的做法就是求解矩阵最大特征根和对应特征向量。如果不用软件来求解，可以采用一些简单的近似方法来求解，比如“和法”、“根法”、“幂法”，但这些简单的方法依然很繁琐。所以建模竞赛中依然建议采用软件来实现。如果用 MATLAB 来求解，我们就不用担心具体的计算过程，因为 MATLAB 可以很方便、准确地求解出矩阵的特征值和特征根。但需要注意的是，在将评判矩阵转化为权重向量的过程中，一般需要先判断评判矩阵的一致性，因为通过一致性检验的矩阵，得到的权重才更可靠。

下面就以一个实例来说明如何应用 MATLAB 来求解权重矩阵，具体程序如 P14-1 所示。

程序编号	P14-1	文件名称	AHP.m	说明	AHP 法 MATLAB 程序

```
%% AHP 法权重计算 MATLAB 程序
%% 数据读入
clc
clear all
A=[1 2 6; 1/2 1 4; 1/6 1/4 1];% 评判矩阵
%% 一致性检验和权向量计算
[n,n]=size(A);
[v,d]=eig(A);
r=d(1,1);
CI=(r-n)/(n-1);
RI=[0 0 0.58 0.90 1.12 1.24 1.32 1.41 1.45 1.49 1.52 1.54 1.56 1.58 1.59];
CR=CI/RI(n);
if  CR<0.10
    CR_Result='通过';
   else
    CR_Result='不通过';
end

%% 权向量计算
w=v(:,1)/sum(v(:,1));
w=w';

%% 结果输出
disp('该判断矩阵权向量计算报告：');
disp(['一致性指标:' num2str(CI)]);
disp(['一致性比例:' num2str(CR)]);
disp(['一致性检验结果:' CR_Result]);
disp(['特征值:' num2str(r)]);
disp(['权向量:' num2str(w)]);
```

运行该程序，可得到以下结果：

```
该判断矩阵权向量计算报告:
一致性指标:0.0046014
一致性比例:0.0079334
一致性检验结果:通过
特征值:3.0092
权向量:0.58763     0.32339     0.088983
```

当确定权重后，就可以逐级将总分分配给各个指标，再对各指标的得分档进行设计，就可以得到专家打分卡或称为信用评分卡。

14.4　延伸阅读：企业信用评级

所谓信用评级，是指由专门从事信用评估的独立的部门或者机构，运用科学的指标体系、定量分析和定性分析相结合的方法，通过对企业、债券发行者、金融机构等市场参与主体的信用记录、企业素质、经营水平、外部环境、财务状况、发展前景以及可能出现的各种风险等进行客观、科学、公正的分析研究之后，就其信用能力（主要是偿还债务的能力及其可偿债程度）所做的综合评价，并用特定的等级符号标定其信用等级的一种制度。穆迪公司 1994 年在《全球信用分析》一书中指出："评级之目的，在于设定一种指标，预测债券发行人未付、迟付或欠付而可能遭至的信用损失。所谓信用损失，一般系指投资人实际收到与发行人约定给付发生金钱短少或延期。"按照美国《银行和金融大百科全书》的定义，信用评级是以一套相关指标体系为考量基础，标示出个人和经济体偿付其债务的能力（偿付历史记录）和意愿的值。

信用评级有广义与狭义之分，狭义的是指对企业的偿债能力、履约状况、守信程度的评价，广义上则指各类市场的参与者（企业、金融机构和社会组织）及各类金融工具的发行主体履行各类经济承诺的能力及可信任程度。国际上企业征信服务起源于 19 世纪初。当时，世界上的主要资本主义国家的市场秩序非常混乱，面临着信用状况恶劣的市场交易环境和企业注册不规范等一系列问题。当时，通信技术落后，没有有效的企业资信信息传播渠道，许多大型企业却有了解交易对方企业基本情况的强烈需求。因此，企业征信服务应运而生，应该说企业征信服务是信用管理业务的第一个品种。

14.5 小结

本章通过一个案例介绍了如何应用数据挖掘技术来对银行的客户进行评分或评级。通过该案例我们可以感知数据挖掘对银行业务的重要性，同时，通过该案例，我们对数据挖掘在商业上的应用也会有些新的认识。对于数据挖掘项目来说，最关键的其实不只是算法，还有很多环节，如业务理解、数据的建模与准备等。在商业项目中，数据挖掘算法所占比例是很小的。对业务知识的了解，在数据挖掘中是很重要的工作。数据挖掘商业项目的要求比较高，真正想要做好并不容易。想要做好商业数据挖掘，就必须要求对业务的了解相当深入。数据挖掘要求项目团队对业务深入了解，同时也要求项目团队具有丰富的数据挖掘的应用经验，有些项目对数据挖掘的技术和方法的要求也很高。只有这样具备诸多条件，才能做好数据挖掘商业项目。

第 15 章 Chapter 15

数据挖掘在量化选股中的应用

股票预测是指以准确的调查统计资料和股市信息为依据，从股票市场的历史、现状和规律性出发，运用科学的方法，对个股或大盘的未来走势做出预测。在金融系统的预测研究中，股票预测是一个非常热门的课题。这是因为股票市场具有高收益与高风险并存的特性，随着股市的发展，人们不断在探索其内在规律，对于股市规律的认识逐步加深，产生各种各样的股市预测方法。但是，股票市场作为一种影响因素众多、各种不确定性共同作用的复杂的巨系统，其价格波动往往表现出较强的非线性的特征。本章将介绍以股票的日交易数据为基础，利用数据挖掘技术对股票进行预测，并由此形成了股票程序化交易的技术框架。

15.1 什么是量化选股

15.1.1 量化选股定义

量化选股，简言之就是所有通过计算机软件程序进行自动下单的交易。

统计显示，量化选股在纽交所交易量中占比已经超过 30%，利用计算机程序以及一些数量化指标进行短线交易在国外已经大行其道。量化选股不仅仅适用于股票交易领域，在固定收益产品、外汇、期货、期权等对冲基金偏好投资的领域，量化选股有着更广泛的用途。长期资本管理公司（LTCM）和文艺复兴基金是大家熟知的利用模型进行交易的典范，除此以外，还有更多的中小型对冲基金在衍生品领域进行量化选股。

量化选股之所以占据着重要的地位，因为它具有自己的优点：

1）计算机能够持续稳定、精确严格地按原则工作，能够大规模地进行数据处理，而人灵活有余、原则不足且不能长时间地机械操作。

2）贪婪、恐惧等是人的天性，犯了错误也不愿意纠正，而计算机会按照既定的规则去处理错误信号发出的指令和生成的持仓。

3）市场有着无可比拟的高效率和丰富的市场机会（短线、中线、长线甚至 T+0），由于对行业和品种认识的局限性，自然人不能精通每一个品种，而每个品种都有活跃期和萎靡期，只有选择在活跃期跟踪交易这个品种，我们才能取得良好收益，有了捕捉市场趋势的程序就能很好地解决这一问题。

当然量化选股也有自己的缺点：

1）大部分量化选股系统都是为了追随趋势而编写的，比较注重技术分析，但技术分析一般是滞后于价格变化的，这样就会导致在区间震荡行情中如果进行频繁交易则就可能会出现连续亏损的现象。

2）难以确定头寸规模的大小。

随着技术的不断提升和经验的不断积累，这些缺点也在逐渐被改进，所以总的来说，程序化交易在现代交易中具有非常显著的优势。

15.1.2 量化选股实现过程

（1）交易模型的建立

交易模型的建立和测评是分不开的，交易模型的建立需要通过无数次的测评来修正。一个交易模型的建立过程大概分以下几个步骤：

1）交易策略的量化：任何一个交易策略，如果你无法量化，那么你最终无法将其改编为交易模型。因为计算机只知道 1 和 0，无法量化的东西，例如所谓的盘感，很难编写为交易模型。需要量化的内容包括交易的品种、交易的分析周期、具体的进出场策略、配套的风险和资金管理手段等。

2）交易策略的图形化：把你的交易策略图形化，其实就是在自编技术指标。我们知道的经典技术指标，包括均线 MA、MACD、KDJ 等。所有的这些技术指标都是将一堆不直观的数字，通过图形来直观的表达。同样地，可以将我们的交易策略通过自编技术指标来表达。例如，可以把 K 线变红变绿的标准修改为做多或做空条件，而不是传统意义上的收盘价和开盘价的大小关系。

3）交易策略的程序化：有了图形化的自编技术指标，虽然也可以帮助你判断交易方向，但是你往往还是控制不住你那双正在交易的手，于是本来该做多的地方你做空了，造成了一连串不必要的损失。所以图形化之后，你还需要将你的交易策略程序化，即满足条件直接帮你自动交易。除非你把交易模型关掉，否则电脑将一丝不苟地将你的交易策略严格贯彻。

（2）交易模型的测评

交易模型的测评是建立在统计学基础上的。因为交易模型建立好后需要在历史行情上进行测试，我们知道测试的样本量越大，测试结果的可信度才能越高。当然历史不只是简单的重复，程序是否可行还要通过行情来检验，并且还应该根据你的交易经验和实时的行情状况对交易模型不断进行修正和微调，因为市场总在变，十年前电子化交易尚未普及，人们还在手绘 K 线图，当时的交易主体是哪些人呢？他们现在还活跃在这个市场中吗？现在电子化交易正在迅速普及，现在的交易主体又是谁呢？很显然交易主体变了，市场也变了，谁知道再过十年交易主体又会是谁呢？要想一招鲜，吃遍天。你的财富梦想只能被这个不断变化的市场无情的击碎。任何一个模型只有经过充分测试可行后才能用于实战，仅仅经过短期行情测试的高收益是经不起时间检验的，测试一定要多品种进行，同时好的系统在 70%的品种上应该都是有效的，否则，就应该重新进行交易策略的设计。

好的交易模型都有很强的实用性，但不一定很复杂。交易模型建立初期您可以从经典的技术指标开始尝试编写，选择合适自己交易性格的，千万不要所有指标一起上，顾此失彼，效果反而不好。

对交易模型的测评，通常用以下几个指标：

①胜率

这就好比你去买彩票，彩票的大奖是 1 万元，获奖率可能只有 30%。彩票卖 1000 元一张。你会不会去买？如果你有 1 万元，那么这个游戏你肯定愿意去参加。可是如果你只用 1000 元呢？所以单纯地追求高胜率是没有意义的，量化选股主要是以大的盈利来弥补若干小的亏损并获得盈利，要知道，每一次亏损其实就是获取盈利的成本。所以不要去追求过高的胜率。首先，你必须保证有足够的“本金”去参与这场游戏，否则胜率就算是 80%，你也不一定可以参加。往往盈利的交易系统胜率并不见得超过 40%，确保你有足够的钱和稳定盈利才是最重要的。

②盈亏比

就是你平均每笔盈利和亏损之比。高胜率的模型不一定挣钱，低胜率的模型也不一定赔钱。测试报告里面的胜率只是你的名义胜率，实际胜率=名义胜率×盈亏比。它才是你衡量交易模型好坏的真正标准。

③连续亏损次数和最大资金回撤比例

连续的亏损让人心碎，试想你明明知道这个交易策略一定会挣钱，可是它已让你连续亏损了 10 次，你的资金也从峰值回落了 40%，你还能坐得住吗？所以不要选择不适合你交易性格的模型，即使它 100%能赚钱。

④最终收益率

并不是收益率越高，交易模型就越好，往往是极端行情造就了极端收益。暴利可能会引发暴亏，这种系统不一定有实用价值，你需要综合考量它。做交易就和做人一样。有多少暴发户有个很好的收场？好的交易系统靠的并不是暴利，而是持续稳定的盈利。

（3）交易模型的执行

心态是做好交易更高层次的要求，我们使用量化选股也是为了克服心态的起伏和人性的弱点对于最终交易结果的不良影响。有好的交易程序就一定能盈利吗？很多人往往对此有误解，为什么？交易模型确实可以辅助我们克服心魔，但是它只是一个工具，是你在使用它，一段时间交易模型表现不好你完全有可能把它停掉，又开始自己胡做了。究其原因还是对自己的交易模型没有信心，总是患得患失，终日被贪婪和恐惧缠绕着，最终在胜利到来前做出错误的决定，从而功亏一篑。我们必须和我们的模型成为朋友，可以随时和它对话，信任它。当我们经过无数次测试和修改后最终所确定的交易模型是实用并且有效的，就要严格执行它，而不要受交易模型所带来的收益的一时好坏所迷惑，相信程序，远离市场。如果有条件最好将模型的设计和建立与最终下单交易的工作分开，由不同的人分工合作，共同完成整个交易。

模型设置好以后不要今天修改交易品种，明天修改分析周期。量化选股是个系统的过程，要经过一段时间才能有效果，所谓欲速则不达。

15.1.3 量化选股的分类

量化选股包含趋势交易、套利交易、算法交易和高频交易，如图 15-1 所示。

趋势交易是交易的基础，简言之就是依据价格的变化方向而进行的交易。

套利交易（Arbitrage），主要指无风险套利，或者风险极其微小的套利交易。

算法交易在交易中的作用主要体现在交易的执行方面，具体包括智能路由、降低冲击成本、提高执行效率、减少人力成本和增加投资组合收益等方面。最基本的交易算法，旨在进行买卖时，根据历史交易量而进行选择交易，以尽量降低该交易对市场的冲击。

图 15-1 量化选股分类示意图

高频交易（High-Frequency Trading，HFT），指通过极高速的超级电脑，在极短时间内进行大量交易指令，即可抢先于一般投资者下单，也可以在下单后不到一秒的时间便撤销交易指令，从而试探市场反应或扰乱市场资讯。

15.2 数据的处理及探索

15.2.1 获取股票日交易数据

为了能实现股票的预测，最基本的也是不可或缺的条件是有每一支股票每日交易的日线数据，即包括日期、开盘价、最高价、最低价、收盘价、成交量这六个基本变量。当然获取股票日线数据的方法很多，由于我们所有的程序都是在 MATLAB 中实现的，所以这里依然通过 MATLAB 来实现获取交易数据。在第 4 章中，已经介绍了如何由 MATLAB 来实现从公共数据平台获取股票交易数据的方法，所以这里就不再赘述整个过程，只介绍一个关键函数的用法。

这个关键函数就是 fetch，其用法为：

data = fetch(Connect, 'Security', 'FromDate', 'ToDate')

其中：

Data 表示返回的数据矩阵，包括日期、开盘价、最高价、最低价、收盘价、成交量；

Connect 表示从哪里获取数据，这里是从 yahoo 财经获取股票数据，所以将 Connect 设置为 yahoo；

Security 表示获取哪一支股票的数据，这里将 Security 设置为需要获取数据的股票的代码，如果是上证市场的股票，在股票代码后面加“.ss”，如果是深证市场的股票，在股票代码后面加“.sz”，比如想获取上证市场浦发银行的股票日交易数据，可将 Security 设置为 600000.ss；深证市场万科 A 的股票日交易数据，可将 Security 设置为 000000.sz；

FromDate 和 ToDate 表示想要获取股票日线哪两个时间区域的数据。

比如要想获取浦发银行 2012 年 1 月 1 日到 2012 年 12 月 31 日的日交易数据，在 MATLAB 中执行下面两条语句即可。

```
%连接 yahoo 财经
connect=yahoo;
%获取相应股票代码的日交易数据
price=fetch(connect,'600000.ss', '1/1/12', '12/31/12');
```

执行完这两条语句后，打开工作空间中的 price 变量，就是浦发银行 2012 年 1 月 1 日到 2012 年 12 月 31 日的日交易数据，如图 15-2 所示，共 261 条记录。下面对 price 矩阵中的数据进行简单的介绍：第一列是时间，MATLAB 中使用的是时间戳，可以使用 MATLAB 自带的时间函数进行转化。从上到下时间越来越小，即第一行是 2012 年 12 月 31 日的日交易数据，而最后一行是 2012 年 1 月 1 日的日交易数据。第二列到第六列的数据分别是日交易的开盘价、最高价、最低价、收盘价、成交量，第七列是收盘价的向前复权价。

price

261x7 double

	1	2	3	4	5	6	7
1	735234	9.6400	9.9600	9.6300	9.9200	198451...	8.8700
2	735231	9.3700	9.6400	9.3700	9.5900	119599...	8.5700
3	735230	9.4600	9.6400	9.3200	9.3900	127847...	8.4000
4	735229	9.4600	9.4900	9.3700	9.4600	96013000	8.4600
5	735228	9.0700	9.5600	9.0400	9.4500	234226...	8.4500
6	735227	8.9400	9.2600	8.9400	9.0900	134642...	8.1300
7	735224	9.0600	9.1100	8.8800	8.9700	130820...	8.0200
8	735223	8.9900	9.0700	8.8800	9.0600	149750...	8.1000
9	735222	9.1100	9.1600	8.9800	9.0500	176670...	8.0900
10	735221	9.0100	9.2900	8.9700	9.1400	234880...	8.1700

图 15-2　浦发银行日线交易数据

利用该函数，就可以编写程序获取股票交易数据，具体程序如 P15-1 所示。需要说明的是，该程序只取了深市编号为 1~1000 的股票数据，当然这其中并不是每个编号都对应一支真实的股票，所以实际上并没有 1000 支股票，但从数据量的角度，基本能满足数据挖掘的需要。

程序编号	P15-1	文件名称	PT_step1_GetData.m	说明	读取股票交易数据

```
%% step1: 采集深圳主板股票交易数据
%% 环境准备及变量定义
clc, clear all, close all
% 参数定义
connect=yahoo;
stattime='1/1/11';    % 时间起点
closetime='12/31/13';   %  时间终点
%% 获取股票数据
for i=1:1000   % 目标股票编号
  % 定义深圳主板股票代码
    if  i<2725
    k1='00000';     k2='0000';       k3='000';      k4='00';
    d=num2str(i);
    if i<10
        kk=[k1,d];
    elseif (10<=i)&&(i<100)
        kk=[k2,d];
    elseif (100<=i)&&(i<1000)
        kk=[k3,d];
    elseif (1000<=i)&&(i<10000)
        kk=[k4,d];
    end
    tail='.sz';
    whole=[kk,tail];
    end
 %判断是否存在该股票(最后一次交易价格为 0)
    test=fetch(connect,whole);
    if (test.Last == 0)
       continue;
    end
 % 获得股票交易数据
 price=fetch(connect,whole,stattime,closetime);

 %将数据保存到本地的 Excel
  [p_r, p_c]=size(price);
  if p_r==0
     continue
  end
 price_data(:,1:6)=price(:,2:7);
 name_h='sz';
 name_t=kk;
 table_name=strcat(name_h, name_t);
 [p_r, p_c]=size(price);
 for ii=1:p_r
        price_date(ii,1)={datestr(price(ii,1),'yyyymmdd')};
 end

xlswrite('\sz1000_data\table_name',     price_date,     'sheet1',['A1:A'
```

```
num2str(p_r)]);
     xlswrite('\sz1000_data\table_name', price_data, 'sheet1',['B1:G' num2str
(p_r)]);
     clear ii kk whole test price price_date price_data
    end
    %% 说明：采集的数据放在同一目录的 sz1000_data 文件夹下
```

执行该程序的结果是得到深市的部分股票交易数据，并将这些数据以 Excel 形式存在 sz1000_data 下，为随后的进一步挖掘提供了必要的数据支持。

15.2.2 计算指标

为了能够较准确地刻画每支股票，我们需要一些指标去描述这些股票的特征。对股票来说，历史上很多技术分析大师已经发明或设计了无数的股票技术指标，所以可以直接从中筛选一些指标。当然不可能计算所有的指标，我们可以筛选一些典型指标。经过对股票常用技术指标的筛选，最后筛选并确定了如表 15-1 的指标。

表 15-1　程序中所使用的指标（衍生变量）

指标标记	指标名称	计算方法
s_x1	当日涨幅	（当日收盘价−前第 n 日收盘价）/ 前第 n 日收盘价 × 100%
s_x2	2 日涨幅	
s_x3	5 日涨幅	
s_x4	10 日涨幅	
s_x5	30 日涨幅	
s_x6	10 日涨跌比率 ADR	10 日内股票上涨天数之和 / N 日内股票下跌天数之和
s_x7	10 日相对强弱指标 RSI	RSI = 100 × RS/(1+RS), RS = n 日的平均上涨点数 /n 日的平均下跌点数
s_x8	当日 K 线值	（收盘价−开盘价）/（最高价−最低价）
s_x9	3 日 K 线值	（收盘价−3 日前开盘价）/（3 日内最高价−3 日内最低价）
s_x10	6 日 K 线值	（收盘价−6 日前开盘价）/（6 日内最高价−6 日内最低价）
s_x11	6 日乖离率（BIAS）	乖离率 =[(当日收盘价−6 日平均价) /6 日平均价] × 100%
s_x12	10 日乖离率（BIAS）	乖离率 =[(当日收盘价−10 日平均价) /10 日平均价] × 100%
s_x13	9 日 RSV	(n 日收盘价−n 日最低价) / (n 日最高价−n 日最低价) × 100%
s_x14	30 日 RSV	
s_x15	90 日 RSV	
s_x16	当日 OBV 量比	n 日 OBV / 5 日 OBV
s_x17	5 日 OBV 量比	
s_x18	10 日 OBV 量比	
s_x19	30 日 OBV 量比	
s_x20	60 日 OBV 量比	
s_y	分类指标	根据未来 1 日与 3 日涨幅来确定 s_y 为 1 或−1

具体计算指标的程序如P15-2所示。计算指标在数据挖掘中相当于衍生变量，这样就可以由原始的数据得到不同的指标，这样就能更有效地对股票进行描述。

程序编号	P15-2	文件名称	PT_step2_indexs.m	说明	计算股票指标

```
%% AHP法权重计算MATLAB程序
%% 数据读入
%%  基于数据挖掘技术的程序化选股 step2:股票指标计算
%% 环境准备及变量定义
clc, clear all, close all
% 参数定义
stn=0; % 股票总个数
train_num=0; % 训练样本记录条数
forecast_num=0; % 预测样本记录条数
good_s_n=0; % 好股票记录个数
bad_s_n=0; % 坏股票记录个数
common_s_n=0; % 一般股票的个数
%% 统计数据文件个数(股票个数)
dirname = 'sz1000_data';
files = dir(fullfile(dirname, '*.xls'));
SN = length(files);
tsn = 0;
for i=1:SN
   % 读取数据文件名
  filename = fullfile(dirname, files(i).name);
  P = xlsread(filename);
   %将成交量为0的行删除
    [m,n]=size(P);
     ii=1;
     for iii=1:m
        if P(ii,6)==0
           P(ii,:)=[];
        else ii=ii+1;
        end
     end
  % 将开盘有效天数少的股票删除
 [m_r0,n1_c0]=size(P);
 if m_r0<120
     continue;
 end
  % 记录有效股票的数量
  stn=stn+1;

  %% 指标计算
   for h=1:20
       [m_r1,n1_c1]=size(P);
       if h==2||h==3
           continue
       end
```

```
% s_x1: 当日涨幅
s_x1=100*(P(h,5)-P(h+1,5))/P(h+1,5);

% s_x2: 2 日涨幅
s_x2=100*(P(h,5)-P(h+2,5))/P(h+2,5);

% s_x3: 5 日涨幅
s_x3=100*(P(h,5)-P(h+5,5))/P(h+5,5);

% s_x4: 10 日涨幅
s_x4=100*(P(h,5)-P(h+10,5))/P(h+10,5);

% s_x5: 30 日涨幅
s_x5=100*(P(1,5)-P(h+30,5))/P(h+30,5);

% s_x6: 10 日涨跌比率 ADR
% s_x7: 10 日相对强弱指标 RSI
rise_num=0; dec_num=0;

for j=1:10
  rise_rate=100*(P(h+j-1,5)-P(h+j,5))/P(j+h,5);
        if rise_rate>=0
            rise_num=rise_num+1;
        else
            dec_num=dec_num+1;
        end
end
     s_x6=rise_num/(dec_num+0.01);
     s_x7=rise_num/10;

     % s_x8: 当日 K 线值;
     % s_x9: 3 日 K 线均值
     % s_x10: 6 日 K 线均值
     s_kvalue=zeros(1,6);
for j=1:6
 s_kvalue(j)=(P(h+j-1,5)-P(h+j-1,2))/...
    ((P(h+j-1,3)-P(h+j-1,4))+0.01);
end
     s_x8=s_kvalue(1);
     s_x9=sum(s_kvalue(1,1:3))/3;
     s_x10=sum(s_kvalue(1,1:6))/6;

     % s_x11: 6 日乖离率(BIAS)
     % s_x12: 10 日乖离率(BIAS)
     s_x11=(P(h,5)-sum(P(h:h+5,5))/6)/(sum(P(1:h+5,5))/6);
     s_x12=(P(h,5)-sum(P(h:h+9,5))/10)/(sum(P(1:h+9,5))/10);

     % s_x13: 9 日 RSV
     % s_x14: 30 日 RSV
     % s_x15: 90 日 RSV
```

```
s_x13=(P(h,5)-min(P(1:h+8,5)))/(max(P(1:h+8,5))-min(P(1:h+8,5)));
s_x14=(P(h,5)-min(P(1:h+29,5)))/(max(P(1:h+29,5))-min(P(1:h+29,5)));
s_x15=(P(h,5)-min(P(1:h+89,5)))/(max(P(1:h+89,5))-min(P(1:h+89,5)));

        % s_x16: OBV 量比
        % s_x17: 5 日 OBV 量比
        % s_x18: 10 日 OBV 量比
        % s_x19: 30 日 OBV 量比
        % s_x20: 60 日 OBV 量比
        s_x16=sign(P(h,5)-P(h+1,5))*P(h,6)/(sum(P(h:h+4,6))/5);

        OBV_5=0;  OBV_10=0; OBV_30=0; OBV_60=0;

        for j=1:5
            OBV_5=sign(P(h+j-1,5)-P(h+j,5))*P(h+j-1,6)+ OBV_5;
        end
        s_x17=OBV_5/(sum(P(h:h+4,6))/5);

        for j=1:10
            OBV_10=sign(P(h+j-1,5)-P(h+j,5))*P(h+j-1,6)+ OBV_10;
        end
        s_x18=OBV_10/(sum(P(h:h+4,6))/5);

        for j=1:30
            OBV_30=sign(P(h+j-1,5)-P(h+j,5))*P(h+j-1,6)+ OBV_30;
        end
        s_x19=OBV_30/(sum(P(h:h+4,6))/5);

        for j=1:60
            OBV_60=sign(P(h+j-1,5)-P(h+j,5))*P(h+j-1,6)+ OBV_60;
        end
        s_x20=OBV_60/(sum(P(h:h+4,6))/5);

%收集预测数据
if h==1
    forecast_num=forecast_num+1;
forecast_sample(forecast_num,:)=[str2double(files(i).name(3:8)),s_x1,...
        s_x2, s_x3, s_x4, s_x5, s_x6, s_x7, s_x8, s_x9, s_x10, s_x11, ...
        s_x12, s_x13, s_x14, s_x15, s_x16, s_x17, s_x18, s_x19, s_x20];
    continue;
end
% 判断好坏股票
s_y=0;
rise_1=100*(P(h-1,5)-P(h,5))/P(h,5);
rise_2=100*(P(h-3,5)-P(h,5))/P(h,5);

  if rise_1>=4&&rise_2>=6
    s_y=1;
    good_s_n=good_s_n+1;
  elseif rise_1<0&&rise_2<0
```

```
        s_y=-1;
        bad_s_n=bad_s_n+1;
      else
        common_s_n=common_s_n+1;
      end

    % 收集训练样本
    train_num=train_num+1;
    train_s1(train_num,:)=[str2double(files(i).name(3:8)),s_x1, s_x2,...
        s_x3, s_x4, s_x5, s_x6, s_x7, s_x8, s_x9, s_x10, s_x11, s_x12,...
        s_x13, s_x14, s_x15, s_x16, s_x17, s_x18, s_x19, s_x20, s_y];

     end  % for h
    clear P
end

%% 挑选样本
clc
part_num=min([good_s_n, bad_s_n, common_s_n])
[m_rt1, n_rt1]=size(train_s1);
good_p_n=0; bad_p_n=0; common_p_n=0;
g_sample=[]; c_sample=[]; b_sample=[];
for i=1:m_rt1
    if train_s1(i,22)==1
        if good_p_n>=part_num
            continue;
        end
        good_p_n=good_p_n+1;
        g_sample(good_p_n,:)=train_s1(i,:);

    elseif train_s1(i,22)==0
        if common_p_n>=part_num
            continue;
        end
        common_p_n=common_p_n+1;
        c_sample(common_p_n,:)=train_s1(i,:);

     elseif train_s1(i,22)==-1
        if bad_p_n>=part_num
            continue;
        end
        bad_p_n=bad_p_n+1;
        b_sample(bad_p_n,:)=train_s1(i,:);
     end

end

PTSX0=[g_sample; c_sample; b_sample];

if size(PTSX0)==0
```

```
        disp('没有符合条件的数据样本')
    else
    %保存训练样本和预测样本
    xlswrite('train_orginal_sample.xlsx', PTSX0, 'sheet1',['A1:V'num2str(3*part_num)]);
    xlswrite('forecast_orginal_sample.xlsx', forecast_sample,'sheet1',['A1:
U'num2str(forecast_num)]);
    end
```

该程序执行的结果是产生两个数据文件：

1）历史上好、坏及一般股票的样本数据文件为 train_orginal_sample.xlsx，该文件数据的主要是用于训练模型。

2）当日所有股票的指标文件，该文件的数据主要用于预测未来股票的涨跌潜力。

15.2.3 数据标准化

数据标准化的目的是消除变量间的量纲（单位）影响和变异大小因子的影响，使变量具有可比性。这里将用均值方差归一化法来对数据进行标准化，所得数据在[0,1]之间，具体过程如程序 P15-3 所示。

程序编号	P15-3	文件名称	PT_step3_norm.m	说明	数据标准化

```
%% 基于数据挖掘技术的程序化选股 step3:数据标准化
%% 读取数据
clc, clear all, close all
PTSX0=xlsread('train_orginal_sample.xlsx', 'Sheet1', 'A1:V1920');
forecast_sample=xlsread('forecast_orginal_sample.xlsx', 'Sheet1', 'A1:U1123');
%%  训练样本归一化
[sxn1,sxm1]=size(PTSX0);
 SS_X=PTSX0;
 S_X_T(:,1)=PTSX0(:,1);
 S_X_T(:,22)=PTSX0(:,22);
  for k=2:sxm1-1
      %基于均值方差的处理离群点数据最大最小归一化
      for j=1:sxn1
      xm2=mean(SS_X(:,k));
      std2=std(SS_X(:,k));
      if SS_X(j,k)>xm2+2*std2
            S_X_T(j,k)=1;
      elseif SS_X(j,k)<xm2-2*std2
            S_X_T(j,k)=0;
      else
            S_X_T(j,k)=(SS_X(j,k)-(xm2-2*std2))/(4*std2);
      end
      end
  end
xlswrite('train_sample.xlsx', S_X_T, 'sheet1',['A1:V' num2str(sxn1)]);
```

```
%% 预测样本归一化
[sxn2,sxm2]=size(forecast_sample);
 SS_X=forecast_sample;
 S_X_F(:,1)=forecast_sample(:,1);
   for k=2:sxm2
      for j=1:sxn2
      xm2=mean(SS_X(:,k));
      std2=std(SS_X(:,k));
      if SS_X(j,k)>xm2+2*std2
            S_X_F(j,k)=1;
      elseif SS_X(j,k)<xm2-2*std2
            S_X_F(j,k)=0;
      else
            S_X_F(j,k)=(SS_X(j,k)-(xm2-2*std2))/(4*std2);
      end
      end
   end
%保存归一化之后的数据
xlswrite('forecast_sample.xlsx', S_X_F, 'sheet1',['A1:U' num2str(sxn2)]);
%% 说明：程序中所用的归一化方法为均值标准差法
```

执行此段程序后，训练样本和预测样本都被进行了标准化，且分别被保存在 train_sample.xlsx 和 forecast_sample.xlsx 两个文件中。

15.2.4 变量筛选

数据归一化后，其实可以直接用于训练模型，但并不确定这些变量是否都有效，如果有效性差，不仅使程序需要处理的数据量增多，且还会影响模型的准确程度，因为相关性差或数据质量差的变量有可能稀释模型的作用，所以一般都会对变量进行进一步的筛选。

此处将用数据相关性分析方法来确定变量之间的相关性，并定义一个相关系数阈值，来最终筛选出效果显著的变量，具体代码如 P15-4 所示。

程序编号	P15-4	文件名称	PT_step4_select.m	说明	数据标准化

```
%% 基于数据挖掘技术的程序化选股 step4：变量筛选
%% 读取变量信息
clc, clear all, close all
tdata=xlsread('train_sample');
fdata=xlsread('forecast_sample');
[rn, cn]=size(tdata);
A=tdata(:, 2:cn);

%% 计算并显示相关系数矩阵
covmat = corrcoef(A);
varargin = {'x1','x2','x3','x4','x5','x6','x7','x8','x9','x10',...
    'x11','x12','x13','x14','x15','x16','x17','x18','x19','x20', 'y'};
figure;
x = size(covmat, 2);
```

```
imagesc(covmat);
set(gca,'XTick',1:x);
set(gca,'YTick',1:x);
% if nargin > 1
    set(gca,'XTickLabel',varargin);
    set(gca,'YTickLabel',varargin);
% end
axis([0 x+1 0 x+1]);
grid;
colorbar;
%% 选择相关性较强的变量
covth = 0.2;
c1 = covmat(cn-1, 1:(cn-2));
vid = abs(c1)>covth;
idc=1:cn;
A1=A(:,1:(cn-2));
A2=A1(:,vid);
stdata = [ tdata(:,1),A2, tdata(:,cn)];
B = fdata(:,2:(cn-1));
B1= B(:,vid);
sfdata = [fdata(:,1), B1];
xlswrite('selected_tdata.xlsx', stdata);
xlswrite('selected_fdata.xlsx', sfdata);
%% 说明：变量筛选依据为变量相关性
```

执行该段程序，首先会得到变量间的相关系数矩阵及相关系数图（如图 15-3 所示），从该图可以看出，x1~x20 与 y 的相关性有显著差异，我们就是要通过相关性分析来找到与 y 相关性比较强的变量。

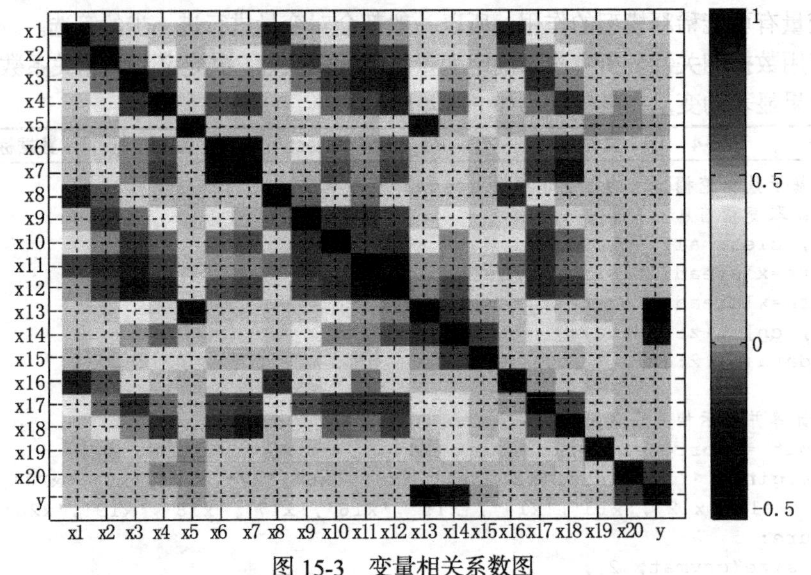

图 15-3 变量相关系数图

设定一个相关系数阈值（Covth），可由这个阈值来确定选哪些变量，这里取 0.2，这样相关系数的绝对值大于 0.2 的变量都被选中。程序执行完成后，可以从两个数据文件 selected_tdata.xlsx 和 selected_fdata.xlsx 中发现，有 8 个变量被选中，如表 15-2 所示。在表 15-2 中，第一列是股票编号，随后的 8 列是被选中的变量值，最后一列是分类变量，用于描述是否是好股票。

表 15-2 经变量筛选后的训练模型数据样本（从 selected_tdata.xlsx 中截取）

10	0	0.069164	0.302117	0.173961	0.285799	0.19314	0.128049	0.063319	1
16	0.737536	0.612279	0.361291	0.341493	0.460639	0.706977	0.453238	0.62247	1
17	1	1	1	1	0.336484	0.417322	0.611387	0.754004	1
18	0.642994	0.573002	0.77472	0.844089	0.78096	0.84974	0.426179	0.380197	1
25	1	1	0.77472	0.844089	0.673976	0.843547	0.539033	0.662783	1
25	1	0.923603	0.77472	0.844089	0.459012	0.589257	0.40598	0.529239	1
25	0.824973	0.930236	0.568177	0.676557	0.854067	0.709632	0.311905	0.40163	1
28	0.776759	1	0.444087	0.509025	0.636303	0.807272	0.44011	0.627117	1

15.3 模型的建立及评估

15.3.1 股票预测的基本思想

股票的预测方法有多种，这里利用分类的思想对股票进行预测。分类是在已有数据的基础上，根据各个对象的共同特性，构造或通过学习生成一个分类函数或一个分类模型，利用这个分类模型把其他数据映射到给定类别中的某一个的过程。数据挖掘中相关的分类方法有很多，比如较常用的有决策树、逻辑回归、支持向量机、神经网络等。本节将使用神经网络来训练分类，最后利用神经网络训练该组数据，使其数据达到最大的区分度，此时得到的模型就可以用来预测。比如计算了某股票当日所有指标变量后代入该模型中，就可以预测该股票未来的走势分别属于这两类的可能性。

15.3.2 模型的训练及评价

到目前为止，所有的数据准备工作都完成了，接下来就差最后一步，利用分类算法对训练样本进行训练并实现预测的效果。这里我们运用 MATLAB 自带的神经网络工具箱中的函数进行训练，具体实现的程序如 P15-5 所示。

程序编号	P15-5	文件名称	PT_step5_norm.m	说明	数据标准化

```
%% 基于数据挖掘技术的程序化选股 step5：训练神经网络并进行模型评估
%% % 读入数据
clc, clear all, close all
```

```
stdata=xlsread('selected_tdata.xlsx');
sfdata=xlsread('selected_fdata.xlsx');
[rn, cn]=size(stdata);
P_X=stdata(:,2:(cn-1));
P_Y=stdata(:,cn);
P1_X=sfdata(:,2:(cn-1));
% 数据转置
p_net=P_X';
t_net=P_Y';
p1_net=P1_X';

%BP 网络训练
net = feedforwardnet(20);
net=train(net,p_net,t_net)     %开始训练，其中 p_net,t_net 分别为输入输出样本
%股票增长概率预测
r_net = sim(net,p1_net);
r_net=r_net';
% [row_n1, column_m1]=size(r_net);
% 将数据保存到 Excel
% 将数据保存到 Excel
fr_data=[sfdata, r_net];
fr_cn = size(fr_data,2);
frs_data = sortrows(fr_data, -fr_cn);
xlswrite('forecast_result.xlsx', frs_data);

%% 模型正确率的评估
r_nn = sim(net,p_net);
Y_nn = round(r_nn);
c_id=Y_nn==t_net;
stn=size(t_net,2);
ctn=sum(c_id);
co_rate=ctn/stn;
disp(['全部训练的正确率为：' num2str(co_rate)]);
er_rate=1-co_rate;
mrate=[co_rate, er_rate];
figure
pie(mrate)
title('模型的正确率和错误率')
%% 说明：模型评估采用全集验证
```

模型的执行结果是得到一个所有股票的排序表格（Forecast_result.xlsx），如表 15-3 所示，而排序的依据是最后 1 列模型预测出的数据，这个数据可以理解为股票未来增长的概率，当然也可以对这个概率按四舍五入取整，得到的则是分类数据。这个结果的作用是，在实际股票买卖过程中，我们可以选择排名靠前的股票买入，反之卖出，这就提供了量化选股中买入和卖出的条件。

表 15-3　模型预测结果

65	1	1	1	1	0.217464	0.689387	0.615622	0.933314	1.076462
802	0.649562	0.714952	0.590378	0.669138	0.533305	0.493489	0.119175	0.450005	0.995385
985	0.489474	0.388007	0.219643	0.032438	0.289402	0.922103	0.458649	0.370715	0.985637
582	0.350914	0.507703	0.590378	0.669138	0.58377	0.410922	0.118595	0.226798	0.940392
66	0.846695	0.593295	0.590378	0.669138	0.551252	0.670699	0.293865	0.605941	0.885136
751	1	1	0.87818	0.881371	0.332703	0.595813	0.626997	0.948292	0.88133
707	0	0.650724	0.302097	0.244671	0.699561	0.544556	0.236814	0.403214	0.830667
819	1	0.888569	0.87818	0.881371	0.613117	0.822664	0.666953	0.978776	0.826818
522	0.343439	0.942634	0.417467	0.456905	0.029334	0.000374	0.035146	0.607885	0.778539
521	0.710836	1	0.302097	0.244671	0.396943	0.315258	0.393372	0.913728	0.75364

本段程序中还对模型进行了评估，评估用的是历史数据，且所用的验证方法是全集验证，当然也可以采用交叉验证。图 15-4 即为模型分类的正确率和错误率，从图中可以看出，正确率还是明显高于错误率。在金融中，模型能达到 60%以上的正确率就很不容易了，要知道如果能保证 60%的盈率，那么通过模型赚钱就比较容易了，只要交易次数较多，从概率的角度盈利的能力已经是非常可观的。

15.4　组合投资的优化

15.4.1　组合投资的理论基础

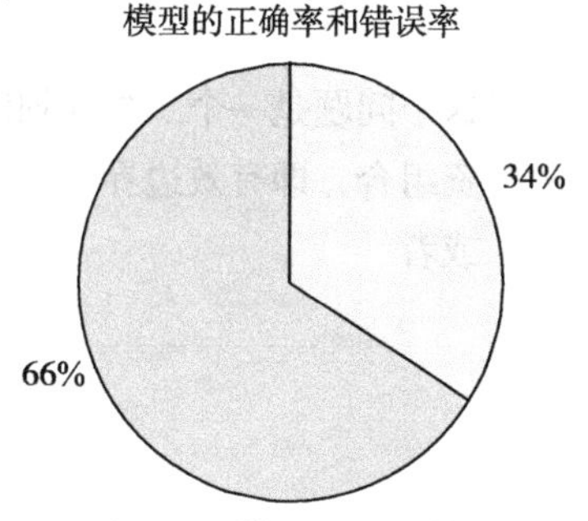

图 15-4　模型的评价结果

1952 年 Markowitz 最早以收益率和方差进行了资产组合研究，揭示了在不确定条件下投资者如何通过对风险资产进行组合建立有效边界，如何从自身的偏好出发在有效边界上选择最佳投资决策，以及如何通过分散投资来降低风险的内在机理，从而开创了现代组合投资理论的先河。

均值方差模型为了分散投资风险并取得适当的投资收益，投资者往往采用证券组合投资方式，即把一笔资金同时投资于若干种不同的证券。投资者最关心的问题有两个：一是预期收益率的高低，二是预期风险的大小。在 Markowitz 建立的这一模型中，预期收益率是证券组合收益率的期望值，预期风险是指证券组合收益率的方差。Markowitz 假定投资者厌恶风险，理性的投资者总是希望在抑制风险的条件下获得最大的期望收益；而在抑制期望收益的条件下使投资风险达到最小。具有这种性质的证券组合称为有效证券组合。

标准的均值方差分析假设条件包括：

1）证券市场是有效的，证券的价格反映了证券的内在经济价值。每个投资者都掌握了充分的信息，了解每种证券的期望收益率以及标准差，不存在交易费用和税收，投资者是价格接受者，证券是无限可分的，若必要可以购买部分股权。

2）投资者在投资决策中只关注投资收益概率分布的期望收益率和方差，期望收益率反映了投资者对未来收益水平的衡量，而收益率的方差则反映了投资者对风险的估计。

3）投资者的投资目标是：希望在一定的风险条件下，获得尽可能大的收益，或者收益一定的条件下，尽可能地降低风险，也就是说投资者是回避风险的。

4）投资者拥有完全流动性的资产，即资产具有供给的无限弹性，资产组合的购买和销售不影响市场的价格和期望收益率，并且每种资产的收益率都服从正态分布。

5）各种证券收益率之间有一定的相关性，它们之间的相关程度可以用相关系数或者收益率之间的协方差来表示。

6）投资者追求每期财富效应的极大化，投资者具有单周期视野，所有 x_i 是非负的，即不允许买空和卖空。

根据上述假设，Markowitz 的均值方差模型可以表示为如下数学模型：

$$\min X^{\mathrm{T}}CX$$

$$\text{s.t.}\begin{cases}\sum_{i=1}^{n} x_i r_i \geqslant c \\ \sum_{i=1}^{n} x_i = 1, i = 1,2,3,\cdots,n\end{cases}$$

这个问题是一个二次规划问题，通过调节下界参数 c 来进行求解，能够得到最优或最有效的投资组合，即有效边界。

或者

$$\max \sum_{i=1}^{n} x_i r_i$$

$$\text{s.t.}\begin{cases}X^{\mathrm{T}}CX \leqslant b \\ \sum_{i=1}^{n} x_i = 1, i = 1,2,3,\cdots,n\end{cases}$$

其中，矩阵 C 是用来表示随机向量 r 的协方差矩阵，通常表示投资的风险矩阵；$r=(r_1,r_2,\cdots,r_n)^{\mathrm{T}}$ 是投资者的期望收益矩阵；c 是组合投资的预期收益总值，表示投资者愿意承担的最大风险值。

Markowitz 模型是一个最易于理解的模型，在资产配置的实际领域里，该模型得到了广泛的应用，而且成功率很高。这是因为，分析中包括的资产类的数目是有限的。当确定了一种资产配置时，许多机构仅考虑 3 种资产类型：普通型股、长期债券和货币市场工具。对于此类情形，只需估计 9 个变量，这是较容易做到的。一些机构为了投资更加分散化扩展投资的资产类型，将国际产权以及房地产列为其投资选择的项目。但是一般在分析中考虑到的资产类型也不超过 8 种。对于 8 种资产类型的资产配置用该模型也是可行的。另外，普通股票、长期债券和短期市场工具等资产类型，存在关于回报率、方差和协方差的相对较好的历史数据。这些数据已经提供了这些资产类型的风险回报率行为的较全面的信息。资产配置的目标是混合资产类型以便为投资者在其能够接受的风险水平上提供最高的回报。

另外，Markowitz 模型还为扩充资产类型和国际投资提供了某些分析原理和理论依据。利用 Markowitz 的投资组合理论可以看出，要在一定的收益水平上，达到投资组合的最优化，必须使证券的方差和协方差尽可能得小，而降低协方差的有效办法就是选择相关性较小的证券组合，不同资产类型证券间的收益相关性较小，另外，本国证券与外国证券间的收益率相关性较小，所以，扩充资产类型或进行国际投资可以降低风险。

假设投资者选择 n 种证券投资，各种证券在证券总投资中所占的比重分别为 $x_1,x_2,\cdots,x_n$，用向量表示为 $X=(x_1,x_2,\cdots,x_n)^{\mathrm{T}}$；收益率分别为 $r_1,r_2,\cdots,r_n$，用向量表示为 $R=(r_1,r_2,\cdots,r_n)^{\mathrm{T}}$；预期收益率为 $u_1,u_2,\cdots,u_n$，用向量表示为 $U=(u_1,u_2,\cdots,u_n)^{\mathrm{T}}$，则该证券投资组合的收益率 r 为各种证券收益率的加权平均数，即 $X=(x_1,x_2\cdots x_n)^{\mathrm{T}}$ 是投资者的投资权重矩阵，x_i 表示投资者在第 i 种的证券比例：

$$r=\sum_{i=1}^{n} r_i x_i = R^{\mathrm{T}} X$$

预期收益率 u_p 为多种证券预期收益率的加权平均数，即：

$$u_p=\sum_{i=1}^{n} u_i x_i = U^{\mathrm{T}} X$$

在含有 n 种证券的投资组合中，其风险并不仅是单个证券投资风险的简单加权平均，更不仅与单个证券的投资风险有关，还与多种证券之间的相关程度有关，用协方差 $\sigma_{ij}=\sigma_{ji}=\mathrm{cov}(r_i,r_j)$ 表示第 i 种证券与第 j 种证券投资收益率的关联程度，$i,j=(1,2,\cdots,n)$。特别地，$\sigma_{ii}=\sigma_i^2=D(r_i)$，当令 $E=\left(\sigma_{ij}\right)_{n\times n}$ 为 r 的协方差矩阵，即：

$$E=\begin{bmatrix} \sigma_{11} & \cdots & \sigma_{1n} \\ \vdots & \ddots & \vdots \\ \sigma_{n1} & \cdots & \sigma_{nn} \end{bmatrix}$$

则投资组合的风险 σ_p^2 为：

$$\sigma_p^2 = D(r) = \sum_{i=1}^{n}\sum_{j=1}^{n}(x_i x_j \sigma_{ij}) = X^{\mathrm{T}} E X$$

另外，并不是随便选择一个组合都能分散风险，为了尽可能地将投资风险降到最小，Markowitz 于 1952 年建立了如下模型：

$$\begin{cases} \min \sigma_p^2 = X^{\mathrm{T}} E X \\ u_p = U^{\mathrm{T}} X \\ \sum_{i=1}^{n} x_i = 1 \end{cases}$$

这是Markowitz的另一形式。假设协方差矩阵是正定阵，令 $A=\begin{bmatrix} u_1 & u_2 & \cdots & u_n \\ 1 & 1 & \cdots & 1 \end{bmatrix}$，$B=\begin{bmatrix} u_p \\ 1 \end{bmatrix}$，

Markowitz模型可变形为 $\begin{cases} \min \sigma_p^2 = X^{\mathrm{T}}EX \\ \text{s.t.} AX = B \end{cases}$

构造Lagrange乘子函数 $L = X^{\mathrm{T}}EX + \lambda^{\mathrm{T}}(Ax - B)$

其中 $\lambda = [\lambda_1, \lambda_2]^{\mathrm{T}}$，由极值原理 $\dfrac{\partial L}{\partial \lambda} = 0, \dfrac{\partial L}{\partial X} = 0$，即：

$$\begin{cases} AX = B \\ 2EX + A\lambda = 0 \end{cases}$$

如果 $AE^{-1}A^{\mathrm{T}}$ 是可逆矩阵时，有 $X = E^{-1}A^{\mathrm{T}}(AE^{-1}A^{\mathrm{T}})^{-1}B$，这就是给定预期收益率下的最优投资组合权重。在此权重下，投资组合的风险降为最小，是

$$\sigma = \left[B^{\mathrm{T}}(AE^{-1}A^{\mathrm{T}})^{-1}B \right]^{1/2}$$

从应用的角度，我们并不需要非常清楚该理论的来龙去脉，只要明确组合投资是有一定的科学依据，在具体的使用中，直接用一个相关函数去实现即可。

15.4.2 组合投资的实现

用MATLAB来实现Markowitz的组合投资优化相对比较简单，只要用plotFrontier这个函数即可。假设，我们要投资8支股票，只要从前面给出的股票排序里选择前8支股票进行投资就可以。现在我们就要借助Markowitz理论再优化这个投资组合，也就是要确定各支股票投资的最佳权重（投资比例），具体的实现过程如程序P15-6所示。

程序编号	P15-6	文件名称	PT_step6_portfolio.m	说明	组合投资优化

```
%% 基于数据挖掘技术的程序化选股 step6:组合投资优化
%% 读取数据
clc, clear all, close all
sdata = xlsread('forecast_result.xlsx');
isn = 8; %投资的股票数
dn=200;  %天数
isid= sdata(1:isn, 1);
dirname = 'sz1000_data';
 k1='00000';    k2='0000';    k3='000';    k4='00';
for i=1:isn
    dsid = isid(i);
           if  dsid<3000
           d=num2str(dsid);
             if dsid<10
               kk=[k1,d];
             elseif  (10<=dsid)&&(dsid<100)
               kk=[k2,d];
             elseif  (100<=dsid)&&(dsid<1000)
               kk=[k3,d];
             elseif  (1000<=dsid)&&(dsid<10000)
```

```
                kk=[k4,d];
              end
            end
    head='sz';
    tail='.xls';
    fname=[head,kk, tail];
    filename = fullfile(dirname, fname);
    price = xlsread(filename);
    CP(:,i)=price(1:dn, 5);
     clear price
    end

%% 计算回报
Returns = tick2ret(CP);
figure;
plot(Returns);  title('股票回报趋势图');
set(get(gcf,'Children'),'YLim',[-0.5 0.5]); % 确保Y轴坐标尺度相同

%% 股票编号
assetTickers = {'p1', 'p2', 'p3','p4', 'p5', 'p6', 'p7','p8'};
%% 设置投资组合风险限制
pmc = PortfolioCVaR;
pmc = pmc.setAssetList(assetTickers);
pmc = pmc.setScenarios(Returns);
pmc = pmc.setDefaultConstraints;
pmc = pmc.setProbabilityLevel(0.95);

% 绘制有效前沿曲线
figure; [pmcRisk, pmcReturns] = pmc.plotFrontier(10);
%% 设置投资组合收益限制
pmv = Portfolio;
pmv = pmv.setAssetList(assetTickers);
pmv = pmv.estimateAssetMoments(Returns);
pmv = pmv.setDefaultConstraints;
% 绘制收益有限前沿曲线
figure; pmv.plotFrontier(10);

%% 计算并显示权重与风险
pmcwgts = pmc.estimateFrontier(10);
pmcRiskStd = pmc.estimatePortStd(pmcwgts);
figure;
pmv.plotFrontier(10);
hold on
plot(pmcRiskStd,pmcReturns,'-r','LineWidth',2);
legend('Mean-Variance Efficient Frontier',...
       'CVaR Efficient Frontier',...
       'Location','SouthEast')

%% 比较投资权重
pmvwgts = pmv.estimateFrontier(10);
```

```
figure;
subplot(1,2,1);
area(pmcwgts');
title('CVaR 投资组合权重');
subplot(1,2,2);
area(pmvwgts');
title('Mean-Variance 投资组合权重');
set(get(gcf,'Children'),'YLim',[0 1]);
legend(pmv.AssetList);

%% 根据投资偏好选择投资组合方案
mrisk = 0.02; % 定义风险阈值
% 寻找在不超过风险阈值情况下预期收益最大的一组投资组合
sid = pmcRiskStd <= mrisk;
nid = find(pmcRiskStd == max(pmcRiskStd(sid)))
disp(['最佳投资比例:' num2str(pmcwgts(:,nid)')]);
%% 说明：可以根据风险偏好选择投资组合
```

执行该程序，可以得到要投资对象的收益曲线（图 15-5）、组合投资的有效前沿曲线（图 15-6）和投资权重分配图。

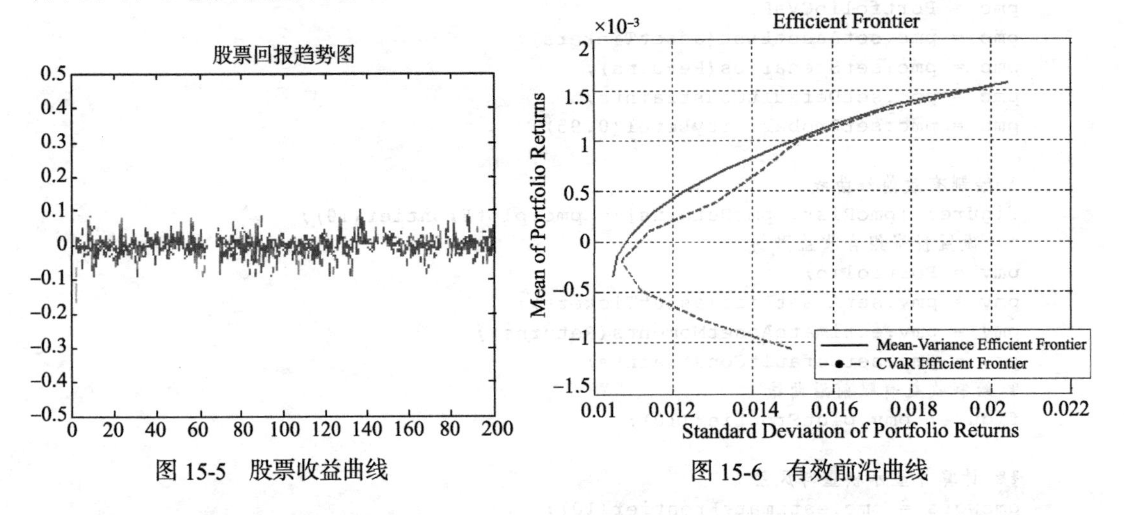

图 15-5 股票收益曲线

图 15-6 有效前沿曲线

这里需要关注的是图 15-6，通过该图，我们可以很容易地看出风险和收益的分布曲线，这样就可以为我们决策选择哪组投资组合方式提供依据，当我们选择曲线上一点后，就能得到一组投资权重，如果你是追求高收益不惧高风险的投资者，就可以选择曲线最顶端的一组投资组合。一般都会选择相对折衷的方案，也就是说收益比较大，但风险也能承受。

图 15-7 则是不同风险偏好情况下的投资权重分配图，当选择一个横坐标后，就会对应一个投资组合。当然我们可以从程序中直接获取具体的权重分配数据，但以图的形式表现出来，更能直观看出来，不同风险偏好情况下，投资组合的方案是不一样的，具体的体现就是各支股票的投资比例不一样。当选择一个偏好后，就可以直接得到具体的投资分配方案。

15.5　量化选股的实施

以上分步介绍了如何利用数据挖掘技术进行股票的量化投资，不难发现，这些步骤构成了基本的程序化投资的要素。以上分别实现了数据处理、量化选股和投资组合优化，那么将它们有机地串联在一起，不就自然形成了量化选股的基本流程了吗？

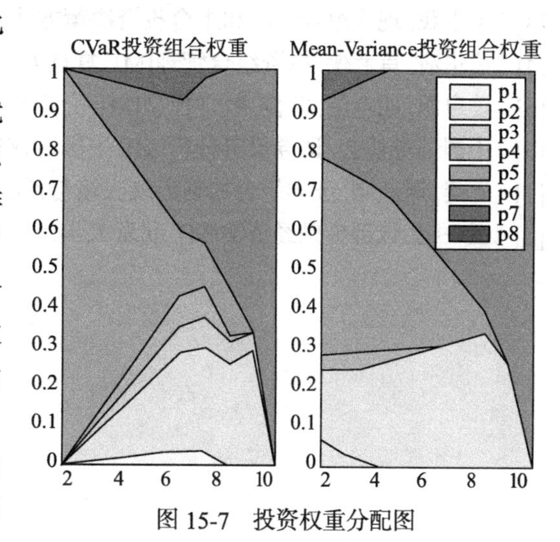

图 15-7　投资权重分配图

如果考虑量化选股，貌似还少了一步，就是择时卖出的问题。对于这个问题，我们可以将择时和选股融在一起，我们选股的条件是排在前 8 个的股票，那么卖出的条件就可以是，排名不在前 8 或前 50 就卖出，总之定义一个参数，让已买的股票，只要后续的排名不在这个范围之内就卖出，这样就自动构成了卖出的条件。

至此，我们就可以得到一个基于数据挖掘技术的完整的股票量化选股流程，如图 15-8 所示。

15.6　小结

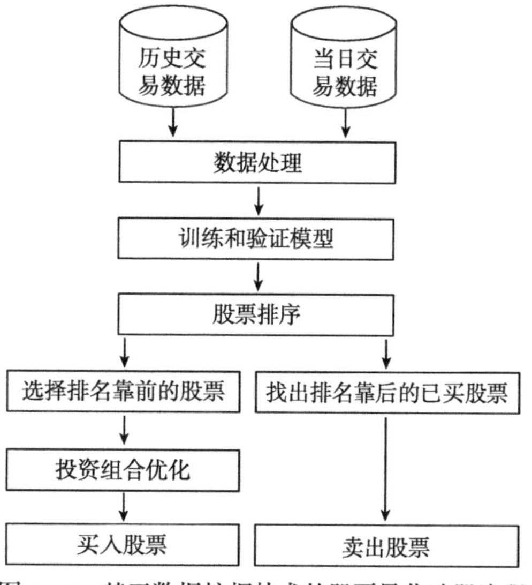

图 15-8　基于数据挖掘技术的股票量化选股流程

本章利用股票日交易数据设计指标，并使用神经网络训练模型，建立了股票预测模型。该案例应该说是数据挖掘技术在金融领域的一个经典案例，包含了数据挖掘的所有关键环节。本章仅用了简单的 BP 神经网络进行训练，读者也可以尝试使用 SVM、决策树、Logistic 等多种方法对该问题进行研究，这样就可以加深对各个算法性能的了解。

在量化投资领域，基于数据挖掘技术的量化选股方法，一直得到投资者的重视，因为它是完全依靠于数据的，只要数据真实可靠，交易程序的盈利水平就有保证。对投资者来说，要做的事情就是如何设计指标，提高模型的准确度，不断提升模型的盈利能力，这样就可以充分发挥数据和模型的潜力。

参考文献

[1] H. Markowitz. Portfolio selection.J.Finance, 1952.
[2] W. F. Sharpe. A Simplified Model for Portfolio Analysis. Managemint Science, 1963.
[3] 唐小我. 现代组合预测和组合投资决策方法及运用[M]. 科学出版社, 2003.
[4] 徐华清, 肖武侠. 投资组合管理[M]. 复旦大学出版社, 2004.
[5] 姜启源, 谢金星, 叶俊. 数学模型[M]. 高等教育出版社, 2003.
[6] 中国证券协会. 证券投资分析[M]. 中国财政经济出版社, 2011.
[7] 王建, 屠新曙. 证券组合的临界线决策与预测[C]. 1988.
[8] 王一鸣. 数理金融经济学[M]. 北京大学出版社, 2000.

第 16 章 Chapter 16

数据挖掘在工业故障诊断中的应用

现代能源、电力、化工、冶金、机械、物流等工业呈现向大型化、复杂化方向发展的趋势，这些大型复杂工业过程的一个共同点就是一方面无法完全依靠传统方法建立精确的物理模型进行管理监控，另一方面又时刻产生大量反映过程运行机理和运行状态的数据。基于实际限制、成本优化、技术等因素的考量，如何利用这些海量数据来满足日益提高的系统可靠性要求已成为亟待解决的问题，其中基于数据挖掘的故障诊断技术是一个重要的方面。本章将通过一个案例，介绍如何借助大数据挖掘技术，利用工业设备监控产生的大量数据对设备进行故障诊断及预警，以保证工业设备的稳定性和安全性。这个案例很具有典型性，很多对设备安全要求比较高的行业都可以借鉴，比如航天、汽车、电力、煤炭、机械等行业。

16.1 什么是故障诊断

16.1.1 故障诊断的概念

故障诊断，又称为故障分析，是指为了确定故障原因以及如何防止其再次发生而收集和分析数据的过程。故障诊断是保证工业安全、提高生产效率的重要手段，几乎所有行业都采用故障诊断。在故障诊断过程中，需要采用各种各样的方法和手段收集故障部分的数据和信息，以便用于故障原因（一种或多种）的诊断。

16.1.2 故障诊断的方法

故障诊断领域的方法大致可划分为 3 类：基于分析模型的方法、基于定性经验知识的方法和基于数据挖掘的方法，如图 16-1 所示。

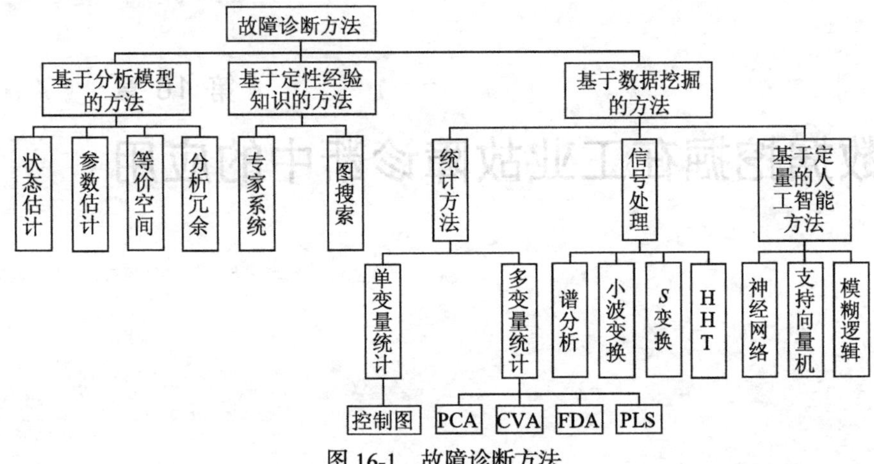

图 16-1　故障诊断方法

基于分析模型的方法适用于能建模、有足够传感器的“信息充足”的系统，需要过程较精确的定量数学模型，而要建立过程的数学模型则必须了解过程的机理结构。参数估计法、状态估计法、分析冗余法等都是典型的基于分析的方法，其理想状态是能够获得精确的模型。但在实际过程中存在“未建模状态”，也就是说模型不够精确，虽然使得模型的鲁棒性较好，但同时也容忍了故障的发生，增加了确定故障发生类型的难度。

基于定性经验知识的方法适用于不能或不易建立机理模型、传感器数不充分的“信息缺乏”的系统，包括符号有向图、专家系统等。基于分析模型的方法和基于定性经验知识的方法更适用于具有较少输入、输出或状态变量的系统，对于具有海量数据的系统则使用成本过高。

在当今的大型系统中，一方面，基于分析模型的方法不可能获得复杂机理模型的每个细节，另一方面，基于定性经验知识的监控方法需要很多复杂高深的专业知识以及长期积累的经验，这超出了一般工程师所掌握的范围，从而变得不易操作。目前，多数企业每天都产生和存储较多运行、设备和过程的数据，这些数据分为正常条件下和在特定故障条件下收集的数据，包含着过程中各方面的信息。如何利用这些数据，实现基于数据挖掘的生产过程和设备的故障诊断、优化配置和评价是一个值得研究的问题。

这三类方法并不是相互孤立的，而是有相互的关系。基于数据挖掘的方法，可以说是建立在其他两类方法基础之上的一种自动化诊断方法，因为在业务层面需要从这两类方法上汲取经验和知识，以设计变量。

16.1.3 数据挖掘技术的故障诊断原理

采用数据挖掘技术对设备进行一系列的故障诊断，其原理是根据设备的运行记录、监控数据，对其运行的趋势进行预测，并对其可能存在的运行状态进行分类，故障诊断的实质就是一种模式识别，对机器设备的故障进行诊断的过程也就是该模式匹配，具体体现形式就是数据的分类。

对机械故障的诊断来说，首先就应当获取一些关于本机组的运行参数，既要包括机器在正常运行以及平稳工作时的信息数据，也应当包括机器在出现故障时的一些信息数据，在现场的监控系统中往往就会存在着相应的正常工作状态以及出现故障时的不同运行参数，而数据挖掘的任务就是从这些杂乱无章的信息样本库中找出其中所隐藏着的内在规律，并且从中提取各自故障的不同特征。在对故障的模式进行划分时，通常可以借助概率统计的方式，在对故障模式进行识别时可以采用较为成熟的关联规则理论，实现变量之间的关联关系，并最终得到分类所需要用到的一些规则，从而最终达到分类的目的，依据这些规则，就可以对一些新来的数据进行判断，而且可以准确地对故障进行分类，找出故障所产生的原因和解决故障的正确方法，并可以对其他正常的设备进行故障预警。

16.2 DM 设备故障诊断实例

这个案例中所用的概念、代码和数据参考自 SHMTools，这个工具是用 MATLAB 开发的设备故障诊断工具，由 LosAlamos National Laboratory 提供。

案例介绍的是对设备的监控数据进行探索和挖掘，从而建立设备故障诊断的模型，并根据该模型对设备是否有故障进行诊断。

16.2.1 加载数据

案例中的数据，是关于 170 个设备样本的监控数据，每个设备有 5 个监测位（频道），每个位置都有一段时间的某个指标的测量数据。在 MATLAB 中，加载数据后，可以查看这些数据的概况：

```
load('data.mat');
```

16.2.2 探索数据

对设备监控数据进行挖掘的意义在于提前预警可能发生的设备故障，然而一般情况下，从监控数据中很难直接发现存在的潜在风险。这时就要对数据进行探索，探索数据中潜在的信息，本例中的数据探索过程也很具有典型性。本例中，探索数据的主要目的是寻找比较好的衍生变量，以更精确地刻画设备的运行状态。

探索前，我们先将原始数据划分为正常设备监控数据和有故障的设备数据，这样，便于分析比较，具体探索过程如下：

```
goodSet = double(data(:,5,1));
damageSet = double(data(:,5,end));
Fs = 320;
time = (0:length(goodSet)-1)*1/Fs;
```

（1）显示时间序列

直接绘制设备监控数据的时序图（如图 16-2 所示），很难发现它们有什么不同，这也是为什么从一般的监控数据很难发现设备潜在故障的原因。

```
figure,
 subplot(2,1,1)
 plot(time, goodSet)
 xlabel('Time [s]'),
 ylabel('Acceleration
[m/s^2]'),
 title('No damage')
 subplot(2,1,2)
 plot(time, damageSet)
 xlabel('Time [s]'),
 ylabel('Acceleration
[m/s^2]'),
 title('Damage')
 % 从时间序列图上不容易发现它们之间有什么不同
```

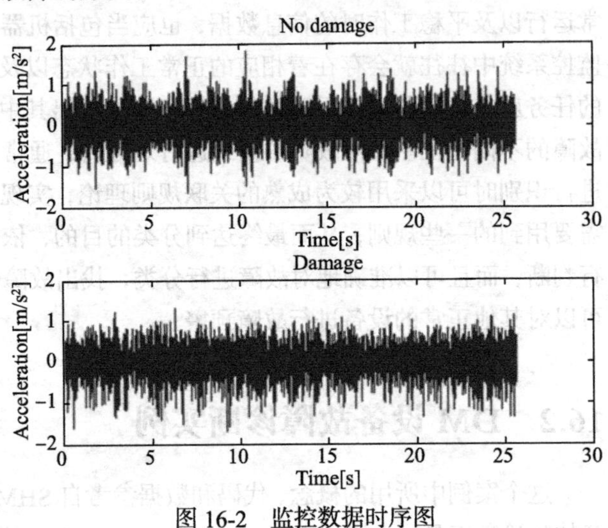

图 16-2 监控数据时序图

（2）显示柱状图

但绘制这些时序数据的频次图（图 16-3）就会发现，好坏设备的这个指标的频次图有差异，这样就能找到基本的衍生变量思路。

```
figure,
subplot(2,1,1)
hist(goodSet, 50)
xlim([-3,3])
title('Histogram: No damage')
subplot(2,1,2)
hist(damageSet, 50)
xlim([-3,3])
title('Histogram: Damage')
% 有损伤系统的“standard deviation”貌似要比较小
```

（3）量化柱状图信息

接下来，我们就来看看能不能用数值来标识好坏设备，此处类似特征提取。从图 16-3 的频次图很容易联想到，可以对频次图进行分布拟合，用拟合得到的分布曲线参数来作为特征变量。

```
Figure
createDistFit(goodSet)
figure
createDistFit(damageSet)
```

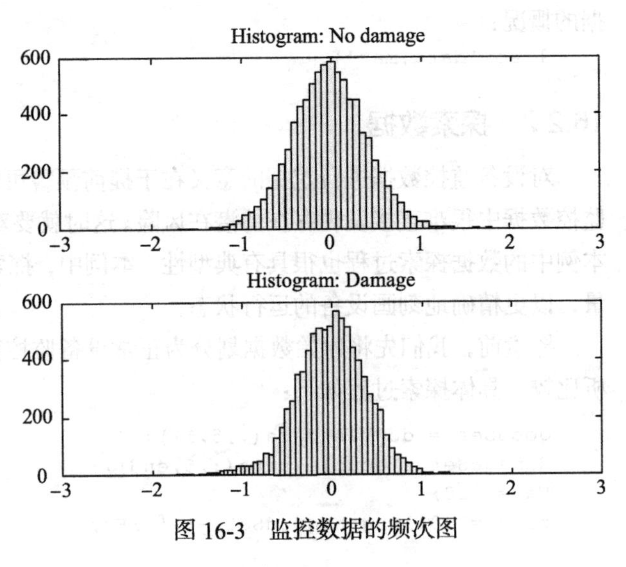

图 16-3 监控数据的频次图

```
% 我们可以采用从拟合的分布曲线参数来辨识正常和有缺陷的系统
```

此节程序运行结果如下：

```
ans =
  NormalDistribution

  Normal distribution
       mu = -0.00313008   [-0.0119913, 0.00573117]
    sigma =    0.409145   [0.402975, 0.415509]

ans =
  NormalDistribution
  Normal distribution
       mu = -0.00331835   [-0.0114208, 0.0047841]
    sigma =     0.37411   [0.368468, 0.379928]
```

运行上面的代码，可以很快得到分布曲线的两个参数，同时可以得到对应的分布曲线（图 16-4 和图 16-5），此时更能清晰地辨识出好坏设备的异同。

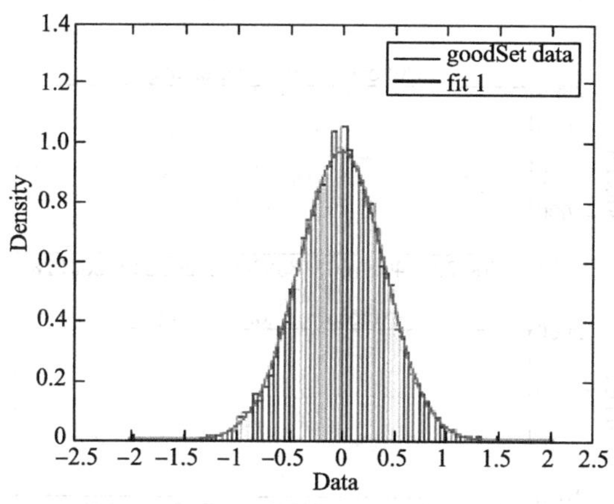

图 16-4　正常设备监控数据的频次图

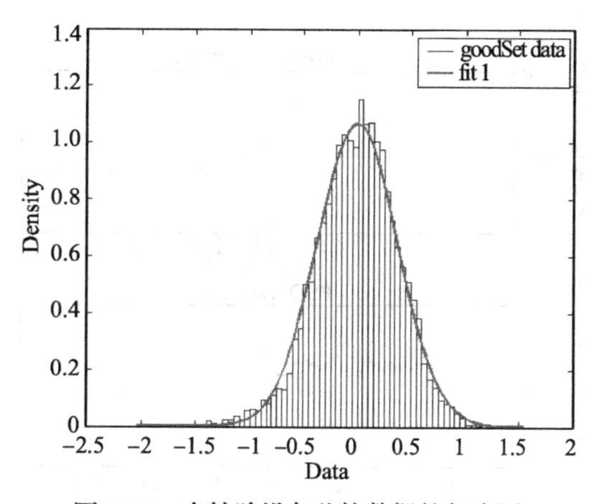

图 16-5　有缺陷设备监控数据的频次图

（4）显示范围

对于特征变量，在数据探索阶段，我们衍生的越多越好，这样我们筛选有效变量的基数就大很多，得到优秀变量特征变量的概率就更高，为此我们可以尝试从不同方面探索变量，比如可以用以下代码探索频率与能量的关系（得到的可视化结果如图 16-6 所示）：

```
figure,
subplot(2,1,1)
pwelch(goodSet, [], [], [], Fs);
title('PSD: No damage')
subplot(2,1,2)
pwelch(damageSet, [], [], [], Fs);
title('PSD: Damage')
% 从范围图上虽然可以看出一些不同，但不够明显，所以用范围这个变量还不够好
```

（5）显示自相关系数

也可以看看数据间的相关性，比如可以查看好坏设备检测数据的自相关系数的变化规律（如图 16-7 所示）：

```
figure,
hold all
subplot(2,1,1)
plot(xcorr(goodSet, goodSet))
xlabel('Lag'), ylabel('Correlation'), title('Autocorrelation: No damage')
xlim([8092, 8292])
subplot(2,1,2)
plot(xcorr(damageSet, damageSet))
xlabel('Lag'), ylabel('Correlation'),
title('Autocorrelation: Damage')
xlim([8092, 8292])
% 从图中可以看出，正常和有损伤的序列都具有自相关性，同时它们的自相关序列具有明显的不同。
所以可以用自相关系数作为一个特征变量去辨识好坏系统
```

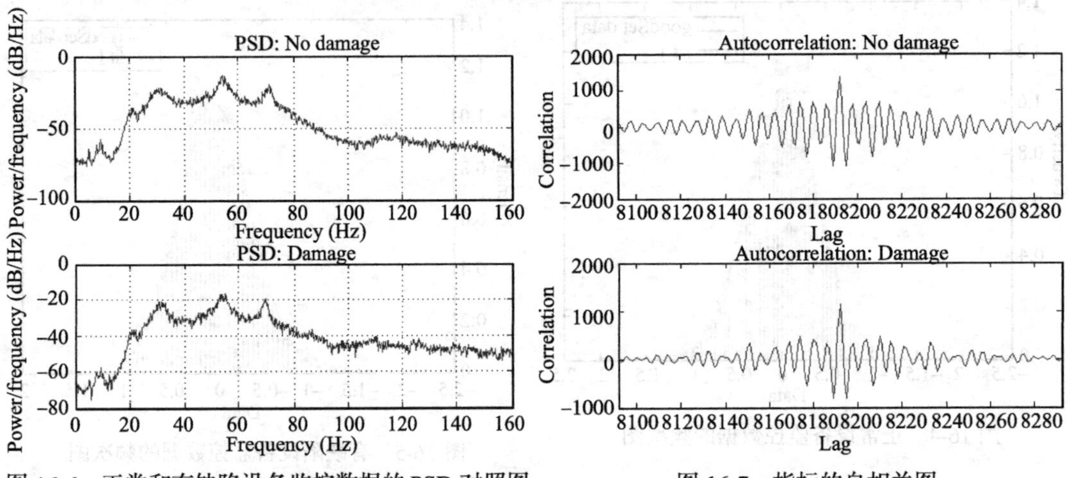

图 16-6 正常和有缺陷设备监控数据的 PSD 对照图　　图 16-7 指标的自相关图

通过这些探索，我们可以得到这样的认识：通过对数据进行变量衍生，可以得到更好地表征设备故障信息的变量。

（6）计算衍生变量

在这个案例中，从业务上分析出第 5 频道的数据对故障最灵敏，所以原始数据采用第 5 频道的数据。而计算这批设备的衍生变量需要用到 SHMTools 中已经开发好的函数，这些函数的功能就是由原始采集的数据计算衍生变量。在这个案例中，使用了第 7 个 AR 模型，具体程序如下：

```
arOrder = 7;
data = data(:,5,:);
% 这里使用 SHMTools 工具包里的特征提取函数
```

```
features = arModel_shm(data,arOrder);
```

（7）标识好坏设备

对于每组数据样本，最后一维数据为 1~90 的是正常的设备，而为 91~170 的是有损伤的设备，为此还需要将该维数据转换成分类变量：

```
isDamaged = false(length(features), 1);
isDamaged(91:end) = true;
% 分类变量
damageState = categorical(isDamaged);
```

（8）可视化变量

目前我们提取了 7 个特征变量，但它们对好坏系统又有不同的识别能力，通过并行坐标图（如图 16-8 所示），我们选择了 3 个识别能力最好的三个变量，第 1、3、6 个变量，这三个变量对有无缺陷的辨识效果如图 16-9 所示。此节的具体代码如下：

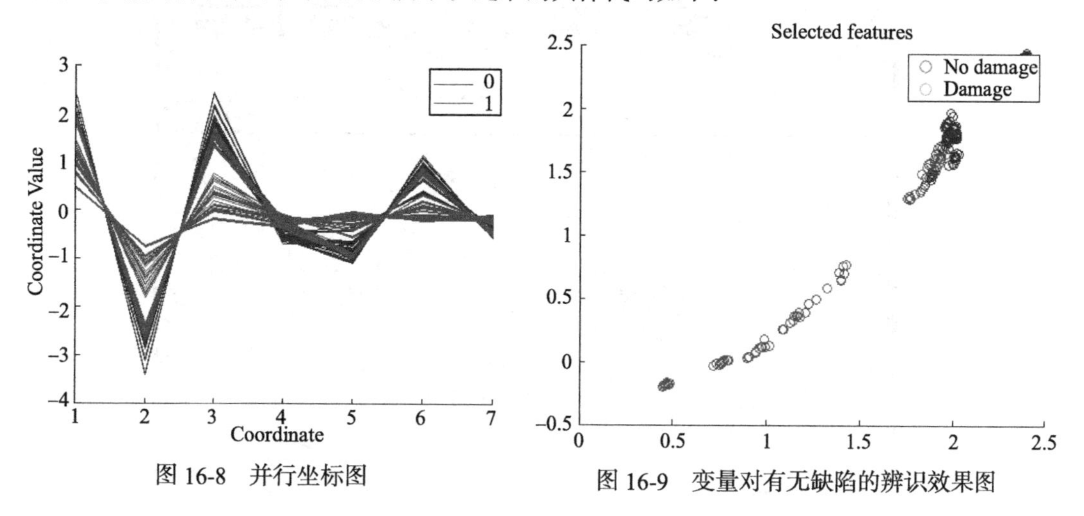

图 16-8　并行坐标图

图 16-9　变量对有无缺陷的辨识效果图

```
Figure
parallelcoords(features, 'group', isDamaged);
pertinentVars = [1, 3, 6];
actFeatures = features(:, pertinentVars);
% 显示选中的特征变量
Figure
hold all
scatter3(actFeatures(~isDamaged,1),                    actFeatures(~isDamaged,2),
actFeatures(~isDamaged,3));
scatter3(actFeatures(isDamaged,1),                      actFeatures(isDamaged,2),
actFeatures(isDamaged,3));
title('Selected features')
legend('No damage', 'Damage')
% 从可视化结果来看，我们可以推测三个特征变量构成了一系列的规则来区别好坏系统。这样我们就
可以判断，决策树对这个问题比较合适
```

16.2.3 设置训练样本的测试样本

至此，我们已经准备好数据，在训练模型前，还需要设置训练样本和验证样本：

```
rng(4321)
cv = cvpartition(length(features),'holdout',0.40);
trainId =  find(training(cv));
testId =  find(test(cv));
damageStateTrain = damageState(trainId);
damageStateTest = damageState(testId);
```

16.2.4 决策树方法训练模型

在所有的分类方法中，对于特征变量的识别，决策树算是一种比较好的方法，所以不妨先用决策树方法来训练分类模型（所得的决策树模型如图 16-10 所示）：

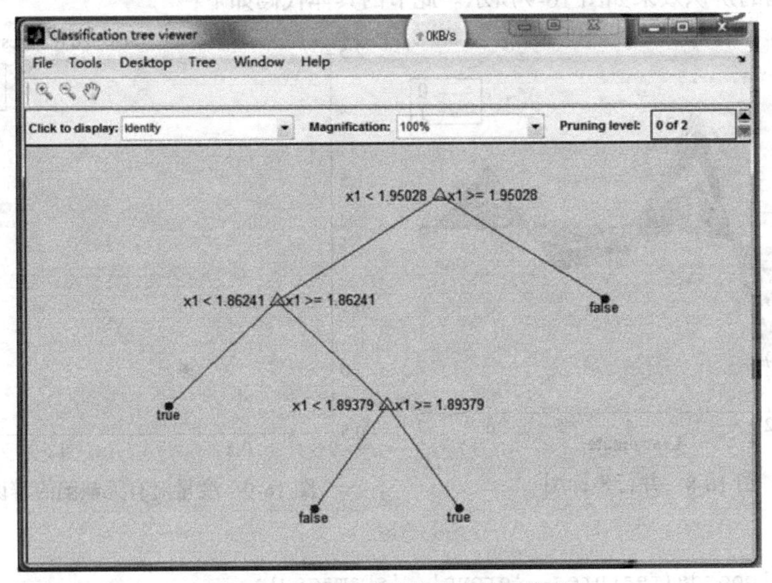

图 16-10 训练后得到的决策树模型

```
t  =  classregtree(actFeatures(trainId,:), damageStateTrain);
view (t)
% 评估模型
resTree = categorical(t.eval(actFeatures(testId,:)));
percentMisclassifiedTree = sum(resTree~=damageStateTest)/numel(resTree)*100
percentMisclassifiedTree =
   11.7647
```

16.2.5 集成决策树方法训练模型

为了让模型的分类正确率更高，再使用集成决策树方法训练模型：

```
tb = TreeBagger(10,actFeatures(trainId,:), …
amageStateTrain,'method','classification');
```

```
resTb = categorical(tb.predict(actFeatures(testId,:)));
% 评估模型
percentMisclassifiedTb = …
sum(resTb~=damageStateTest)/numel(resTree)*100
```

此节程序运行结果如下：

```
percentMisclassifiedTb =
    4.4118
```

此时得到的模型的误分率仅为 4.4%，应该说这样的结果已经令人非常满意了。

16.3　小结

本章重点通过一个实例介绍如何对设备监控数据进行数据挖掘，从而大大提高设备的故障预警水平，这对保障工业安全生产具有直接的借鉴意义。本案例在工业安全领域非常具有典型性，适应范围非常广泛，凡有设备监控数据的行业都可以借鉴本案例的模式。另外，本案例也说明，通过变量衍生，我们可以得到对系统更有意义的变量，这对于研究系统的辨识也是非常有意义的。

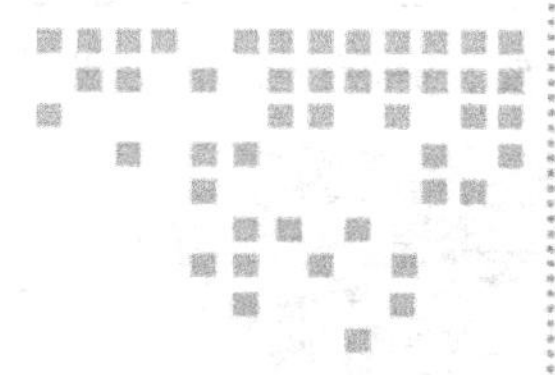

第 17 章 Chapter 17

数据挖掘技术在矿业工程中的应用

矿业是工业的命脉，被誉为“工业之母”，为国民经济提供主要能源和冶金原材料等，是人类社会赖以生存和发展的基础产业，也是最为传统的行业。正因为矿业的历史比较悠久，所以矿业在数据信息上也有很好的积累，比如矿层分布数据、质量数据、生产数据等信息。随着现代管理技术及信息技术在矿业企业的广泛使用，矿业的数据资源也极其丰富，也就是说数据挖掘技术在矿业领域也有用武之地。本章将通过一个案例，介绍如何利用数据挖掘技术提升矿业工程的发展水平。

17.1 什么是矿业工程

17.1.1 矿业工程的内容

矿业工程包含采矿工程、矿物加工工程、安全工程等细分领域，同时，矿业工程与地质工程、能源工程、冶金工程、材料科学、力学、土木工程、机械工程、化学等相邻工业工程又有密切联系。矿业工程既要按照矿井的地质、生产和经济特性来完善和发展传统的矿业工程科技，又要吸收和融汇现代科学技术的最新成就使矿业工程科技不断提高和更新。

采矿工程场所大多处在错综复杂的环境中，如图 17-1 所示，采矿工程依赖安全技术及工程提供安全保障。安全技术及工程学科的研究对象是工矿企业的安全技术问题，但其突出研究对象是矿业领域的重大灾害事故和安全问题。采矿工程开采出的矿产资源，通常需要经过矿物加工才能成为冶金、能源、化工、建材等行业的原料。矿业工程学科的发展对国民经济建设和社会发展极为重要，并将不断推动和促进国民经济的可持续协调发展。

图 17-1 采矿现场示意图

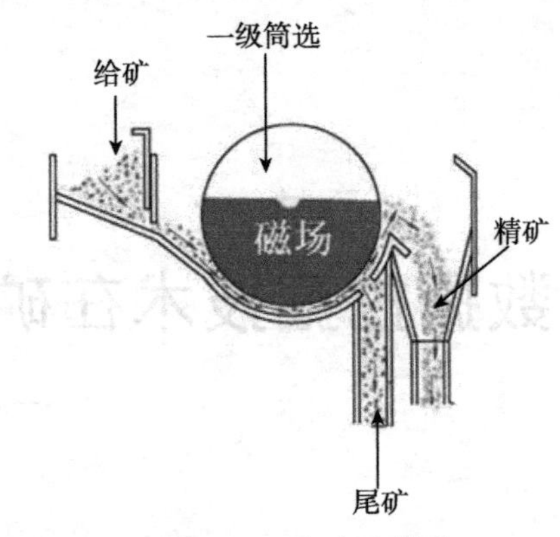

图 17-2 选矿示意图

选矿是整个矿产品生产过程中最重要的环节（图 17-2 是选矿过程示意图），是矿企里的关键部门。一般大型矿企都是综合采、选、冶的资源性企业。用物理或化学方法将矿物原料中的有用矿物和无用矿物（通常称脉石）或有害矿物分开，或将多种有用矿物分离开的工艺过程就称为选矿，又称“矿物加工”。产品中，有用成分富集的称精矿；无用成分富集的称尾矿；有用成分的含量介于精矿和尾矿之间，需进一步处理的称中矿。金属矿物精矿主要作为冶炼业提取金属的原料；非金属矿物精矿作为其他工业的原材料；煤的精选产品为精煤。选矿可显著提高矿物原料的质量，减少运输费用，减轻进一步处理的困难，降低处理成本，并可实现矿物原料的综合利用。由于世界矿物资源日益贫乏，越来越多地利用贫矿和复杂矿，因此需要选矿处理的矿石量越来越大。除少数富矿石外，金属和非金属矿石几乎都需选矿。

矿业安全工程主要学习矿山与地下建筑、交通、航空航天、工厂、物业、商厦与地面建筑的灾害防治技术及工程和通风、净化与空气调节、安全监测与监控、安全原理、安全系统工程、安全监察和管理等专业知识和实践。主要包括：危险物质安全性分析与检测技术，爆炸安全理论与事故预防技术，阻燃机理与防火工程，以及系统安全分析、安全评价与应急救援理论与技术。

17.1.2 矿业工程的数据及特征

矿业的数据源来自各种生产系统，有结构化的数据，也有非结构化的数据。矿业的数据特征由于其行业的独特性，也呈现了一定的特点，具体表现为：

1）数据内容多样，有生产、质量控制、销售、研究、管理等多种内容的数据；

2）数据的数据量级差异较大，生产数据的数据量较大，而质量控制等检验型数据数据量较小；

3）相对独立，由于不同业务部门往往拥有各自独立的数据仓库或数据库，所以矿业的数据也相对独立，进行整合挖掘的业务目标不明确。

17.1.3　数据挖掘技术在矿业工程中的作用

（1）煤矿安全

早在 20 世纪 70 年代，世界主要发达国家陆续在采煤安全方面建立了瓦斯监测、监控系统。这些系统从建立至今，经过不断的改进、升级，使得这些国家煤矿的百万吨死亡率大大降低。据统计，美国煤矿百万吨死亡率为 0.03，德国煤矿百万吨死亡率为 0.04，日本煤矿百万吨死亡率为 0.03，等等。这些系统的成功运作，无不证明计算机及数据挖掘技术对于传统采煤业安全生产的革命性突破。国内也有煤矿单位利用数据挖掘技术，以历史数据为基础，与数据仓库技术相结合，通过对历史数据的分析和挖掘，找出隐藏在数据内部的安全与数据之间的关联模式。

（2）数字矿山

在数字矿山方面，数据挖掘技术是数字矿山战略实施的关键技术之一。在数字矿山的很多方面，如煤矿勘探、开采等领域，数据挖掘技术得到了较为广泛的应用。数字矿山要求能够从煤矿的主要相关海量数据中挖掘和发现矿山系统中内在的、有价值的信息、规律和知识，因此煤矿隐患数据挖掘技术是矿山数字化的重要组成部分，隐患数据挖掘将有力地支撑海量煤矿隐患数据的有效利用。矿山数据挖掘技术是将数据挖掘应用于数字化矿山的构建过程中，以矿山数据仓库中的海量数据为对象，利用数据挖掘技术发掘其中的潜在信息，形成相应的预测知识，指导煤矿安全生产。

（3）基于数据的综合管理

充分利用矿业公司的内部资源、生产、设备、管理、财务、采供链条等各方面数据资源，实现生产计划的自动制定、生产过程的自动控制、质量控制的在线实现。

17.2　矿业工程数据挖掘实例：提纯预测

该案例是一个关于矿物提纯预测的例子。原始的数据是矿物加工前的物理和化学属性数据，包括粒级分布数据、主要化学成分的含量等，以及加工后的两项主要化学成分（二氧化硅和氧化镁）含量的数据。在该案例中，通过数据挖掘中的回归方法，以矿物加工前的数据为自变量，以加工后的数据为因变量，训练出了模型，这样就可以利用该模型对新的矿物样本数据进行预测，从而预测出矿物经过加工后化学成分的数据。这些数据对矿物加工后质量的控制和加工过程中工艺的控制，如控制不同辅料的配比，是非常有利的。

17.2.1　数据的集成

该案例中的数据种类比较多，但可以认为只有两类数据，矿物加工前的理化数据和加工后的数据。这样从数据挖掘角度比较容易理解数据，至于具体是哪些数据，就要从业务的角度再去看。在矿物加工行业，矿物加工前的理化数据是常规的数据，比如密度、粒度分布等物理属性，以及氧化铁、氧化硅、氧化镁等化学成分的含量等。加工后的数据，也有很多，但在该案例中，从业务的角度，二氧化硅和氧化镁的含量比较重要，所以只关注这两个数据。

要实施这个项目，数据的集成是第一步，即将可能用到的数据尽量集成在一起，以便于挖掘。作为案例，数据是已经集成好的，这里直接读取即可。读入数据的代码如下：

```
clc, clear all, close all
% 设置产生随机数的方式
rng('default')
load condata.mat
```

17.2.2 采用插值方式处理缺失值

观察原始数据可以发现，数据中存在较多的缺失值，为此最好进行缺失值处理。在进行缺失值处理前，需要将表格型的数据转成矩阵型的数据，这样就可以对不同的变量分别进行缺失值处理。实现代码如下：

将表格数据转成数组型数据：

```
conmat = table2array(condata(:,2:end));
samples = table2array(condata(:,1));
samples = double(samples);
conmatint = zeros(size(conmat));
for ii = 1:size(conmat,2)
    idx = ~isnan(conmat(:,ii));
    v = conmat(idx,ii); % values
    x = samples(idx); % samples
        conmatint(:,ii) = interp1(x,v,samples,'spline');
end
```

17.2.3 设置建模数据及验证方式

设置建模数据主要是指定模型的输入和输出数据，另外还有设置模型的验证方式，实现代码如下：

```
X = conmatint(:,1:end-2);
Y = conmatint(:,end-1:end);
% 设置交叉验证的数据配比
c = cvpartition(length(samples),'holdout',0.15);
idxTrain = training(c);
idxTest = test(c);
Xtrain = X(idxTrain,:);
Xtest = X(idxTest,:);
Ytrain = Y(idxTrain,:);
Ytest = Y(idxTest,:);
```

17.2.4 多元线性回归模型

在该案例中，有两个输出变量，对于这类问题，如果不考虑解析形式，用神经网络比较好，但如果希望同时得到模型的解析形式，则回归方法比较合适，这个问题有 70 多个输入变量，则用多元线性回归模型比较合适，所以用多元线性回归方法对该问题进行建模。由于有两个输出变量，则需要进行两次回归。具体实现代码和得到的模型如下：

```
modelLR_si = LinearModel.fit(Xtrain,Ytrain(:,1));
modelLR_mg = LinearModel.fit(Xtrain,Ytrain(:,2));
disp(modelLR_si)
disp(modelLR_mg)
yfitLR_si = predict(modelLR_si,Xtest);
yfitLR_mg = predict(modelLR_mg,Xtest);
plotFitErrors(Ytest(:,1),yfitLR_si)
plotFitErrors(Ytest(:,2),yfitLR_mg)
R2_si = Rsquared(Ytest(:,1),yfitLR_si);
disp(['R-sq LinReg (SiO2) = ',num2str(R2_si)])
R2_mg = Rsquared(Ytest(:,2),yfitLR_mg);
disp(['R-sq LinReg (MgO) = ',num2str(R2_mg)])
```

此节程序运行结果如下：

```
Linear regression model:
    y ~ [Linear formula with 75 terms in 74 predictors]

Estimated Coefficients:
                   Estimate       SE            tStat         pValue
(Intercept)          0            0               NaN            NaN
 x1                  0.00044914   0.00034092      1.3174         0.18773
 x2                  0.0036191    0.0012524       2.8897         0.0038669
 x3                 -0.002001     0.00053811     -3.7186         0.00020171
 x4                  0.0069644    0.0024345       2.8607         0.0042379
 x5                  0.003487     0.0021535       1.6192         0.10544
 x6                 -0.00050874   0.00023223     -2.1907         0.028503
 x7                  0.2024       0.13399         1.5106         0.13093
 x8                  0.20193      0.13394         1.5076         0.1317
 x9                -17.281       11.574          -1.4931         0.13546
x10                 -0.0059591    0.0039617      -1.5042         0.13257
x11                 -0.00073348   0.0036825      -0.19918        0.84213
x12                 -0.00085749   0.00021609     -3.9683         7.3027e-05
x13                  0.00055571   0.00044495      1.2489         0.21173
x14                  0.01442      0.0083873       1.7193         0.085601
x15                 -0.013515     0.010079       -1.3409         0.17999
x16                  0.033704     0.0090488       3.7247         0.00019692
x17                  0.064018     0.015019        4.2624         2.046e-05
x18                  0            0               NaN            NaN
x19                 -0.0016427    0.00095621     -1.718          0.085842
x20                 -0.0031983    0.00016848    -18.983          1.2299e-78
x21                  0.094908     0.046678        2.0332         0.042061
x22                  0.0012516    0.00028982      4.3185         1.5897e-05
x23                 -0.29737      0.48309        -0.61555        0.53821
x24                 -0.30847      0.48265        -0.63912        0.52276
x25                 26.374       42.023           0.62761        0.53028
x26                 -0.016064     0.0043831      -3.6649         0.000249
x27                  0.0051859    0.0042122       1.2312         0.21829
```

```
x28        0.00031753    0.00022956    1.3832     0.16664
x29       -0.0049707     0.00079914   -6.2201     5.2193e-10
x30        0.0022233     0.0071388     0.31144    0.75547
x31       -0.0067378     0.0097435    -0.69151    0.48927
x32        0.0015264     0.0064745     0.23575    0.81363
x33       -0.014923      0.019331     -0.77197    0.44016
x34       -0.0012285     0.00086798   -1.4154     0.157
x35        0             0             NaN        NaN
x36       -0.0045497     0.00040897  -11.125      1.5405e-28
x37        0.42956       0.059196      7.2566     4.3417e-13
x38       -0.0028802     0.000547     -5.2654     1.4352e-07
x39       -0.0083706     0.0015503    -5.3992     6.8867e-08
x40        0.012768      0.0017585     7.2608     4.2102e-13
x41        0.0015624     0.00081616    1.9144     0.055609
x42        0.0019221     0.00064125    2.9974     0.0027309
x43        0.032103      0.014096      2.2775     0.022783
x44        0             0             NaN        NaN
x45       -0.0084051     0.0030552    -2.7511     0.0059529
x46        0.0020125     0.00080004    2.5155     0.011906
x47       -0.0011527     0.0013641    -0.84498    0.39815
x48        0.0038601     0.00093061    4.1479     3.3901e-05
x49        0.030713      0.014589      2.1052     0.035309
x50       -0.0038786     0.0012669    -3.0614     0.0022104
x51       -0.00039001    0.00041355   -0.94308    0.34567
x52       -0.0018739     0.00043572   -4.3006     1.7232e-05
x53        0.0017935     0.00044491    4.0311     5.6035e-05
x54        0.00077589    0.0003262     2.3786     0.017403
x55        0.011111      0.0030928     3.5924     0.0003296
x56       -0.037547      0.014246     -2.6356     0.0084155
x57        0.0052645     0.00058986    8.9249     5.458e-19
x58        1.1983e-05    1.9023e-05    0.62988    0.52879
x59        0             0             NaN        NaN
x60       -0.0011495     0.00076332   -1.506      0.13212
x61        0.0090687     0.0012556     7.2228     5.5612e-13
x62        0.00041331    0.0010309     0.40091    0.6885
x63       -0.00090802    0.00089288   -1.017      0.3092
x64       -0.00023626    0.00010327   -2.2878     0.022173
x65       -0.001333      0.00036287   -3.6734     0.00024089
x66        0.0028464     0.000877      3.2456     0.0011769
x67        0.00050158    0.00014595    3.4366     0.00059204
x68        0.00087948    0.00074322    1.1833     0.23671
x69        0.0039765     0.001009      3.9411     8.1784e-05
x70        0.0042419     0.0008286     5.1193     3.1376e-07
x71        5.7736e-05    5.7311e-05    1.0074     0.31376
x72       -9.2666e-05    6.4164e-05   -1.4442     0.14872
x73        0.40267       0.019229     20.941      7.5957e-95
x74       -1.1201        0.057635    -19.434      3.0708e-82

Number of observations: 8082, Error degrees of freedom: 8012
Root Mean Squared Error: 0.988
```

```
R-squared: 0.367,  Adjusted R-Squared 0.362
F-statistic vs. constant model: 67.4, p-value = 0
Linear regression model:
    y ~ [Linear formula with 75 terms in 74 predictors]

Estimated Coefficients:
```

	Estimate	SE	tStat	pValue
(Intercept)	0	0	NaN	NaN
x1	0.00015882	0.00016106	0.98606	0.32414
x2	0.0020563	0.00059169	3.4753	0.00051297
x3	0.00033368	0.00025422	1.3126	0.18937
x4	0.011789	0.0011501	10.25	1.6687e-24
x5	-0.0058247	0.0010174	-5.7251	1.071e-08
x6	0.00014875	0.00010971	1.3558	0.1752
x7	0.071207	0.063299	1.1249	0.26065
x8	0.071691	0.06328	1.1329	0.25728
x9	-6.1773	5.4679	-1.1297	0.25862
x10	0.0021728	0.0018716	1.1609	0.2457
x11	-0.0022561	0.0017397	-1.2968	0.19473
x12	0.00021852	0.00010209	2.1406	0.032339
x13	0.00017846	0.00021021	0.84896	0.39593
x14	-0.00021941	0.0039624	-0.055374	0.95584
x15	-0.020336	0.0047615	-4.2709	1.9697e-05
x16	-0.012624	0.0042749	-2.9531	0.003155
x17	-0.01396	0.0070956	-1.9673	0.049177
x18	0	0	NaN	NaN
x19	-0.00044237	0.00045174	-0.97925	0.32748
x20	-0.00098094	7.9595e-05	-12.324	1.382e-34
x21	0.32971	0.022052	14.951	7.1754e-50
x22	0.00012253	0.00013692	0.89493	0.37085
x23	0.36234	0.22823	1.5876	0.11241
x24	0.3739	0.22802	1.6398	0.10109
x25	-31.989	19.853	-1.6113	0.10716
x26	-0.0060767	0.0020707	-2.9346	0.0033496
x27	0.0075972	0.00199	3.8177	0.00013569
x28	0.00014589	0.00010845	1.3452	0.17859
x29	0.001178	0.00037754	3.1203	0.0018129
x30	-0.030511	0.0033726	-9.0468	1.8213e-19
x31	-0.016485	0.0046032	-3.5813	0.00034386
x32	-0.00844	0.0030588	-2.7593	0.0058058
x33	0.022831	0.0091325	2.4999	0.012442
x34	0.0018316	0.00041006	4.4667	8.0522e-06
x35	0	0	NaN	NaN
x36	-0.0029234	0.00019321	-15.13	5.1588e-51
x37	-0.15699	0.027966	-5.6136	2.0482e-08
x38	-0.00059799	0.00025842	-2.314	0.020691
x39	-0.0015345	0.00073243	-2.0951	0.036192
x40	0.0086604	0.00083076	10.425	2.7742e-25
x41	0.0036418	0.00038558	9.4451	4.5681e-21
x42	0.0026524	0.00030294	8.7554	2.4519e-18

```
x43     0.0077896       0.0066593     1.1697      0.24214
x44     0               0             NaN         NaN
x45    -0.0096375       0.0014434    -6.6771      2.5993e-11
x46     0.00043533      0.00037797    1.1518      0.24945
x47    -0.0014154       0.00064445   -2.1962      0.028103
x48    -0.00010656      0.00043965   -0.24238     0.80849
x49     0.019675        0.0068925     2.8545      0.0043216
x50    -0.0011144       0.00059854   -1.8618      0.062668
x51    -5.6789e-06      0.00019537   -0.029067    0.97681
x52    -0.00029063      0.00020585   -1.4118      0.15803
x53     0.00066122      0.00021019    3.1458      0.0016623
x54     7.5065e-05      0.00015411    0.4871      0.6262
x55     0.0052309       0.0014611     3.58        0.00034564
x56    -0.016396        0.0067304    -2.436       0.014871
x57     1.8154e-05      0.00027867    0.065146    0.94806
x58    -3.8599e-05      8.9872e-06   -4.2949      1.7683e-05
x59     0               0             NaN         NaN
x60    -0.0019567       0.00036062   -5.4259      5.9364e-08
x61     0.0033985       0.00059317    5.7293      1.0448e-08
x62     0.001486        0.00048704    3.0511      0.0022872
x63    -0.00095313      0.00042182   -2.2595      0.023877
x64    -0.00012935      4.8787e-05   -2.6513      0.0080349
x65    -0.00047965      0.00017143   -2.7979      0.0051551
x66    -3.5404e-05      0.00041432   -0.085451    0.9319
x67     0.0001946       6.8952e-05    2.8223      0.0047797
x68    -0.00039305      0.00035112   -1.1194      0.26299
x69     0.00013467      0.00047667    0.28252     0.77755
x70     0.0010866       0.00039146    2.7757      0.0055207
x71    -4.4262e-05      2.7075e-05   -1.6348      0.10214
x72    -0.00011214      3.0313e-05   -3.6994      0.00021752
x73    -0.063037        0.0090842    -6.9392      4.2513e-12
x74    -0.031711        0.027229     -1.1646      0.24421

Number of observations: 8082, Error degrees of freedom: 8012
Root Mean Squared Error: 0.467
R-squared: 0.292,Adjusted R-Squared 0.285
F-statistic vs. constant model: 47.8, p-value = 0
R-sq LinReg (SiO2) = 0.52137
R-sq LinReg (MgO) = 0.27528
```

程序执行后，同时得到了模型的评估结果，对于二氧化硅模型来说，模型的拟合度为0.52137，而氧化镁模型的拟合度为0.27528，相对较差些。但分析两个模型的回归误差（图17-3和图17-4）就可以发现，氧化镁数据中有个较大的

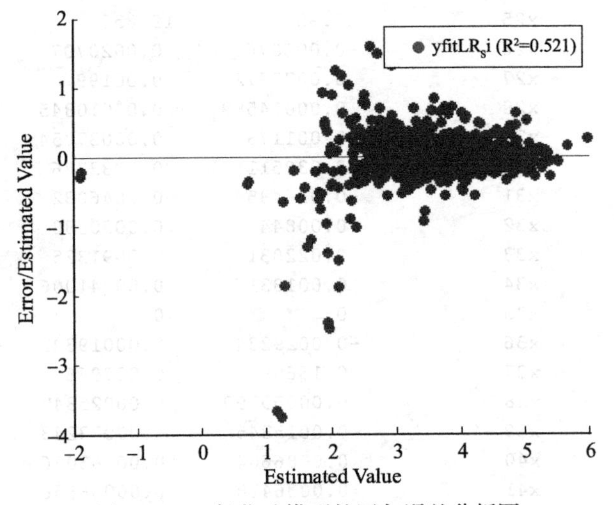

图17-3 二氧化硅模型的回归误差分析图

离群值，其他数据的误差都比较小，从图像上来看，如果剔除这个异常值，回归效果也是非常好的。

17.3　小结

本章通过一个提纯预测的案例介绍了数据挖掘技术在矿业企业运用的场景，该案例说明，在有数据的环节，利用数据挖掘技术，可以得到一些对矿业生产有帮助的知识，从而提高矿业的工作效率和管理水平。目前的矿业，已有丰富的数据资源，如何利用这些数据，是个很好的课题，希望通过本章的介绍，能对数据挖掘技术在矿业的推广和应用方面有些启发和示范作用。

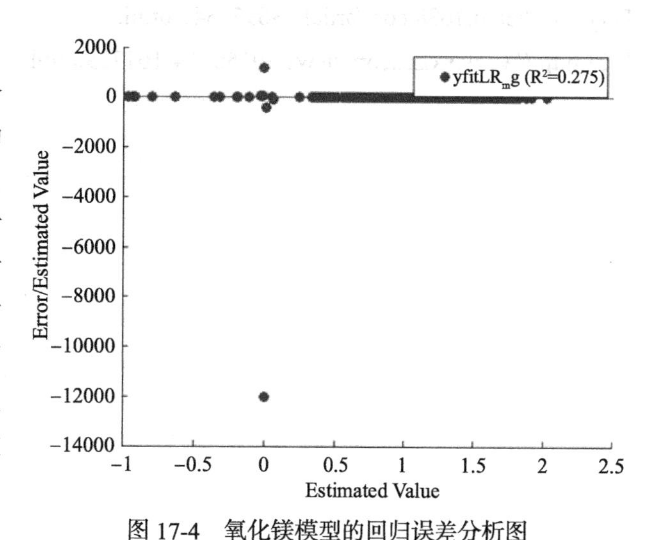

图 17-4　氧化镁模型的回归误差分析图

参考文献

[1] 吴立新, 殷作如, 钟亚平. 再论数字矿山：特征、框架与关键技术[J]. 煤炭学报, 2003, 28 (1)：1-6.

[2] 孙庆先, 方涛, 郭达志等. 空间数据挖掘技术中的划区效应及在矿山中的应用[J]. 煤炭学报, 2007, 32 (8)：804-807.

[3] 杨敏, 汪云甲. 面向数据挖掘的矿山数据仓库技术研究[J]. 金属矿山, 2004 (S)：47-49.

[4] 何彬彬, 方涛, 郭达志. 不确定性空间数据挖掘算法模型[J]. 中国矿业大学学报, 2007, 36 (1)：121-125.

[5] 高志武, 秦德先. 数字矿床概述[J]. 金属矿山, 2005 (2)：54-56.

[6] 黄解军, 潘和平, 万幼川. 数据挖掘技术的应用研究[J]. 计算机工程与应用, 2003, 39 (2)：45-48.

[7] 袁亚丽. 时序算法在销售预测中的应用研究[J]. 微计算机信息, 2009, 25 (15)：249-250.

[8] Rakesh Agrawal, Tomasz Imielinski, Arun Swami. Mining Association Rules Between Sets of Items in Large Databases [C]. Washington：Proc of ACM-SIGMOD Int Conf on Management of Data, 1993：207-216.

[9] HAN Jia-wei, Micheline Kamber. 数据挖掘概念与技术[M]. 范明译. 北京：机械工业出版社, 2001：181-192.

[10] http://www.metalinfo.com.cn/zg/zgDetail.do?ids=288853&dbVal=3.

[11] http://club.1688.com/article/36954549.html.

[12] http://www.xkxm.com/news/20150214-101729.html.

第 18 章 Chapter 18

数据挖掘技术在生命科学中的应用

生命科学中的生物信息学是利用计算机技术对生物信息数据进行提取和处理的学科。随着基因组计划的发展，生物的数据量和数据库都非常庞大，因此迫切需要更高的技术来更有效地挖掘数据。因此，数据挖掘技术和生物信息学的结合是必然的结果，随着数据挖掘技术应用的深入，更好地了解数据挖掘和生物信息学的知识以及应用，对生命科学的发展将会有很大的促进作用。本章就介绍一个将数据挖掘技术应用于生物信息学的案例。

18.1 什么是生命科学

18.1.1 生命科学的研究内容

广义上讲，生物信息学（Bioinformatic）是将计算机科学和数学应用于生物大分子信息的获取、加工、存储、分类、检索与分析，以达到理解这些生物大分子信息的生物学意义的交叉学科[3]。这一定义主要包含了三层意思，一是需要利用计算机及其相关技术来进行研究；二是对海量数据进行搜集、整理；三是分析这些数据，并从中发现新的规律。另外，从基因分析角度来讲，生物信息学主要是指核酸与蛋白质序列数据、蛋白质三维结构数据的计算机处理和分析[1]。

生物信息学近几年获得突破性进展，随着基因组研究的进展，积累了各种大量的生物数据，提供了揭开生命奥秘的数据基础。而随着生物数据种类的丰富以及数据量的增大，如何更有效地处理、挖掘、分析和理解这些数据日益迫切。

18.1.2 生命科学中大数据的特征

生命科学的数据来源和形式多样，包括基因测序、分子通道、不同的人群等。如果研究人员能够解决这一问题，这些数据将转变成潜在的财富，即问题在于如何处理这些复杂的信息。当下，相关领域期待那些能分析大数据，并将这些数据转换成更好理解基础生命科学机制和将分析成果应用到人口健康中的工具和技术的面市。

（1）“量”的持续增加

数十年前，制药公司就开始存储数据。位于美国波士顿的默克公司研究实验室（Merck Research Labs）的副董事 Keith Crandall 表示，默克公司在组织成千上万病患参加的临床试验方面已经进展了好些年，并具有从数百万病患的相关记录中查出所需信息的能力。目前，该公司已经拥有新一代测序技术，每个样本都能产生兆兆位的数据。面对如此大数量级的数据，即使是大型制药公司也需要帮助。例如，来自瑞士罗氏公司的 Bryn Roberts 表示，罗氏公司一个世纪的研发数据量相比 2011 ~ 2012 年在测定成千上百个癌细胞株的单个大规模试验过程中产生的数据，前者只是后者的两倍多一些而已。Roberts 领衔的研究团队期望能从这些存储的数据中挖掘到更有价值的信息。因而，该团队与来自加利福尼亚州的 PointCross 公司进行合作，以构建一个可以灵活查找罗氏公司 25 年间相关数据的平台。这些数据，包括那些成千上万个复合物的信息，将利用当下已获得的知识来挖掘进而开发新药物。

为了处理大量的数据，一个生物学研究人员并不需要像公司一样需要一个专门的设备来处理产生的数据。例如，Life Technologies 公司（目前是 Thermo Fisher Scientific 公司的一部分）的 Ion 个人化操作基因组测序仪（Ion Personal Genome Machine）。这一新设备能够在 8 小时以内测序多达 2 gigabases。因而可在研究人员的实验室操作。Life Technologies 公司还有更大型的仪器，4 小时以内测序可高达 10 gigabases。

也有研究人员期望看到在卫生保健方面基因组数据能产生越来越多的影响。例如，遗传信息可揭示生物标志物，或某些疾病的指示物（某些分子只出现在某些类型的癌症中）。英国牛津大学维康信托基金会人类遗传学中心（Wellcome Trust Centre for Human Genetics）的基因组统计学教授 Gil McVean 表示，基因组学为人类了解疾病提供了强有力的依据。基因组学可以为人类找到与某类疾病相关的生物标志物，并基于这一标志物进行靶向治疗。

（2）分析的高速性

过去，分析基因相关数据存在瓶颈。马里兰州的 BioDatomics 董事 Alan Taffel 认为，传统的分析平台实际上约束了研究人员的产出（产能），因为这些平台使用起来困难且需要依赖生物信息学人员，因而相关工作执行效率低下，往往需要几天甚至几周来分析一个大型 DNA。

鉴于此，BioDatomics 公司开发了 BioDT 软件，其为分析基因组数据提供了 400 多种工具。将这些工具整合成一个软件包，使得研究人员很容易使用，且适用任何台式电脑，且该软件还可以通过云存储。该软件相比传统系统处理信息流的速度快 100 倍以上，以前需要一天或一周，现在只需要几分钟或几个小时。

有专家认为需要测序新工具。新泽西州罗格斯大学电子计算工程系的副教授 Jaroslaw Zola 表示，根据数据存储方式、数据转换方式和数据分析方式，新一代测序技术需要新计算策略来处理来自各种渠道的数据。这意味着需要生物研究人员必须学习使用前沿计算机技术。然而，Zola 认为应该对信息技术人员施加压力，促使他们开发出让领域专家很容易掌握的方法，在保证效率的前提下，隐藏掉算法、软件和硬件体系结构的复杂性。目前，Zola 领衔的团队正致力于此，研发新型算法。

（3）多变性

生物学大数据还体现出新型可变性，例如，德国 Definiens 的研究人员分析的组织表型组学（Tissue Phenomics），也就是一个组织或器官样本构造相关的信息，包括细胞大小、形状，吸收的染色剂，细胞相互联系的物质等。这些数据可以在多个研究中应用，例如追踪细胞在发育过程中特征变化的研究、测定环境因素对机体的影响，或测量药物对某些器官/组织的细胞的影响等。

结构化数据，例如数据表格，并不能揭示所有信息，比方药物处理过程或生物学过程。实际上，生活着的有机体是以一种非结构化的形式存在，有成千上万种方式去描述生物过程。默克的 Johnson 认为有点像期刊文本文档，很难从文献中挖掘数据。

其他一些公司致力于挖掘现有资源，以发现疾病的生物学机制，基于此来研究治疗疾病的方法。汤森路透位于硅谷的 NuMedii 公司，致力于寻找现有药物的新用途，又称之为药物再利用（Drug Repurposing）。NuMedii 的首席科学家 Craig Webb 表示，使用基因组数据库，整合各种知识来源和生物信息学方法，快速发现药物的新用途。之后，该公司根据该药物原有用途中的安全性来设计临床试验，这样研发药物的速度快而且成本低。Webb 描述了该公司的一个项目：研究人员从 2500 多种卵巢癌样本中搜集基因表达数据，再结合数种计算机算法来预测现有药物是否具有治疗卵巢癌或治疗某种分子亚型卵巢癌的潜力。

（4）复杂性

诺华公司的生物医学研究所（Novartis Institutes for BioMedical Research，NIBR）的信息系统的执行主任 Stephen Cleaver 在三 V 的基础上还增加了复杂性（Complexity）。他认为制药公司的科研人员通过某些病患个体，到某些病患群再到整合所掌握的各种分析数据，这一过程很复杂。在卫生保健领域，大数据分析的复杂性进一步增加，因为要联合各种类型的信息，例如基因组数据、蛋白组数据、细胞信号传导、临床研究，甚至需要结合环境科学的研究数据。

18.1.3　数据挖掘技术在生命科学中的作用

随着数据挖掘技术的迅猛发展以及生物学研究领域的扩展，数据挖掘技术在生命科学中的应用也越来越广泛，具体表现在以下四个方面：

（1）蛋白质结构预测

蛋白质是人体的重要组成之一，而蛋白质的结构又决定了蛋白质的生物功能。因此，掌握蛋白质的结构具有重要的意义。目前，通过实验测定的蛋白质结构和真实的蛋白质序列差别较大，仅仅靠实验来测定蛋白质结构是不能满足需要的。因此，迫切需要一种高级的蛋白质结构预测方式来进行蛋白质结构预测。

蛋白质结构预测主要包括二级结构预测和三级结构预测[5]。二级结构是指组成蛋白质的肽链中局部肽段的空间构象，它们是完整肽链构象的结构单元[5]。而三级结构正是指完整肽链构象。近年来，神经网络和支持向量机在蛋白质二级结构的预测中有较好的效果。这两项技术的优点在于：完全依赖于氨基酸序列，而不需要其他复杂的领域。缺点在于：它们还是基于实验的，实验结果的可理解性也较差。而遗传算法在三级结构中应用较多。主要原理是用三维笛卡儿坐标和二面角来表示蛋白质，易于操作，但缺点是会得到很多无效蛋白质构象。

（2）微阵列数据分析

微阵列（Microarray）是分子生物学领域至今以来最为重大的发现之一[6]。截止到 2003 年，一个微阵列可最多同时表达 30000 个基因信息[7]。但是，随着基因组计划的发展，基因信息量的不断加大，如何更好地分析这样的海量数据，正是微阵列数据分析需要解决的问题。

数据挖掘在微阵列数据分析中的主要应用有：基因的选取，即如何从成千上万个基因中选择与需要分析的任务最相关的基因；分类和预测，即根据基因的表达模式对疾病进行分类；聚类，即发现新的生物类别或对已有的类别进行修正。

（3）DNA 序列相似搜索与比对

DNA 序列间相似搜索与比对是基因分析中最为重要的一类搜索问题。这个研究主要是搜索、比对来自带病组织和健康组织的基因序列，比较出两者的主要差异。主要过程是，首先，从两类基因中检索出基因序列，然后找出每一类中频繁出现的模式。在通常情况下，带病样本中比较出超出健康样本的序列，我们可以认为是致病基因；同样的，在健康样本中出现超出带病样本的序列，我们可以认为是抗病基因[8]。

当然，基因分析所需的相似搜索技术与时序数据中使用的方法不同，因为基因数据是非数字的，其内部核苷酸之间的精确交叉起着重要的功能角色。因此，DNA 序列相似搜索技术对于人才和工具都有很高的要求，难度也就相应加大了。

（4）生物数据可视化

生物数据的海量以及数据库的庞大，增加了基因分析的复杂性。而大多数生物学知识既不能像物理学那样以数学公式表示，又不能像计算机学那样以逻辑公式表示。因此，采用可视化工作可以方便我们观察和研究生物数据，促进模式的理解、知识发现和数据交互。

可视化应用的主要需求有以下三点：①进行序列操作和分析的图形用户界面，通过便捷的桌面工具进行数据的浏览和与数据间的互动。②专门的可视化技术，灵活运用图形、颜色和面积等方法对大量的数据进行描述，最大限度地利用人类的感官对特征和模式进行挑选。③可视编程，属于特殊的、高级的、领域专有的计算机语言的图形描述算法。

目前，主要的可视化工具有图、树、方体和链。具体来说，我们已经采用简单图形显示提供聚类结果的途径，对大规模基因表达原始数据的可视化，并链接标注过的序列数据库，有助于从新的视角看待基因组水平的转录调控并建立模型[9]。

18.2 生命科学数据挖掘实例：基因表达模式挖掘

基因的表达方式对研究生命科学具有非常重要的意义，但基因的表达图谱往往由大量的基因序列组成，采用人工分析是非常困难的，而这种情况下采用数据挖掘的方法往往很有效。下面就将介绍一个数据挖掘技术在生命科学中的应用实例。在该实例中，将用几种方法挖掘基因表达图谱中的模式。

18.2.1 加载数据

所用的数据是 1997 年 DeRisi 在研究酵母基因表达时所得的数据。当时，DeRisi 用 DNA 微阵列研究酵母在新陈代谢过程中的临时基因表达，并在酵母生长过程中的 7 个不同时间点对基因表达水平进行测量，从而得到这些数据。这些数据可以在基因表达的综合研究网站（http://www.ncbi.nlm.nih. gov/geo/query/acc.cgi?acc=GSE28）下载。

首先需要加载数据，代码如下：

```
clc, clear all, close all
load yeastdata.mat
```

18.2.2 数据初探

加载数据后，我们可以通过以下代码先了解一下数据的条数及数据的模样：

```
numel(genes)
genes{15}
```

此节程序运行结果如下：

```
ans =
        6400
ans =
YAL054C
```

当加载数据后，其实我们可以很快发现，真正有效的数据是变量 yeastvalues 中的数据以及这些数据对应的采集时间（Time）。但如何根据这些数据辨识基因的模式呢？为此我们可以先通过可视化数据来查看数据中隐含的信息，具体代码如下：

```
Figure
plot(times,yeastvalues(1:20,:)')
xlabel('Time (Hours)');
ylabel('Relative Expression Level');
title('Profile Expression Levels');
```

该段代码执行后，得到如图 18-1 所示的基本表达水平分布图。从图中可以看出，不同基因位的表达水平分布显著不同，更具体地说，是不同基因位表达水平分布图的形状有差异，但差异有的大有的小，那我们是否可以根据它们的形状对这些基因进行聚类分析呢？答案是肯定的，这样我们就可以找到这个案例挖掘的突破口。

18.2.3 数据清洗

如果我们查看数据，也会发现数据中存在一些空值、冗余等问题，为此在建模前，对数据进行以下步骤的清洗：

```
% 去掉'EMPTY'的数据
emptySpots=strcmp('EMPTY',genes);
yeastvalues(emptySpots,:)=[];
genes(emptySpots)=[];

% 去掉"NaN"数据
nanIndices=any(isnan(yeastvalues),2);
yeastvalues(nanIndices,:)=[];
genes(nanIndices)=[];
% 过滤冗余基因信息
mask=genevarfilter(yeastvalues);
yeastvalues=yeastvalues(mask,:);
genes = genes(mask);
[mask,yeastvalues,genes]=genelowvalfilter(yeastvalues,genes,...
    'absval',log2(3));
 [mask, yeastvalues, genes] = …
geneentropyfilter(yeastvalues,genes,'prctile',15);
numel(genes)
```

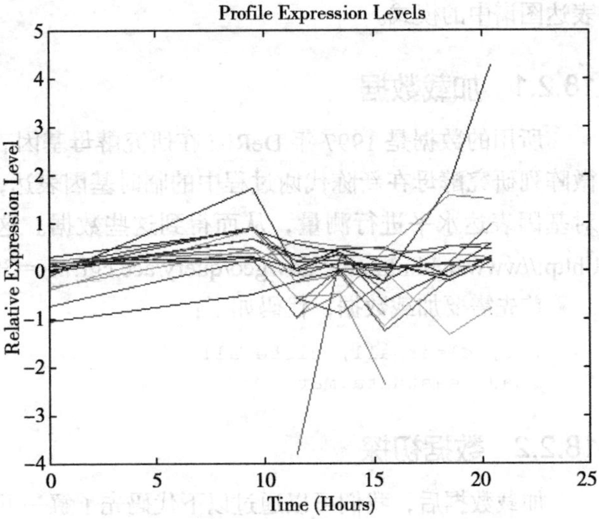

此节程序运行结果如下：

```
ans =
   614
```

图 18-1 前 20 个基因位的表达水平分布图

清洗之后，数据由 6400 条变成 614 条，虽然数据样本变小了，但数据质量更高了，这对数据挖掘的实施来说是非常有利的。在该节程序中，使用了 MATLAB 生物信息学工具箱中的 genelowval-filter 函数来过滤冗余的基因位，关于该函数的具体意义和用法，可以查看 MATLAB 的对应说明文档。

18.2.4 层次聚类

现在我们用聚类方法对数据进行聚类。由于层次聚类容易看出各类的层次感，所以不妨先用层次聚类方法对数据进行聚类，代码如下：

```
corrDist = pdist(yeastvalues, 'corr');
clusterTree = linkage(corrDist, 'average');
clusters = cluster(clusterTree, 'maxclust', 16);
```

```
figure
for c = 1:16
    subplot(4,4,c);
    plot(times,yeastvalues((clusters == c),:)');
    axis tight
end
suptitle('Hierarchical Clustering of Profiles');

figure
dendrogram(clusterTree)
```

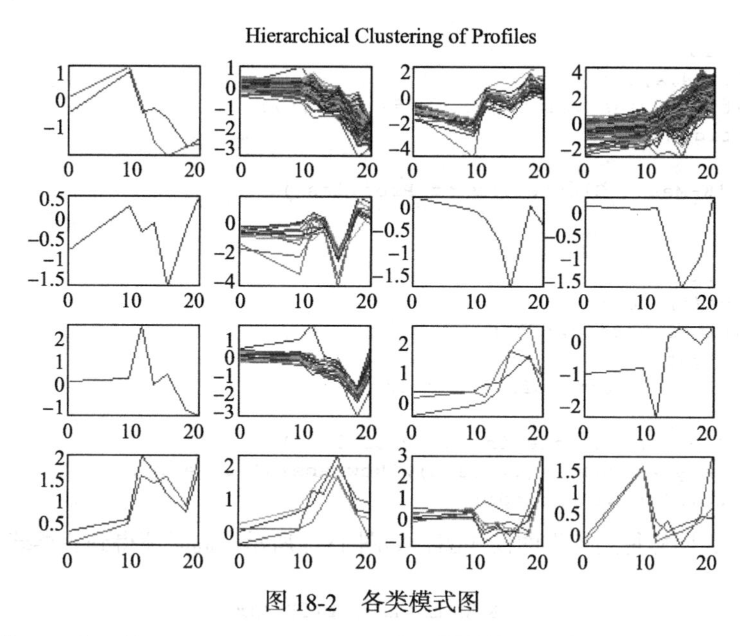

图 18-2　各类模式图

执行本节代码，得到如图 18-2 所示的各类模式图以及如图 18-3 所示的层次结构图。在这里设置了最大聚类数为 16，当然也可以设为其他数值。这里是根据数据的特征及分析所需要达到的效果综合考虑而设置的，这也体现了监督类数据挖掘方法在实践中“监督”的意义。

从图 18-2 可以看出，各类的模式差异还是很显著的，这也说明聚类的效果还是非常好的。由层次结构图来看，聚成 2 类的层次差异最大，当聚类数据越多时差异越小。如果对精度要求不高，从结构图来看，该问题最好聚成 2 类，此时差异最大。但为了获得最多的类别，那么此时就要设置尽量多的类别，只要还具有辨别的区分度。

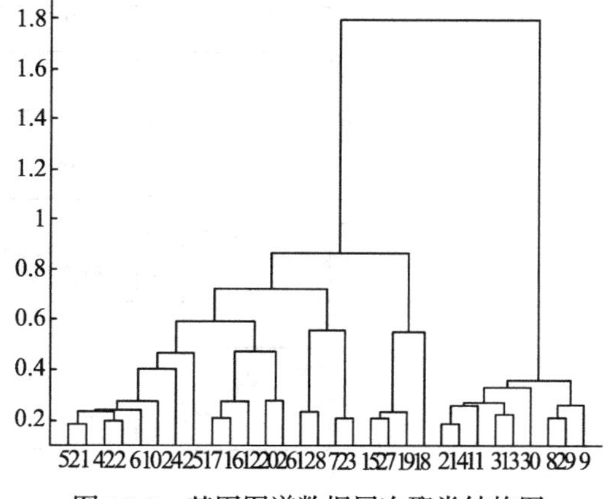

图 18-3　基因图谱数据层次聚类结构图

18.2.5 K-means 聚类

为了尽量多地识别基因的表达模式，在可识别的情况下，我们是希望类别越多越好。从以上层次聚类的效果来看，设置 16 个类别的确还是非常理想的。现在我们可以用另外一种适用性同样很强的聚类算法——K-means 方法重新研究该问题，以便于比较，同时该方法便于寻找统一的模式，因为 K-means 聚类后可以很容易地得到各类的聚类中心。代码如下：

```
rand('state',0);
[cidx, ctrs] = kmeans(yeastvalues, 16, 'dist','corr', 'rep',5,...
                                              'disp','final');
Figure
for c = 1:16
    subplot(4,4,c);
    plot(times,yeastvalues((cidx == c),:)');
    axis tight
end
suptitle('K-Means Clustering of Profiles');

figure
for c = 1:16
    subplot(4,4,c);
    plot(times,ctrs(c,:)');
    axis tight
    axis off    % turn off the axis
end
suptitle('K-Means Clustering of Profiles');
clustergram(yeastvalues(:,2:end),'RowLabels',genes,...
'ColumnLabels',times(2:end))
```

代码执行后，同样得到各类的模式图，如图 18-4 所示，同时还得到各类统一的模式图，

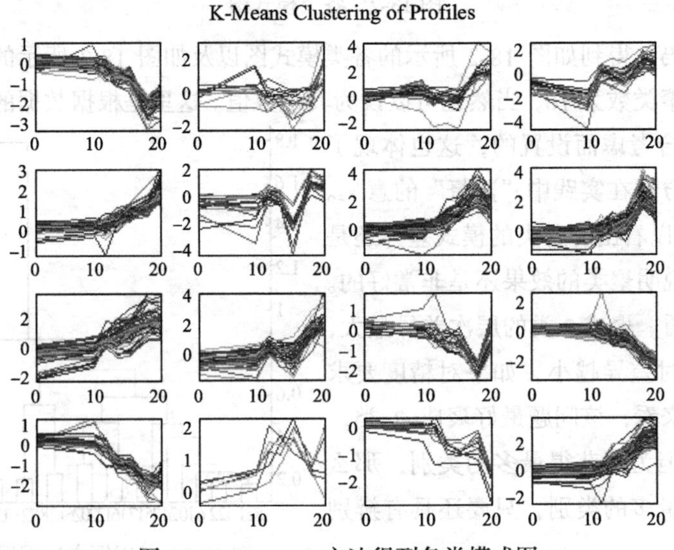

图 18-4 K-means 方法得到各类模式图

如图 18-5 所示。尽管由 K-means 方法得到的各类与层次聚类得到的聚类结果差异很大，但模式区分度都很好，且主流的模式是一致的，这说明两种方法对该问题的聚类效果都很有效。如图 18-5 所示的统一模式图，是本案例最终想要的结果，以这些模式作为参考，就可以对新的基因表达模式进行分类，这对于生物信息学的研究是非常有意义的。

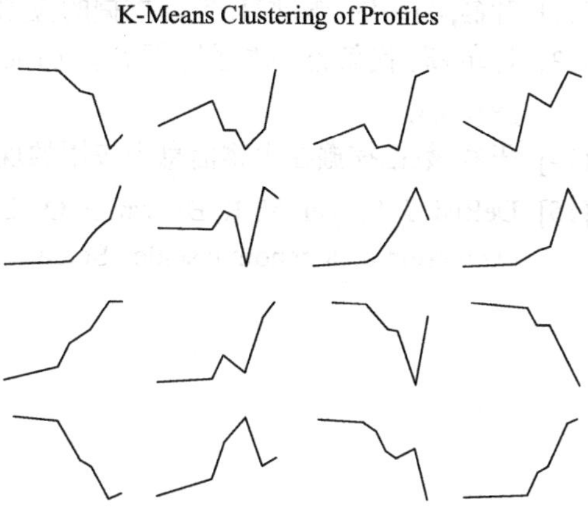

K-Means Clustering of Profiles

图 18-5　K-means 方法得到各类统一的模式图

18.3　小结

在生命科学中，生物信息学和基因工程的迅速发展实施使得生物数据量迅速增长，如何从海量数据中提取出有效信息是迫切需要解决的问题。因此，数据挖掘与生物信息学的结合是计算机科学与生物学发展的必然结果。本章介绍的案例是数据挖掘技术与生命科学结合的一个典型案例，当然这也只是很小的一个侧面，在生命科学中，还有很多地方可以用到数据挖掘技术，所以在这一领域，还有许多值得研究的地方。

参考文献

[1] 杨炳儒, 胡健, 宋威. 生物信息数据挖掘技术的典型应用[J]. 计算机工程与应用, 2007, 43(2)：18,19 和 63.

[2] 王金龙. 数据挖掘研究进展[J]. 青岛理工大学学报, 2007, 28(4)：80-82 和 93.

[3] 何红波, 谭晓超, 李斌, 李义兵. 生物信息学对计算机科学发展的机遇与挑战[J]. 生物信息学, 2005, 3(1)：37-41.

[4] 于啸, 陆丽娜, 程磊. 计算机科学在生物信息学中的应用[J]. 农机化研究, 2006(8)：191 和 192.

[5] 李佳, 江涛. 生物信息数据挖掘应用研究[J]. 中国科技信息, 2009(20)：42 和 43.

[6] Schena M, Shalon D, Davis R W. Quantitative monitoring of gene expression patterns with a DNA microarray[J]. Science, 1995(270)：467-470.

[7] Piatesky-Shapiro G, Tarnayo P. Microarray data mining: facing the challenges [J]. SIGKDD Explorations, 2003(5)：1-5.

[8] 向昌盛. 数据挖掘在后基因组时代生物信息学中的应用[J]. 怀外学院学报, 2007, 26(5)：68 和 69.

[9] 彭佳红, 张铭. 数据挖掘技术及其在生物信息学的应用[J]. 湖南农业大学学报(自然科学版), 2004, 30(1)：83-86.

[10] 朱海燕. 现代信息技术在生物信息学研究的应用[J]. 情报探索, 2006(8)：37-39.

[11] 杨锡南, 孙啸. 生物信息学中基因数据可视化[J]. 计算机与应用化学, 2001, 18(5)：403-410.
[12] 叶磊, 骆兴国, 李健喜. 数据挖掘的应用和发展趋势[J]. 电脑知识与技术, 2006：26和27.
[13] 肖革新, 代解杰. 数据挖掘在蛋白质组学研究中的应用[J]. 生命的化学, 2004, 24(5)：381-383.
[14] 张静. 数据挖掘在生物信息中应用的现状及展望[J]. 电脑知识与技术, 2008：816-817.
[15] DeRisi J L, Iyer V R, Brown P O. Exploring the metabolic and genetic control of gene expression on a genomic scale. Science 24, 1997, 278(5338)：680-686.

第 19 章 Chapter 19

数据挖掘在社会科学研究中的应用

“这是一个令人兴奋的时代，也是一个大数据的时代，数据科学让我们越来越多地从数据中观察到人类社会的复杂行为模式。以数据为基础的技术决定着人类的未来，但并非是数据本身改变了我们的世界，起决定作用的是我们对可用知识的增加”。这段话是全球复杂网络权威，“无标度网络”创立者巴拉巴西（Albert-Laszlo Barabasi）的书《爆发：大数据时代预见未来的新思维》中文版的推荐语。该书提出：“人类行为 93%是可预测的”，这是大数据时代背景下预见未来的新思维，阐述了如何从大数据中塑造未来美好世界的正能量。无论该书的结论有多大的可信度，但一个事实是人类的社会行为正逐步数据化，人类的生产、生活行为都会不同程度地被记录成数据。对于研究社会学的学者或者政府，就可以通过这些数据挖掘到一些有用的信息，从而总结出人类社会行为的共性，为人类社会的有序发展提供理论基础。本章将介绍一个用数据挖掘方法研究人类行为的实例。

19.1 什么是社会科学研究

19.1.1 社会学研究的内容

这个世界变得越来越小和越来越成为一个整体，个人的世界经验却变得越来越分裂和分散。社会学家不但希望了解是什么使得社会团体聚集起来，更希望了解社会瓦解的发展过程，从而作出“纠正”。这种观点主要是社会学中涂尔干学派所持的观点，而其他派别尤其是法兰克福学派，并不探索对社会的救治，因为他们认为对社会疾病提出的救治方案，往往是以一个小群体的观念强加到绝大多数人的身上，这不但解决不了问题，还会使问题加重。今天，社会学家对社会的研究涵盖了一系列的从宏观结构到微观行为的研究，包括对种族、民族、阶级和性别，到细如家庭结构个人社会关系模式的研究。社会学系分成更多更细的研究方向，包括像犯罪和离婚，在微观方面例如人与人之间的关系。

19.1.2 社会学研究的方法

社会学家还常用定量研究的方法从数量上来描述一个社会总体结构，以此来研究可以预见社会变迁和人们对社会变迁反应的定量模型。这种由拉扎斯费尔德（Paul F. Lazarsfeld）倡导的研究方法，现在是社会学研究中的主要方法论之一。社会学研究方法的另外一个流派是定性研究，包括参与观察、深度访谈、专题小组讨论等收集资料的方法，以及基于扎根理论、内容分析等定性资料的分析方法。从事定性分析的部分社会学家相信，这是一种更好的方法，因为这可以加强理解“离散”性的社会和独特性的人文。这种方法从不寻求有一致观点，但却可以互相欣赏各自所采取的独特方式并互相借鉴。主流的观点认为，定量和定性这两种研究方式是互补的，而不是矛盾的。

人类学方法的大致研究过程或步骤如下：

1）确定研究的现象。

2）确定研究对象。

3）接近研究对象的准备。

4）收集资料：观察—阐释—再观察—新的阐释……

5）整理、分析资料。

6）得出相对概括性的阐释。

19.1.3 数据挖掘在社会科学研究中的应用情况

社会科学研究的是人，以及人所在的群体、组织和相互关系。社会是由人和关系组成的，而社交网络为人们提供了在线交流和传播信息，人们在线社会化生活，社会化媒体形成新的媒介生态环境，社交媒体为人们构建了一张巨大的社会网络且不断演化，关键是这些信息都被记录下来，网络科学和社会网络分析成为大数据分析的重要技术和方法论，网络科学让我们能够更好地观察到人类社会的复杂行为模式。所以大数据更偏爱社会科学，从自然人到经济人，现在进入了社会人的社会化生存，社会越来越个性化，意味着人越来越需要社会化。大数据时代重在研究网络环境下社会人的态度行为和社会影响，传统的社会“平均人”已不是重点，过去的数据分析更多地给出的是群体行为模式，如北京人如何，大学生如何，高收入群体如何，现在我们可以基于大数据分析和挖掘每一个人的社会行为，如果我们能够从大数据中捕捉某一个个体行为模式，并将分散在不同地方的信息数据全部集中在大数据中心进行处理，就能捕捉群体行为。所以，有种说法，大数据时代也是社会科学研究的春天来了。

美国政府在 9·11 后启动了大规模数据挖掘项目，奥巴马政府提出了大数据战略，反恐和挖掘恐怖分子及网络成为大数据应用的经典案例。美国能源机构根据每个家庭的用电数据，为每个家庭提供能源使用报告，分析比较该家庭与周边或同类家庭能源的使用情况，由此带来整个社会的能源节约。大数据的简单算法比小数据的复杂算法更有效，Google 和 Facebook 的成功，其经营模式并非建立在硬件或软件基础上，而是拥有用户大数据和挖掘数据的能力。

大数据时代的诞生即将催生很多创新产业，重构甚至颠覆某些行业的传统产业链。基于移动互联网的智能终端 APP 应用、物联网和社会化媒体原则上讲都是云计算和大数据应用。不久前淘宝与新浪微博的战略合作将大数据的可能商业应用和发展前景推向产业前端，进一步掀起了大数据产业的新高潮。从一定意义上讲，大数据应该是国家战略，大数据是一种社会公共资源。但是当今大数据更直接的影响是对商业模式和企业运营的改变，基于大数据分析的数据库营销和精准营销成为企业重要的营销手段，越来越多的企业认识到了数据挖掘的价值，将大数据处理能力作为最重要的核心竞争力。社会征信稽核、税收欺诈、银行欺诈侦测、电子商务个性化服务、个性化推荐技术、搜索引擎的精准营销、广告实时竞价等大数据应用越来越广泛，随着可穿戴技术的发展，社交网络会深入和影响社会生活的方方面面。如果我们能够分析每一个个体，进行社会计算，我们就可以预知社会。

另外，大数据对社会科学，特别是传播学研究带来革命性的变革和研究方法论上的创新。特别是微博重塑了社会关系总和，微媒体产生的微动力在一定程度上改变了媒介生态环境，舆情和谣言的信息传播经由社会网络，在大数据条件下可以采用网络科学的结构性角度捕捉整个传播路径、传播模式和传播过程。对信息扩散过程全貌的分析与剖析是研究大数据挖掘中信息（谣言）传播过程更为扎实且具体的方法。从整个信息传播系统的角度考察信息传播或谣言形成、扩散与消失的过程，实际上就是将信息置于整个传播生态的背景下，通过对微观个体的多样性与差异性来建模，再现信息传播的演化过程，深入分析信息传播过程中的各种属性因素，特别是思考网络关系和传播结构等因素的影响，对于建立正向反馈与应急传播机制具有实际的社会意义，比如，我们将实现有效阻击谣言通过人际传播在网络中形成的自组织现象，避免在自组织的临界状态下导致舆情的发生和突变。社交网络产生的大数据，可以让我们从关系视角构建人际传播和结构主义研究范式，可以在微观与宏观的分野间架起传播结构与传播网络研究的桥梁。大数据将助力传播学新的研究范式和方法论。

尽管我们目前对人类传播行为方式理解极为有限，而且传播过程中的个体行为多样善变，借助大数据，我们仍然具备识别其多个个体所构成的受众群体的传播行为模式的能力。也就是说，尽管我们面对着个体的受众有其自由的个性化，我们还是能够对社会整体进行预言，甚至我们也可以对个人传播意图和行为能够自由到何种程度有所感知，由这些个体所构成的整体网络会呈现一定的传播模式和传播效果，这对于制定宣传策略、了解传播效果的研究将颇有帮助。

19.2 社会科学挖掘实例：人类行为研究

数据是从人们随身携带的手机上获取的人们从事 6 种不同活动时的各种测量数据。目标是建立一个模型以用来自动识别新的测试数据所属的活动类型。

19.2.1 加载数据

数据保存在一个 mat 文件中，变量 Xtrain 中的每行记录表征一个人的各种测量数据，而变量 ytrain 中表征的则是这个人的活动类型。

```
clc, clear all, close all
load HAData
```

19.2.2 数据可视化

数据集含有 561 个变量，属于高维数据集，所以在探索数据时只能选择部分变量进行数据可视化，如图 19-1 所示。或者采用数据降维的方式缩减数据集，比如可以采用 PCA 方法对数据先进行降维，然后采用可视化主成分因子的方式来探索数据的可挖掘性。图 19-2 即为采用 PCA 降维之后第 1 主成分和第 2 主成分的散点关系图。

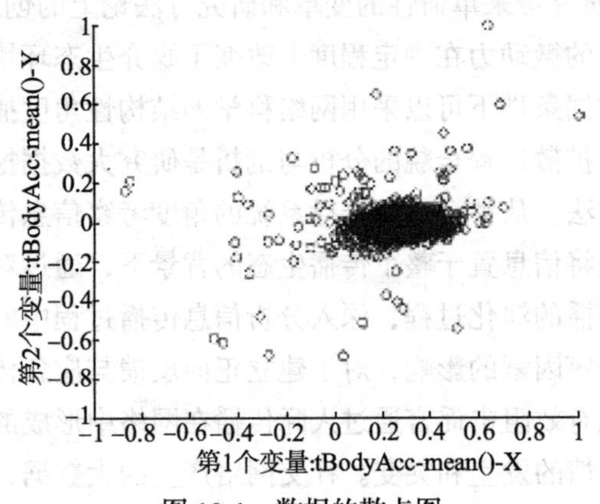

图 19-1 数据的散点图

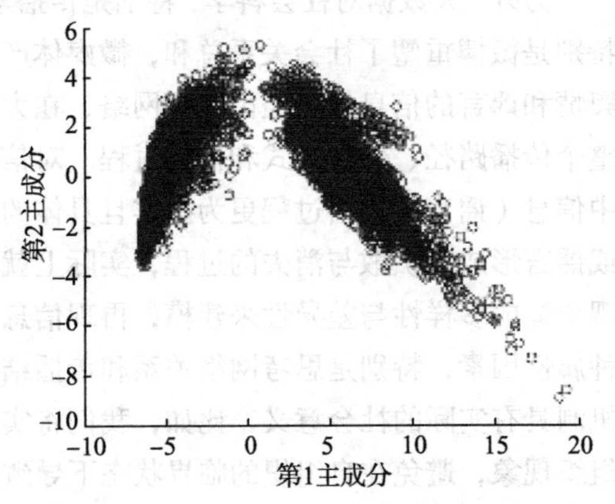

图 19-2 PCA 方法得到的第 1 主成分与第 2 主成分关系图

```
Figure
scatter(Xtrain(:,1),Xtrain(:,2))
xlabel('第 1 个变量:tBodyAcc-mean()-X')
ylabel('第 2 个变量:tBodyAcc-mean()-Y')
figure
[coeff,score,latent] = pca(Xtrain);
scatter(score(:,1),score(:,2))
xlabel('第 1 主成分')
ylabel('第 2 主成分')
```

19.2.3 神经网络

MATLAB 带有一个神经模式识别工具（Neural Pattern Recognition Tool），在 MATLAB 中输入：

```
% "nprtool" 就可以启动这个可交互的神经网络分析工具。按照工具向导可以很容易地得到网络模型，并且可以自动生成整个过程的代码：
net = patternnet(15); % Initialize network
% Setup Division of Data for Training, Validation, Testing
net.divideParam.trainRatio = 70/100;
net.divideParam.valRatio = 15/100;
net.divideParam.testRatio = 15/100;
% Train the Network
rng default
net = train(net, Xtrain', dummyvar(ytrain)');
save trainedNet net
```

19.2.4 混淆矩阵评价分类器

最直接有效的方法是采用混淆矩阵方法评价这个分类器，具体代码如下：

```
scoretrain = net(Xtrain')';
[~, predtrain] = max(scoretrain,[],2);
c = confusionmat(ytrain, predtrain);
dispConfusion(c, 'NNTrain', labels);
scoretest = net(Xtest')';
[~, predtest] = max(scoretest,[],2);
c = confusionmat(ytest, predtest);
dispConfusion(c, 'NNTest', labels);
fprintf('Overall misclassification rate on test set: %0.2f%%\n',...
    100 - sum(sum(diag(c)))/sum(sum(c))*100)
```

此节程序运行结果如下：

Performance of model NNTrain:

	Predicted WALKING	Predicted WALKING_UPSTAIRS	Predicted WALKING_DOWNSTAIRS	Predicted SITTING	Predicted STANDING	Predicted LAYING
Actual WALKING	99.92% (1225)	0.08% (1)	0.00% (0)	0.00% (0)	0.00% (0)	0.00% (0)
Actual WALKING_UPSTAIRS	0.09% (1)	99.81% (1071)	0.09% (1)	0.00% (0)	0.00% (0)	0.00% (0)
Actual WALKING_DOWNSTAIRS	0.00% (0)	0.00% (0)	100.00% (986)	0.00% (0)	0.00% (0)	0.00% (0)
Actual SITTING	0.00% (0)	0.08% (1)	0.00% (0)	97.28% (1251)	2.64% (34)	0.00% (0)
Actual STANDING	0.00% (0)	0.00% (0)	0.00% (0)	2.84% (39)	97.16% (1335)	0.00% (0)
Actual LAYING	0.00% (0)	0.00% (0)	0.00% (0)	0.00% (0)	0.00% (0)	100.00% (1407)

Performance of model NNTest:

	Predicted WALKING	Predicted WALKING_UPSTAIRS	Predicted WALKING_DOWNSTAIRS	Predicted SITTING	Predicted STANDING	Predicted LAYING
Actual WALKING	98.99% (491)	0.20% (1)	0.81% (4)	0.00% (0)	0.00% (0)	0.00% (0)
Actual WALKING_UPSTAIRS	4.46% (21)	94.90% (447)	0.42% (2)	0.00% (0)	0.21% (1)	0.00% (0)
Actual WALKING_DOWNSTAIRS	0.71% (3)	6.43% (27)	92.86% (390)	0.00% (0)	0.00% (0)	0.00% (0)
Actual SITTING	0.00% (0)	0.41% (2)	0.00% (0)	87.17% (428)	12.42% (61)	0.00% (0)
Actual STANDING	0.00% (0)	0.00% (0)	0.00% (0)	3.01% (16)	96.99% (516)	0.00% (0)
Actual LAYING	0.00% (0)	0.00% (0)	0.00% (0)	0.00% (0)	0.74% (4)	99.26% (533)

Overall misclassification rate on test set: 4.82%

19.2.5 ROC 法评价分类器

另一种比较直观的方法是绘制分类的 ROC 曲线（如图 19-3 所示），通过 ROC 曲线来判断分类器的效果，代码如下：

```
Figure
rocplot(dummyvar(ytest), scoretest, labels, 1);
```

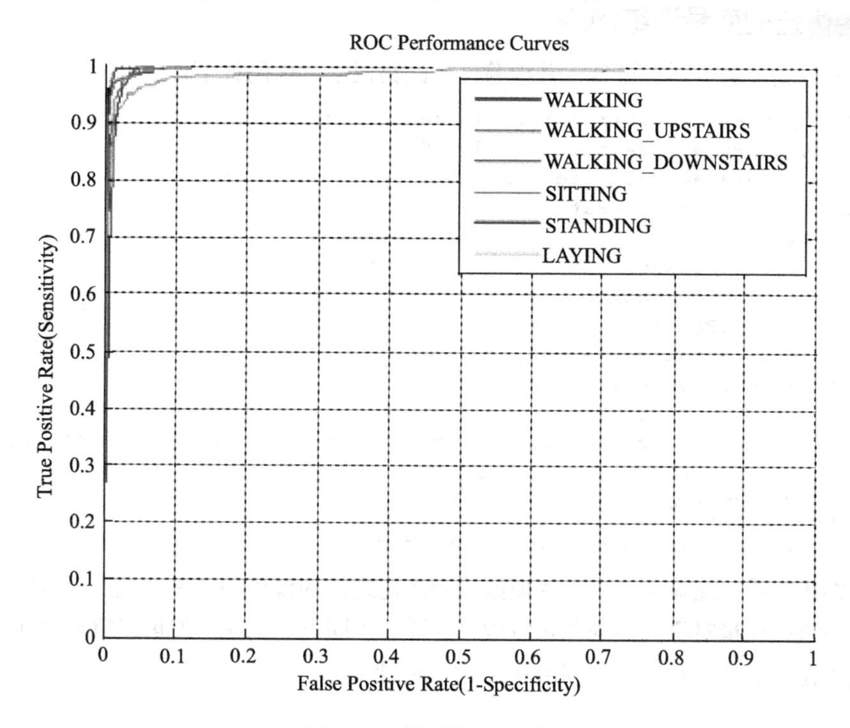

图 19-3 模型的 ROC 曲线

19.2.6 变量优选

这个问题中，变量较多，所以可以考虑通过变量筛选的方式或数据降维的方式优选变量。当然可以用前面用过的 PCA 方法，但 PCA 方法不利于确定具体重要的变量。这里采用一种双样本 T 检验的方法来优化变量，代码如下（如果需要更进一步了解这个方法的实现过程，可以研读函数 featureScore 的实现过程）：

```
[featIdx, pair] = featureScore(Xtrain, ytrain, 20);
redF = unique(featIdx(:));
XtrainRed = Xtrain(:,redF);
XtestRed = Xtest(:,redF);
disp(['筛选后的变量编号: ',num2str(redF')]);
```

此节程序运行结果如下：

```
筛选后的变量编号: 4    5    7    10    16    17    38    40    41    42    43    50    51
```

```
52   53   54   55   56   57   58   59   63   64   66   67   68   69   70   71   72
73   74   75   76   77   78   80   88   90   103  104  105  143  146  183  185
186  188  201  202  203  204  206  210  211  214  215  216  217  219  223  224
227  228  229  232  234  235  266  267  269  272  273  281  282  288  289  294
296  297  298  303  311  315  367  368  369  446  451  452  503  504  505  506
508  509  511  517  524  539  550  559  560  561
```

19.2.7 用优选的变量训练网络

用筛选后的变量重新训练模型，并检验模型的错误率，代码如下：

```
netRed = patternnet(15); % Initialize network
netRed.divideParam.trainRatio = 70/100;
netRed.divideParam.valRatio = 15/100;
netRed.divideParam.testRatio = 15/100;
rng default
netRed = train(netRed, XtrainRed', dummyvar(ytrain)');
save trainedNetRed netRed
scoretest = netRed(XtestRed')';
[~, predtest] = max(scoretest,[],2);
c = confusionmat(ytest, predtest);
dispConfusion(c, 'NNTestRed', labels);
fprintf('Overall misclassification rate on test set: %0.2f%%\n',...
    100 - sum(sum(diag(c)))/sum(sum(c))*100)
```

此节程序运行结果如下：

```
Overall misclassification rate on test set: 6.31%
```

从执行结果来看，经筛选变量后的模型错误率比之前的模型稍微高一些，但所用的变量确实少了，说明这些变量对研究该问题很有效，这样对于同类的问题，就可以重点关注这些有用的变量，这也是数据挖掘在社会学研究中的又一贡献。

19.3 小结

大数据分析思想已经推广到了社会科学研究的多个学科领域。当今社会是网络化和数据化的，只要我们生活在社会中，我们就不得不同网络打交道。大数据可以让社会更民主，传播网络可以帮助我们获得大规模的言论分享度，无论赞同还是反对，无论我们想不想与大数据牵扯到一起，数据都会找到我们，覆盖我们。开放的社会，美好的心灵，大数据时代的崛起，我们必须勇于面对，热情拥抱大数据，迎接大数据的挑战。

第四篇

理 念 篇

技术如身躯，理念如灵魂，前三篇都是从技术层面介绍大数据的应用，本篇则将介绍大数据应用的理念。理念实际上就是思想和经验的整合，有了理念的指导，数据挖掘师才可以更好地驾驭各种技术。从大数据应用这本书的角度，有技术有理念，全书才更完整，也便于读者从系统、从整体的角度去梳理整本书介绍的知识和技术。

本篇包含第 20 和 21 两章，第 20 章侧重数据挖掘项目实施过程中各种技术应用的经验和对各方面问题的权衡和拿捏，体现了技术应用中艺术性的一面；第 21 章侧重数据挖掘项目实施过程中的项目管理和团队管理，以及对团队中的个体如何成长的经验介绍。

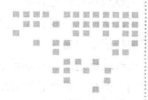

第 20 章 Chapter 20

数据挖掘的艺术

前面几篇从技术层面介绍了数据挖掘的流程、算法、工具、项目实施等内容。其实，影响数据挖掘价值的因素很多，除了技术方面的因素之外，还包括分析师本人对于数据挖掘的理解、态度、意识、商业敏感度等方面，从某种意义上来说，后面的几个因素对数据挖掘成果的影响要远远超过纯技术层面因素的影响。可以说，数据挖掘是艺术与技术的集合，而且艺术的成分往往起决定性的作用，这种艺术往往就体现在分析师对数据、商业、技术的理解和掌控上。本章主要探讨分析师在数据挖掘项目实施的过程中对各方面把握的艺术。

20.1 确定数据挖掘目标的艺术

20.1.1 数据挖掘中的商业意识

数据挖掘目标都是为了产生商业决策，数据能从各个维度为管理层提供决策的依据，比如通过数据分析进行库存控制、价格调节、选择产品组合、设计产品套餐和产品推荐方式等，所有这些都是整体商业决策的一部分。并且，数据挖掘的商业目标直接决定着随后的数据准备、建模、评估等环节，所以确定数据挖掘目标在数据挖掘中至关重要。既然确定数据挖掘的目标如此重要，那么如何确定合理的商业目标呢？

从笔者的数据挖掘经验来看，确定数据挖掘的目标更多依靠的是对数据的敏感度和对商业的理解，更确切地说是商业意识。商业意识是指一种能够贯穿于商业环节的思维方法，一般包括市场洞察力（发现商机或商业问题）、商业反应能力（制定相应的商业策略）和商业执行能力。商业意识既跟数据挖掘技能有关，又跟技能有很大的区别，主要表现在意识的层面和技能的层面；数据挖掘技能很容易学习，无论是软件的操作、算法的培训，还是工具的使用，只要按照特定方法，按部就班地按照教学计划的安排去学习，总有完成和掌握的那一天，并且不需要花费太多的时间。但是，商业意识的培养和具备却并没有如此得简单和直接，它跟每个人的兴趣有关，跟天生的特长也有关。商业意识虽然可以刻意去培养，但是其培养难度远大于对分析技能的培养。当你看到一堆数据，如果能很快想到背后的商业价值和商业应用场景，那表明你具有了一定的商业意识。举例来说，某网站上婴儿纸尿布的销量增加明显，分析师发现了这个现象，然后预测婴儿奶粉的销量也将随着上升，那就说明他具有了一定的商业意识。

20.1.2 商业意识到数据挖掘目标

商业意识在更多的情况下只是停留在意识层面，就是有很多想法，但对于一个具体的数据挖掘项目，要尽量明确目标，以便于数据挖掘项目的实施。所以在确定数据挖掘目标时，就是要将项目干系人的商业意识经过认真的过滤、探索、考证等过程，最终确定成更具体、更可行的数据挖掘目标。

那么如何将海阔天空的商业意识转成实实在在的商业目标呢？一种比较有效的方法就是头脑风暴。

头脑风暴（Brainstorming）指一群人（或小组）围绕一个特定的兴趣或领域，进行创新或改善，产生新点子，提出新办法。当一群人围绕一个特定的兴趣领域产生新观点时，由于会议使用了没有拘束的规则，人们就能够更自由地思考，进入思想的新区域，从而产生很多的新观点。当参加者有了新观点和想法时，他们就大声说出来，然后在他人提出的观点之上建立新观点。对于数据挖掘项目来说，这种观点都是商业意识的几种反应，通过头脑风暴，更具有生命力的商业意识逐渐沉淀下来，形成了大多数人认可的数据挖掘的目标。应该说，头脑风暴加上会议讨论是确定数据挖掘目标的有效方法。可以说，在数据挖掘中，商业意识本身就是一种对数据理解的艺术，而确定数据挖掘的目标，是通过一种艺术的方法将艺术进一步凝练的过程。

20.1.3 商业意识的培养

对于商业意识，一部分是先天所具有的，但更多的部分是需要后天培养的。多学习，多思考，多实践，所谓勤能补拙是良训，这些话说起来容易，真正培养商业意识时似乎没这么简单，因为还应具备另外一个条件，那就是兴趣和爱好。如果自己对于商业分析和商业应用的兴趣不大，那么无论多么努力，效果也不会好到哪里，不是有这么一句俚语，“强扭的瓜不甜”。这正如学佛的人，如果没有信，即信仰、笃信佛教，纵然“闻思修”也是无能为力的。也就是说，只有发自内心地爱好商业分析和商业应用，才可能培养出浓厚的商业意识。具有浓厚的商业意识是数据分析师的核心竞争力之一。

20.2 应用技术的艺术

20.2.1 技术服务于业务的艺术

数据挖掘的本质是来源于业务需求，服务于业务需求，脱离业务，那数据挖掘和数据分析也就没有存在的价值和意义了。道理看上去是不是非常简单直白？但是不少数据分析师在工作中还是有意无意地表现出了轻视业务的态度。技术很重要，数据挖掘离不开技术。非结构化是大数据的一大特点，面对海量的非结构化数据，对技术的要求越来越高。人工智能、机器学习的需求增多，以及对数据预处理的要求也日益提高。但是从整体的数据挖掘过程来看，技术及技术人员在其中扮演的应该是辅助的角色。技术是从不断的数据挖掘过程中逐渐提炼出来的模型，它本身就是在业务的不断变化中演变出来的，也必须随着业务变化不断调整。

如果我们做数据挖掘，一开始就局限在“数”的范畴内，就像没有罗盘在迷雾中前行，很容易迷失方向，最后什么也挖掘不出来。数据挖掘也是这个道理：首先有了对业务的理解和对商业规律的把握，看到当前业务背后的规律是什么，再去提出假设，分析各种行为特征，最后才是通过技术分析验证之前的假设。这才是在实践中被广泛认可的数据挖掘过程。遵循这个过程，数据挖掘便通达了。由此可见，数据挖掘中对“理”的把握最为关键。把握“理”的核心，则是根据业务中各种对象的逻辑关系建立起的业务模型。

为了让数据挖掘项目有意义，不脱离实际。数据分析师可从以下几个方面规避技术人员对业务理解的不足：

一是多倾听业务人员对业务的理解和看法。这样一来，就可以熟悉业务背景，了解业务流程，知道业务团队和业务人员是如何思考他们业务的，进而促使数据分析师逐渐向业务靠拢，逐渐培养其与业务团队的“共同语言”，最终推进数据分析师的思路、技术、方案与业务方融合。在实践中，笔者多次发现，在与某些业务人员进行交流后，发现这些业务人员对任务的理解和认识已经相当深刻，他们可以根据现有的业务关系，准确判断业务之间的关联关系、数量关系，以及他们对数据有哪些宝贵的认识。这样，通过与他们进行交流后，就能比较容易地确定数据挖掘项目的商业目标，快速锁定数据挖掘的重要数据、重要关系，从而轻松得到有价值的数据挖掘结果。更不可思议的是，这些挖掘结果跟某些业务人员的推算一致。所以说，与业务人员进行交流是提高数据挖掘项目效率和效果非常实用的方法。

二是多运用机理分析的方法对业务和数据进行分析。机理分析是通过对系统内部原因（机理）的分析研究，从而找出其发展变化规律的一种科学研究方法。这种方法常常与科学研究的演绎法配合使用，相辅相成，在科学发展的历史上起到了巨大的作用。例如，万有引力定律的发现和相对论的创立，可以说几乎所有物理理论的建立都离不开机理分析。其实，在数据挖掘中，如果借助机理分析，能够保证我们快速理清所研究数据对象之间的相关性和逻辑关系。比如，我们现在要帮助一家银行向目标客户推荐理财产品，那么如何利用数据挖掘提高推荐的成功率呢？我们可以运用机理分析的方法分析客户购买理财产品的行为：首先分析客户购买理财产品的原始动力，因为有相对稳定的积蓄，为了提高收益，才购买理财产品。这样我们就可以确定客户的家庭储蓄是个重要的因子，体现在变量上就是这个客户在这家银行的存款，以及存款的历史记录。然后我们就可以从数据库中查找已经购买各种理财产品的客户的存款以及最终购买的产品类型，这样就可以用这些数据训练一个简易的分类模型去确定向客户推荐哪类理财产品合适了。

三是通过各种知识媒介，比如书籍、网络了解相关业务，提高自己的知识面和对业务理解的深度，从根本上提高“内功”，这样可以增大对业务理解的正确率，同时自然也增强了数据挖掘项目的有效性。

20.2.2 算法选择的艺术

在数据挖掘项目实施的过程中，经常需要对算法进行选择。因为在数据挖掘中，存在多种算法，即便是一个分类问题，也存在十余种可供选择的算法，如图 20-1 所示。那如何选择合适的算法呢？有些数据分析师总喜欢使用高级的算法，持有这种观念的分析师，会过分追求所谓尖端的、高级的、时髦的、显示自己技术水准的数据分析挖掘技术，认为算法越高级越好，越尖端越厉害。在面临算法选择时，这类分析师首先想到的是选择一个最尖端的、最高级的算法，而不是从课题本身的真实需求出发去思考最合理、最有性价比的算法。

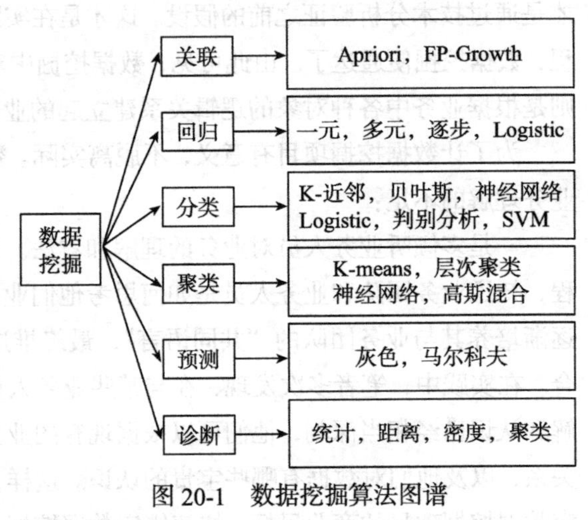

图 20-1 数据挖掘算法图谱

任何一个数据挖掘项目，至少都会有两种以上的不同分析技术和分析思路。不同的分析技术常常需要不同的分析资源投入，还需要不同的业务资源配合，而产出物也有可能是不同精度和不同表现形式的。这其中孰优孰劣，根据什么做判断呢？是根据项目、课题本身的需求精度、资源限制（包括时间资源、业务配合资源、数据分析资源投入）等来做判断和选择，还是按照分析技术的高级与否做判断和选择？不同的考虑方式和选择结果，决定着项目的资源投入和对业务需求满足的匹配程度，一味选择尖端的、高级的算法和分析技术很可能会造成项目资源投入的浪费，并且很可能不是最适合业务需求的方案。在很多时候，无论从投入还是效果考虑，一些常规、简单的算法反而更实用。比如同样是对某个问题使用 SVM 算法来进行分类，因为 SVM 核函数有多种，选择合适的核函数是关键。一般情况下，平面的核函数最有效，但一些分析师总是喜欢使用高次的、径向的等复杂的核函数，虽然测试的正确率比较高，但对数据的外推性就往往比较差，此时还不如选择一般的平面核函数，既容易实现，也比较稳定。

追求算法的准确和先进本身没有错，但是一味强调算法的先进性，忘记了业务因素对分析项目的决定性影响，忘记了数据挖掘是为业务服务、满足业务需求的根本宗旨，实际上就是本末倒置、舍本逐末，其实践后果通常就是浪费了分析资源，或者丢掉了最佳性价比的方案。所以在选择算法时，还要根据项目的本身特征，并结合算法的适应性和优缺点，从而选择最合适的算法。

20.2.3 与机器配合的艺术

数据挖掘项目是个系统工程，需要靠人与计算机相互配合才可以完成，这里面就会有个问题，人与计算机如何分工、协调才合适呢？有些分析师认为计算机（分析软件）是可以最大程度（甚至几乎可以完全）代替分析师手工劳动的，于是，即使在很多关键的需要人工介入的步骤和节点，数据分析师仍然简单、轻率地交给机器去处理，盲目、过分地依赖机器的"智能"。其主要的表现形式就是，数据分析师拿了一堆分析数据，不加任何处理（或者只做了简单的处理）就交给机器（分析软件）去自动完成模型搭建，然后直接拿这个去交差。这种数据挖掘方式，对于一些成熟的模式还有些意义，但对于新的数据挖掘项目，是不可取的。

在数据挖掘项目中，80%的时间是花在数据的熟悉、清洗、整理、转换等数据处理阶段的，在这个阶段虽然计算机（分析软件）可以大量取代分析师手工进行规范化的、重复性的工作，但是仍然有相当多关键性的工作是需要分析师手工进行的，比如计算机最多可以告诉你数据的分布统计特征、变量之间的相关性，但是背后隐藏的是什么样的业务逻辑，如何取舍这些变量等核心的问题是需要分析师去判断去决定的；又比如，现在很多分析（挖掘）软件都有默认（Default）的参数设置，但是实际上这些默认的设置并不能有效符合任何一个特定的、具体的数据分析课题场景。因此在具体的数据建模过程中，各种算法的参数如何设置，选择哪种算法最合适等这些重要的问题，都是需要数据分析师凭借自己的专业水平和项目经验去作出判断和决定。上述种种场景都说明了，数据分析和数据挖掘建模过程中，纵然有先进的分析（挖掘）工具，但是数据分析师人工的投入和判断仍然是必不可少的，我们经常需要手工进行探索。

所以说人的参与在整个数据挖掘项目中是必不可少的，而且是非常关键的。分析师应该具有驾驭计算机的能力，实现人与机器的有机配合。那么如何实现这种默契的配合呢？其实与计算机的配合和与团队其他人员的配合的根本逻辑是一致的，就是"各取其长，各避其短"，更直白地说就是要各自发挥自己的长处。计算机拥有超强的计算能力，可以运行各种不同的程序，这是人类不具有的；同样，人类的创新能力，自我思考，也是计算机所不具有的，计算机只能按照事先设定好的程序、规则进行各种运算，不能变通。纵然各有所长，但是人在项目中充当的角色是主人，计算机只是辅助，所以一定要充分发挥人的管理、协调、决策、思考的能力，从容、轻松地驾驭计算机，从而达到人与机器的紧密协作，去完成整个数据挖掘项目。

20.3 数据挖掘中平衡的艺术

20.3.1 客观与主观的平衡

数据和数据挖掘是客观的，那么数据分析师面对分析和结论时也应该是客观的。但是，在数据挖掘项目实施的过程中，优秀的数据分析师会在客观的基础上，抱有一定的主观态度。这里的主观主要体现在以下几个方面：

数据分析师对于分析的目标和分析的产出物应该有自己主观上的预判，并且优秀的数据分析师所做的这些主观上的预判通常都会被后期的事实所验证（证明是正确的）。这种主观其实就是数据分析师经验和能力的体现，即所谓的胸有成竹。这种预判上的主观可以有效提升具体商业实战中的分析效率，能更好地支持商业需求。当然，这里的主观也绝对不是自以为是的主观，这里的主观也是要经过后期的商业实践检验的。当数据分析师的主观预判一而再、再而三地被商业实战证明是正确的，你能说这种能力不是数据分析师的核心竞争力吗？对于一个分析需求是否合理，如何更合理地修正分析需求，分析中会出现什么具体的数据方面的难题，基于现实的数据质量如何，模型大致可以达到怎样的预测精度范围等，诸如此类的商业分析问题，一名优秀的数据分析师是可以很快给出其主观判断的，并且这些主观判断通常会在后期的商业实践中得到检验。

什么样的主观是合理的，什么样的主观是盲目的，用文字来定义常常容易引起歧义，正如世界上很多事情都只可意会，难以准确言传一样，关于主观的分寸把握还是要依赖于具体的数据分析师的经验和情商。当你能够熟练地穿越于客观与主观之间，当你的主观与客观能有效地在数据挖掘的实践中得到检验和回报时，你已经是个当之无愧的高级数据分析师了。

20.3.2 数据量的平衡

最近两年产生并记录的数据，总量占到人类文明以来所有数据总和的90%。我们源源不断地记录着一切有价值的信息，世界和万物的变化数据变成一座“自动生长”的金矿，数据挖掘技术则负责从矿山中挖出金子。我们不可能把整个数据集都放入到数据挖掘计划中，我们必须选择所需要的数据，必须确保数据的正确性，因为如果没有投入正确的数据，技术就很可能不奏效。从统计学的角度，以往因为无法预计总体，所以需要抽样，当有足够的数据时，是不是就不需要抽样了呢？如果有抽样就意味着有抽样误差，而如果没有了抽样，很多情况数据量实在是太大，真如同大海捞针。抽样实际上考虑的是数据的量，那么在大数据时代，我们做数据挖掘如何把控数据的量呢？

纵然是有些争论，但一般认为，在绝大多数情况下，还是需要对数据样本进行抽样，一是我们真的很难将如此多的数据纳入挖掘技术，二是目前的计算机也很难快捷地处理那么多的数据。其实大数据挖掘和抽样并不矛盾，抽样是个高效便捷的方法论，越大的数据越需要抽样，只是对抽样的要求会更高。分布式（Map-Reduce 等）和实时处理（流计算、内存计算）的发展，让大规模数据分析成为可能。但从效率和成本的角度考虑，适当和合理的抽样也是有必要的。就像两个极端，而我们总是要找到一个平衡点。

大数据，其显性特征是超出一般算法或一般硬件计算处理能力的“大”规模数据；其伴随的另一个特征，就是拥有足以刻画样本特征空间以外的“超额”样本。前者显性特征推动了并行/云计算的软硬件发展，后者则从商业模式和数据分析的方法论层面推动了行业变化。怎么理解这些“超额的样本”带给我们的价值呢？显然，通过数据刻画对象的全局特征，获得全体统计规律及关联规则并不需要这些“超额的样本”，因此才有“大数据是不是越多越好”、“大数据是否需要抽样”这样的辩论，这是在大数据时代之前关心的问题。可以说，纠结于这些问题的人还未触及大数据的核心价值。大数据时代之前，我们处理的是小样本或适度抽样后的小数据进行群体规律的知识发现（KDD）；在大数据时代，我们依赖从小样本挖掘出的或原本就已知的经验规则，并通过搜索海量样本数据发现目标个体来兑现商业价值，或直接从海量的数据中挖掘尚未发现的规则，来拓展更广泛的商业价值。

所以，纵然在大数据时代，数据分析师不能盲目地对“大数据”进行挖掘，否则会陷入“超额的样本”中。既然在大数据时代之前，我们已经可以从数据中找到很多有价值的知识，那么在大数据时代，我们更可以从容地发现更多的知识，因为大数据丰富了我们的素材，我们是用大数据，但不可以被大数据淹没，迷失了方向。那么如何做到合理使用大数据，合理控制大数据的量呢？优秀的数据分析师可以根据商业目标、自己的需要、数据源的情况，确定需要挖掘的数据的量，如果数据源的数据过多，则需要抽样。很多情况下，抽样并不能一步到位，而是在数据准备的过程中，不断进行分级抽样，直到满足建模的要求为止。在整个抽样的过程中，都需要分析师的主观决策，这种决策就需要分析师综合多方面的考虑去裁决，很多情况下，这也是种艺术。总之有利于数据挖掘项目实施的，都是合理的。

20.4 理性对待大数据时代

20.4.1 发展大数据应避免的误区

（1）不要一味追求“数据规模大”

大数据的主要难点不是数据量大，而是数据类型多样。现有数据库软件解决不了非结构化数据的问题，因此要重视数据融合、数据格式的标准化和数据的互操作。采集的数据往往质量不高是大数据的特点之一，但尽可能地提高原始数据的质量仍然值得重视。一味追求“数据规模大”不仅会造成浪费，而且效果未必很好。多个来源的小数据的集成融合可能挖掘出单一来源大数据得不到的大价值。应多在数据的融合技术上下功夫，重视数据的开放与共享。所谓数据规模大与应用领域有密切关系，有些领域几个 PB 的数据未必算大，有些领域可能几十 TB 已经是很大的规模。发展大数据不能无止境地追求“更大、更多、更快”，要走低成本、低能耗、惠及大众、公正法治的良性发展道路，要像现在治理环境污染一样，及早关注大数据可能带来的“污染”和侵犯隐私等各种弊端。

（2）避免技术驱动而要应用为先

新的信息技术层出不穷，信息领域不断冒出新概念、新名词，估计继“大数据”以后，“认知计算”、“可穿戴设备”、“机器人”等新技术又会进入炒作高峰。我们习惯于跟随国外的热潮，往往不自觉地跟着技术潮流走，最容易走上“技术驱动”的道路。实际上发展信息技术的目的是为人服务，检验一切技术的唯一标准是应用。技术有限，应用无限。

（3）不能抛弃“小数据”方法

“大数据”的一种定义是无法通过目前主流软件工具在合理时间内采集、存储、处理的数据集。这是用不能胜任的技术定义问题，可能导致认识的误区。按照这种定义，人们可能只会重视目前解决不了的问题。其实，目前各行各业碰到的数据处理多数还是“小数据”问题。我们应重视实际碰到的问题，不管是大数据还是小数据。统计学家们花了 200 多年，总结出认知数据过程中的种种陷阱，这些陷阱不会随着数据量的增大而自动填平。大数据中有大量的小数据问题，大数据采集同样会犯小数据采集一样的统计偏差。Google 公司的流感预测这两年失灵，就是由于搜索推荐等人为的干预造成统计误差。大数据界有一种看法：大数据不需要分析因果关系、不需要采样、不需要精确数据。这种观念不能绝对化，实际工作中要逻辑演绎和归纳相结合、白盒与黑盒研究相结合、大数据方法与小数据方法相结合。

（4）要高度关注构建大数据平台的成本

目前全国各地都在建设大数据中心，某个小城都建立了容量达 2PB 以上的数据处理中心。数据挖掘的价值是用成本换来的，不能不计成本，盲目建设大数据系统。什么数据需要保存，要保存多少时间，应当根据可能的价值和所需的成本来决定。大数据系统技术还在研究之中，美国的 E 级超级计算机系统要求能耗降低 1000 倍，计划到 2024 年才能研制出来，用现在的技术构建的巨型系统能耗极高。我们不需要太关注大数据系统的规模，而是要比实际应用效果，比完成同样的事消耗更少的资源和能量。先抓人们最需要的大数据应用，因地制宜地发展大数据。发展大数据与实现信息化的策略一样：目标要远大、起步要精准、发展要快速。

20.4.2 正确认识大数据的价值

大数据的兴起引发了新的商业和研究模式：“商业和科学始于数据”。从认识论的角度看，大数据分析方法与“科学始于观察”的经验论较为接近。在强调“相关性”时不要怀疑“因果性”的存在；在宣称大数据的客观性、中立性时，不要忘了不管数据的规模如何，大数据总会受制于自身的局限性和人的偏见。不要相信这样的预言：“采用大数据挖掘，你不需要对数据提出任何问题，数据就会自动产生知识”。面对像大海一样的巨量数据，数据分析师最大的困惑是，我们想捞的“针”是什么？这海里究竟有没有“针”？对于这些困惑和疑问，我们需要理性面对，而理性对待大数据时代，首先要正确认识大数据的价值，我们可以从以下几个方面客观认识大数据的价值：

（1）大数据的价值主要体现为它的驱动效应

人们总是期望从大数据中挖掘出意想不到的“大价值”。实际上大数据的价值主要体现在它的驱动效应，即带动有关的科研和产业发展，提高各行各业通过数据分析解决困难问题和增值的能力。大数据对经济的贡献并不完全反映在大数据公司的直接收入上，应考虑对其他行业效率和质量提高的贡献。电子计算机的创始人之一冯·诺依曼曾指出：“在每一门科学中，当通过研究那些与终极目标相比颇为朴实的问题，发展出一些可以不断加以推广的方法时，这门学科就得到了巨大的进展。”我们不必天天期盼奇迹出现，多做一些“颇为朴实”的事情，实际的进步就在扎扎实实的努力之中。“啤酒加尿布”的数据挖掘经典案例，虽然说明大数据分析本身比较神奇，但在大数据中看起来毫不相关的两件事同时或相继出现的现象比比皆是，关键是人的分析推理找出为什么两件事物同时或相继出现，找对了理由才是新知识或新发现的规律，相关性本身并没有多大价值。

（2）大数据的力量来自学科的集成

每一种数据来源都有一定的局限性和片面性，只有融合、集成各方面的原始数据，才能反映事物的全貌。事物的本质和规律隐藏在各种原始数据的相互关联之中。不同的数据可能描述同一实体，但角度不同。对同一个问题，不同的数据能提供互补信息，可对问题有更深入的理解。因此在大数据分析中，尽量汇集多种来源的数据是关键。数据科学是数学（统计、代数、拓扑等）、计算机科学、基础科学和各种应用科学融合的科学，是各学科的集成。同样，对数据来说，单靠一种数据源，即使数据规模很大，也可能出现“瞎子摸象”一样的片面性。数据的开放共享不是锦上添花的工作，而是决定大数据成败的必要前提。大数据的研究和应用要改变过去各部门和各学科相互分割、独立发展的传统思路，重点不是支持单项技术和单个方法的发展，而是强调不同部门、不同学科的协作。数据科学不是垂直的“烟囱”，而是像环境、能源科学一样的横向集成科学。

（3）大数据远景灿烂，但近期不能期望太高

交流电问世时主要用作照明，根本想象不到今天无处不在的应用。大数据技术也一样，将来一定会产生许多现在想不到的应用。我们不必担心大数据的未来，但近期要非常务实地工作。人们往往对近期的发展估计过高，而对长期的发展估计不足。大数据与其他信息技术一样，在一段时间内遵循指数发展规律。指数发展的特点是，从一段历史时期衡量（至少 30 年），前期发展比较慢，经过相当长时间（可能需要 20 年以上）的积累，会出现一个拐点，过了拐点以后，就会出现爆炸式的增长。但任何技术都不会永远保持“指数性”增长，一般而言，高技术发展遵循一定的技术成熟度曲线（Hype Cycle），最后可能进入良性发展的稳定状态或者走向消亡。

需要采用大数据技术来解决的问题往往都是十分复杂的问题，比如社会计算、生命科学、脑科学等，这些问题绝不是几代人的努力就可以解决的。宇宙经过百亿年的演化，才出现生物和人类，其复杂和巧妙堪称绝伦，不要指望在我们这一代人手中就能彻底揭开其奥妙。展望数百万年甚至更长远的未来，大数据技术只是科学技术发展长河中的一朵浪花，对 10~20 年大数

据研究可能取得的科学成就不能抱有不切实际的幻想。

20.4.3 直面大数据应用面临的挑战

大数据技术和人类探索复杂性的努力有密切关系。集成电路、计算机与通信技术的发展大大增强了人类研究和处理复杂问题的能力。大数据技术将复杂性科学的新思想发扬光大，可能使复杂性科学得以落地。复杂性科学是大数据技术的科学基础，大数据方法可以看作复杂性科学的技术实现。大数据方法为还原论与整体论的辩证统一提供了技术实现途径。大数据研究要从复杂性研究中吸取营养，扩大自己的视野，加深对大数据机理的理解。大数据技术还不成熟，面对海量、异构、动态变化的数据，传统的数据处理和分析技术难以应对，现有的数据处理系统实现大数据应用的效率较低，成本和能耗较大，而且难以扩展。这些挑战大多来自数据本身的复杂性、计算的复杂性和信息系统的复杂性：

（1）数据复杂性引起的挑战

图文检索、主题发现、语义分析、情感分析等数据分析工作十分困难，其原因是大数据涉及复杂的类型、复杂的结构和复杂的模式，数据本身具有很高的复杂性。目前，人们对大数据背后的物理意义缺乏理解，对数据之间的关联规律认识不足，对大数据的复杂性和计算复杂性的内在联系也缺乏深刻理解，领域知识的缺乏制约了人们对大数据模型的发现和高效计算方法的设计。形式化或定量化地描述大数据复杂性的本质特征及度量指标，需要深入研究数据复杂性的内在机理。人脑的复杂性主要体现在千万亿级的树突和轴突的链接，大数据的复杂性也主要体现在数据之间的相互关联。理解数据之间关联的奥秘可能是揭示微观到宏观“涌现”规律的突破口。大数据复杂性规律的研究有助于理解大数据复杂模式的本质特征和生成机理，从而简化大数据的表征，获取更好的知识抽象。为此，需要建立多模态关联关系下的数据分布理论和模型，理清数据复杂度和计算复杂度之间的内在联系，奠定大数据计算的理论基础。

（2）计算复杂性引起的挑战

大数据计算不能像处理小样本数据集那样做全局数据的统计分析和迭代计算，在分析大数据时，需要重新审视和研究它的可计算性、计算复杂性和求解算法。大数据样本量巨大，内在关联密切而复杂，价值密度分布极不均衡，这些特征对建立大数据计算范式提出了挑战。对于PB 级的数据，即使只有线性复杂性的计算也难以实现，而且，由于数据分布的稀疏性，可能做了许多无效计算。传统的计算复杂度是指某个问题求解时需要的时间空间与问题规模的函数关系，所谓具有多项式复杂性的算法是指当问题的规模增大时，计算时间和空间的增长速度在可容忍的范围内。传统科学计算关注的重点是，针对给定规模的问题，如何“算得快”。而在大数据应用中，尤其是流式计算中，往往对数据处理和分析的时间、空间有明确限制，比如网络服务如果回应时间超过几秒甚至几毫秒，就会丢失许多用户。大数据应用本质上是在给定的时间、空间限制下，如何“算得多”。从“算得快”到“算得多”，考虑计算复杂性的思维逻辑有很大的转变。所谓“算得多”并不是计算的数据量越大越好，需要探索从足够多的数据，到刚刚好的数据，再到有价值的数据的按需约简方法。基于大数据求解困难问题的一条思路是放弃通用解，针对特殊的限制条件求具体问题的解。人类的认知问题一般都是 NP 难问题，但只要数据充分多，在限制条件下可以找到十分满意的解，近几年自动驾驶汽车取得重大进展就是很好的案例。为了降低计算量，需要研究基于自举和采样的局部计算和近似方法，提出不依赖于全量数据的新型算法理论，研究适应大数据的非确定性算法等理论。

（3）系统复杂性引起的挑战

大数据对计算机系统的运行效率和能耗提出了苛刻要求，大数据处理系统的效能评价与优化问题具有挑战性，不但要求理清大数据的计算复杂性与系统效率、能耗间的关系，还要综合度量系统的吞吐率、并行处理能力、作业计算精度、作业单位能耗等多种效能因素。针对大数据的价值稀疏性和访问弱局部性的特点，需要研究大数据的分布式存储和处理架构。大数据应用涉及几乎所有的领域，大数据的优势是能发现稀疏而珍贵的价值，但一种优化的计算机系统结构很难适应各种不同的需求，碎片化的应用大大增加了信息系统的复杂性。为了化解计算机系统的复杂性，需要研究异构计算系统和可塑计算技术。大数据应用中，计算机系统的负载发生了本质性变化，计算机系统结构需要革命性的重构。信息系统需要从数据围着处理器转变为处理能力围着数据转，关注的重点不是数据加工，而是数据的搬运；系统结构设计的出发点要从重视单任务的完成时间转变到提高系统吞吐率和并行处理能力，并发执行的规模要提高到 10 亿级以上。构建以数据为中心的计算系统的基本思路是从根本上消除不必要的数据流动，必要的数据搬运也应由“大象搬木头”转变为“蚂蚁搬大米”。

20.5　小结

数据挖掘是个复杂的过程，是技术与艺术结合的过程，本章从数据挖掘艺术性的角度介绍了数据挖掘的人文的一面，包括如何确定商业目标，如何合理地运用技术服务于业务，如何处理数据挖掘中的种种平衡，以及如何理性地看待大数据时代。本章的内容应该说是对技术的补充和升华，更直接地说就是数据挖掘的种种经验和理念，有了这些经验和理念，才可以更好地运用数据挖掘的技术，实现数据挖掘项目的目标。

参考文献

[1] http://blog.sina.com.cn/s/blog_551d7bff0100x2gd.html.

[2] http://www.woshipm.com/operate/33911.html.

[3] 卢辉. 数据挖掘与数据化运营实战思路、方法、技巧与应用[M]. 北京：机械工业出版, 2013.

第21章 数据挖掘的项目管理和团队管理

数据挖掘项目通常需要一个团队去实施，在实施的过程中，必然涉及项目管理和团队管理，所以本章将从项目管理和团队管理的角度介绍数据挖掘项目实施中的经验。

21.1 数据挖掘项目实施之道

21.1.1 确定可行的目标

确定可行的目标是数据挖掘项目实施的基础。确定合理的目标，绝对不是一件轻松的事情，千万不能依赖于少数领导人拍脑袋的决策方式。从项目管理的角度，数据挖掘项目也应该遵循立项管理。立项管理的主要目的是：通过规范化的流程，判断并采纳符合企业根本目标的立项建议，提供合适的资金和资源，使立项建议成为正式的项目。

一般地，立项管理过程包含“项目构思、立项调查、可行性分析、立项申请、立项评审、项目筹备”等关键活动。

确定数据挖掘项目的商业目标，可由第20章介绍的头脑风暴这种形式来确定，而通常项目的立项管理，可通过流程来保证项目目标的可行性。

21.1.2 遵守数据挖掘流程

为了保证数据挖掘项目的顺利进行，遵守数据挖掘项目的实施流程是非常必要的。本书第2章给出的流程是根据众多数据挖掘项目总结出来的，实用且务实。所以一般的数据挖掘项目只要按照该流程，就可以少走弯路，也能保证项目得到预期的结果。

本书介绍的数据挖掘流程，其实与国际数据挖掘联盟提供的数据挖掘标准流程很相似，但更具体、更具有实操性，如图 21-1 所示。其实无论选择哪个流程，大家可以看出，其实质内容是一致的，关键还是看具体如何去将每一步根据具体的项目特征进行落实，有了标准流程的参考，数据挖掘项目就可以进行地更踏实些。

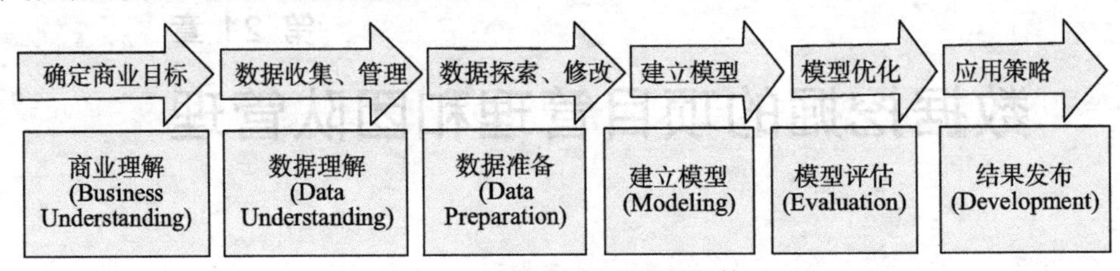

图 21-1 数据挖掘流程及比较

21.1.3 项目的质量控制

数据挖掘的质量属性很多，如正确率、可靠性、有效性等。对于一个特定的项目而言，我们首先要判断什么是它的质量要素，才能给出提高质量的具体措施，而不是一股脑地想把所有的质量属性都做好，否则不仅做不好，还可能得不偿失。简而言之，我们要关注项目的首要质量控制标准，然后再兼顾其他标准。

特别要注意的是：提高项目质量的最终目的是获取尽可能多的经济效益，而不是出于对完美质量的追求；如果某些质量属性并不能产生显著的经济效益，我们可以忽略它们，把精力用在对经济效益贡献最大的质量要素上。

大多数数据挖掘教科书和学术文章总是站在技术的角度论述数据挖掘质量，并且努力把技术推向极致。这些技术无疑是有价值的，但从应用的角度要将项目商业价值放在首位。可从以下两个方面做好项目的质量控制：①先从经济利益识别项目的质量要素，并给出合适的质量目标；②再用技术手段提高项目质量，实现质量目标。

21.1.4 项目效率

对于企业而言，时间就是金钱。在正常情况下，项目团队的工作效率是决定项目实际投入时间的主要因素。所以提高工作效率是企业获取更多利润的有效途径。提高工作效率的前提条件是所有工作成果的质量必须合格。否则，工作效率越高，数据挖掘项目中的问题就越多。所以提高质量、提高效率都不是喊口号，要根据企业的目标和当前实力，量力而行。

在不对质量和成本产生负面影响的前提下提高工作效率，才是项目组应该采用的方法，具体方法有：

1）提高项目成员的工作技能。即使在组建项目团队时每个成员的技能都是合格的，每个人仍然需要不断学习，无论对于项目还是人生而言都是有益的。项目经理应当组织一些有针对性的培训，提高项目成员的工作技能，使他们在实施每个过程时不仅做得好而且做得快。

2）提高复用程度。复用就是指利用现成的东西，数据挖掘项目中可以复用的对象有数据预处理方法、衍生变量的方式、模型的程序、评估方法等。由经验可知，通常在一个新项目中，大部分内容是成熟的，只有小部分内容是创新的。一般地可以相信成熟的东西总是比较可靠的，而大量成熟的工作可以通过复用来快速实现（即具有高生产率）。数据挖掘项目人员应当懂得复用别人留下的成熟可靠的成果，并且还要给自己留下可以在将来复用的东西。复用不是人类懒惰的表现而是智慧的展现。

3）使用高效率的开发工具和管理工具。使用好的工具无疑有助于提高人们的工作效率。数据挖掘项目人员通常会采用业界推荐的开发工具，几乎每天都要使用，因为这是实施项目所必需的。另外就是有必要了解常用的几款数据挖掘工具的优势和劣势，这样就可以充分利用每款工具的优势，提高项目的效率。

21.1.5　成本控制

数据挖掘项目主要用人们的智慧和计算机，不需要开工厂，无需原材料，也不需要放到百货商店的柜台上销售。一般地，项目实施成本和维护成本是数据挖掘项目的主要成本构成。

对于项目实施成本，一定要做好项目实施计划，确定关键节点的日程安排，在保证项目质量的前提下，尽量不要拖延。年轻的数据分析师常犯的一个错误是，为了提高精度和效果，不断去提高算法精度，导致整个项目延期。这里需要注意的是，用10小时我们可以让项目得到90分，但很多情况下即使花100小时，很难让项目得98分，如果90分已经满足项目质量要求，一般建议先按照正常的进度将项目完成，然后如果有时间再不断提升。

关于项目的成本，项目的决策者一定要搞清楚质量、效率、成本之间的复杂关系，判断孰重孰轻，给出优化和折衷的措施。

21.1.6　数据挖掘过程改进

一般地，在数据挖掘项目实施过程中，流程类的过程主要有：目标定义、数据准备、数据探索、建模、评估、部署等环节；管理类的过程主要有：项目规划、项目监控、需求管理、质量管理等。上述过程中的任何活动都会影响项目的效果和成本。

数据挖掘项目过程改进成为数据挖掘项目工程和项目管理交叉学科的主流研究方向。数据挖掘项目过程改进的目标就是“提高挖掘效率，降低挖掘成本”。业界的实践证明，走规范化之路是成本最低、见效最快、能持续发展的数据挖掘项目过程改进方法。规范化之路也是本书致力探索的成功模式。

21.2 数据挖掘团队的组建

21.2.1 数据挖掘项目团队的构成

数据挖掘是团队行动，数据挖掘团队可以有不同的组织形式和不同的附属关系。单独成立一个数据挖掘部门，支持整个企业的数据分析需要是一种形式。也可以在最需要数据挖掘的业务领域内设立，例如银行系统利用数据挖掘最多的领域是信用卡销售，就可以在信用卡发行部门下面单独设立一个数据挖掘团队，以负责提供决策支持。还可以把数据挖掘和营销策划结合在一起，成立策划分析部，或客户知识部。

数据挖掘团队成员最合适的规模是3~6个人，一般不超过10人。一个典型的数据挖掘团队通常包含项目经理、数据挖掘专家、数据挖掘师（数据分析师）、数据管理员和业务代表，他们的职责如表21-1所示。成员参与集体讨论，互相分配任务，回顾每个成员可交付的工作，解决问题，集体做项目的决策。团队成员有可能担任多个角色，比如，通常项目经理就由数据挖掘专家来担任。

表21-1 数据挖掘团队的构成及职责

角色	职责
项目经理（团队负责人）	定义、计划、协调、控制和检查所有的项目活动；跟踪和报告进度；解决技术和业务问题；为团队成员分工，并指导其完成项目组的各项工作
数据挖掘专家	选择并且使用数据挖掘工具，制定数据挖掘项目的实施细节，从技术层面主导数据挖掘的整个过程
数据挖掘师（数据分析员）	落实数据挖掘的具体过程，包括数据预处理、模型的训练、评估等
数据管理员	负责数据的收集、集成，同时管理好不同阶段的数据
业务代表	提供业务层面的需求、知识、逻辑，并给出指导性的建议

21.2.2 团队负责人

数据团队的负责人一般指的是数据挖掘团队的项目经理。业界普遍认同的是，合格的团队负责人（或相似级别的经理）应当具备四项素质：不错的技术才能，较强的管理能力，丰富的经验，敏锐的商业头脑。哪项素质最重要？业界不存在判断准则，人们也没有必要过多地争论，应当视项目的规模和复杂性而定。如果项目的技术难度很高，但是规模很小，只有几个人干活，那么领导者的技术才能比管理才能更加重要。反之，如果项目的技术难度不高，但是规模比较大，只要团队成员超过十人，那么领导者的管理才能比技术才能更加重要。企业在物色重大的团队负责人时，不仅要考察候选人的技术才能和管理能力，尤其要关注商业头脑和项目实施经验。

商业头脑是团队负责人最重要的素质。有商业头脑的负责人能够带领团队朝着最赚钱的道路前进，即使遇到一些坎坷，也无碍于最终的成功。反之，缺乏商业头脑的负责人通常不知道数据挖掘项目的效益点，却一味在技术方面下功夫，经常让团队做些低效或意义不大的事情，会让团队没有成就感。

如果团队的负责人有丰富的项目实施经验，那么他就能复用以前的成功经验，能够规避失败的风险。当项目遭遇一些意外困难时，他自己不会手忙脚乱，能够从容地带领团队克服困难。就如战斗中，存活率比较高的通常是队伍中的老兵，因为他们有丰富的战斗经验，而不是枪法比新兵好。

21.3 数据挖掘团队的管理

数据挖掘项目人员在读技术书籍时，可能学起来比较费脑筋，但学会后就很容易使用。而读管理书籍时基本上不会太费脑子，可惜看完了仍然不知道怎么用。久而久之，管理的学问被“高深化”了。本节探讨关于数据挖掘团队管理这个话题，总结了一般性的规律，旨在总结一些“简单而有效”的管理方法，使普通数据挖掘项目人员都能学会并应用。

21.3.1 团队管理的目标与策略

团队管理的基本目标是：让所有成员有条不紊地开展工作，在预定的时间和成本之内，完成项目，从而使企业和个人获得预定的利益。团队管理的努力目标是：调动一切积极因素，努力提高工作效率并且降低成本，使企业和个人获取比预定目标更多的利益。

团队管理的策略：大部分的管理工作是成熟的，有成功的模式可以套用，应当走规范化管理的路线；而另外小部分的管理工作可能是富有个性化的，并不适宜套用规范，那么应当采用超越规范化的管理方式。团队管理既需要大量的规范化管理方式，又需要小量的超越规范化的管理方式。通常前者约占 80%，而后者约占 20%（注意这里的数据仅仅是参考数据）。

21.3.2 规范化的管理

规范化管理有两层含义：首先制定工作规范，然后按照规范开展工作。数据挖掘项目团队的主要工作包含了技术和管理，因此至少需要两类规范。一类是数据挖掘项目技术规范，它规定了如何定义商业目标、准备数据、数据探索、建模、评估和部署等工作；另一类是项目管理规范，它规定了如何开展项目规划、项目监控、质量管理等工作。上述通称为数据挖掘项目过程规范。

企业制定数据挖掘项目过程规范是为了帮助项目组把工作做得更好。企业一方面要用行政命令和奖罚措施来强制实施数据挖掘项目过程规范，另一方面又要设法使团队成员乐于执行规范从而避免流于形式。在团队的日常工作中，总有一些事情无法套用规范，因为干活的是活生生的人而不是机器。无法套用规范的管理并不见得就会杂乱无章，情况好坏取决于领导者的管理才能。

规范化管理的精髓就是“知人善用”。团队领导给成员们指派任务、制定进度计划是项目管理中的一项重要工作，属于项目规划过程。知人善用显然是超越规范的。直观地理解，“知人”是指领导者应当非常了解他的团队成员，包括知识技能和性格爱好等。“善用”是指让团队各成员扬长避短，使团队战斗力达到最强。

人到企业工作，既要为企业创造效益，又要获取个人的利益。一般地，规范化管理的目的是使企业和个人获得预定的利益（实现这个目标已经相当不错了）。然而人的潜力是巨大的，卓越的领导者能够充分调动团队成员的工作积极性，使企业和个人获取比预定目标更多的利益，这也是超越规范的管理。

真正有效的激励办法就是利益驱动。利益有许多种，如金钱、地位、荣誉、成就感等，不同的人在不同的时刻追求的利益是有很大差异的。所以英明的领导应该为下属设计能够让他心动的激励方案（而不是千篇一律的），这样才有可能真正地提高下属的工作积极性。知人善用的深刻含义是：不仅用最合适的人正确地做最擅长的事，而且还要激励他做得更好。“知人”是实现“善用”的前提条件，如果领导不与下属沟通，没有真正关心下属，那么就不可能做到知人善用，实际上浪费了人力资源（团队最宝贵的资源）。

21.4 优秀数据挖掘人才的修炼

如何成为优秀的数据挖掘人才，这是个比较大的命题。笔者就根据自己的经历并结合一些优秀数据挖掘专家的经验来总结一些通用的方法。

21.4.1 专业知识与技术

要成为优秀的数据挖掘专家，必备的专业知识和技能是首要要素，所以一定要学习一些数据挖掘方面的专业知识和技能，主要包括以下几个方面：

1）数据挖掘的基础知识，包括数据挖掘的流程、数据处理方法、常用的算法、各种方法的评估方式等，另外最好了解统计学、数学、信息处理等学科知识。这些专业知识不是一时半会能够全面掌握的，学习的唯一捷径就是看书、看视频讲解，看权威的书籍、看全面的知识。学习基础知识没有捷径，因为是基础，所以学起来会比较枯燥、比较漫长。本书第一篇和第二篇是基础，应该说是数据挖掘基础知识的精华，建议多看几遍，相信每一遍都会有新的认识。

2）软件操作。最基础的软件操作就是 OFFICE（Excel、Word、Powerpoint……），如果连 Excel 表格基本的处理操作都不会，连 PPT 报告都不会做，那说明离数据挖掘专家还差得很远。但 OFFICE 并不是全部，要在数据挖掘方面做得比较好，必须会用（至少要了解）一些比较常用的数据挖掘软件，比如 MATLAB、SAS、SPSS、R、WEKA 等。

21.4.2 快速获取知识的技能

当你遇到难以解决的问题时，建议首先找一找手头上的书本能不能帮你解答。如果不能，那最好利用搜索引擎去寻找答案，很多问题十有八九在网上可以找到答案。

对于数据挖掘人员，最常需要快速获取的知识就是行业知识。不结合业务的数据挖掘无异于纸上谈兵，而需要要用到数据挖掘的行业又多得数不清，只要有数据的地方就需要数据挖掘，比如互联网、电商、金融、电信、制造业、零售业等都是数据挖掘需求大户。所以当要开始一个数据挖掘项目时，首先需要快速获取的就是这个项目所需的行业知识，只要当所需的行业知识有一定量的积累后，才可以支持数据挖掘人员做好这个项目。

21.4.3 提高表达能力

表达能力主要是指“写”和“说”的能力。“写”和“说”是人们向外界表达自己才华的重要途径。表达能力低下是数据挖掘人员的通病，值得高度重视。很多数据挖掘项目人员怕写文档和报告，讲述问题和想法时语无伦次。由于表达能力差，也就无法胜任高层次的工作。

提高表达能力，还是要靠多写多说，科技文档不同于文学文章，有固定的套路，所以一个最简单快速提升自己写能力的方式就是对好的样板文档进行模拟，然后找项目组的同事帮着评审，然后进行修改，经过几次训练之后，写的功力就自然提升了。其实说和写是一脉相承的，能写清楚了，也自然能说出来了。

21.4.4 提高管理能力

宽泛地讲，管理能力是指带领团队完成任务的能力。数据挖掘的技术性很强，纯粹学管理出身的人由于不懂技术而难以立足领导职位，这就给做技术出身的人才留下了发展机会。做技术主要用脑，做管理主要用心。技术才能取决于智商（IQ），而管理才能取决于情商（EQ）。如果你的IQ和EQ都比较高，那么你就是当领导的料。如果某人的IQ很高但是EQ却很低，那么就请他走技术专家的路线，切勿走错道。做技术出身的数据挖掘项目人员并不见得一辈子都要做技术，他将来有可能成为中高层的经理，也有可能成为优秀的企业家（Bill Gates就是好榜样）。保守一点讲，先做技术，拥有一技之长后再逐步转向管理，这是一种稳扎稳打的职业发展模式。这种发展模式特别适合于中国的IT人士。

在数据挖掘项目组中，如果想工作做得好，除了需要必备的专业技能，管理能力也是处处需要。比如，对于数据专家来说，要管理好项目的进度，做好自己的时间管理，同时协调好自己与项目组其他成员之间的关系，这些都体现自己的管理水平。所以说管理能力的锻炼就体现在自己日常的工作中，能将自己的工作做好的，同时能处理好人际关系的，就说明自己具有一定的管理能力了，当这种能力积累到一定程度后就可以胜任管理职位的工作，比如项目、部门经理等。即使你雄心勃勃，你也要先积累支撑你雄心的资本，要明白“不扫一屋，何以扫天下”这个道理。项目经理这个职位对于大部分数据挖掘项目人员来说是触手可及的，而不是可望不可及的，所以不要轻视项目经理这个职位，这是锻炼管理能力的绝佳机会。

21.4.5 培养对数据挖掘的热情

热情在很大程度上是跟兴趣高度重合的，一个人对某件事情有热情，也就可以说对某件事情有兴趣；换言之，没有兴趣，也就无所谓热情。要想在某个专业领域做出成绩，实现自我的最大价值，最好是自己的兴趣和专业相同，这样做起来才轻松，也容易调动自身最大的积极性。所以，如果所从事的工作也是自己感兴趣的专业，将是人生的一大幸事。数据分析师只有对自己的职业和专业感兴趣，有热情，才可能从中得到乐趣，并且迅速成长。

但是，我们这里强调的热情，并不仅仅是从数据挖掘师兴趣的角度来考虑的。除了兴趣的因素外，数据挖掘更需要挖掘师的热情。一个人的专业成长及职业进步，从来都是自己的事情，公司也好，社会也罢，最多只是提供了一个平台而已，内因起着决定性作用。如果对工作和专业没有热情，那也就没有成长的可能了。热情不是外在的表现，热情是内心的推动，是自己的渴望，是专业和兴趣高度重合的快乐，是个人强烈的向往和享受。优秀的数据挖掘师一定是充满热情的，并且是持久充满热情的。

培养对数据挖掘的热情，一种有效的方法就是逐渐寻找到从事数据挖掘工作的成就感。寻找这种感觉的最有效的方式就是做项目，当您从冰封般的数据中寻找到宝藏般的知识后，正常情况下都会有种成就感，这种成就感会支撑您不断努力，争取更大的成就感，对数据挖掘的热情也就在追求成就感的过程中，酝酿并不断升华，人生的价值和热情也伴随着对数据挖掘的热情而不断升华。

21.5 小结

本章介绍的内容主要是针对数据挖掘整个项目组。数据挖掘项目实施之道，从质量、成本、效率角度介绍项目实施过程中的经验和注意事项，这些经验可以保证项目的顺利实施；数据挖掘的团队组建和团队管理，从人员管理角度介绍项目团队的管理经验，这些经验有利于团队的稳定和成长；而数据挖掘人才的修炼，主要从从业者的角度，介绍如何不断提升自己的职业技能和素养，逐渐成为优秀的数据挖掘人才，这对刚入行的从业者有一定的借鉴意义。

推荐阅读

R语言经典实例（原书第2版）

作者：JD Long，Paul Teetor ISBN：978-7-111-65681-4 定价：139.00元

基于R语言的金融分析

作者：Mark J. Bennett, Dirk L. Hugen ISBN：978-7-111-65821-4 定价：119.00元

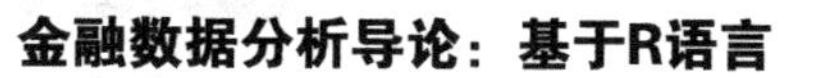

金融数据分析导论：基于R语言

作者：Ruey S.Tsay ISBN：978-7-111-43506-8 定价：69.00元

机器学习与R语言（原书第2版）

作者：Brett Lantz ISBN：978-7-111-55328-1 定价：69.00元

推荐阅读

ECharts
数据可视化
入门、实战与进阶
DATA VISUALIZATION BY
ECHARTS

数字孪生实战
基于模型的数字化企业(MBE)

Python数据分析
与挖掘实战

WILEY
数据分析即未来
企业全生命周期数据分析应用之道
THE ANALYTICS
LIFECYCLE TOOLKIT

O'REILLY
大规模数据分析和建模
基于Spark与R
Mastering Spark with R
[美] Javier Luraschi Kevin Kuo
Edgar Ruiz 著
魏博 译

增强型分析
AI驱动的数据分析、业务决策与案例实践

Python数据分析
与数据化运营

Python3智能数据分析
快速入门

R语言
数据可视化实战
R语言
数据可视化
实战